西北工业大学精品学术著作

协同制导理论与技术

符文星　方洋旺　吴自豪　著

科学出版社

北　京

内 容 简 介

本书是一本关于多拦截器/多攻击器协同制导技术的著作,全面介绍作者及其研究团队近十年在此领域的研究成果,内容具有前沿性、深入性和理论与应用紧密结合等特点。本书在协同中制导一般理论及基本设计方法基础上,首先介绍理想条件下集中式和分布式协同中制导、通信时延下协同中制导和编队协同中制导理论与技术;其次介绍有限时间收敛协同末制导、通信网络约束的协同末制导和动态包围攻击的协同末制导理论和技术;最后介绍入度平衡约束下分组协同末制导、组间耦合分组协同末制导和通信时延下分组协同末制导理论与技术。

本书可作为高等院校导航制导与控制专业、无人机系统工程专业以及人工智能相关领域的研究生和高年级本科生的教科书,也可作为从事精确制导武器总体设计和制导控制系统设计的研发工程师、精确制导技术发展研究的专家以及对相关专业感兴趣的读者的参考用书。

图书在版编目(CIP)数据

协同制导理论与技术 / 符文星,方洋旺,吴自豪著. —北京:科学出版社,2023.12
ISBN 978-7-03-077379-1

Ⅰ. ①协… Ⅱ. ①符… ②方… ③吴… Ⅲ. ①导弹制导 Ⅳ. ①TJ765.3

中国国家版本馆 CIP 数据核字(2023)第 252330 号

责任编辑:宋无汗 / 责任校对:崔向琳
责任印制:赵 博 / 封面设计:陈 敬

科学出版社 出版
北京东黄城根北街 16 号
邮政编码:100717
http://www.sciencep.com

北京中石油彩色印刷有限责任公司印刷
科学出版社发行 各地新华书店经销
*
2023 年 12 月第 一 版 开本:720×1000 1/16
2025 年 1 月第二次印刷 印张:16 1/4
字数:328 000
定价:198.00 元
(如有印装质量问题,我社负责调换)

前　言

随着计算机技术、人工智能和网络通信等前沿科学技术的迅速发展，新型武器的智能化转型逐渐改变传统的作战方式。未来战争必将是体系与体系的对抗，为了充分发挥武器装备在体系对抗中的作战效能，世界军事强国提出了一系列有关新体系的作战概念。这些新概念催生并发展了空间分散体系结构、空中分布式作战、海上分布式杀伤、陆上分布式电子战系统等作战理念，以提高协同探测、协同防御和协同攻击的能力，从而导致传统单枚导弹难以实现有效突防和打击。因此，基于"以量取胜"和"以劣换优"发展思路的多导弹协同作战方式受到广泛关注。

多导弹协同作战就是根据作战任务需求发射多枚导弹，导弹通过通信网络组成编队，基于状态信息和协同算法进行协同控制飞行，最终完成对目标的协同攻击。多导弹编队协同方法和技术是多导弹协同作战的重要基础，是提升精确制导武器的饱和打击能力、降低作战消耗、提高效费比等综合作战效能的必由途径，作为其关键技术之一的多导弹协同制导技术受到越来越广泛的关注。目前，协同制导理论与技术研究已经成为导航制导与控制的一个热点课题，在许多国际期刊及会议中，每年均有大量关于协同制导方面的文章发表。近年来，也有协同制导理论与技术方面的书籍出版。

本书是一本关于多拦截器/多攻击器协同制导理论与技术的著作，是作者及团队近十年在协同制导方向研究成果的汇集，详细讨论协同中制导、典型协同末制导、分组协同末制导等新理论和新技术。近年来，作者团队在无人飞行器协同制导、协同控制和协同航路规划方面获得国家自然科学基金项目在内的 10 余项重要科研项目的资助，发表了近 40 篇与此相关的学术文章，本书的主要内容源于以上成果。全书共 11 章，由三部分组成。第一部分由第 1～5 章构成，在协同中制导一般理论及基本设计方法基础上，分别介绍理想条件下集中式和分布式协同中制导、通信时延下协同中制导和编队协同中制导理论和技术；第二部分由第 6～8 章构成，分别介绍有限时间收敛协同末制导、通信网络约束的协同末制导和动态包围攻击的协同末制导理论和技术；第三部分由第 9～11 章构成，分别介绍入度平衡约束下分组协同末制导、组间耦合分组协同末制导和通信时延下分组协同末制导理论和技术。

本书得到国家自然科学基金项目(项目编号：61973253、62006192、U1630127、

62176214)，西北工业大学精品学术著作培育项目的资助，在此表示衷心的感谢。在本书撰写过程中，得到西北工业大学无人系统发展战略研究中心闫杰教授，无人系统技术研究院白俊强常务副院长、毛昭勇党委书记等的鼓励、支持和帮助，在此一并表示衷心的感谢。此外，感谢西北工业大学教务处和无人系统技术研究院办公室相关老师给予的支持及帮助。感谢王志凯、马文卉博士研究生等所做的大量理论分析和仿真实验工作。在本书撰写期间，仝希、邓天博、陈展、杨光宇、张瑞涛等博士研究生和李家诚、杨欢、张茂桃、黄号、杨兴元、洪瑞阳、野汶博等硕士研究生参与了文稿的录入和插图绘制工作，在此一并表示感谢。

　　由于作者水平所限，书中难免存在一些问题和不足，欢迎读者批评指正。

作　者

2023 年 8 月于西北工业大学

目　　录

第1章 绪 论

1.1 引 言

随着计算机技术、人工智能、网络通信等前沿科学技术的迅速发展,新型武器的智能化转型改变了传统的作战方式。未来战争必将是体系与体系的对抗,为了充分发挥武器装备在体系对抗中的作战效能,世界军事强国提出了一系列新体系作战概念[1-3]。新体系作战概念的引导,催生并发展了空间分散体系结构、空中分布式作战、海上分布式杀伤、陆上分布式电子战系统等作战理念,以提高协同探测、协同防御和协同攻击的能力[3]。在当前体系对抗的形势下,传统单枚导弹难以实现有效突防和打击,因此基于"以量取胜"和"以劣换优"发展思路的多导弹协同作战方式受到广泛关注,将逐步成为针对高价值军事目标的主要作战方式。多导弹编队协同已成为各国体系对抗发展研究的重要环节。

多导弹协同作战如图 1-1 所示。根据作战任务需求发射多枚导弹,导弹通过通信网络组成编队,基于状态信息和协同算法进行协同控制飞行,最终完成对目标的协同攻击。多导弹编队协同方法和技术是多导弹协同作战的重要基础,是提升精确制导武器饱和打击能力、降低作战消耗、提高效费比等综合作战效能的必由途径,其中多导弹协同制导技术作为关键技术也受到越来越多的关注。

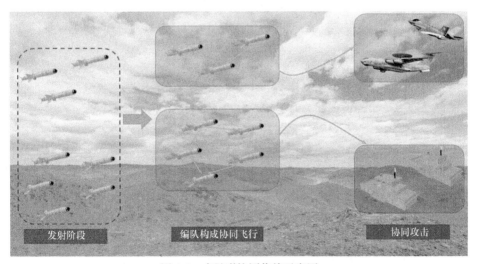

图 1-1 多导弹协同作战示意图

对于中远程导弹，多导弹编队协同制导主要经历四个制导阶段，如图 1-2 所示，分别为初制导段、中制导段、中末制导交班区和末制导段，其中，中制导段和末制导段为多导弹协同制导的主要阶段。对于中远程导弹的射程优势和协同编队的规模优势有机结合来说，中制导段至关重要。一方面，由于在中制导段有推力支撑且发动机推力可变导弹具备较好的机动能力和速度控制能力；另一方面，为末制导段提供良好的初始条件，以保证末制导段的协同效果。因此，具有推力支撑的中制导段作为承上启下的关键环节，不仅影响协同效果，更直接决定作战成功与否。尤其针对机动目标的协同打击，若中制导段不能为末制导段提供良好的初始条件，则在末制导段，由于目标机动、多导弹编队的初始条件较差(如弹目相对距离或剩余飞行时间之间的误差较大)和导弹机动过载能力限制等因素影响，可能无法完成协同打击任务。因此，在多枚中远程导弹编队协同打击机动目标任务中，中制导段的协同调整至关重要，协同效果将直接影响下一阶段的协同任务完成度。

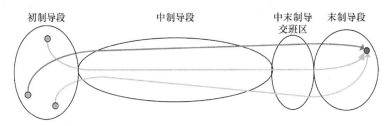

图 1-2　中远程导弹编队制导阶段示意图

目前，在多导弹编队协同制导的研究领域，大部分研究主要集中在协同末制导段，其主要原因：一是协同制导概念首先是针对打击固定或慢速运动目标的末制导段提出的；二是协同末制导的协同指标要求明确，协同打击效果直观，而且应用非常广泛。但在实际工程应用中，协同中制导段与协同末制导段在信息获取方式和制导目标两方面存在很大区别，因此协同末制导段的理论成果很难推广或直接应用到协同中制导段。在中制导段，制导信息主要由外部传感器网络提供，包括目标位置、目标速度以及估算的目标加速度信息等，而在末制导段，导弹可通过自身导引头获取与目标的相对位置、角度等信息。相比于以毁伤为任务的末制导段，中制导段首先需要保证多导弹编队中的每枚导弹在中末制导交接时满足弹目相对距离、速度和视线角约束条件，进而确保导弹在协同末制导段具备良好的机动性，导引头在初始时刻可以捕获目标；同时需要保证为协同末制导段提供良好的初始条件，即各导弹状态之间的误差在较小的范围内。总之，对于中远程无人攻击器来说，协同中制导(cooperative mid-course guidance，CMG)和协同末制导都非常重要。研究协同中、末制导理论和技术，可以为新型制导武器提供更广阔的战术应用空间和更加灵活多变的战术选择，发挥制导武器装备的规模优势，并扩大编队的探测范围，可以大幅度提高制导武器系统的综合作战效能。因此，开展协同制导理论和技术研究具有重要的理论意义和工程应用价值。

1.2　多导弹协同中制导研究现状

随着导弹推力技术的发展，导弹的射程也逐步增加，远程精确打击是未来导弹武器系统发展的必然趋势。对于中远程导弹，一般需要经过初制导段、中制导段、末制导段等飞行阶段，只在末制导段考虑协同飞行是不合理的。每一个飞行阶段都需要为后一阶段提供良好的初始条件，保证导弹顺利命中目标。此外，在不同的飞行阶段，制导信息获取方式、弹道特点、制导目标都存在明显的区别，应当根据每个飞行阶段的特点设计协同制导律。

已有学者对协同中制导、中末复合协同制导、初中末复合协同制导进行了研究[4-6]。赵启伦等[4]针对固定目标，在三维空间内设计了一种带有高抛弹道特点，且包含初制导段、中制导段和末制导段的复合协同制导律，具有一定的工程应用价值。文献[5]基于领-从弹编队框架和 Dubins 路径规划方法，设计了一种包含中制导段和末制导段的复合协同制导律。在中制导段通过 Dubins 路径规划方法保证多导弹在进入末制导段时，弹目相对距离基本一致；在末制导段采用基于分布式网络拓扑结构的多导弹协同末制导律保证多导弹同时命中目标。仿真实验结果表明，若中制导段为末制导段提供的初始条件较差，只在末制导段采用多导弹协同末制导律也很难保证多导弹同时命中目标，间接说明多导弹协同中制导技术对多导弹编队协同作战的重要意义。但需要注意，Dubins 路径规划方法会导致导弹在中制导段能量消耗较大。文献[6]针对临近空间拦截器，基于最优控制理论设计了一种考虑终端约束的多导弹协同中制导律，为协同末制导段提供良好的初始条件。

目前，关于多导弹协同中制导的研究成果较少，且大部分针对固定目标。对于多枚中远程导弹编队，带有推力控制的中制导段的协同效果不仅会影响末制导段的协同，还会影响导弹命中概率。因此，考虑机动目标对制导律的影响，对多导弹协同中制导问题进行研究具有重要意义。近年来，本书作者及研究团队承担了国家自然科学基金项目“复杂干扰条件下多拦截器编队协同中制导理论研究”(编号：61973253)以及多项相关国防预研和科技创新项目，开展了有关高速机动目标的协同中制导理论及技术方面的研究，取得了一些研究成果。文献[7]~[9]对协同制导和智能制导理论与技术及发展现状进行了综述。文献[10]~[13]基于两层协同架构，在单枚导弹的轨迹成型中制导律的基础上，添加协同变量构成协同中制导律，并基于多智能体一致性理论给出协同项系数的表达式。接着，文献[14]考虑使用时间时存在网络通信时延的问题，分别基于无向网络拓扑结构和有向网络拓扑网络结构设计了带有通信时延的多导弹协同成型中制导律，并给出通信网络拓扑结构约束条件和通信时延上界。此外，考虑到协同中制导协同状态收敛时间问题，将多智能体预设时间收敛方法应用到协同中制导中，设计了多导弹预设时间编队协同中制导律，可保证状态收敛时间不受导弹初始状态的影响，无须调整参数获取期望的状态收敛时间。由于在实际应用时，导弹的执行机构可能出现故障，文献[10]设计了基于预设时间稳定性理论和滑模控制理论的多导弹容错预设时间编队协同中制导律，确保在机动过载能力部分损失情况下，多导弹依然能在预设时间内构成期望编队形式，且状态收敛时间不受初始状态、系统参数和机动过载能力损失程度的影响。文献[15]针对巡航导弹特殊弹道要求，基于单弹成型制导律和协同变量组合设计了满足特殊弹道要求的协同成型中末制导律。

1.3　多导弹协同末制导研究现状

协同末制导律从集中式协同制导律开始发展，当时通信网络技术还不发达，难以满足大规模的通信需求。后来，随着无线通信网络技术的不断进步，协同末制导技术研究慢慢聚焦到分布式协同末制导律的研究上，而且逐步成为热点问题之一。学者从不同的角度、不同的方面进行研究，从针对地面固定目标或慢速机动目标到针对高速机动目标的协同末制导律，从渐近时间收敛到有限时间收敛再到预设时间收敛的协同末制导律，从时间协同到时间空间协同末制导律，从理想使用条件到复杂干扰使用条件下的协同末制导律，从二维空间到三维空间的协同末制导律，从单一坐标方向设计到两坐标方向分开设计协同末制导律，从一般规模编队单分组到大规模编队多分组异构协同末制导律等方面开展广泛深入的研究。单分组编队协同末制导律是指将导弹编队网络拓扑结构仅分成一组进行通信和信息传递，以满足所有导弹协同制导信息的要求。单分组编队协同末制导律主要用于多导弹协同打击单一目标。多分组编队协同末制导律是指将导弹编队网络拓扑结构分成多组，导弹节点之间的信息传递包括组内和组间通信，以满足编队内所有导弹协同制导信息的要求。多分组编队协同末制导律主要用于多导弹编队协同打击不同位置的多个目标。

下面按编队规模对单分组编队协同末制导和入度平衡约束下的分组协同末制导分别进行综述。

1.3.1　单分组编队协同末制导研究现状

多导弹协同末制导的核心问题是多导弹按时间要求或(和)空间要求协同命中目标。根据攻击时间的确定方式不同，可以将其分为两大类问题。一类是带有指定攻击时间约束的末制导问题，在导弹发射前，为每枚参与协同的导弹装订相同的攻击时间,每一枚导弹按照事先指定的时间攻击目标,此类协同不需要导弹之间交互信息,无须导弹网络进行信息交互。另一类是网络化制导问题,在制导过程中,多导弹之间进行信息交互,通过实时通信网络传递协同变量信息,从而动态地调整各枚导弹的攻击时间和攻击角度,确保多导弹攻击时间和(或)攻击角度达到期望的协同要求。因此,网络化制导的核心问题就是在单弹原有末制导律的基础上增加协同变量构成协同末制导律,确保多弹达到协同一致的要求。所使用的方法是将多弹的制导模型转化为多智能体状态方程,然后,采用多智能体一致性理论来解决该问题。目前,根据目标的特性不同又可以将协同末制导律分为针对固定或慢速机动和高速机动目标的协同末制导律。协同制导的概念最早是针对水面舰艇的多弹齐射饱和打击提出的,随后,很多学者针对实际使用要求,如在视线角、视场角、通信网络、收敛时间等多种约束条件下进行多导弹协同末制导研究,已取得了丰富的研究成果。近年来,随着无线通信网络技术和多智能体理论的发展,以及对空中机动目标协同打击的需求越来越迫切,很多学者将目光转向针对空中机动目标的协同末制导研究,目前也已取得了初步的研究成果。下面分别针对固定或慢速机动目标的多导弹协同末制导律、高速机动目标的多导弹协同末制导律和大规模编队分组协同末制导律研究进行综述和分析。

1.3.1.1 固定或慢速机动目标的多导弹协同末制导律

由于固定或慢速机动目标的速度远小于导弹的速度,通常可以在导弹发射时对攻击时间进行较为准确的估计。基于此特点,在协同制导律的早期研究中,一般不考虑导弹之间的通信,而是直接给出导弹的攻击约束时间,通过为多枚导弹分配相同的攻击时间实现同时打击的目的,此类问题称为攻击时间可控制导(impact time control guidance, ITCG)[16-20]。随着通信组网技术的发展,多导弹之间通过通信网络传递协同变量信息,每枚导弹可以根据自身状态信息和来自邻居导弹的协同变量信息设计协同末制导律,从而实现多枚导弹在复杂环境下协同打击的要求。但对于固定机动目标或慢速机动目标,早期通常采用带有中心节点的网络结构,即以领–从弹编队的方式实现协同制导。后来,随着无线通信网络技术和多智能体理论的不断发展,协同方式也从集中式变成分布式。下面按集中式协同末制导律和分布式协同末制导律来进行综述。

1. 集中式协同末制导律

集中式协同末制导律按协同方式不同又可分为时间协同末制导律和时间空间协同末制导律。

1) 时间协同末制导律

Jeon 等[16]在 2006 年提出多反舰导弹的 ITCG 律以来,多弹时间协同末制导律[16-20]受到了广泛的关注。文献[16]基于比例导引加时间协同设计弹着时间可控制导律，时间协同项是通过导弹的剩余攻击时间的估计值与期望值作差，并根据差值作为负反馈实现攻击时间的收敛。文献[17]设计了一种可变系数的时间控制制导律，并在制导律设计中考虑了能量的最优性。基于比例导引加时间协同项的框架，通过优化给定的性能指标，文献[18]设计了一种基于最优控制的三维有限时间协同制导律。此外文献[19]利用航路规划的思想，考虑在目标静止及导弹速度不变的情况下，通过设计导弹的攻击路线长度一致性来实现同时打击。随着人工智能理论的发展，陈中原等[20]基于导弹脱靶量及攻击时间约束误差构建奖励函数，利用强化学习方法设计攻击时间约束的协同末制导律。Zhang 等[21]考虑控制指令的动态特性，基于积分型障碍李雅普诺夫函数设计了一种视场角约束下攻击时间可控的制导律。为了更加精确地估计剩余飞行时间，Hu 等[22]基于导弹飞行的圆弧轨迹假设推导出一种新的剩余飞行时间表达式，并在制导律的设计中引入视场角约束。陈升富等[23]基于比例导引加时间协同项的制导律设计框架，设计滑模控制器处理导弹的攻击时间差，并通过李雅普诺夫稳定性理论分析了攻击时间的收敛性及视场角的有界性。

2) 时间空间协同末制导律

通常情况下，重要目标周围都配备防空反导系统，对于进攻方，通过设计协同末制导律控制多枚导弹在短时间内同时攻击目标，可以大大压缩反导系统响应时间，使其难以同时拦截所有来袭导弹，即所谓的饱和打击可以达到提升作战效能的有效手段。但如果再考虑从不同的攻击方向实施攻击，可以进一步增加导弹编队突防和打击目标的概率。因此，同时考虑攻击时间和攻击角度控制的协同末制导律，即时间空间协同末制导律受到了更多学者的广泛关注。文献[24]～[27]基于比例导引加偏置项的思路设计了攻击时间和攻击角度约束的协同末制导律，其中偏置项包含角度控制和时间反馈控制两个部分。Li 等[25]考虑了导弹的视场角约束，并基于最优控制理论设计能量最优的时间和角度控制协同末制导律。方研等[28]将带有时间和角度控制的制导问题转化为具有终端状态约束的非线性最优控制问题，并基于预测控制的思想在线求解制导律。针对固定目标的多导弹协同拦截问题，Hu 等[29]首先针对固定目标，通过引入虚拟目标将制导分为两个阶段，第一阶段采用非奇异终端滑模实现在虚拟点的攻击时间和角度约束，第二阶段采用比例导引；进一步，又基于预测拦截点(predicted interception point, PIP)的方法，将针对固定目标的协同末制导律推广到匀速直线运动目标。Li 等[30]考虑加速度指令执行的动态特性，以导弹的一阶滞后加速度作为状态变量，提出了一种带有避碰策略的三维时间和角度约束制导律，并且该制导律在制导的末端加速度为零。

2. 分布式协同末制导律

1) 时间协同末制导律

上述带有时间控制的协同末制导律，都是预先指定多导弹的期望攻击时间，在初始时刻通过一个集中式的通信网络接收多导弹的初始攻击时间估计值,然后通过决策给出指定的期望攻击时间并传递给每一枚导弹。然而,在实际中由于对目标位置的初始估计存在误差,导弹的剩余时间估计也存在理论上的误差,因此很难在初始时刻给出一个理想的指定攻击时间。与上述集中式通信的带有时间控制的制导律相比,基于分布式通信网络进行协同变量的交互,并利用协同变量进行误差反馈设计攻击时间约束制导律,一方面可以获得更优的攻击时间,另一方面通过分布式网络进行协同制导的通信代价更低、鲁棒性更强。基于分布式网络的协同末制导律[31-43]使用与其相邻导弹的状态信息设计时间协同项,并基于多智能体一致性理论证明多弹攻击时间的一致性。文献[44]针对固定目标,把剩余时间作为协同变量,并基于分布式通信网络设计一种考虑执行器故障情况下的固定时间收敛容错制导律。为了获取更精确的剩余时间估计,文献[45]给出了一种不需要小前置角假设的剩余时间估计方法,并基于此设计了分布式有限时间收敛协同末制导律。此外,在多导弹攻击目标的对抗中,特别是在制导末端,很容易受到反导系统的通信干扰。为此,王青等分别考虑了多导弹分布式通信中存在的时延[46-47]、拓扑切换[48-49]、拓扑随机跳变[50-51]、非持续连通[52]、数据干扰[53]等情况,设计一致性协议保证多导弹的同时攻击。

2) 时间空间协同末制导律

视场角约束作为末制导中的一个重要约束条件[54-58],文献[55]使用距离和接近速度作为协同变量,避免了对剩余时间的估计,并使用分布式二阶一致性协议保证多导弹同时到达,所设计的导弹过载和视场角满足约束条件。为了提升多导弹协同攻击的毁伤效果,张保峰等[56]设计了同时考虑攻击时间和攻击角度约束的分布式协同制导律。针对带有不同种类导弹的编队,文献[59]设计了基于领–从弹通信架构的异构导弹分布式协同制导,并将其推广到多个导弹编队的协同制导律设计中[32]。不同于采用剩余时间或者剩余距离加接近速度作为协同变量的全程协同末制导律,He 等[60]针对固定目标的协同制导,提出了一种两阶段的协同制导律设计。第一阶段选择弹目距离和前置角的余弦作为协同变量,并使用二阶多智能体一致性协议保证协同变量的收敛;第二阶段采用经典的比例导引独立制导。当协同变量收敛一致时,所有导弹具有相同的弹目距离和前置角,此时在第二阶段采用相同导引系数的制导律可以保证多导弹同时攻击目标。由于在制导律设计中不考虑导弹的姿态问题,通常可将前置角近似为导弹视场角,设计带有状态约束的一致性协议。Ai 等[61]研究了视场角约束下的两阶段分布式协同末制导律。在视场角受限的情况下,为了提升第一阶段制导律的收敛速度,Ma 等[62]设计了一种有限时间收敛的二阶多智能体一致性协议。此外,考虑到制导过程中导弹之间的固定通信时间延迟,He 等[63]通过稳定性分析给出了最大延迟时间。

无论是选择剩余时间,还是选择剩余距离加接近速度作为协同变量的制导律,都是基于假设导弹的速度不变且不可控的情况设计的, 其本质上都是通过改变导弹的轨迹长度实现同时打击的目标。在工程上, 诸如巡航导弹等具有一定推力调节能力的导弹, 不但可以通过调节发动机推力在切向上提供正向加速度, 还可以通过弹体本身所受到的阻力或者通过增加阻力舵的方式产生负向的加速度。基于此理论, 邹丽等[64]设计了带有切向加速度控制的分布式协同制导律。Chen 等[65]将针对固定目标的协同包围攻击分为两个阶段, 在第一阶段, 通过控制法向过载使得导弹从不同的预定角度打击目标并保证视线角速率为零; 在第二阶段, 通过推力控制改变导弹的速度实现攻击时间上的协同。文献[66]以剩余时间为协同变量, 在视线方向设计制导律保证同时打击, 视线法向设计制导律保证视线角速率的收敛; 文献[67]还考虑了制导过程中的视场角约束。为了提升攻击时间和攻击角度的收敛时间, 文献[68]基于有限时间稳定性理论, 分别在视线方向和视线法向设计有限时间收敛的协同制导律。

1.3.1.2　高速机动目标的多导弹协同末制导律

针对固定或慢速机动目标的协同制导已经取得了较为丰富的成果, 但是由于针对高速机动目标的协同制导模型具有更强的非线性、耦合, 以及未知扰动(目标加速度)特性, 针对固定或慢速机动目标的末制导律难以直接应用到高速机动目标的末制导律设计中。但是, 设计针对这两类目标的协同末制导律所考虑的约束条件有很多是相同的, 如时间、视线角、视场角、分布式网络通信的时间延迟、拓扑切换等。因此, 针对固定或慢速运动目标的协同末制导律设计方法为高速机动目标的协同末制导律设计提供了较好的理论基础和研究思路。

在设计固定或慢速机动目标的协同末制导律时, 目标的位置是确定或者可以预测的, 此时可以精确的估计剩余时间, 并通过法向过载改变弹道长度对固定或慢速运动目标进行攻击时间控制。在设计高速机动目标的协同制导律时, 目标速度较大且进行机动时, 末端的位置难以预测。因此, 难以仅控制弹道长度来完成攻击时间协同, 必须控制导弹的纵向过载。由于目标的加速度未知且无法直接测得, 需要额外设计观测器对目标加速度进行估计, 并在制导律中需要对目标加速度项进行补偿, 这些都给制导律的设计带来更大的难度。

在高速机动目标的弹目运动模型中, 导弹的攻击时间与视线方向上的距离和接近速度直接相关, 由视线方向的相对加速度控制; 攻击角度与视线法向的视线角速率相关, 由视线法向上的相对加速度控制。由于目标是机动的, 视线方向和视线法向的目标加速度分量始终存在。在制导律的设计中, 必须考虑当制导系统到达稳态后, 导弹需要产生视线方向和视线法向过载来补偿目标加速度在两个方向上的分量。在实际的导弹控制中, 需要将视线方向上的加速度转换到弹道系(制导中近似为速度系)下, 由于目标加速度的未知和不可控, 加速度经过坐标转换后在切向方向必然存在加速度分量。因此,针对高速运动目标的协同制导律大多数是基于推力可控的导弹进行设计的。由于目标高速运动,目标速度较大且机动未知,难以对目标的位置和速度进行预测,无法在导弹发射时对攻击时间进行较为准确的估计,采用经典的基于集中式结构预先给定导弹的期望攻击时间的策略难以施行。因此,针对高速运动目标的协同末制导律基本是基于分布式网络设计的,通过导弹之间传递协同变量对导弹的攻击时间进行实时调整,从而实现多导弹协同攻击。针对高速运动目标的协同末制导律设计的最核心问题是确保每枚导弹状态达到协同一致的实时性,即协同状态的收敛时间必须小于每枚导弹的末制导段攻击时间。因此,希望协同末制导律应确保协同状态变量收敛时间是已知的、有限的。但开始研究协同末制导律时,首先关注的是如何设计协同末制导律,确保每枚导弹的协同状态变量趋于一致,即渐近时间收敛协同末制导律;然后随着各种多智能体协同理论的逐渐成熟,特别是有限时间收敛性理论的提出,引起了研究制导控制方面学者的广泛关注,很快将其应用到协同末制导设计中。目前关于有限时间收敛的协同末制导律分为渐近收敛的时空协同末制导律、有限时间时空协同末制导律、固定时间时空协同末制导律、预设时间协同末制导律。下面分别逐一进行综述。

1) 渐近收敛的时空协同末制导律

针对带有领–从弹结构的多导弹协同制导问题,赵启伦等[69]针对领弹设计独立的制导律,从而为从弹提供参考状态变量,通过为分布式通信网络设计从弹制导律对领弹进行跟踪。这种制导策略的问题在于收敛速度难以控制,若收敛速度过快会导致导弹编队的碰撞,若收敛速度过慢则协同效果较差[70]。文献[71]和[72]基于两方向的制导思路,通过扰动观测器或者自适应估计的方式,处理目标加速度在视线方向和视线法向上的分量,随后在视线方向上基于多智能体一致性理论保证攻击时间收敛,视线法向设计控制量保证精确命中目标。基于李雅普诺夫稳定性理论,文献[73]~[78]在视线方向和视线法向分别设计分布式时空协同末制导律,其中,Zhou 等将视场角约束转化为导弹的视线角速率约束,分别基于积分型[75]和 log 型[76]的障碍李雅普诺夫函数设计带有视线角速率约束的视线法向制导律,并在视线方向利用渐近收敛的多智能体一致性协议保证多导弹同时打击目标。针对高超声速飞行器的协同拦截问题,谭诗利等[77]选择剩余距离和接近速度为协同变量,并通过渐近收敛的二阶多智能体一致性协议保证多导弹攻击时间一致性。此外,董晓飞等[78]采用剩余距离和接近速度作为协同变量,并在有向拓扑下设计二阶多智能体一致性协议,基于反馈线性化的方法设计两方向制导律。针对三维协同制导问题,Wang 等[79]在纵向平面内设计偏置比例导引,使得导弹快速收敛到横向平面内,将三维协同制导问题转化为平面内的协同制导问题,然后基于两方向的制导策略分别在视线方向和视线法向设计协同制导律,使得多导弹同时命中目标。

2) 有限时间时空协同末制导律

针对多导弹对空中机动目标的协同拦截问题，Zhao 等[80]设计了一种两方向协同末制导律，在视线方向基于有限时间收敛的一致性理论保证多导弹攻击时间的有限时间收敛，在视线法向上设计反馈控制律保证视线角速率在有限时间内收敛。为了保证协同制导系统的有限时间收敛，在视线方向上通常采用剩余时间作为协同变量，然后基于有限时间收敛的一阶多智能体一致性协议保证攻击时间一致性[81]，并基于积分滑模控制等理论设计视线方向制导律；在视线法向上选择视线角和视线角速率作为状态变量，并采用终端滑模控制[82]、超扭矩算法[83-84]等设计视线法向制导律实现视线角和视线角速率的有限时间收敛。由于通过自适应方法估计扰动上界具有一定的保守性，很多学者采用观测器的方法对扰动直接进行估计，文献[85]分别采用有限时间扰动观测器[86]、非线性扰动观测器[87]、非齐次干扰观测器[83,88]、扩张状态观测器[89]、分数阶扩张状态观测器[90]对目标机动带来的未知扰动进行估计。文献[91]在视线方向上选择弹目距离和弹目接近速度作为协同变量，并通过二阶有限时间一致性协议保证攻击时间的一致性。吕腾等设计了有向通信网络情况下协同变量的一致性收敛协同制导律[92-95]。

文献[96]和[97]针对高速大机动目标，考虑时间和角度约束条件，分别利用滑模控制方法和动态逆方法，基于两方向设计了时空协同末制导律。

3) 固定时间协同末制导律

由于导弹的末制导过程是一个有限时间作用过程，渐近收敛的协同末制导律可以保证攻击时间和视线角的逐渐收敛，但是在攻击末端的状态收敛效果无法保证。有限时间收敛通过对误差状态的幂次负反馈，可以有效地提升收敛速度，但是其收敛时间仍与系统的初始状态有关。为了进一步提升协同制导律的收敛性能，近几年来，一些学者研究了固定时间收敛的分布式协同末制导律[98-108]。

针对空中目标机动带来的未知干扰，Dong 等[104]设计了固定时间扰动观测器(fixed time disturbance observer, FxTDO)对未知扰动进行估计，在视线方向上使用固定时间收敛的一致性协议，在视线法向上使用积分滑模面和固定时间趋近律设计制导律，从而保证攻击时间和视线角的固定时间收敛。为了有效避免导弹之间的视线角交叉问题，Ma 等[105]进一步对视线角进行约束，在视线法向引入了预设性能控制，使得每枚导弹的视线角按照预先设定的包线收敛到期望值，可以有效避免导弹之间视线交叉。针对导弹编队之间通信受到干扰的情况，文献[107]～[109]研究了控制输入时延情况下的固定时间收敛协同末制导律。Yu 等[106]针对部分导弹通信系统失效导致节点只能接收不能发送信息以及导弹通信网络存在拓扑切换的情况，设计了固定时间收敛的分布式协同末制导律。

4) 预定时间协同末制导律

随着 2017 年 Song 等[108]提出预定时间非线性控制方法后，本书作者及研究团队[110-112]借用此思想，通过引入时变的缩放函数，对状态变量进行变换，获得新的弹目运动方程，然后基于多智能体系统一致性理论，设计预定时间收敛的时间和视线角约束的时空协同末制导律。同时，考虑到目标加速度无法直接得到，分别采用自适应估计和观测器方法对目标机动在视线方向和视线法向带来的未知扰动进行估计，并基于有限时间收敛的一致性协议和非奇异终端滑模控制方法分别设计两方向制导律，确保多枚导弹的攻击时间和视线角在有限时间内收敛。由于在实际制导过程中，存在通信时变时间延迟和拓扑切换的问题，文献[110]分别在视线方向和视线法向上设计协同末制导律实现多导弹三维时空协同攻击。在视线方向选择攻击时间为协同变量，通过设计考虑通信时变时间延迟的一阶多智能体一致性协议，保证多导弹的期望攻击时间达到一致性。基于此一致性协议设计视线方向上的制导律，使得导弹的攻击时间在预设时间收敛到期望值，并且给出了制导律参数与延迟时间的明确数值关系。在视线法向选择视线角和视线角速率作为状态变量，基于预设时间收敛滑模控制保证导弹的视线角在预设时间收敛至期望值并保持。考虑到空中高速机动目标的瞬时运动状态难以预测，如果使用传统的事先给定进入角实施多弹包围攻击，将导致部分导弹由于可用过载小于需用过载，从而难以达到空间包围的目的，文献[110]和[111]基于虚拟目标及领–从弹架构的预设时间收敛协同末制导律。通过引入虚拟目标，使得每枚导弹各自瞄准一个虚拟目标，实现多导弹的动态包围攻击；然后，构建导弹与虚拟目标的弹目运动关系，并利用动态逆控制和预设时间控制设计视线方向和视线法向的制导律，保证多枚导弹同时命中目标。此外，针对多红外导引头探测目标获取相对距离信息时基线受限的问题，文献[112]首先提出了基于双视线的探测原理的多导弹分布式协同估计算法，然后将导弹探测的视场角约束问题转化为时变的视线角速率约束问题，并基于切换控制的思想利用 ln 型障碍李雅普诺夫函数设计了一种预设时间收敛的分布式时空协同末制导律。

1.3.1.3 大规模编队分组协同末制导律

从前面综述可以看出，小规模编队单分组协同中、末制导律已经有非常广泛的研究，取得了十分丰硕的研究成果。但随着无人飞行器编队规模越来越大，编队成员的构建越来越多样，采用单分组编队协同工作需要相互传输的信息量越来越大，受限于网络通信频率和带宽，难以满足大规模节点实时通信的要求。因此，有必要对大规模编队进行分组，组内和组间以不同的通信方式进行信息传输。大规模编队分组的复杂性导致网络拓扑结构的复杂性，但为了证明分组协同末制导律能确保所期望的协同一致性，其都是基于多智能体一致性理论来完成的，而多智能体一致性理论对网络拓扑结构有严格的要求，如入度平衡、各分组之间耦合等要求，下面分别进行综述。

1.3.2　入度平衡约束下的分组协同末制导研究现状

重要目标(如作战指挥中心)通常由多层导弹防御系统(如预警雷达系统和地对空导弹系统)屏蔽,为了提高突防能力和杀伤概率,有必要在攻击作战指挥中心之前摧毁导弹防御系统。虽然编队协同作战能够充分利用规模优势实现饱和打击,但大规模编队作战一方面会消耗大量有限通信资源,不利于应对复杂的前端作战环境;另一方面覆盖性毁伤会造成不必要的损耗,作战效费比难以保证。因此,协调多目标作战任务下的协同编队规模和复杂任务对于编队作战效能的提升至关重要。图 1-3 为分组协同制导示意图。

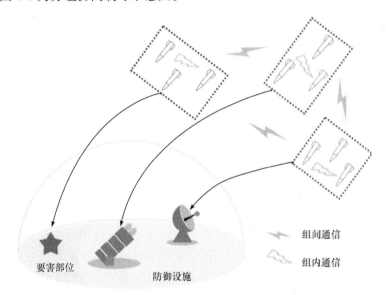

图 1-3　分组协同制导示意图

为实现对地面大型群目标的协同打击,相比于饱和作战的数量覆盖,分组协同作战方案有利于平衡规模和有限任务资源之间的矛盾。在该作战场景下,多枚导弹被划分为几个小组,每个小组应同时摧毁各自的目标,同时为保障群体作战任务,不同的小组之间也会按一定规则进行必要的协同通信。与传统的用于攻击一个目标的协同寻的制导不同,群协同制导适用于多个目标。此外,传统的协同寻的制导只在一个子群中进行信息交换,而分组协同制导则在多个子组之间进行额外的信息交换。换言之,一组中的信息合作攻击不仅在同一子组内流动,而且在不同子组之间流动,面对复杂的作战任务,分组协同制导能够为复杂任务下的精确打击提供良好的先决条件。

在复杂战场环境、探测能力、飞行状态等多重因素影响下,协同制导任务会随之改变。协同制导过程中,多弹编队可视为包含多个导弹小组的弹群,分组网络一致性是指多弹编队能同时协调完成多个不同任务，形成不同的一致性结果。基于分组一致性的协同制导方法借助分组局部有限的信息传递，自主调整协同状态以实现小组同一时间到达。关于分组一致性理论已取得一定成果。文献[113]针对二阶多智能体系统分组一致性开展研究，通过对网络拓扑的频域分析给出分组一致性的充分必要条件，为后续分组一致性的诸多研究奠定关键性基础。文献[114]针对双积分系统开展二分组一致性研究，给出分组收敛的充要条件。在此基础上，文献[115]针对三阶系统开展固定有向拓扑下的分组一致性研究，并给出充要条件，结合复系数多项式稳定理论给出分组一致性和控制参数之间的关系。文献[116]基于组间入度平衡约束和无向拓扑结构开展分组一致性研究。文献[117]针对网络攻击下的分组一致性开展研究，给出二分组一致性收敛的充分条件，并进一步推广至多分组一致性研究。文献[118]则是给出了离散时间分组一致性的充要条件。随着多智能体分组网络一致性理论研究的推进[119-126]，相关方法也得以应用于协同制导方向。文献[49]和[127]基于分组网络一致性开展了协同制导律的相关研究，提出了在有向网络切换拓扑下的分组协同制导律。

1.3.2.1　组间耦合分组协同末制导

在协同过程中，为了确保目标任务能够协调完成，需要编队内所有导弹的状态随时保持一致，然而，受实际作战环境的影响，系统的收敛状态会发生实时变化。此外，在导弹编队协同过程中，为完成多个不同任务，会产生多个不同的一致性结果。因此，在包含多个子网的导弹编队中，当导弹在分组协同制导方法的作用下实现分组一致时，所有导弹的最终状态可按照分组收敛到一个相同的期望状态，即按组实现渐近一致，同一个分组中的所有导弹能够实现一致[128]。因此，对于协同制导来说，动态网络一致性问题可视为分组一致性问题的特例。实际应用中，随着编队规模的扩大、成分的复杂化和协同制导支撑网络复杂程度的增加，调控难度不断增大，因此"自上而下、分而治之"的思路更为适用，将导弹编队划分为若干个小组，从而实现对整体的协调控制，更易在工程中实现，合适的分组一致性能够保证导弹编队快速、稳定地收敛完成协同任务。

此外，关于分组一致性和复杂网络同步问题的研究也取得了很多有益的成果。基于无向图一阶分组一致性研究，文献[129]将研究工作拓展到基于强连通图的分组一致性，进一步将切换系统转化为降维系统，通过分组间的信息交互能够加快收敛速度。同时，针对固定拓扑动态网络的静态分组一致性问题开展研究，给出了两种分组控制协议收敛的条件。文献[130]和[131]基于固定有向和无向拓扑结构探讨了具有虚拟领航者的二阶分组一致性课题。

为了进一步减轻通信负担、降低控制成本，牵制策略被引入分组一致性的研究中。考虑到网络内的具体耦合关系，内部节点相互之间的耦合会影响协同，因此可通过外力作用实现有效控制。理论上,对网络中的每一个节点实施控制从而实现一致,但对于大规模复杂网络来说不切实际。牵制策略可以通过对网络中的部分节点实施控制,从而达到协调控制整个网络的目的。关于多智能体网络牵制分组一致性和牵制分组同步的研究,已有一定的进展[132-140]。文献[132]和[133]提出了一种集中自适应控制策略,研究结果表明,增大统一分组中节点的耦合有助于整个系统分组协同收敛。文献[134]提出一种牵制分组策略并给出牵制原则,当分组中节点的入度大于出度时,该分组需要被选择牵制。本书作者及团队成员针对带有牵制多导弹分组网络的协同制导问题,引入时变的缩放函数,对状态变量进行变换,获得新的弹目运动方程,然后基于多智能体系统一致性理论,设计了预定时间三维牵制分组协同末制导律[135-138]。文献[139]和[140]基于有向通信网络提出了一种牵制分组策略,保证小组按虚拟期望实现分组收敛。

1.3.2.2　通信时延协同末制导

可靠的通信网络是协同制导律有效导引的重要支撑,然而外在的环境因素和内在的通信能力会影响协同制导律的稳定收敛,进而影响作战效能。一方面,在以拒止环境为典型代表的复杂作战环境下,导弹协同网络极易受到干扰而产生延迟;另一方面,随着编队规模的扩大,网络化节点的增加会加剧网络拥塞,导致传输性能下降而产生时延,此外通信信号处理、系统数据处理、带宽限制等也极易引发时延问题。因此,考虑通信时延下的分组协同末制导研究更具有工程价值。

已有部分学者针对通信时延下的协同末制导问题开展了相关研究。文献[141]利用李雅普诺夫稳定性理论给出了所能接受的通信时间延迟的上界。文献[47]基于图论方法将多弹协同制导时间渐近一致性问题转化为制导时间分歧系统的渐近稳定性问题。基于李雅普诺夫函数得到了能够保证制导时间渐近一致的充分条件。进一步,利用线性矩阵不等式(linear matrix inequality,LMI)方法,文献[142]将固定时间延迟推广到时变时间延迟,并设计了一种针对固定目标的两阶段协同末制导律。然而,多数关于时延协同末制导方法的研究并未考虑到分组这一需求。

此外,基于时延分组一致性的研究已取得初步进展[143-151]。针对拓扑结构为连通无向图与连通二分图的一阶时延多智能系统的分组一致性问题,文献[143]基于广义奈奎斯特准则与频域控制理论的方法得到了多智能体系统渐进分组收敛一致的充分条件。文献[144]针对连通二分图结构下的一阶多智能体系统,考虑有无时滞两种情形下多智能体的加权分组一致问题,运用圆盘定理和广义奈奎斯特准则,得到系统达到收敛时可能接受的最大时延上界。文献[145]利用状态变换方法,将多智能体系统的群体一致性问题等价地转化为时延系统的渐近稳定性,分别通过李雅普诺夫理论和 Hopf 分叉理论获取系统时延上界。文献[149]基于度图中的零/非零与非负矩阵之间的关系,给出了切换拓扑下具有时变时滞的多智能体系统的群一致性准则。文献[151]针对通信时延问题,提出了一种基于分组的协同方案,实现了通信时延下的动态调整。

1.4　本书内容及结构安排

全书共 11 章,由三部分组成。第一部分由第 1~5 章构成,重点介绍协同中制导律相关理论和技术。其中,第 1 章介绍协同制导理论和技术研究现状,以及本书内容及结构安排;第 2 章介绍协同中制导的通用设计框架、流程和设计方法;第 3 章分别介绍集中式和分布式协同中制导设计方法和技术;第 4 章介绍通信时延下协同中制导律设计方法;第 5 章介绍带有固定编队形式的协同中制导理论和技术。第二部分由第 6~8 章构成,重点介绍单组协同末制导理论与技术。其中,第 6 章介绍有限时间收敛协同末制导律设计方法;第 7 章给出通信时延和网络拓扑切换条件下的协同末制导律设计方法和技术;第 8 章研究动态包围攻击的协同末制导理论和技术。第三部分由第 9~11 章构成,重点介绍大规模分组协同末制导理论与技术。其中,第 9 章介绍网络拓扑结构满足入度平衡条件的分组协同末制导律设计方法;第 10 章给出分组网络存在组间耦合条件的分组协同末制导律设计方法;第 11 章研究通信时延下分组协同末制导律理论和技术。

参 考 文 献

[1] 赵建博, 杨树兴. 多导弹协同制导研究综述[J]. 航空学报, 2017, 38(1): 22-34.

[2] 杨小川, 毛仲君, 姜久龙, 等. 美国作战概念与武器装备发展历程及趋势分析[J]. 飞航导弹, 2021(2): 88-93.

[3] 赵鸿燕. 美国面向未来战争的导弹协同作战概念发展研究[J]. 航空兵器, 2019, 26(4): 1-9.

[4] 赵启伦, 宋勋, 王晓东, 等. 高抛弹道三维复合协同制导律设计[J]. 航空兵器, 2021, 28(1): 26-33.

[5] ZENG J, DOU L, XIN B. A joint mid-course and terminal course cooperative guidance law for multi-missile salvo attack[J]. Chinese Journal of Aeronautics, 2018, 31(6): 1311-1326.

[6] ZHANG H, TANG S, GUO J. Cooperative near-space interceptor mid-course guidance law with terminal handover constraints[J]. Proceedings of The Institution of Mechanical Engineers Part G: Journal of Aerospace Engineering, 2019, 233(6): 1960-1976.

[7] 方洋旺, 程昊宇, 全希. 网络化制导技术研究现状及发展趋势[J]. 航空兵器, 2018(5): 3-20.

[8] 欧阳楚月, 方洋旺, 符文星. 带避障和时间约束的网络化导弹协同制导律[C]. 2018 中国自动化大会, 西安, 2018: 441-448.

[9] 方洋旺, 邓天博, 符文星. 智能制导律研究综述[J]. 无人系统技术, 2020, 3(6): 36-42.

[10] WU Z, FANG Y, FU W, et al. Three-dimensional cooperative mid-course guidance law against the maneuvering target[J]. IEEE Access, 2020, 8: 18841-18851.

[11] WU Z, REN Q, LUO Z, et al. Cooperative midcourse guidance law with communication delay[J]. International Journal of Aerospace Engineering, 2021, 2021: 3460389.

[12] YANG G, FANG Y W, FU W, et al. Cooperative trajectory shaping guidance law for multiple missiles[C]. Advances in Guidance, Navigation and Control: Proceedings of 2022 International Conference on Guidance, Navigation and Control, Singapore, 2023: 4724-4735.

[13] WANG Z K, FU W X, FANG Y W, et al. Prescribed-time cooperative guidance law against maneuvering target based on leader-following strategy[J]. ISA Transactions, 2022, 129: 257-270.

[14] WANG Z K, FANG Y W, FU W X, et al. Prescribed-time cooperative guidance law against maneuvering target with input saturation[J]. International Journal of Control, 2022, 96(5): 1-13.

[15] WANG Z K, FANG Y W, FU W X, et al. Cooperative guidance laws against highly maneuvering target with impact time and angle[J]. Proceedings of the Institution of Mechanical Engineers, Part G: Journal of Aerospace Engineering, 2022, 236(5): 1006-1016.

[16] JEON I, LEE J, TAHK M. Impact-time-control guidance law for anti-ship missiles[J]. IEEE Transactions on Control Systems Technology, 2006, 14(2): 260-266.

[17] JEON I, LEE J, TAHK M. Homing guidance law for cooperative attack of multiple missiles[J]. Journal of Guidance, Control, and Dynamics, 2010, 33(1): 275-280.

[18] HE S, LIN D. Three-dimensional optimal impact time guidance for antiship missiles[J]. Journal of Guidance, Control, and Dynamics, 2019, 42(4): 941-948.

[19] 张友根, 张友安, 施建洪, 等. 基于双圆弧原理的协同制导律研究[J]. 海军航空工程学院学报, 2009, 24(5): 537-542.

[20] 陈中原, 韦文书, 陈万春. 基于强化学习的多发导弹协同攻击智能制导律[J]. 兵工学报, 2021, 42(8): 1638-1647.

[21] ZHANG Y, WANG X, WU H. Impact time control guidance with field-of-view constraint accounting for uncertain system lag[J]. Proceedings of the Institution of Mechanical Engineers, Part G: Journal of Aerospace Engineering, 2016, 230(3): 515-529.

[22] HU J, CUI N, BAI Y, et al. Guidance law to control impact time constraining the seeker's field of view [J]. Aircraft Engineering and Aerospace Technology, 2018, 91(1): 20-29.

[23] 陈升富, 常思江, 吴放. 带有视场角约束的滑模攻击时间控制制导律[J]. 兵工学报, 2019, 40(4): 777-787.

[24] LEE J, JEON I, TAHK M. Guidance law to control impact time and angle[J]. IEEE Transactions on Aerospace and Electronic Systems, 2007, 43(1): 301-310.

[25] LI B, LIN D, WANG J, et al. Guidance law to control impact angle and time based on optimality of error dynamics[J]. Proceedings of the Institution of Mechanical Engineers, Part G: Journal of Aerospace Engineering, 2018, 233(10): 3577-3588.

[26] SHIM S W, HONG S M, MOON G H, et al. Impact angle and time control guidance under field-of-view constraints and maneuver limits[J]. International Journal of Aeronautical and Space Sciences, 2018, 19(1): 217-226.

[27] CHEN X, WANG J. Optimal control based guidance law to control both impact time and impact angle[J]. Aerospace Science and Technology, 2019, 84: 454-463.

[28] 方研, 马克茂, 陈宇青. 带有攻击角度和时间约束的协同制导律设计[J]. 系统仿真学报, 2014, 26(10): 2434-2441.

[29] HU Q, HAN T, XIN M. New impact time and angle guidance strategy via virtual target approach[J]. Journal of Guidance, Control, and Dynamics, 2018, 41(8): 1755-1765.

[30] LI Y, ZHOU H, CHEN W C. Three-dimensional impact time and angle control guidance based on MPSP[J].

International Journal of Aerospace Engineering, 2019: 1-17.

[31] 赵世钰, 周锐. 基于协调变量的多导弹协同制导[J]. 航空学报, 2008, 30(6): 1605-1611.

[32] 邹丽, 周锐, 赵世钰, 等. 多导弹编队齐射攻击分散化协同制导方法[J]. 航空学报, 2011, 32(2): 281-290.

[33] ZHANG Y, WANG X, WU H. A distributed cooperative guidance law for salvo attack of multiple anti-ship missiles[J]. Chinese Journal of Aeronautics, 2015, 28(5): 1438-1450.

[34] HOU D, WANG Q, SUN X, et al. Finite-time cooperative guidance laws for multiple missiles with acceleration saturation constraints[J]. IET Control Theory and Applications, 2015, 9(10): 1525-1535.

[35] ZHAO J, ZHOU R, DONG Z. Three-dimensional cooperative guidance laws against stationary and maneuvering targets[J]. Chinese Journal of Aeronautics, 2015, 28(4): 1104-1120.

[36] ZHAO J, ZHOU R. Unified approach to cooperative guidance laws against stationary and maneuvering targets[J]. Nonlinear Dynamics, 2015, 81(4): 1635-1647.

[37] ZHAO J, ZHOU R. Distributed three-dimensional cooperative guidance via receding horizon control[J]. Chinese Journal of Aeronautics, 2016, 29(4): 972-983.

[38] ZHAO J, ZHOU S, ZHOU R. Distributed time-constrained guidance using nonlinear model predictive control[J]. Nonlinear Dynamics, 2016, 84(3): 1399-1416.

[39] ZHAO J, ZHOU R. Obstacle avoidance for multi-missile network via distributed coordination algorithm[J]. Chinese Journal of Aeronautics, 2016, 29(2): 441-447.

[40] WANG X, ZHANG Y, LIU D, et al. Three-dimensional cooperative guidance and control law for multiple reentry missiles with time-varying velocities[J]. Aerospace Science and Technology, 2018, 80: 127-143.

[41] 高晔, 周军, 郭建国, 等. 红外成像制导导弹分布式协同制导律研究[J]. 红外与激光工程, 2019, 48(9): 60-68.

[42] KUMAR S R, MUKHERJEE D. Cooperative salvo guidance using finite-time consensus over directed cycles[J]. IEEE Transactions on Aerospace and Electronic Systems, 2020, 56(2): 1504-1514.

[43] 李文, 尚腾, 姚寅伟, 等. 速度时变情况下多飞行器时间协同制导方法研究[J]. 兵工学报, 2020, 41(6): 1096-1110.

[44] LI G, WU Y, XU P. Adaptive fault-tolerant cooperative guidance law for simultaneous arrival[J]. Aerospace Science and Technology, 2018, 82-83: 243-251.

[45] YANG X, SONG S. Three-dimensional consensus algorithm for nonsingular distributed cooperative guidance strategy[J]. Aerospace Science and Technology, 2021, 118: 1-18.

[46] YI S, SHE X, GUO D, et al. Distributed multi-munition cooperative guidance based on clock synchronization for switching and noisy networks[J]. The Journal of Supercomputing, 2021, 77: 212-243.

[47] 王青, 后德龙, 李君, 等. 存在时延和拓扑不确定的多弹分散化协同制导时间一致性分析[J]. 兵工学报, 2014, 35(7): 982-989.

[48] ZHAO Q, DONG X, LIANG Z, et al. Distributed cooperative guidance for multiple missiles with fixed and switching communication topologies[J]. Chinese Journal of Aeronautics, 2017, 30(4): 1570-1581.

[49] ZHAO Q, DONG X, LIANG Z, et al. Distributed group cooperative guidance for multiple missiles with fixed and switching directed communication topologies[J]. Nonlinear Dynamics, 2017, 90(4): 2507-2523.

[50] 彭琛, 刘星, 吴森堂, 等. 多弹分布式协同末制导时间一致性研究[J]. 控制与决策, 2010, 25(10): 1557-1561.

[51] ZHANG C, SONG J, HUANG L, et al. Cooperative guidance law considering the randomness of the unreliable communication network[J]. Proceedings of the Institution of Mechanical Engineers, Part G: Journal of Aerospace Engineering, 2018, 233(9): 3313-3322.

[52] 叶鹏鹏, 盛安冬, 张蛟, 等. 非持续连通通信拓扑下的多导弹协同制导[J]. 兵工学报, 2018, 39(3): 474-484.

[53] 朱豪坤, 鱼小军, 罗艳伟, 等. 分布式抗干扰时间协同制导律的研究[J]. 弹箭与制导学报, 2021, 41(4): 99-102.

[54] ZHAO J, YANG S. Integrated cooperative guidance framework and cooperative guidance law for multi-missile[J]. Chinese Journal of Aeronautics, 2018, 31(3): 546-555.

[55] KANG S, WANG J N, LI G, et al. Optimal cooperative guidance law for salvo attack: An MPC-based consensus perspective[J]. IEEE Transactions on Aerospace and Electronic Systems, 2018, 54(5): 2397-2410.

[56] 张保峰, 宋俊红, 宋申民. 具有角度约束的多导弹协同制导研究[J]. 弹箭与制导学报, 2014, 34(1): 13-15.

[57] WANG X, ZHANG Y, WU H. Sliding mode control based impact angle control guidance considering the seeker's field-of-view constraint[J]. ISA Transactions, 2016, 61: 49-59.

[58] LYU T, LI C, GUO Y, et al. Three-dimensional finite-time cooperative guidance for multiple missiles without radial velocity measurements[J]. Chinese Journal of Aeronautics, 2019, 32(5): 1294-1304.

[59] 毛昱天, 杨明, 张锐. 异构多导弹系统自适应分布式协同制导[J]. 导航定位与授时, 2017, 4(3): 39-45.

[60] HE S M, WANG W, LIN D F, et al. Consensus-based two-stage salvo attack guidance[J]. IEEE Transactions on Aerospace and Electronic Systems, 2018, 54(3): 1555-1566.

[61] AI X, WANG L, YU J, et al. Field-of-view constrained two-stage guidance law design for three-dimensional salvo attack of multiple missiles via an optimal control approach[J]. Aerospace Science and Technology, 2019, 85: 334-346.

[62] MA S, WANG X, WANG Z, et al. Consensus-based finite-time cooperative guidance with field-of-view constraint[J]. International Journal of Aeronautical and Space Sciences, 2022, 23(5): 1-14.

[63] HE S, KIM M, SONG T, et al. Three-dimensional salvo attack guidance considering communication delay[J]. Aerospace Science and Technology, 2018, 73: 1-9.

[64] 邹丽, 孔繁峨, 周锐, 等. 多导弹分布式自适应协同制导方法[J]. 北京航空航天大学学报, 2012, 38(1): 128-132.

[65] CHEN Y, WANG J, SHAN J, et al. Cooperative guidance for multiple powered missiles with constrained impact and bounded speed[J]. Journal of Guidance, Control, and Dynamics, 2021, 44(4): 825-841.

[66] ZHOU J, YANG J. Distributed guidance law design for cooperative simultaneous attacks with multiple missiles[J]. Journal of Guidance Control and Dynamics, 2016, 39(10): 2436-2444.

[67] GAO C, LI J, FENG T, et al. Adaptive terminal guidance law with impact-angle constraint[J]. Aeronautical Journal, 2018, 122(1249): 369-389.

[68] YANG B, JING W X, GAO C S. Three-dimensional cooperative guidance law for multiple missiles with impact angle constraint[J]. Journal of Systems Engineering and Electronics, 2020, 31(6): 1286-1296.

[69] 赵启伦, 陈建, 董希旺, 等. 拦截高超声速目标的异类导弹协同制导律[J]. 航空学报, 2016, 37(3): 936-948.

[70] ZHAO J, YANG S, XIONG F. Cooperative guidance of seeker-less missile considering localization error[J]. Chinese Journal of Aeronautics, 2019, 32(8): 1933-1945.

[71] ZHOU J, LV Y, LI Z, et al. Cooperative guidance law design for simultaneous attack with multiple missiles against a maneuvering target[J]. Journal of Systems Science and Complexity, 2018, 31(1): 287-301.

[72] WEI X, YANG J. Cooperative guidance laws for simultaneous attack against a target with unknown maneuverability[J]. Proceedings of the Institution of Mechanical Engineers, Part G: Journal of Aerospace Engineering, 2019, 233(7): 2518-2535.

[73] ZHAO Q, DONG X, SONG X, et al. Cooperative time-varying formation guidance for leader-following missiles to

intercept a maneuvering target with switching topologies[J]. Nonlinear Dynamics, 2019, 95(1): 129-141.

[74] DONG X, REN Z. Impact angle constrained distributed cooperative guidance against maneuvering targets with undirected communication topologies[J]. IEEE Access, 2020, 8: 117867-117876.

[75] ZHOU S, HU C, WU P, et al. Impact angle control guidance law considering the seeker's field-of-view constraint applied to variable speed missiles[J]. IEEE Access, 2020, 8: 100608-100619.

[76] ZHOU S, ZHANG S, WANG D. Impact angle control guidance law with seeker's field-of-view constraint based on logarithm barrier lyapunov function[J]. IEEE Access, 2020, 8: 68268-68279.

[77] 谭诗利, 雷虎民, 王斌. 高超声速目标拦截含攻击角约束的协同制导律[J]. 北京理工大学学报, 2019, 39(6): 597-602.

[78] 董晓飞, 任章, 池庆玺, 等. 有向拓扑条件下针对机动目标的分布式协同制导律设计[J]. 航空学报, 2020, 41(S1): 119-127.

[79] WANG C, DING X, WANG J, et al. A robust three-dimensional cooperative guidance law against maneuvering target[J]. Journal of the Franklin Institute, 2020, 357(10): 5735-5752.

[80] ZHAO E, CHAO T, WANG S, et al. Multiple flight vehicles cooperative guidance law based on extended state observer and finite time consensus theory[J]. Proceedings of the Institution of Mechanical Engineers, Part G: Journal of Aerospace Engineering, 2016, 232(2): 270-279.

[81] 宋俊红, 宋申民, 徐胜利. 一种拦截机动目标的多导弹协同制导律[J]. 宇航学报, 2016, 37(12): 1306-1314.

[82] SONG J, SONG S, XU S. Three-dimensional cooperative guidance law for multiple missiles with finite-time convergence[J]. Aerospace Science and Technology 2017, 67: 193-205.

[83] ZHANG S, GUO Y, LIU Z, et al. Finite-time cooperative guidance strategy for impact angle and time control[J]. IEEE Transactions on Aerospace and Electronic Systems, 2021, 57(2): 806-819.

[84] LIU S, YAN B, LIU R, et al. Cooperative guidance law for intercepting a hypersonic target with impact angle constraint[J]. The Aeronautical Journal, 2022, 126(1300): 1026-1044.

[85] WANG X, LU X. Three-dimensional impact angle constrained distributed guidance law design for cooperative attacks[J]. ISA Transactions, 2018, 73: 79-90.

[86] DONG X, REN Z. Finite-time distributed leaderless cooperative guidance law for maneuvering targets under directed topology without numerical singularities[J]. Aerospace, 2022, 9(3): 1-16.

[87] 吕腾, 吕跃勇, 李传江, 等. 带视线角约束的多导弹有限时间协同制导律[J]. 兵工学报, 2018, 39(2): 305-314.

[88] YOU H, ZHAO F J. Distributed synergetic guidance law for multiple missiles with angle-of-attack constraint[J]. The Aeronautical Journal, 2020, 124(1274): 533-548.

[89] 孙世岩, 姜尚, 田福庆, 等. 带多约束的多弹分布式自适应协同导引律[J]. 系统工程与电子技术, 2021, 43(1): 181-190.

[90] WANG X, LU H, HUANG X, et al. Three-dimensional time-varying sliding mode guidance law against maneuvering targets with terminal angle constraint[J]. Chinese Journal of Aeronautics, 2022, 35(4): 303-319.

[91] WANG X H, TAN C P. 3-D impact angle constrained distributed cooperative guidance for maneuvering targets without angular-rate measurements[J]. Control Engineering Practice, 2018, 78: 142-159.

[92] 吕腾, 李传江, 郭延宁, 等. 有向拓扑下无径向速度测量的多导弹协同制导[J]. 宇航学报, 2018, 39(11): 1238-1247.

[93] 史震, 何晨迪, 郑岩. 攻角约束下的二阶滑模控制器的协同制导律设计[J]. 红外与激光工程, 2018, 47(6): 121-128.

[94] 赵久奋, 史绍琨, 崇阳, 等. 带落角约束的多导弹分布式协同制导律[J]. 中国惯性技术学报, 2018, 26(4): 546-553.

[95] WANG Z K, FU W X, FANG Y W, et al. Cooperative guidance law against highly maneuvering target with dynamic surrounding attack[J]. International Journal of Aerospace Engineering, 2021, 2021: 6623561.

[96] WANG Z K, FANG Y W, FU W X. A novel dynamic inversion decouple cooperative guidance law against highly maneuvering target[C]. 2020 Chinese Automation Congress, ShangHai, IEEE, 2020: 981-986.

[97] 王志凯. 针对机动目标的多导弹分布式协同末制导研究[D]. 西安: 西北工业大学, 2023.

[98] CHENG H, FANG Y, OUYANG C, et al. Cooperative guidance law with multiple missiles against a maneuvering target[C]. 2018 Chinese Automation Congress, Xi'an, IEEE, 2018: 4258-4262.

[99] JING L, ZHANG L, GUO J, et al. Fixed-time cooperative guidance law with angle constraint for multiple missiles against maneuvering target[J]. IEEE Access, 2020, 8: 73268-73277.

[100] CHEN Z, CHEN W, LIU X, et al. Three-dimensional fixed-time robust cooperative guidance law for simultaneous attack with impact angle constraint[J]. Aerospace Science and Technology, 2021, 110: 1-16.

[101] ZHOU X, WANG W, LIU Z. Fixed-time cooperative guidance for multiple missiles with impact angle constraint[J]. Proceedings of the Institution of Mechanical Engineers, Part G: Journal of Aerospace Engineering, 2022, 236(10): 1984-1998.

[102] 田野, 蔡远利, 邓逸凡. 一种带时间协同和角度约束的多导弹三维协同制导律[J]. 控制理论与应用, 2022, 39(5): 788-798.

[103] LI H, LI H, CAI Y. Three-dimensional cooperative guidance law to control impact time and angle with fixed-time convergence[J]. Proceedings of the Institution of Mechanical Engineers, Part G: Journal of Aerospace Engineering, 2022, 236(8): 1647-1666.

[104] DONG W, WANG C, WANG J, et al. Fixed-time terminal angle-constrained cooperative guidance law against maneuvering target[J]. IEEE Transactions on Aerospace and Electronic Systems, 2022, 58(2): 1352-1366.

[105] MA M, SONG S. Three-dimensional prescribed performance cooperative guidance law with spatial constraint for intercepting maneuvering targets[J]. International Journal of Control, 2022, 96(6): 1-12.

[106] YU H, DAI K, LI H, et al. Cooperative guidance law for multiple missiles simultaneous attacks with fixed-time convergence[J]. International Journal of Control, 2023, 96(9): 2167-2180.

[107] YU H, DAI K, LI H, et al. Three-dimensional adaptive fixed-time cooperative guidance law with impact time and angle constraints[J]. Aerospace Science and Technology, 2022, 123: 1-21.

[108] SONG Y, WANG Y, HOLLOWAY J, et al. Time-varying feedback for regulation of normal-form nonlinear systems in prescribed finite time[J]. Automatica, 2017, 83: 243-251.

[109] LI G, WU Y, XU P. Fixed-time cooperative guidance law with input delay for simultaneous arrival[J]. International Journal of Control, 2021, 94(6): 1664-1673.

[110] MA W, LIANG X, FANG Y, et al. Three-dimensional prescribed-time pinning group cooperative guidance law[J]. International Journal of Aerospace Engineering, 2021, 2021: 1-19.

[111] MA W, FU W, FANG Y, et al. Prescribed-time cooperative guidance with time delay[J]. The Aeronautical Journal, 2023, 127(1311): 852-875.

[112] MA W, FANG Y, WANG Z, et al. Prescribed-time group consensus cooperative guidance[C]. 2021 40th Chinese Control Conference, Shanghai, IEEE, 2021: 3474-3479.

[113] YU W, CHEN G, CAO M. Some necessary and sufficient conditions for second-order consensus in multi-agent

dynamical systems[J]. Automatica, 2010, 46(6): 1089-1095.

[114] FENG Y, XU S, ZHANG B. Group consensus control for double-integrator dynamic multiagent systems with fixed communication topology[J]. International Journal of Robust and Nonlinear Control, 2014, 24(3): 532-547.

[115] 司马嘉欢, 丁孝全. 三阶多智能体系统在固定拓扑下的分组一致性[J]. 理论数学, 2018, 8(3): 315-324.

[116] CUI Q, XIE D, JIANG F. Group consensus tracking control of second-order multi-agent systems with directed fixed topology[J]. Neurocomputing, 2016, 218: 286-295.

[117] GAO H Y, HU A H, SHEN W Q, et al. Group consensus of multi-agent systems subjected to cyber-attacks[J]. Chinese Physics B, 2019, 28(6): 91-98.

[118] FENG Y, LU J, XU S, et al. Couple-group consensus for multi-agent networks of agents with discrete-time second-order dynamics[J]. Journal of the Franklin Institute, 2013, 350(10): 3277-3292.

[119] JI L, GAO T, LIAO X. Couple-group consensus for cooperative-competitive heterogeneous multiagent systems: Hybrid adaptive and pinning methods[J]. IEEE Transactions on Systems, Man, and Cybernetics: Systems, 2019, 99: 1-10.

[120] JI L, YU X, LI C. Group consensus for heterogeneous multiagent systems in the competition networks with input time delays[J]. IEEE Transactions on Systems, Man, and Cybernetics: Systems, 2018, 99: 1-9.

[121] 纪良浩, 廖晓峰. 具有不同时延的多智能体系统一致性分析[J]. 物理学报, 2012, 61(15): 8-16.

[122] JI L, LIU Q, LIAO X. On reaching group consensus for linearly coupled multi-agent networks[J]. Information Sciences, 2014, 287: 1-12.

[123] YU J, WANG L. Group consensus of multi-agent systems with directed information exchange[J]. International Journal of Systems Science, 2012, 43(2): 334-348.

[124] JI L, GENG Y, DAI Y. On reaching weighted consensus for second-order delayed multi-agent systems[C]. 2017 International Workshop on Complex Systems and Networks, Doha, 2017: 198-204.

[125] JIN T, LIU Z W, ZHOU H . Cluster formation for multi-agent systems under disturbances and unmodelled uncertainties[J]. IET Control Theory & Applications, 2017, 11(15): 2630-2635.

[126] 纪良浩, 王慧维, 李华青. 分布式多智能体网络一致性协调控制理论[M]. 北京: 科学出版社, 2015.

[127] ZHAO Q, DONG X, LIANG Z, et al. Distributed group cooperative guidance for multiple missiles with switching directed communication topologies[C]. 2017 36th Chinese Control Conference, Dalian, 2017: 5741-5746.

[128] YU J, WANG L. Group consensus of multi-agent systems with undirected communication graphs[C]. 2009 7th Asian Control Conference, Hong Kong, 2009: 105-110.

[129] HU H, YU L, ZHANG W A, et al. Group consensus in multi-agent systems with hybrid protocol[J]. Journal of the Franklin Institute, 2013, 350(3): 575-597.

[130] WEN G, PENG Z, RAHMANI A, et al. Distributed leader-following consensus for second-order multi-agent systems with nonlinear inherent dynamics[J]. International Journal of Systems Science, 2014, 45(9): 1892-1901.

[131] LIU X, CHEN T. Cluster synchronization in directed networks via intermittent pinning control[J]. IEEE Transactions on Neural Networks, 2011, 22(7): 1009-1020.

[132] SU H, RONG Z, CHEN M Z Q, et al. Decentralized adaptive pinning control for cluster synchronization of complex dynamical networks[J]. IEEE Transactions on Cybernetics, 2012, 43(1): 394-399.

[133] HU C, JIANG H. Cluster synchronization for directed community networks via pinning partial schemes[J]. Chaos, Solitons & Fractals, 2012, 45(11): 1368-1377.

[134] MA Q, WANG Z, MIAO G. Second-order group consensus for multi-agent systems via pinning leader-following

approach[J]. Journal of the Franklin Institute, 2014, 351(3): 1288-1300.

[135] LIAO X, JI L. On pinning group consensus for dynamical multi-agent networks with general connected topology[J]. Neurocomputing, 2014, 135: 262-267.

[136] LIN D, YUE D, HU S L, et al. Decentralized adaptive pinning control for cluster synchronization of complex networks in the presence of delay-coupled and noise[C]. 2016 12th World Congress on Intelligent Control and Automation, Guilin, 2016: 2632-2637.

[137] XIONG C, MA Q, MIAO G, et al. Group consensus for multi-agent systems via pinning control[C]. 2018 37th Chinese Control Conference, Wuhan, 2018: 6842-6847.

[138] WANG Z, HE J, XIAO M, et al. Pinning group tracking consensus of first-order nonlinear multiagent systems[C]. 2020 Chinese Automation Congress, Shanghai, 2020: 3201-3205.

[139] LI X, YU Z, ZHONG Z, et al. Finite-time group consensus via pinning control for heterogeneous multi-agent systems with disturbances by integral sliding mode[J]. Journal of the Franklin Institute, 2022, 359(17): 9618-9635.

[140] HAO L, ZHAN X, WU J, et al. Fixed-time group consensus of nonlinear multi-agent systems via pinning control[J]. International Journal of Control, Automation and Systems, 2021, 19(1): 200-208.

[141] LIU Z, LV Y, ZHOU J, et al. On 3D simultaneous attack against maneuvering target with communication delays[J]. International Journal of Advanced Robotic Systems, 2020, 17(1): 1729881419894808.

[142] SUN X, ZHOU R, HOU D, et al. Consensus of leader-followers system of multi-missile with time-delays and switching topologies[J]. Optik, 2014, 125(3): 1202-1208.

[143] 纪良浩, 廖晓峰, 刘群. 时延多智能体系统分组一致性分析[J]. 物理学报, 2012, 61(22): 11-18.

[144] 王玉振, 杜英雪, 王强. 多智能体时滞和无时滞网络的加权分组一致性分析[J]. 控制与决策, 2015, 30(11): 1993-1998.

[145] XIE D, LIANG T. Second-order group consensus for multi-agent systems with time delays[J]. Neurocomputing, 2015, 153: 133-139.

[146] MA Z, WANG Y, LI X. Cluster-delay consensus in first-order multi-agent systems with nonlinear dynamics[J]. Nonlinear Dynamics, 2016, 83(3): 1303-1310.

[147] CHEN S, LIU C, LIU F. Delay effect on group consensus seeking of second-order multi-agent systems[C]. 2017 29th Chinese Control and Decision Conference, Chongqing, 2017: 1190-1195.

[148] QIN J, GAO H, ZHENG W X. On average consensus in directed networks of agents with switching topology and time delay[J]. International Journal of Systems Science, 2011, 42(12): 1947-1956.

[149] GAO Y, YU J, SHAO J, et al. Group consensus for second-order discrete-time multi-agent systems with time-varying delays under switching topologies[J]. Neurocomputing, 2016, 207: 805-812.

[150] ZHOU B, YANG Y, XU X. The group-delay consensus for second-order multi-agent systems by piecewise adaptive pinning control in part of time interval[J]. Physica A: Statistical Mechanics and Its Applications, 2019, 513: 694-708.

[151] AN B R, LIU G P, TAN C. Group consensus control for networked multi-agent systems with communication delays[J]. ISA Transactions, 2018, 76: 78-87.

第 2 章　协同中制导一般理论及基本设计方法

2.1　引　　言

中远程导弹协同攻击目标的过程，主要包含初制导段、中制导段、中末制导交班区和末制导段，如图 1-2 所示。其中，中制导段是承上启下的重要阶段，可以将导弹的射程优势和集群编队的规模优势有机结合。一方面，末制导段作为直接交战阶段，良好的攻击态势直接决定能否抢占先手；另一方面，中制导段有推力支撑，具备获取战场协同态势攻击能力。由此，中制导段不但对末制导段有直接影响，而且决定作战成功与否。尤其针对机动目标的协同打击，若不能为末制导段提供良好的初始条件，将造成末制导段弹目初始态势较差、导弹过载限幅和目标机动等因素影响，可能无法完成对目标的协同打击。因此，中制导段能否达成协同目标将直接影响末制导阶段的协同效果。

多导弹在协同中制导段的制导信息获取方式和制导目的，与协同末制导段存在很大区别。协同中制导段的制导信息主要来源于外部传感器网络提供目标的位置、速度、估算的加速度以及通信网络提供相互之间的信息；协同末制导段所需要的制导信息来源于导弹自身导引头获取目标的相对位置、角度以及通信网络提供相互之间的信息。从制导目的来看，协同末制导段以尽可能地毁伤目标为目的，而协同中制导，一方面需要保证所有导弹的弹目相对距离、速度和视线角达到中末制导交班区的约束条件，确保在中末制导段交班后导引头可以捕获目标；另一方面需要为协同末制导提供良好的初始条件，即各导弹在末制导时刻的状态相差不大。

文献[1]～[3]中对协同制导律和智能制导律作了详细的综述，包括协同中制导律的研究现状和发展趋势。文献[4]针对固定目标给出了包含初制导、中制导和末制导的复合协同制导律。基于领–从弹编队框架和 Dubins 路径规划方法，文献[5]设计了一种包含中制导和末制导的复合制导律，但若末制导段的初始条件较差，采用多导弹协同末制导律也很难保证多导弹同时命中目标，从而说明多导弹协同中制导给协同末制导提供较好的初始条件对多导弹编队协同完成作战任务的重要性。同时，Dubins 路径规划方法的不足是导弹在中制导段能量消耗较大。针对临近空间飞行器，文献[6]设计了一种考虑终端约束的多导弹协同中制导律。

到目前为止，对协同中制导的理论研究成果相对较少，主要针对特定情况和特定假设条件进行设计，不具有通用性，而且针对固定目标利用协同路径规划解决一致性的方法，难以应用到高速机动目标的多导弹协同中制导中。文献[7]～[9]针对各种目标在一般假设条件下给出了设计协同中制导律的统一理论框架和通用设计步骤，并将其应用到中远程导弹的三维协同中制导律设计中。因此，本章将对典型的协同中制导问题进行详细描述，并对协同中制导一般理论及基本设计方法进行介绍[10-18]。

2.2　典型的协同中制导问题

在多导弹协同攻击目标的过程中，导弹在协同末制导段的初始条件对完成同一时间打击目标任务有较大影响，可能存在如图 2-1 所示的两种情况。

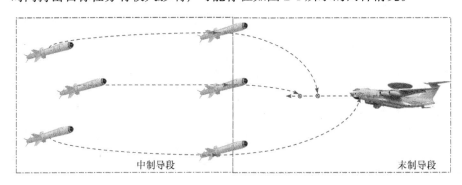

(a) 初始条件较差对协同末制导影响情况1

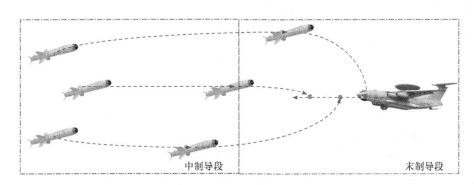

(b) 初始条件较差对协同末制导影响情况2

图 2-1　初始条件对协同末制导影响

(1) 如图 2-1(a)所示，所有导弹同一时刻进入末制导段，但初始条件之间存在较大差异，如弹目相对距离或剩余飞行时间之间的误差较大，则在末制导段有限的时间内，受到导弹自身能力限制，导弹状态无法调整到期望状态，进而无法保证同一时间击中目标。

(2) 如图 2-1(b)所示，一部分导弹率先进入末制导段，另一部分导弹仍处在中制导段，则导弹之间的条件状态差异相比情况 1 更大，在不同的制导律模式下很难做到消除状态差异。例如，当一枚导弹在末制导段，距离目标的相对距离小于15km，可以直接获得视线角速率等信息；另一枚导弹在中制导段，距离目标的相对距离大于 30km，无法直接获得视线角速率等信息。在这种情况下，两枚导弹很难在不同的制导模式下消除状态差异，进而无法保证同一时间击中目标。

从以上两种情况分析得知，多枚中远程导弹在中制导段的有效协同是协同打击目标任务中至关重要的环节之一，其需要为协同末制导段提供良好的初始条件，确保协同末制导的有效性。

协同中制导段的目的主要包括：①保证每枚导弹在中末制导交班时刻，导弹的弹目相对距离、速度和视场满足中末制导交班条件，达到每枚导弹中末制导交班成功的目的；②保证为协同末制导提供较好的初始条件，达到满足多导弹协同末制导要求的目的。下面将结合如图 2-2 所示的导弹与目标的三维几何关系详细阐述多导弹协同中制导的制导目标，其中 M、T 分别表示导弹和目标；V_M、V_T 分别表示导弹速度和目标速度；θ_L、φ_L 分别表示导弹的视线倾角和视线偏角；θ_V、φ_V 分别表示导弹的弹道倾角和弹道偏角；σ 表示导弹速度与弹目视线之间的夹角，即前置角；R 表示导弹与目标的相对距离，即弹目相对距离；$Ox_Iy_Iz_I$ 表示地面惯性坐标系。在中末制导交班时刻，首先弹目相对距离 R 要小于导引头的最大探测距离，保证导引头具备探测目标的基础条件，即中制导对弹目相对距离的约束；其次导弹速度 V_M 的大小要接近期望的导弹最大速度值，保证导弹在末制导段具备良好的机动能力，引信可以正常引爆战斗部(通常要求导弹速度大小是目标速度大小的两倍)，即中制导对导弹速度的约束；最后要求目标在导引头的视场范围内，进而顺利完成中制导段到末制导段的交接。由于中远程导弹在中制导段飞行较为平缓，导弹速度方向与弹目视线方向基本一致(前置角 σ 较小)。因此，为了保证目标在导引头的视场范围内，需要保证视线倾角 θ_L 和视线偏角 φ_L 在一定范围内，即中制导对视线角的约束。在协同末制导律的设计中，主要目标是所有导弹的弹目相对距离 R_i 和剩余飞行时间 t_{goi} 同时趋于零，进而保证在同一时间击中目标。若在协同末制导初始时刻，弹目相对距离之间的误差和剩余飞行时间之间的误差较大，则在协同末制导段的有限时间内，由于目标机动和导弹过载限幅等因素影响，导弹可能无法完成协同打击任务。因此，将弹目相对距离 R_i 之间的误差和剩余飞行时间 t_{goi} 之间的误差保证在较小的范围内，即 $|R_i - R_j| < \omega_1$，$|t_{goi} - t_{goj}| < \omega_2$，$\omega_1$ 和 ω_2 为正常数，$i, j = 1, 2, \cdots, n$，作为协同中制导段的协同目标，可以有效保证多导弹编队在协同末制导段对目标的协同打击效果。

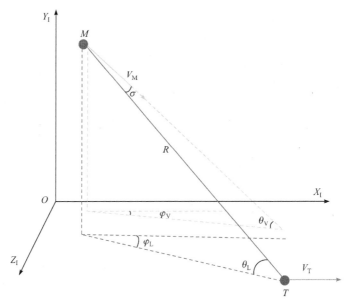

图 2-2 导弹与目标的三维几何关系示意图

根据以上分析可知,在协同中制导段,多导弹需要保证在中末制导交班时刻各导弹的弹目相对距离、速度和视线角满足约束的情况下,实现多导弹的协同目标。因此多导弹协同中制导问题可以转化为多约束条件下的协同中制导问题,即各导弹在中制导段需满足弹目相对距离、速度和视线角等约束,可具体表示为

$$R_{imf} < R_t \tag{2-1}$$

$$V_{imf} \to V^* \tag{2-2}$$

$$|\theta_{imf}| < \sigma_1, \quad |\varphi_{imf}| < \sigma_2 \tag{2-3}$$

式中, R_{imf} 和 R_t 分别为第 i 枚导弹在中制导结束时刻与目标的相对距离和导弹的最大探测距离; V_{imf} 和 V^* 分别为第 i 枚导弹在中制导结束时刻的速度值和导弹期望的最大速度值; θ_{imf} 和 φ_{imf} 分别为第 i 枚导弹在中制导结束时刻的视线倾角和视线偏角; σ_1 和 σ_2 为正常数,表示视线倾角和视线偏角的范围; $i = 1, 2, \cdots, n$ 。多导弹在中制导段需要实现的协同目标,即一致性目标,可具体表示为

$$\lim_{t \to t_{mf}} |R_i - R_j| < \sigma_3, \quad \lim_{t \to t_{mf}} |t_{goi} - t_{goj}| < \sigma_4 \tag{2-4}$$

式中, R_i 为第 i 枚导弹的弹目相对距离; t_{goi} 为第 i 枚导弹的剩余飞行时间; t_{mf} 为中制导结束时刻; σ_3 和 σ_4 为给定的较小正常数; $i = 1, 2, \cdots, n$ 。

2.3 协同中制导律的基本设计方法

通过对典型情况的分析,提出如图 2-3 所示的多导弹协同中制导统一理论框架。首先选取合适的协同变量，构建协同目标及优化方法；其次设计带有协同变量的单平台中制导律；再次将协同变量本地实例化，设计基于协同变量状态方程一致性协议；最后将单平台协同中制导律和协同一致性协议综合起来获得多导弹协同中制导律。

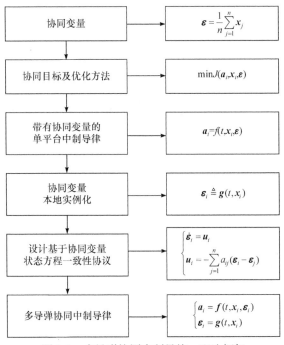

图 2-3　多导弹协同中制导统一理论框架

多导弹协同中制导统一理论框架构建由六个步骤组成。

步骤一：选取合适的协同变量。

协同变量可以是多导弹系统中所有导弹状态量的加权平均值，如式(2-5)所示：

$$\varepsilon = \frac{1}{n}\sum_{j=1}^{n}\boldsymbol{x}_j \tag{2-5}$$

式中，$\boldsymbol{x}_j$ 表示第 $j(j=1,2,\cdots,n)$ 枚导弹的状态向量，可以选择位置信息、剩余飞行时间等变量。

步骤二：构建协同目标及优化方法。

协同目标函数主要由导弹的加速度指令、导弹状态和协同变量构成，如式(2-6)所示：

$$\min J\left(\boldsymbol{a}_i,\boldsymbol{x}_i,\boldsymbol{\varepsilon}\right) \tag{2-6}$$

式中，$\boldsymbol{a}_i$ 为第 i 枚导弹的制导指令；$\boldsymbol{x}_i$ 为第 i 枚导弹的状态。通常协同目标函数可以选择为利用所有导弹从开始到结束控制量积分值的加权求和来表示的所有导弹的能量之和。通过对协同目标函数的求解，可以获得关于协同项的最优参数。

步骤三：设计带有协同变量的单平台中制导律。

单平台协同中制导律主要包含两部分：一部分为底层基础制导律，保证导弹满足中制导约束；另一部分为基于协同变量和最优参数设计的协同项，保证多导弹系统满足协同一致性目标。综合底层基础制导律和协同项获得单平台协同中制导律，如式(2-7)所示：

$$\boldsymbol{a}_i = f(t, \boldsymbol{x}_i, \boldsymbol{\varepsilon}) \tag{2-7}$$

步骤四：协同变量本地实例化。

在实际飞行过程中，考虑到通信网络的鲁棒性和抗干扰性，通信网络通常设计为分布式网络结构。因此，单枚导弹只能获取周围邻居导弹的状态信息，则需要用局部协同变量替换全局协同变量，如式(2-8)所示：

$$\boldsymbol{\varepsilon}_i = \frac{1}{N(j \mid \substack{j \in N_i(t) \\ j \neq i})} \sum_{\substack{j \in N_i(t) \\ j \neq i}} \boldsymbol{x}_i \triangleq \boldsymbol{g}(t, \boldsymbol{x}_i) \tag{2-8}$$

式中，$N(j \mid \substack{j \in N_i(t) \\ j \neq i})$ 表示第 i 枚导弹的邻居导弹枚数。

步骤五：设计基于协同变量状态方程一致性协议。

基于局部协同变量构建协同项，只能保证某枚导弹及其邻居导弹的状态达成一致，并不能保证多导弹系统中所有导弹状态达成一致。因此，需要基于局部协同变量构建一阶多智能体系统 $\dot{\boldsymbol{\varepsilon}}_i = \boldsymbol{u}_i, i = 1, 2, \cdots, N$，并对其设计一致性协议，保证所有局部协同变量达成一致，进而保证所有导弹的状态达成一致。一致性协议可基于多智能体一致性理论进行设计，如式(2-9)或式(2-10)所示：

$$\boldsymbol{u}_i = -\sum_{j=1}^{n} a_{ij}(\boldsymbol{\varepsilon}_i - \boldsymbol{\varepsilon}_j) \tag{2-9}$$

$$\boldsymbol{u}_i = \dot{\boldsymbol{\varepsilon}} - \alpha_i(\boldsymbol{\varepsilon}_i - \boldsymbol{\varepsilon}) - \sum_{j=1}^{n} a_{ij}(\boldsymbol{\varepsilon}_i - \boldsymbol{\varepsilon}_j) \tag{2-10}$$

式中，α_i 表示增益系数；a_{ij} 表示网络拓扑结构对应的邻接矩阵中第 i 行第 j 列元素。

式(2-9)和式(2-10)都是关于协同变量的一致性协议，可以根据实际需要进行选取或者进行重新设计。

步骤六：综合获得多导弹协同中制导律。

将单平台协同中制导律和基于协同变量的一致性协议结合，可获得多导弹协同中制导方法，如式(2-11)所示：

$$\begin{cases} \boldsymbol{a}_i = \boldsymbol{f}\left(t, \boldsymbol{x}_i, \varepsilon_i\right) \\ \varepsilon_i = \boldsymbol{g}\left(t, \boldsymbol{x}_i\right) \end{cases} \tag{2-11}$$

一致性协议可以确保所有导弹的协同变量状态趋于一致，进而通过带有协同变量的单平台中制导律的作用，确保导弹编队中每一枚导弹都能收敛到统一状态，也意味着多导弹协同一致。

注解：上述六个步骤是针对分布式通信网络的多导弹协同中制导律的通用设计步骤。如果多导弹之间采用集中式通信网络，则多导弹协同中制导律的设计步骤就简化为前三个步骤。

2.4 小 结

本章首先对协同中制导的必要性及相关主要理论研究成果进行介绍，其次对典型的协同中制导问题进行描述，最后提出协同中制导律的基本设计方法，为后续章节详细说明不同的协同中制导律作好铺垫。

参 考 文 献

[1] 方洋旺, 程昊宇, 仝希. 网络化制导技术研究现状及发展趋势[J]. 航空兵器, 2018(5): 3-20.

[2] 欧阳楚月, 方洋旺, 符文星. 带避障和时间约束的网络化导弹协同制导律[C]. 2018 中国自动化大会, 西安, 2018: 441-448.

[3] 方洋旺, 邓天博, 符文星. 智能制导律研究综述[J]. 无人系统技术, 2020, 3(6): 36-42.

[4] 赵启伦, 宋勋, 王晓东, 等. 高抛弹道三维复合协同制导律设计[J]. 航空兵器, 2021, 28(1): 26-33.

[5] ZENG J, DOU L, XIN B. A joint mid-course and terminal course cooperative guidance law for multi-missile salvo attack[J]. Chinese Journal of Aeronautics, 2018, 31(6): 1311-1326.

[6] ZHANG H, TANG S, GUO J. Cooperative near-space interceptor mid-course guidance law with terminal handover constraints[J]. Proceedings of The Institution of Mechanical Engineers Part G: Journal of Aerospace Engineering, 2019, 233(6): 1960-1976.

[7] 方洋旺, 马文卉, 吴自豪, 等. 一种编队协同中制导技术统一框架的构建方法: CN202011311696.1[P]. 2021-03-19.

[8] 方洋旺, 吴自豪, 王志凯, 等. 一种针对空中机动目标的三维协同中制导方法: CN202011314913.2[P]. 2021-02-19.

[9] 吴自豪. 多导弹编队分布式协同中制导研究[D]. 西安: 西北工业大学, 2022.

[10] WU Z, FANG Y, FU W, et al. Three-dimensional cooperative mid-course guidance law against the maneuvering target[J]. IEEE Access, 2020, 8: 18841-18851.

[11] ZHAO J, RUI Z, DONG Z. Three-dimensional cooperative guidance laws against stationary and maneuvering targets[J]. Chinese Journal of Aeronautics, 2015, 28(4): 1104-1120.

[12] ZHAO J, RUI Z. Distributed three-dimensional cooperative guidance via receding horizon control[J]. Chinese Journal of Aeronautics, 2016, 29(4): 972-983.

[13] SINHA A, KUMAR S, MUKHERJEE D. Three-dimensional nonlinear cooperative salvo using event-triggered strategy[J]. Journal of Guidance Control and Dynamics, 2021, 44(2): 328-342.

[14] WANG X, LU X. Three-dimensional impact angle constrained distributed guidance law design for cooperative attacks[J]. ISA Transactions, 2018, 73: 79-90.

[15] HE S, WANG W, LIN D, et al. Consensus-based two-stage salvo attack guidance[J]. IEEE Transactions on Aerospace and Electronic Systems, 2018, 54(3): 1555-1566.

[16] ZHANG Y, TANG S, GUO J. Two-stage cooperative guidance strategy using a prescribed-time optimal consensus method[J]. Aerospace Science and Technology, 2020, 100: 1-19.

[17] AI X, WANG L, YU J, et al. Field-of-view constrained two-stage guidance law design for three-dimensional salvo attack of multiple missiles via an optimal control approach[J]. Aerospace Science and Technology, 2019, 85: 334-346.

[18] 司玉洁, 熊华, 宋勋, 等. 三维自适应终端滑模协同制导律[J]. 航空学报, 2020, 41(S1): 99-109.

第 3 章　集中式和分布式协同中制导

3.1　引　　言

在中远程导弹协同打击目标过程中，由于导引头探测距离的限制，导弹自身在开始飞向目标的很长一段距离都无法探测目标，必须依靠外部传感器探测目标信息，导弹接受此目标信息进行弹目运动方程解算，实时获取导弹飞向目标的指令，这一过程称为中制导段。因此，协同中制导段对于多枚中远程导弹协同打击目标来说是必不可少的，协同中制导律的设计是其协同制导律设计中非常重要的部分。设计协同中制导律的目的就是确保多导弹在中末制导交班时不但具有较大的飞行速度，而且能够很好实现中末制导交班，为协同末制导段提供良好的初始条件。近年来，本书作者及研究团队开展了国家自然科学基金项目和科技创新项目研究，在协同中制导理论及技术方面取得了一些研究成果。文献[1]～[4]基于第2章介绍的协同中制导统一理论框架，结合经典的轨迹成型中制导律和协同变量，以及多智能体一致性理论给出协同中制导律的具体表达式。文献[5]针对巡航导弹特殊弹道要求，设计了协同中制导律和协同末制导律。本章首先给出一些与协同中制导律有关的预备知识[6-10]，然后根据多导弹通信网络拓扑结构的不同，分别研究集中式协同中制导律和分布式协同中制导律设计方法[11-17]。

3.2　预　备　知　识

本节首先介绍在多导弹协同中制导律设计过程中涉及的相关空间坐标系定义及各坐标系之间的转换关系；其次介绍用于描述通信网络拓扑结构的节点、连线、连接系数等图论基本概念，以及入度矩阵、邻接矩阵、拉普拉斯矩阵等特殊矩阵的定义与性质，并分别给出在无向图和有向图下的一些相关引理；最后简单介绍多智能体系统一致性问题及其相关的一致性协议。

3.2.1　空间坐标系简介

本小节将分别介绍地面惯性坐标系、发射惯性坐标系、弹道坐标系和视线坐标系的定义，以及各坐标系的相互转换关系。

1. 地面惯性坐标系 $Oxyz$

地面惯性坐标系的原点 O 选取导弹发射点在地面(水平面)内的投影点；Ox 轴选择目标在水平面内的投影点与原点 O 之间的连线，指向目标为正；Oy 轴垂直于 Ox 轴，指向上方为正；Oz 轴与 Oy 轴和 Ox 轴垂直并构成右手坐标系。由地面惯性坐标系 $Oxyz$ 的定义可知，其与地球表面固连，相对于地球表面是静止的，因此它是惯性坐标系。

2. 发射惯性坐标系 $Axyz$

发射惯性坐标系的原点 A 选取导弹发射点；Ax 轴选择目标在发射点所在水平面内的投影点与原点 A 之间的连线，指向目标为正；Ay 轴垂直于 Ax 轴，指向上方为正；Az 轴与 Ay 轴和 Ax 轴垂直并构成右手坐标系。通常对战术导弹进行研究时忽略地球自转，因此可以认为发射惯性坐标系 $Axyz$ 由地面惯性坐标系 $Oxyz$ 平移而来，且平移过程不改变坐标系的空间姿态关系。

3. 弹道坐标系 $Ox_2y_2z_2$

弹道坐标系的原点 O 位于导弹的瞬时质心上；Ox_2 轴与导弹的速度矢量 V_M 重合，指向目标为正；Oy_2 轴垂直于 Ox_2 轴，并位于其垂直平面内，指向上方为正；Oz_2 轴与 Ox_2 轴和 Oy_2 轴垂直并构成右手坐标系。

4. 视线坐标系 $Ox_Ly_Lz_L$

视线坐标系的原点 O 位于导弹的瞬时质心上；Ox_L 轴与导弹–目标连线重合，指向目标为正；Oy_L 轴垂直于 Ox_L 轴，并位于其垂直平面内，指向上方为正；Oz_L 轴与 Ox_L 轴和 Oy_L 轴垂直并构成右手坐标系。

在多导弹协同制导的研究过程中，通常在地面惯性坐标系下分析导弹的运动过程，在视线坐标系下分析导弹与目标的相对运动关系。由于各坐标系的坐标轴指向不同，需要对坐标系进行相互转换，下面给出各主要坐标系之间的相互转换关系。

1) 地面惯性坐标系 $Oxyz$ 与弹道坐标系 $Ox_2y_2z_2$ 的转换关系

地面惯性坐标系 $Oxyz$ 与弹道坐标系 $Ox_2y_2z_2$ 之间存在以下两个角度：

弹道倾角 θ_V 表示速度矢量 V_M (Ox_2 轴)与平面 Oxz 的夹角。当速度矢量 V_M 在 Oxz 面的上方时，弹道倾角 θ_V 为正，反之为负。

弹道偏角 ψ_V 表示速度矢量 V_M (Ox_2 轴)在平面 Oxz 的投影与 Ox 轴的夹角。当投影在 Ox 轴逆时针方向时，弹道偏角 ψ_V 为正，反之为负。

因此，地面惯性坐标系 $Oxyz$ 与弹道坐标系 $Ox_2y_2z_2$ 转换关系如式(3-1)所示：

$$\begin{bmatrix} x \\ y \\ z \end{bmatrix} = \begin{bmatrix} \cos\theta_V\cos\psi_V & -\sin\theta_V\cos\psi_V & \sin\psi_V \\ -\sin\theta_V & \cos\theta_V & 0 \\ -\cos\theta_V\sin\psi_V & \sin\theta_V\sin\psi_V & \cos\psi_V \end{bmatrix} \begin{bmatrix} x_2 \\ y_2 \\ z_2 \end{bmatrix} \tag{3-1}$$

2) 地面惯性坐标系 $Oxyz$ 与视线坐标系 $Ox_Ly_Lz_L$ 的转换关系

地面惯性坐标系 $Oxyz$ 与视线坐标系 $Ox_Ly_Lz_L$ 之间存在以下两个角度:

视线高低角 q_H 表示视线坐标系中 Ox_L 轴与 Oxz 平面间的夹角。Ox_L 位于 Oxz 平面上方时,q_H 为正,反之为负。

视线方位角 q_D 表示视线坐标系中 Ox_L 轴在 Oxz 平面的投影与 Ox 轴的夹角。当投影在 Ox 轴逆时针方向时,视线方位角 q_D 为正,反之为负。

因此,地面惯性坐标系 $Oxyz$ 与视线坐标系 $Ox_Ly_Lz_L$ 转换关系如式(3-2)所示:

$$
\begin{bmatrix} x \\ y \\ z \end{bmatrix} = \begin{bmatrix} \cos q_H \cos q_D & -\sin q_H \cos q_D & \sin q_D \\ -\sin q_H & \cos q_H & 0 \\ -\cos q_H \sin q_D & \sin q_H \cos q_D & \cos q_D \end{bmatrix} \begin{bmatrix} x_L \\ y_L \\ z_L \end{bmatrix} \tag{3-2}
$$

3) 弹道坐标系 $Ox_2y_2z_2$ 与视线坐标系 $Ox_Ly_Lz_L$ 的转换关系

弹道坐标系 $Ox_2y_2z_2$ 与视线坐标系 $Ox_Ly_Lz_L$ 的转换关系可以通过两次转换得到,先将弹道坐标系 $Ox_2y_2z_2$ 转换到地面惯性坐标系 $Oxyz$,再从地面惯性坐标系 $Oxyz$ 转换到视线坐标系 $Ox_Ly_Lz_L$,则转换关系如式(3-3)所示:

$$
\begin{aligned}
\begin{bmatrix} x_2 \\ y_2 \\ z_2 \end{bmatrix} &= \begin{bmatrix} \cos\theta_V \cos\psi_V & \sin\theta_V \cos\psi_V & \sin\psi_V \\ -\sin\theta_V & \cos\theta_V & 0 \\ -\cos\theta_V \sin\psi_V & \sin\theta_V \sin\psi_V & \cos\psi_V \end{bmatrix} \\
&\cdot \begin{bmatrix} \cos q_H \cos q_D & -\sin q_H \cos q_D & \sin q_D \\ -\sin q_H & \cos q_H & 0 \\ -\cos q_H \sin q_D & \sin q_H \cos q_D & \cos q_D \end{bmatrix} \begin{bmatrix} x_L \\ y_L \\ z_L \end{bmatrix}
\end{aligned} \tag{3-3}
$$

3.2.2 图论简介

在多导弹协同中制导律的设计过程中,导弹可以看作为网络节点,导弹之间的通信链路可以看作为连线,则导弹间的通信网络可以用图进行描述。如果导弹之间的通信是双向的,可用无向图来描述通信网络拓扑结构;如果导弹之间的通信是单向的,可用有向图来描述通信网络拓扑结构。由此可见,代数图论可以有效地描述通信网络拓扑结构,且在后续一致性协议算法的设计与分析中具有重要的意义。本小节对图的基本概念和相关定理进行介绍。

3.2.2.1 图的基本概念

在多导弹协同中制导的过程中,导弹之间的通信网络拓扑结构可以用图 $G=(v,\varepsilon,A)$ 来描述,其中 $v=\{1,2,\cdots,N\}$,用来描述通信网络中节点组成的集合;$\varepsilon \subset v \times v = \{(i,j), i,j \in v\}$,用来描述通信网络中节点之间的连线;矩阵

$A = \left[a_{ij} \right] \in R^{n \times n}$ $(i, j = 1, 2, \cdots, n)$，为邻接矩阵，用来描述通信网络中点与点之间连线上的权系数。若节点 i 可以收到节点 j 的信息，则 $a_{ij} > 0$，反之 $a_{ij} < 0$，特别地，$a_{ii} = 0$。若节点 i 和节点 j 相互都能收到对方的信息，即 $a_{ij} = a_{ji}$，此时图 G 称为无向图。如果图 G 为无向图且任意两点间都存在至少一条通路，则此图是连通的。若存在一对节点 i 和 j 满足 $a_{ij} \neq a_{ji}$，此时图 G 称为有向图。如果有向图 G 的任意两点间都存在至少一条有向通路，则此有向图称为强连通图。

3.2.2.2　图的矩阵描述及相关定理

本小节主要介绍与图相关的入度矩阵、邻接矩阵和拉普拉斯矩阵及其相关定理。图 G 的入度矩阵可以表示为 $D = \mathrm{diag}\{d_1, d_2, \cdots, d_n\} \in R^{n \times n}$，其中对角线元素为

$$d_i = \sum_{j=1, j \neq i}^{n} a_{ij}, \quad i = \{1, 2, \cdots, n\} \tag{3-4}$$

图 G 的邻接矩阵 A 的元素可以表示为

$$a_{ij} = \begin{cases} w_{ij} > 0, & (i, j) \in \varepsilon \\ 0, & \text{其他} \end{cases} \tag{3-5}$$

图 G 的拉普拉斯矩阵 $L = \left[l_{ij} \right] \in R^{n \times n}$ 可以表示为

$$L = A - D \tag{3-6}$$

拉普拉斯矩阵 L 的元素可以表示为

$$l_{ij} = \begin{cases} \sum_{j=1, j \neq i}^{n} a_{ij}, & j = i \\ -a_{ij}, & j \neq i \end{cases} \tag{3-7}$$

无向图的邻接矩阵 A 和拉普拉斯矩阵 L 一定为对称矩阵；有向图的邻接矩阵 A 和拉普拉斯矩阵 L 不一定为对称矩阵。关于拉普拉斯矩阵 L 有如下引理。

引理 3-1[18]：如果图 G 为无向连通图，拉普拉斯矩阵 L 有一个特征值为 0，其余特征值都为正实数，即 $0 = \lambda_1(L) \leqslant \lambda_2(L) \leqslant \cdots \leqslant \lambda_n(L)$。

引理 3-2[18]：如果图 G 为包含一簇有向生成树的有向图，拉普拉斯矩阵 L 所有特征值都大于或等于 0，即 $\lambda_i(L) \geqslant 0$。

3.2.3　多智能体系统一致性简介

多智能体系统一致性问题指多个智能体通过通信网络进行信息交互，逐渐达到状态一致。设计多导弹协同中制导律的过程中，涉及一阶多智能体系统和二阶

多智能体系统的模型和相关结论，下面进行简单介绍。

3.2.3.1　一阶多智能体系统一致性

假设 N 个多智能体构成一阶多智能体系统，每个智能体的动力学模型为

$$\dot{\boldsymbol{x}}_i(t)=\boldsymbol{u}_i(t),\quad i=1,2,\cdots,N \tag{3-8}$$

式中，t 表示时间；$\boldsymbol{x}_i(t)\in R^n$ 表示第 i 个智能体的状态；$\boldsymbol{u}_i(t)\in R^n$ 表示第 i 个智能体的控制输入。

定义 3-1：在任意初始条件下，多智能体系统(3-8)在一致性协议控制算法 $\boldsymbol{u}_i(t)$ 的作用下，使得每个智能体的状态满足：

$$\lim_{t\to\infty}\left\|\boldsymbol{x}_i-\boldsymbol{x}_j\right\|=0 \tag{3-9}$$

则称多智能体系统(3-8)在一致性协议控制算法 $\boldsymbol{u}_i(t)$ 作用下能够达到渐进一致。

引理 3-3[18]：假设有向图 G 含有一簇有向生成树，邻接矩阵 $\boldsymbol{A}$ 是常数矩阵，则下列协议能保证多智能体系统(3-8)渐近一致：

$$\boldsymbol{u}_i(t)=-\sum_{j=1}^{N}a_{ij}\left[\boldsymbol{x}_i(t)-\boldsymbol{x}_j(t)\right] \tag{3-10}$$

3.2.3.2　二阶多智能体系统一致性

假设 N 个多智能体构成二阶多智能体系统，每个智能体的动力学模型为

$$\begin{cases}\dot{\boldsymbol{x}}_i(t)=\boldsymbol{v}_i(t)\\\dot{\boldsymbol{v}}_i(t)=\boldsymbol{u}_i(t)\end{cases},\quad i=1,2,\cdots,N \tag{3-11}$$

式中，$\boldsymbol{x}_i(t)\in R^n$、$\boldsymbol{v}_i(t)\in R^n$ 和 $\boldsymbol{u}_i(t)\in R^n$ 分别表示第 i 个智能体的位置、速度和控制输入。

定义 3-2：多智能体系统(3-11)在一致性协议控制算法 $\boldsymbol{u}_i(t)$ 的作用下，使得在任意初始状态下，每个智能体的状态都满足：

$$\lim_{t\to\infty}\left\|\boldsymbol{x}_i-\boldsymbol{x}_j\right\|=0,\quad\lim_{t\to\infty}\left\|\boldsymbol{v}_i-\boldsymbol{v}_j\right\|=0 \tag{3-12}$$

则称一致性协议控制算法 $\boldsymbol{u}_i(t)$ 使二阶多智能体系统(3-11)能够达到渐近一致。

3.3　集中式协同中制导律设计方法

根据多导弹间通信网络拓扑结构的不同，协同中制导分为集中式协同中制导和分布式协同中制导。集中式协同中制导依赖于集中式网络拓扑结构，整个网络有一个节点称为中心节点，其余节点与中心节点进行双向通信；中心节点对所有

导弹节点的状态信息进行汇总处理，通过一致性协议更新协同中制导律中的协同变量，再传输给其余导弹节点。因此，集中式协同中制导具有结构简单的特点，下面介绍集中式协同中制导设计方法。

中制导律设计流程如图 3-1 所示，主要分为两种模式，一种主要基于视线系设计中制导律，需要构建视线系下弹目运动关系；另一种主要基于惯性系设计中制导律，根据位置关系生成加速度指令。基于视线系的中制导律设计流程如图 3-1(a)所示，首先获取导弹与目标的状态信息，其次构建视线系下的弹目运动关系，再次根据实际需求设计中制导律，生成加速度指令，最后通过转换矩阵变为导弹可用加速度指令。基于惯性系的中制导律设计流程如图 3-1(b)所示，首先获取导弹与目标的状态信息，其次在惯性坐标系下根据位置关系设计中制导律，并生成加速度指令，最后通过转换矩阵变为导弹可用加速度指令。

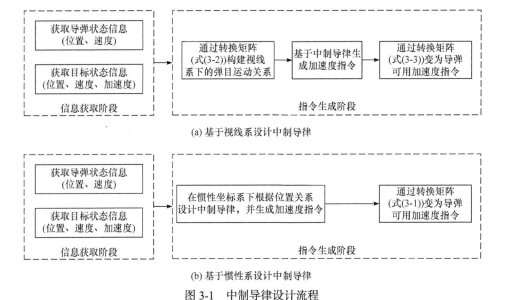

(a) 基于视线系设计中制导律

(b) 基于惯性系设计中制导律

图 3-1　中制导律设计流程

由于在协同中制导段，导弹可获得的状态信息多为惯性系下的状态信息，因此基于惯性坐标系设计多导弹协同中制导律。本节将基于集中式网络拓扑结构设计多导弹协同中制导律，并对该制导律进行稳定性证明与分析。

3.3.1　问题描述

在地面惯性坐标系下，导弹的运动方程可以描述为

$$\begin{cases} \dot{\boldsymbol{P}}_i(t) = \boldsymbol{V}_i(t) \\ \dot{\boldsymbol{V}}_i(t) = \boldsymbol{a}_i(t) \end{cases}, \quad i = 1, 2, \cdots, N \tag{3-13}$$

式中，$\boldsymbol{P}_i(t) = \left[x_i(t), y_i(t), z_i(t)\right]^{\mathrm{T}}$、$\boldsymbol{V}_i(t) = \left[V_{xi}(t), V_{yi}(t), V_{zi}(t)\right]^{\mathrm{T}}$ 和 $\boldsymbol{a}_i(t) = \left[a_{xi}(t),\right.$
$\left. a_{yi}(t), a_{zi}(t)\right]^{\mathrm{T}}$ 分别表示第 i 枚导弹在地面惯性坐标系下的位置、速度和加速度。

目标的运动方程可以描述为

$$\begin{cases} \dot{\boldsymbol{P}}_{\mathrm{T}}(t) = \boldsymbol{V}_{\mathrm{T}}(t) \\ \dot{\boldsymbol{V}}_{\mathrm{T}}(t) = \boldsymbol{a}_{\mathrm{T}}(t) \end{cases} \tag{3-14}$$

式中，$\boldsymbol{P}_{\mathrm{T}}(t) = \left[x_{\mathrm{T}}(t), y_{\mathrm{T}}(t), z_{\mathrm{T}}(t)\right]^{\mathrm{T}}$ 和 $\boldsymbol{V}_{\mathrm{T}}(t) = \left[V_{\mathrm{T}x}(t), V_{\mathrm{T}y}(t), V_{\mathrm{T}z}(t)\right]^{\mathrm{T}}$ 分别表示目标在地面惯性坐标系下的位置和速度；$\boldsymbol{a}_{\mathrm{T}}(t) = \left[a_{\mathrm{T}x}(t), a_{\mathrm{T}y}(t), a_{\mathrm{T}z}(t)\right]^{\mathrm{T}}$ 表示目标在地面惯性坐标系下的加速度。

基于 2.2 节对典型协同中制导问题的分析可知，多导弹协同中制导的目标可具体描述为保证各导弹满足弹目相对距离、速度和视线角约束的情况下，实现多导弹系统的一致性目标。因此，可以给出如下定义。

定义 3-3：假设包含 N 个中远程导弹组成的多导弹系统在协同中制导段各节点之间进行单向通信或双向通信。如果在协同中制导律的作用下，使各导弹状态满足弹目相对距离约束(2-1)、速度约束(2-2)和视线角约束(2-3)，所有导弹状态满足式(2-4)，则称实现了多导弹协同中制导的目标。

3.3.2　制导律设计

根据定义 3-3 提出的协同中制导目标，基于两层协同架构设计协同中制导律，第一层为基础制导律，保证各导弹在中制导结束时满足弹目相对距离、速度和视线角的约束；第二层为基于协同变量设计的协同项，保证多导弹系统实现一致性目标。基础制导律和协同项共同构成协同中制导律，具体结构如图 3-2 所示。

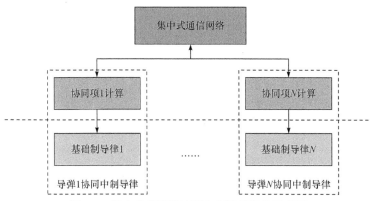

图 3-2　集中式多导弹协同中制导律结构示意图

协同中制导律的制导指令 $\boldsymbol{a}_i(t)$ 通过将基础制导律的制导指令 $\boldsymbol{a}_{bi}(t)$ 和协同项 $\boldsymbol{a}_{ci}(t)$ 结合获得，如式(3-15)所示：

$$\boldsymbol{a}_i(t) = \boldsymbol{a}_{bi}(t) + \boldsymbol{a}_{ci}(t) \tag{3-15}$$

3.3.2.1 基础制导律设计

对于单个中远距导弹的中制导律，一般采用比例导引律、加权扩展比例导引律、轨迹成型导引律(trajectory shaping guidance law，TSGL)等。其中，轨迹成型导引律基于最优控制理论推导而来，该导引律能保证在中末制导交班时导弹速度最大，整个中制导过程导弹能量消耗最小，同时具有比例导引律的大部分特点，因此在实际工程中受到广泛关注。在中制导段采用轨迹成型导引律可以增加导弹射程，并且在目标位置变化较大的情况下，也能快速修正导弹飞行轨迹，减小航向误差，保证良好的中制导性能，达到较高的导引精度。本小节将基于虚拟碰撞点和轨迹成型导引律的线性描述形式[19]设计基础制导律，如式(3-16)所示：

$$\begin{cases} a_{bxi}(t) = \dfrac{6\left[\tilde{P}_{xi}(t) - \overline{P}_{xi}(t)\right]}{t_{\mathrm{goi}}^2} + \dfrac{2\left[\overline{V}_{xi}(t_{\mathrm{mf}}) - \overline{V}_{xi}(t)\right]}{t_{\mathrm{goi}}} + a_{\mathrm{T}x}(t) \\[4mm] a_{byi}(t) = \dfrac{6\left[\tilde{P}_{yi}(t) - \overline{P}_{yi}(t)\right]}{t_{\mathrm{goi}}^2} + \dfrac{2\left[\overline{V}_{yi}(t_{\mathrm{mf}}) - \overline{V}_{yi}(t)\right]}{t_{\mathrm{goi}}} + a_{\mathrm{T}y}(t), \quad i = 1,2,\cdots,N \\[4mm] a_{bzi}(t) = \dfrac{6\left[\tilde{P}_{zi}(t) - \overline{P}_{zi}(t)\right]}{t_{\mathrm{goi}}^2} + \dfrac{2\left[\overline{V}_{zi}(t_{\mathrm{mf}}) - \overline{V}_{zi}(t)\right]}{t_{\mathrm{goi}}} + a_{\mathrm{T}z}(t) \end{cases} \tag{3-16}$$

式中，$a_{bxi}(t)$、$a_{byi}(t)$ 和 $a_{bzi}(t)$ 表示第 i 枚导弹制导指令中的基础制导律；$\tilde{P}_{xi}(t)$、$\tilde{P}_{yi}(t)$ 和 $\tilde{P}_{zi}(t)$ 表示在地面惯性坐标系下第 i 枚导弹的虚拟碰撞点，可具体写为

$$\begin{cases} \tilde{P}_{xi}(t) = x_{\mathrm{T}}(t) + V_{\mathrm{T}x}(t)t_{\mathrm{goi}} \\ \tilde{P}_{yi}(t) = y_{\mathrm{T}}(t) + V_{\mathrm{T}y}(t)t_{\mathrm{goi}} \\ \tilde{P}_{zi}(t) = z_{\mathrm{T}}(t) + V_{\mathrm{T}z}(t)t_{\mathrm{goi}} \end{cases} \tag{3-17}$$

$\overline{P}_{xi}(t)$、$\overline{P}_{yi}(t)$ 和 $\overline{P}_{zi}(t)$ 表示在地面惯性坐标系下导弹按照当前位置和速度经过剩余飞行时间 t_{goi} 飞行后的位置，可具体写为

$$\begin{cases} \overline{P}_{xi}(t) = x_i(t) + V_{xi}(t)t_{\mathrm{goi}} \\ \overline{P}_{yi}(t) = y_i(t) + V_{yi}(t)t_{\mathrm{goi}} \\ \overline{P}_{zi}(t) = z_i(t) + V_{zi}(t)t_{\mathrm{goi}} \end{cases} \tag{3-18}$$

$\overline{V}_{xi}(t_{\mathrm{mf}})$、$\overline{V}_{yi}(t_{\mathrm{mf}})$ 和 $\overline{V}_{zi}(t_{\mathrm{mf}})$ 表示在地面惯性坐标系下，协同中制导结束时刻 t_{mf}

期望的导弹速度和估计的目标速度之间的误差，可具体写为

$$\begin{cases} \overline{V}_{xi}(t_{\mathrm{mf}}) = V_{\mathrm{T}x}(t_{\mathrm{mf}}) - V_{xi}(t_{\mathrm{mf}}) \\ \overline{V}_{yi}(t_{\mathrm{mf}}) = V_{\mathrm{T}y}(t_{\mathrm{mf}}) - V_{yi}(t_{\mathrm{mf}}) \\ \overline{V}_{zi}(t_{\mathrm{mf}}) = V_{\mathrm{T}z}(t_{\mathrm{mf}}) - V_{zi}(t_{\mathrm{mf}}) \end{cases} \tag{3-19}$$

式中，$V_{\mathrm{T}x}(t_{\mathrm{mf}})$、$V_{\mathrm{T}y}(t_{\mathrm{mf}})$ 和 $V_{\mathrm{T}z}(t_{\mathrm{mf}})$ 表示在惯性坐标系下中制导结束时的目标速度，可由下式进行估计：

$$\begin{cases} V_{\mathrm{T}x}(t_{\mathrm{mf}}) = V_{\mathrm{T}x}(t) + a_{\mathrm{T}x}(t)\hat{t}_{\mathrm{imf}} \\ V_{\mathrm{T}y}(t_{\mathrm{mf}}) = V_{\mathrm{T}y}(t) + a_{\mathrm{T}y}(t)\hat{t}_{\mathrm{imf}} \\ V_{\mathrm{T}z}(t_{\mathrm{mf}}) = V_{\mathrm{T}z}(t) + a_{\mathrm{T}z}(t)\hat{t}_{\mathrm{imf}} \end{cases} \tag{3-20}$$

式中，$\hat{t}_{\mathrm{imf}}$ 表示第 i 个导弹估计的中制导段的剩余飞行时间，在本小节用下式进行估算：

$$\hat{t}_{\mathrm{imf}} = t_{\mathrm{go}i} - \left[R_{\mathrm{T}} / \left(V^* - V_{\mathrm{T}} \right) \right] \tag{3-21}$$

式中，R_{T} 表示末制导段的初始弹目相对距离；V^* 表示在中制导结束时导弹期望的最大速度；V_{T} 表示目标的速度。$V_{xi}(t_{\mathrm{mf}})$、$V_{yi}(t_{\mathrm{mf}})$ 和 $V_{zi}(t_{\mathrm{mf}})$ 表示在惯性坐标系下中制导结束时的导弹速度，可根据中制导期望的导弹最大速度进行设置。由于导弹速度矢量与弹目视线之间的前置角 σ 较小，导弹的速度方向基本与弹目视线方向一致，因此可在设置期望速度 $V_i(t_{\mathrm{mf}})$ 时引入视线角约束，具体可表示为

$$\begin{cases} V_{xi}(t_{\mathrm{mf}}) = V^* \cos\theta_{i\mathrm{Lf}}^* \cos\varphi_{i\mathrm{Lf}}^* \\ V_{yi}(t_{\mathrm{mf}}) = V^* \sin\theta_{i\mathrm{Lf}}^* \\ V_{zi}(t_{\mathrm{mf}}) = V^* \cos\theta_{i\mathrm{Lf}}^* \sin\varphi_{i\mathrm{Lf}}^* \end{cases} \tag{3-22}$$

式中，V^* 表示在中制导结束时导弹期望的最大速度；$\theta_{i\mathrm{Lf}}^*$ 表示在中制导结束时导弹期望的视线倾角；$\varphi_{i\mathrm{Lf}}^*$ 表示在中制导结束时导弹期望的视线偏角。此设置方式同时考虑导弹在到达中末制导交班区时的速度约束和视线角约束。

$\overline{V}_{xi}(t)$、$\overline{V}_{yi}(t)$ 和 $\overline{V}_{zi}(t)$ 表示导弹与目标在地面惯性坐标系下的实时速度误差，可具体写为

$$\begin{cases} \overline{V}_{xi}(t) = V_{\mathrm{T}x}(t) - V_{xi}(t) \\ \overline{V}_{yi}(t) = V_{\mathrm{T}y}(t) - V_{yi}(t) \\ \overline{V}_{zi}(t) = V_{\mathrm{T}z}(t) - V_{zi}(t) \end{cases} \tag{3-23}$$

$a_{Tx}(t)$、$a_{Ty}(t)$ 和 $a_{Tz}(t)$ 表示目标在地面惯性坐标系下的加速度；t_{goi} 表示第 i 枚导弹的剩余飞行时间，可由下式计算获得

$$t_{goi} = \frac{R_i}{\dot{R}_i} \tag{3-24}$$

式中，R_i 表示第 i 枚导弹的弹目相对距离。

由式(3-16)可知，基础导引律主要由三部分组成，第一部分基于导弹的虚拟碰撞点(目标点)与按照当前位置和速度经过剩余飞行时间 t_{goi} 飞行后的位置之间的误差获得，即 $6\left[\tilde{P}_{ji}(t) - \bar{P}_{ji}(t)\right]/t_{goi}^2$，$j = x, y, z, i = 1, 2, \cdots, N$，使第 i 枚导弹飞向目标，减小弹目相对距离，确保到达虚拟碰撞点，进而保证满足弹目相对距离约束；第二部分基于导弹与目标的实时速度误差和中制导结束时期望的导弹速度与估计的目标速度之间的误差获得，即 $6\left[\bar{V}_{ji}(t_{mf}) - \bar{V}_{ji}(t)\right]/t_{goi}$，$j = x, y, z, i = 1, 2, \cdots, N$，保证第 i 枚导弹同时满足速度约束和视线角约束；第三部分为目标加速度 $\left(a_{Tx}(t), a_{Ty}(t), a_{Tz}(t)\right)$，用于补偿目标机动带来的影响。

3.3.2.2 协同项设计

为了实现在中制导结束时多枚导弹的弹目相对距离之间的误差和剩余飞行时间之间的误差在较小的范围内，需要根据导弹的状态信息设计协同项。协同项 $\boldsymbol{a}_{ci}(t)$ 是保证所有导弹同一时间到达中末制导交班区，且弹目相对距离基本保持一致，具体分为以下两步设计。

1) 选择协同变量

协同变量的选择基于协同中制导段的协同目标及其相关的导弹状态信息进行。本节选择的协同变量为所有导弹虚拟碰撞点在惯性坐标系下的位置坐标平均值 $\left(\hat{P}_x(t), \hat{P}_y(t), \hat{P}_z(t)\right)$，具体可以表示为

$$\hat{\boldsymbol{P}}(t) = \begin{bmatrix} \hat{P}_x(t) \\ \hat{P}_y(t) \\ \hat{P}_z(t) \end{bmatrix} = \begin{bmatrix} \left[\sum_{i=1}^{N} \tilde{P}_{xi}(t)\right]/N \\ \left[\sum_{i=1}^{N} \tilde{P}_{yi}(t)\right]/N \\ \left[\sum_{i=1}^{N} \tilde{P}_{zi}(t)\right]/N \end{bmatrix} = \begin{bmatrix} x_T(t) + V_{Tx}(t)\bar{t}_{go} \\ y_T(t) + V_{Ty}(t)\bar{t}_{go} \\ z_T(t) + V_{Tz}(t)\bar{t}_{go} \end{bmatrix} \tag{3-25}$$

式中，$\bar{t}_{go}$ 为所有导弹的剩余飞行时间的平均值，具体可以表示为

$$\bar{t}_{go} = \frac{1}{N}\sum_{i=1}^{N} t_{goi} \tag{3-26}$$

2) 设计协同项

设计协同项的目的是确保在惯性坐标系下各导弹的虚拟碰撞点坐标收敛到所有导弹的虚拟碰撞点坐标的平均值。在本节中，基于每个导弹的虚拟碰撞点在惯性坐标系下的位置坐标 $\left(\tilde{P}_{xi}(t),\tilde{P}_{yi}(t),\tilde{P}_{zi}(t)\right)$ 与所有导弹的虚拟碰撞点在惯性坐标系下的位置坐标平均值 $\left(\hat{P}_{x}(t),\hat{P}_{y}(t),\hat{P}_{z}(t)\right)$ 来设计协同项，如式(3-27)所示：

$$
\boldsymbol{a}_{ci}(t)=\begin{bmatrix} a_{cxi}(t) \\ a_{cyi}(t) \\ a_{czi}(t) \end{bmatrix}=\begin{bmatrix} \alpha_{i1}\left[\tilde{P}_{xi}(t)-\hat{P}_{x}(t)\right] \\ \alpha_{i2}\left[\tilde{P}_{yi}(t)-\hat{P}_{y}(t)\right] \\ \alpha_{i3}\left[\tilde{P}_{zi}(t)-\hat{P}_{z}(t)\right] \end{bmatrix} \tag{3-27}
$$

式中，α_{i1}、α_{i2} 和 α_{i3} 为协同项的协同系数，需要根据式(3-28)进行计算获得

$$
\begin{bmatrix} \alpha_{i1} \\ \alpha_{i2} \\ \alpha_{i3} \end{bmatrix}=\begin{bmatrix} \dfrac{p_{i1}\,\mathrm{sgn}\left[\tilde{P}_{xi}(t)-\hat{P}_{x}(t)\right]\mathrm{sgn}\left[x_{i}(t)-\hat{P}_{x}(t)\right]}{V_{Tx}(t)\left[x_{T}(t)-x_{i}(t)\right]} \\ \dfrac{p_{i2}\,\mathrm{sgn}\left[\tilde{P}_{yi}(t)-\hat{P}_{y}(t)\right]\mathrm{sgn}\left[y_{i}(t)-\hat{P}_{y}(t)\right]}{V_{Ty}(t)\left[y_{T}(t)-y_{i}(t)\right]} \\ \dfrac{p_{i3}\,\mathrm{sgn}\left[\tilde{P}_{zi}(t)-\hat{P}_{z}(t)\right]\mathrm{sgn}\left[z_{i}(t)-\hat{P}_{z}(t)\right]}{V_{Tz}(t)\left[z_{T}(t)-z_{i}(t)\right]} \end{bmatrix} \tag{3-28}
$$

式中，$\mathrm{sgn}(\cdot)$ 表示符号函数；$\left(x_{T}(t),y_{T}(t),z_{T}(t)\right)$ 和 $\left(V_{Tx}(t),V_{Ty}(t),V_{Tz}(t)\right)$ 分别表示目标在惯性坐标系下的实时位置和实时速度；$\left(x_{i}(t),y_{i}(t),z_{i}(t)\right)$ 表示第 i 枚导弹在惯性坐标系下的实时位置；$\left(\hat{P}_{x}(t),\hat{P}_{y}(t),\hat{P}_{z}(t)\right)$ 和 $\left(\tilde{P}_{xi}(t),\tilde{P}_{yi}(t),\tilde{P}_{zi}(t)\right)$ 分别表示所有导弹的虚拟碰撞点在惯性坐标系下的坐标平均值和第 i 枚导弹的虚拟碰撞点在惯性坐标系下的坐标；p_{i1}、p_{i2} 和 p_{i3} 为待定系数，其选择范围在 3.3.3 小节相关定理证明中给出。

基于式(3-16)和式(3-27)可以获得集中式协同中制导律，如式(3-29)所示：

$$
\begin{cases} a_{xi}(t)=\dfrac{6\left[\tilde{P}_{xi}(t)-\bar{P}_{xi}(t)\right]}{t_{goi}^{2}}+\dfrac{2\left[\bar{V}_{xi}(t_{mf})-\bar{V}_{xi}(t)\right]}{t_{goi}}+a_{Tx}(t)-a_{cxi}(t) \\[3mm] a_{yi}(t)=\dfrac{6\left[\tilde{P}_{yi}(t)-\bar{P}_{yi}(t)\right]}{t_{goi}^{2}}+\dfrac{2\left[\bar{V}_{yi}(t_{mf})-\bar{V}_{yi}(t)\right]}{t_{goi}}+a_{Ty}(t)-a_{cyi}(t),\quad i=1,2,\cdots,N \\[3mm] a_{zi}(t)=\dfrac{6\left[\tilde{P}_{zi}(t)-\bar{P}_{zi}(t)\right]}{t_{goi}^{2}}+\dfrac{2\left[\bar{V}_{zi}(t_{mf})-\bar{V}_{zi}(t)\right]}{t_{goi}}+a_{Tz}(t)-a_{czi}(t) \end{cases}
$$

$$\tag{3-29}$$

3.3.3　稳定性分析

下面将对上述设计的多导弹协同中制导律可以确保所有导弹同时到达中末制导交班区，且弹目相对距离基本保持一致进行分析与证明。由于该协同中制导律 $a_{xi}(t)$、$a_{yi}(t)$ 和 $a_{zi}(t)$ 的设计思路一致，所以后文只针对 $a_{xi}(t)$ 进行分析与证明，$a_{yi}(t)$ 和 $a_{zi}(t)$ 与 $a_{xi}(t)$ 的分析与证明过程相似，将不再赘述。

因为基础制导律(3-16)可以确保每枚导弹到达其自身的虚拟碰撞点 $\tilde{\boldsymbol{P}}_i(t)$，所以主要分析与证明协同项 $\boldsymbol{a}_{ci}(t)$ 可以使所有导弹的虚拟碰撞点趋于一致。从协同中制导段的协同目标可以看出，协同中制导律需要满足以下条件：

$$\lim_{t \to t_{mf}} \left\| \tilde{\boldsymbol{P}}_i(t) - \widehat{\boldsymbol{P}}(t) \right\| < \sigma_1, \quad \lim_{t \to t_{mf}} \left| t_{goi}(t) - t_{goj}(t) \right| < \sigma_2 \tag{3-30}$$

即在协同项的作用下，确保每枚导弹的虚拟碰撞点(目标点)收敛到同一目标点 $\widehat{\boldsymbol{P}}(t)$，从而使得弹目相对距离之间的误差在较小的范围内，同时确保剩余飞行时间之间的误差也在较小的范围内。

本节将先对协同中制导律(3-29)可以确保所有导弹到达中末制导交班区时，弹目相对距离基本保持一致进行分析与证明。基于式(3-30)定义 $\tilde{\boldsymbol{P}}_i(t) - \widehat{\boldsymbol{P}}(t)$ 的误差函数：

$$\varepsilon_i(t) = \begin{bmatrix} \varepsilon_{xi}(t) \\ \varepsilon_{yi}(t) \\ \varepsilon_{zi}(t) \end{bmatrix} = \begin{bmatrix} \left[\tilde{P}_{xi}(t) - \widehat{P}_x(t)\right]^2 \\ \left[\tilde{P}_{yi}(t) - \widehat{P}_x(t)\right]^2 \\ \left[\tilde{P}_{zi}(t) - \widehat{P}_x(t)\right]^2 \end{bmatrix}, \quad i = 1, 2, \cdots, N \tag{3-31}$$

并给出如下定理。

定理 3-1：假设多导弹系统网络拓扑结构为集中式连通网络拓扑结构，协同中制导律中协同项的协同系数的 α_{i1}、α_{i2} 和 α_{i3} 由式(3-27)给出，协同系数和待定系数 p_{i1}、p_{i2} 和 p_{i3} 之间的关系由式(3-28)给出。如果待定系数 p_{i1}、p_{i2} 和 p_{i3} 满足如下条件：

$$\begin{bmatrix} p_{i1} \\ p_{i2} \\ p_{i3} \end{bmatrix} = \begin{bmatrix} \dfrac{NH_{xi} + B_{xi}D_i x_{Ri}F_{xi}}{|G_{xi}||M_{xi}|D_i} + \rho(t) \\ \dfrac{NH_{yi} + B_{yi}D_i y_{Ri}F_{yi}}{|G_{yi}||M_{yi}|D_i} + \rho(t) \\ \dfrac{NH_{zi} + B_{zi}D_i z_{Ri}F_{zi}}{|G_{zi}||M_{zi}|D_i} + \rho(t) \end{bmatrix}, \quad \forall \rho(t) > 0 \tag{3-32}$$

式中，D_i 可具体表示为

$$D_i = \frac{x_{Ri}^2 + y_{Ri}^2 + z_{Ri}^2}{\left(x_{Ri}\dot{x}_{Ri} + y_{Ri}\dot{y}_{Ri} + z_{Ri}\dot{z}_{Ri}\right)^2} \tag{3-33}$$

其中，x_{Ri}、y_{Ri} 和 z_{Ri} 可分别具体表示为

$$\begin{cases} x_{Ri}(t) = x_T(t) - x_i(t) \\ y_{Ri}(t) = y_T(t) - y_i(t) \\ z_{Ri}(t) = z_T(t) - z_i(t) \end{cases} \tag{3-34}$$

F_{xi}、F_{yi} 和 F_{zi} 具体表示为

$$\begin{cases} F_{xi} = \dfrac{6\left[\tilde{P}_{xi}(t) - \overline{P}_{xi}(t)\right]}{t_{goi}^2} + \dfrac{2\left[\overline{V}_{xi}(t_{mf}) - \overline{V}_{xi}(t)\right]}{t_{goi}} + a_{Tx}(t) \\[2mm] F_{yi} = \dfrac{6\left[\tilde{P}_{yi}(t) - \overline{P}_{yi}(t)\right]}{t_{goi}^2} + \dfrac{2\left[\overline{V}_{yi}(t_{mf}) - \overline{V}_{yi}(t)\right]}{t_{goi}} + a_{Ty}(t) \\[2mm] F_{zi} = \dfrac{6\left[\tilde{P}_{zi}(t) - \overline{P}_{zi}(t)\right]}{t_{goi}^2} + \dfrac{2\left[\overline{V}_{zi}(t_{mf}) - \overline{V}_{zi}(t)\right]}{t_{goi}} + a_{Tz}(t) \end{cases} \tag{3-35}$$

G_{xi}、G_{yi} 和 G_{zi} 具体表示为

$$\begin{cases} G_{xi} = \tilde{P}_{xi}(t) - \widehat{P}_x(t) = \left(t_{goi} - \overline{t}_{go}\right)V_{Tx}(t) \\ G_{yi} = \tilde{P}_{yi}(t) - \widehat{P}_y(t) = \left(t_{goi} - \overline{t}_{go}\right)V_{Ty}(t) \\ G_{zi} = \tilde{P}_{zi}(t) - \widehat{P}_z(t) = \left(t_{goi} - \overline{t}_{go}\right)V_{Tz}(t) \end{cases} \tag{3-36}$$

M_{xi}、M_{yi} 和 M_{zi} 具体表示为

$$\begin{cases} M_{xi} = 2\left[x_i(t) - x_T(t) - V_{Tx}(t)\overline{t}_{go}\right] \\ M_{yi} = 2\left[y_i(t) - y_T(t) - V_{Ty}(t)\overline{t}_{go}\right] \\ M_{zi} = 2\left[z_i(t) - z_T(t) - V_{Tz}(t)\overline{t}_{go}\right] \end{cases} \tag{3-37}$$

B_{xi}、B_{yi} 和 B_{zi} 具体表示为

$$\begin{cases} B_{xi} = M_{xi}V_{Tx}(t) \\ B_{yi} = M_{yi}V_{Ty}(t) \\ B_{zi} = M_{zi}V_{Tz}(t) \end{cases} \tag{3-38}$$

H_{xi}、H_{yi} 和 H_{zi} 具体表示为

$$\begin{cases} H_{xi} = A_{xi} + \dfrac{2B_{xi}}{N} - \dfrac{B_{xi}D_iE_{xi}}{N} - B_{xi}J_{\Sigma} \\[2mm] H_{yi} = A_{yi} + \dfrac{2B_{yi}}{N} - \dfrac{B_{yi}D_iE_{yi}}{N} - B_{yi}J_{\Sigma} \\[2mm] H_{zi} = A_{zi} + \dfrac{2B_{zi}}{N} - \dfrac{B_{zi}D_iE_{zi}}{N} - B_{zi}J_{\Sigma} \end{cases} \tag{3-39}$$

其中，A_{xi}、A_{yi} 和 A_{zi} 具体表示为

$$\begin{cases} A_{xi} = M_{xi}\left[V_{xi}(t) - V_{\mathrm{T}x}(t) - a_{\mathrm{T}x}\overline{t}_{\mathrm{go}}\right] \\[2mm] A_{yi} = M_{yi}\left[V_{yi}(t) - V_{\mathrm{T}y}(t) - a_{\mathrm{T}y}\overline{t}_{\mathrm{go}}\right] \\[2mm] A_{zi} = M_{zi}\left[V_{zi}(t) - V_{\mathrm{T}z}(t) - a_{\mathrm{T}z}\overline{t}_{\mathrm{go}}\right] \end{cases} \tag{3-40}$$

E_{xi}、E_{yi} 和 E_{zi} 具体表示为

$$\begin{cases} E_{xi} = \dot{x}_{Ri}^2 + \dot{y}_{Ri}^2 + \dot{z}_{Ri}^2 + y_{Ri}\ddot{y}_{Ri} + z_{Ri}\ddot{z}_{Ri} + x_{Ri}a_{\mathrm{T}x} \\[2mm] E_{yi} = \dot{x}_{Ri}^2 + \dot{y}_{Ri}^2 + \dot{z}_{Ri}^2 + x_{Ri}\ddot{x}_{Ri} + z_{Ri}\ddot{z}_{Ri} + y_{Ri}a_{\mathrm{T}y} \\[2mm] E_{zi} = \dot{x}_{Ri}^2 + \dot{y}_{Ri}^2 + \dot{z}_{Ri}^2 + y_{Ri}\ddot{y}_{Ri} + x_{Ri}\ddot{x}_{Ri} + z_{Ri}a_{\mathrm{T}z} \end{cases} \tag{3-41}$$

J_{Σ} 可具体表示为

$$J_{\Sigma} = \frac{1}{N}\sum_{j=1(j\neq i)}^{N-1} \dot{t}_{\mathrm{go}j} \tag{3-42}$$

则 $\tilde{\boldsymbol{P}}_i(t) - \hat{\boldsymbol{P}}(t)$ 的误差函数 $\varepsilon_i(t)$ 随着时间增加而逐渐收敛到 0，从而协同中制导律 (3-29) 可以确保所有导弹的虚拟碰撞点 $\tilde{\boldsymbol{P}}_i(t)$ 逐渐趋于一致。

证明：首先分析 $\left[\tilde{P}_{xi}(t) - \hat{P}_x(t)\right]^2$ 的收敛情况。根据式(3-13)和泰勒公式，可以获得

$$\tilde{P}_{xi}(t+\Delta t) = x_i(t) + V_{xi}(t)\Delta t + O\left(\Delta t^2\right) \tag{3-43}$$

$$\hat{P}_x(t+\Delta t) = \hat{P}_x(t) + \dot{\hat{P}}_x(t)\Delta t + O\left(\Delta t^2\right) \tag{3-44}$$

将式(3-43)和式(3-44)代入式(3-31)，同时省略关于 Δt 的高阶项，则可以获得

$$\begin{aligned} \varepsilon_{xi}(t+\Delta t) - \varepsilon_{xi}(t) &= \left[\tilde{P}_{xi}(t+\Delta t) - \hat{P}_x(t+\Delta t)\right]^2 - \left[\tilde{P}_{xi}(t) - \hat{P}_x(t)\right]^2 \\[2mm] &= \left[x_i(t) + V_{xi}(t)\Delta t\right]^2 - 2\left[x_i(t) + V_{xi}(t)\Delta t\right]\left[\hat{P}_x(t) + \dot{\hat{P}}_x(t)\Delta t\right] \\[2mm] &\quad + \left[\hat{P}_x(t) + \dot{\hat{P}}_x(t)\Delta t\right]^2 - \left[x_i^2(t) - 2x_i(t)\hat{P}_x(t) + \hat{P}_x^2(t)\right] \\[2mm] &= 2\left[x_i(t)V_{xi}(t)\Delta t - x_i(t)\dot{\hat{P}}_x(t)\Delta t - V_{xi}(t)\hat{P}_x(t)\Delta t + \hat{P}_x(t)\dot{\hat{P}}_x(t)\Delta t\right] \end{aligned}$$

$$\tag{3-45}$$

因为 $\widehat{P}_x(t)$ 可以表示为

$$\widehat{P}_x(t) = x_{\mathrm{T}}(t) + V_{\mathrm{T}x}(t)\overline{t}_{\mathrm{go}} \tag{3-46}$$

对式(3-46)两边求导可以获得

$$\dot{\widehat{P}}_x(t) = V_{\mathrm{T}x}(t) + a_{\mathrm{T}x}(t)\overline{t}_{\mathrm{go}} + V_{\mathrm{T}x}(t)\dot{\overline{t}}_{\mathrm{go}} \tag{3-47}$$

将式(3-46)和式(3-47)代入式(3-45)可得

$$\begin{aligned}
\varepsilon_{xi}(t+\Delta t) - \varepsilon_{xi}(t) &= 2\left[x_i(t) - x_{\mathrm{T}}(t) - V_{\mathrm{T}x}(t)\overline{t}_{\mathrm{go}} \right]\left[V_{xi}(t) - V_{\mathrm{T}x}(t) - a_{\mathrm{T}x}\overline{t}_{\mathrm{go}} \right]\Delta t \\
&\quad - 2\left[x_i(t) - x_{\mathrm{T}}(t) - V_{\mathrm{T}x}(t)\overline{t}_{\mathrm{go}} \right]V_{\mathrm{T}x}(t)\dot{\overline{t}}_{\mathrm{go}}\Delta t \\
&= \left(A_{xi} - B_{xi}\dot{\overline{t}}_{\mathrm{go}} \right)\Delta t
\end{aligned} \tag{3-48}$$

弹目相对距离 R_i 可以通过下式进行计算：

$$R_i = \sqrt{x_{Ri}^2(t) + y_{Ri}^2(t) + z_{Ri}^2(t)} \tag{3-49}$$

根据式(3-24)式(3-26)，$\overline{t}_{\mathrm{go}}$ 可以表示为

$$\overline{t}_{\mathrm{go}} = \frac{1}{N}\sum_{i=1}^{N} t_{\mathrm{go}i} = \frac{1}{N}\sum_{i=1}^{N} \frac{x_{Ri}^2 + y_{Ri}^2 + z_{Ri}^2}{x_{Ri}\dot{x}_{Ri} + y_{Ri}\dot{y}_{Ri} + z_{Ri}\dot{z}_{Ri}} \tag{3-50}$$

根据式(3-49)和式(3-26)，$\dot{t}_{\mathrm{go}i}$ 可以表示为

$$\begin{aligned}
\dot{t}_{\mathrm{go}i} &= \frac{\left(\dot{x}_{Ri}^2 + x_{Ri}\ddot{x}_{Ri} + \dot{y}_{Ri}^2 + y_{Ri}\ddot{y}_{Ri} + \dot{z}_{Ri}^2 + z_{Ri}\ddot{z}_{Ri} \right)\left(x_{Ri}^2 + y_{Ri}^2 + z_{Ri}^2 \right)}{\left(x_{Ri}\dot{x}_{Ri} + y_{Ri}\dot{y}_{Ri} + z_{Ri}\dot{z}_{Ri} \right)^2} \\
&\quad - \frac{2\left(x_{Ri}\dot{x}_{Ri} + y_{Ri}\dot{y}_{Ri} + z_{Ri}\dot{z}_{Ri} \right)^2}{\left(x_{Ri}\dot{x}_{Ri} + y_{Ri}\dot{y}_{Ri} + z_{Ri}\dot{z}_{Ri} \right)^2}
\end{aligned} \tag{3-51}$$

因为 $\ddot{x}_{Ri}$ 可以表示为

$$\ddot{x}_{Ri}(t) = a_{\mathrm{T}x}(t) - a_{xi}(t) \tag{3-52}$$

则式(3-51)又可以写为

$$\dot{t}_{\mathrm{go}i} = -2 + \left[E_{xi} - x_{Ri}(t)a_{xi}(t) \right]D_i \tag{3-53}$$

基于式(3-53)，$\dot{\overline{t}}_{\mathrm{go}}$ 可以表示为

$$\begin{aligned}
\dot{\overline{t}}_{\mathrm{go}} &= \frac{1}{N}\left(\dot{t}_{\mathrm{go}i} + \sum_{j=1(j\neq i)}^{N-1} \dot{t}_{\mathrm{go}j} \right) \\
&= \frac{1}{N}\left[-2 + \left(E_{xi} - x_{Ri}a_{xi} \right)D_i \right] + \frac{1}{N}\sum_{j=1(j\neq i)}^{N-1} \dot{t}_{\mathrm{go}j}
\end{aligned} \tag{3-54}$$

将式(3-54)代入式(3-48)可得

$$
\begin{aligned}
\frac{\varepsilon_{xi}(t+\Delta t)-\varepsilon_{xi}(t)}{\Delta t} &= A_{xi}-B_{xi}\left\{\frac{1}{N}\left[-2+\left(E_{xi}-x_{Ri}a_{xi}\right)D_i\right]+J_{\Sigma}\right\} \\
&= A_{xi}+\frac{2B_{xi}}{N}-\frac{B_{xi}DE_{xi}}{N}+\frac{B_{xi}Dx_{Ri}}{N}a_{xi}-B_{xi}J_{\Sigma}
\end{aligned}
\tag{3-55}
$$

a_{xi} 又可以表示为

$$
a_{xi}=F_{xi}-\alpha_{i1}G_{xi}
\tag{3-56}
$$

将式(3-56)代入式(3-55)可得

$$
\begin{aligned}
\frac{\varepsilon_{xi}(t+\Delta t)-\varepsilon_{xi}(t)}{\Delta t} &= H_{xi}+\frac{B_{xi}D_i x_{Ri}}{N}\left(F_{xi}-\alpha_{i1}G_{xi}\right) \\
&= H_{xi}+\frac{B_{xi}D_i x_{Ri}F_{xi}}{N}-\frac{B_{xi}D_i x_{Ri}\alpha_{i1}G_{xi}}{N}
\end{aligned}
\tag{3-57}
$$

将式(3-28)代入式(3-57)可得

$$
\begin{aligned}
\frac{\varepsilon_{xi}(t+\Delta t)-\varepsilon_{xi}(t)}{\Delta t} &= H_{xi}+\frac{B_{xi}D_i x_{Ri}F_{xi}}{N}-\frac{B_{xi}D_i x_{Ri}p_{1i}\operatorname{sgn}(G_{xi})\operatorname{sgn}(M_{xi})G_{xi}}{Nx_{Ri}V_{Tx}(t)} \\
&= H_{xi}+\frac{B_{xi}D_i x_{Ri}F_{xi}}{N}-\frac{|G_{xi}||M_{xi}|p_{1i}D_i}{N}
\end{aligned}
\tag{3-58}
$$

当 $\varepsilon_{xi}(t+\Delta t)<\varepsilon_{xi}(t)$ 时，$\varepsilon_{xi}(t)$ 单调递减，即 $\varepsilon_{xi}(t)\to 0$，则 $\tilde{P}_{xi}(t)-\hat{P}_x(t)\to 0$。因此，基于式(3-58)可以获得

$$
H_{xi}+\frac{B_{xi}D_i x_{Ri}F_{xi}}{N}-\frac{|G_{xi}||M_{xi}|p_{1i}D_i}{N}<0
\tag{3-59}
$$

从式(3-59)可得

$$
p_{i1}>\frac{NH_{xi}+B_{xi}D_i x_{Ri}F_{xi}}{|G_{xi}||M_{xi}|D_i}
\tag{3-60}
$$

则当 p_{i1} 满足以下条件时，

$$
p_{i1}=\frac{NH_{xi}+B_{xi}D_i x_{Ri}F_{xi}}{|G_{xi}||M_{xi}|D_{xi}}+\rho(t),\quad \forall \rho(t)>0
\tag{3-61}
$$

有 $\varepsilon_{xi}(t)\to 0$，从而 $\tilde{P}_{xi}(t)$ 逐渐收敛到 $\hat{P}_x(t)$，即在 X 轴方向上，所有导弹的虚拟碰撞点 $\tilde{P}_{xi}(t)$ 逐渐收敛到同一位置 $\hat{P}_x(t)$。

由于 $\left[\tilde{P}_{yi}(t)-\hat{P}_y(t)\right]^2$ 和 $\left[\tilde{P}_{zi}(t)-\hat{P}_z(t)\right]^2$ 的分析过程与 $\left[\tilde{P}_{xi}(t)-\hat{P}_x(t)\right]^2$ 类似，在此省略。最后可得 p_{i1}、p_{i2} 和 p_{i3} 满足条件(3-32)时，$\tilde{\boldsymbol{P}}_i(t)$ 逐渐收敛到 $\hat{\boldsymbol{P}}(t)$，即所有导弹的虚拟碰撞点逐渐收敛到同一位置。证毕。

通过调节待定系数 p_{i1}、p_{i2} 和 p_{i3} 约束条件(3-32)中 $\rho(t)$ 的大小，改变待定系数 p_{i1}、p_{i2} 和 p_{i3} 的大小，进而协同项的协同系数 α_{i1}、α_{i2} 和 α_{i3} 的大小也相应改变，达到加强协同项作用和调节所有导弹的虚拟碰撞点 $\tilde{\boldsymbol{P}}_i(t)$ 趋于一致的速度，从而使得所有导弹到达中末制导交班区时，弹目相对距离保持一致，即满足多导弹协同中制导的一致性目标中关于弹目相对距离的约束。下面基于定理 3-1，分析与证明所有导弹可以同一时间到达中末制导交班区，即多导弹协同中制导的一致性目标中关于剩余飞行时间的约束。

定理 3-2：假设多导弹系统网络拓扑结构为集中式连通网络拓扑结构，协同中制导律中协同项的协同系数 α_{i1}、α_{i2} 和 α_{i3} 由式(3-27)给出，协同系数和待定系数 p_{i1}、p_{i2} 和 p_{i3} 之间的关系由式(3-28)给出。如果待定系数 p_{i1}、p_{i2} 和 p_{i3} 满足条件(3-32)，则协同中制导律(3-29)能使所有导弹的剩余飞行时间 $t_{\mathrm{go}i}$ 逐渐趋于一致，从而确保所有导弹在同一时间到达中末制导交班区。

证明：基于定理 3-1 可知，当 p_{i1}、p_{i2} 和 p_{i3} 满足条件(3-32)时，$\tilde{\boldsymbol{P}}_i(t)$ 逐渐收敛到 $\widehat{\boldsymbol{P}}(t)$，即存在如下关系：

$$\lim_{t\to\infty}\left[\tilde{\boldsymbol{P}}_i(t)-\widehat{\boldsymbol{P}}(t)\right]=\mathbf{0} \tag{3-62}$$

根据 $\tilde{\boldsymbol{P}}_i(t)$ 的定义可知：

$$t_{\mathrm{go}i}(t)=\frac{\tilde{P}_{xi}(t)-x_{\mathrm{T}}(t)}{V_{\mathrm{T}x}(t)}=\frac{\tilde{P}_{yi}(t)-y_{\mathrm{T}}(t)}{V_{\mathrm{T}y}(t)}=\frac{\tilde{P}_{zi}(t)-z_{\mathrm{T}}(t)}{V_{\mathrm{T}z}(t)} \tag{3-63}$$

根据 $\widehat{\boldsymbol{P}}(t)$ 的定义可知：

$$\overline{t}_{\mathrm{go}}(t)=\frac{\widehat{P}_x(t)-x_{\mathrm{T}}(t)}{V_{\mathrm{T}x}(t)}=\frac{\widehat{P}_y(t)-y_{\mathrm{T}}(t)}{V_{\mathrm{T}y}(t)}=\frac{\widehat{P}_z(t)-z_{\mathrm{T}}(t)}{V_{\mathrm{T}z}(t)} \tag{3-64}$$

基于式(3-63)和式(3-64)可知：

$$\begin{aligned}t_{\mathrm{go}i}(t)-\overline{t}_{\mathrm{go}}(t)&=\frac{\tilde{P}_{xi}(t)-x_{\mathrm{T}}(t)}{V_{\mathrm{T}x}(t)}-\frac{\widehat{P}_x(t)-x_{\mathrm{T}}(t)}{V_{\mathrm{T}x}(t)}=\frac{\tilde{P}_{xi}(t)-\widehat{P}_x(t)}{V_{\mathrm{T}x}(t)}\\[2mm]&=\frac{\tilde{P}_{yi}(t)-y_{\mathrm{T}}(t)}{V_{\mathrm{T}y}(t)}-\frac{\widehat{P}_y(t)-y_{\mathrm{T}}(t)}{V_{\mathrm{T}y}(t)}=\frac{\tilde{P}_{yi}(t)-\widehat{P}_y(t)}{V_{\mathrm{T}y}(t)}\\[2mm]&=\frac{\tilde{P}_{zi}(t)-z_{\mathrm{T}}(t)}{V_{\mathrm{T}z}(t)}-\frac{\widehat{P}_z(t)-z_{\mathrm{T}}(t)}{V_{\mathrm{T}z}(t)}=\frac{\tilde{P}_{zi}(t)-\widehat{P}_z(t)}{V_{\mathrm{T}z}(t)}\end{aligned} \tag{3-65}$$

基于式(3-62)和式(3-65)可知，当 $t\to\infty$ 时，有 $\tilde{P}_{xi}(t)-\widehat{P}_x(t)\to 0$，进一步地 $t_{\mathrm{go}i}(t)-\overline{t}_{\mathrm{go}}(t)\to 0$，即所有导弹的剩余飞行时间 $t_{\mathrm{go}i}$ 能逐渐趋于一致。证毕。

由定理 3-2 可知，当所有导弹的虚拟碰撞点 $\tilde{\boldsymbol{P}}_i(t)$ 趋于同一点时，所有导弹的

剩余飞行时间 t_{goi} 也将趋于一致。因此，由定理 3-1 和定理 3-2 可以看出，当协同系数 α_{i1}、α_{i2} 和 α_{i3} 中的 p_{i1}、p_{i2} 和 p_{i3} 满足条件(3-32)时，协同中制导律(3-29)可以保证所有导弹的剩余飞行时间 t_{goi} 趋于一致。相似地，协同系数 α_{i1}、α_{i2} 和 α_{i3} 的大小影响剩余飞行时间 t_{goi} 的收敛速度，但不影响所有导弹到达中末制导交班区的时间一致性，即满足多导弹协同中制导的一致性目标中关于剩余飞行时间的约束。

3.4　分布式协同中制导律设计方法

虽然集中式网络结构简单，但是集中式网络只有一个计算和信息处理核心，对网络的中心节点要求较高，需要中心节点接收其他节点状态信息，通过计算处理之后将协同变量传输给其他节点。一旦中心节点出现故障，整体网络就会瘫痪，因而集中式协同中制导方法鲁棒性较差。相比集中式网络，分布式网络具有更强的鲁棒性，每个节点只需要跟自己的邻居节点通信，并且节点自身就是计算核心，因而在满足一定约束条件的情况下，即便一到两个节点出现故障，整体网络依然可以运行，且在分布式一致性协议算法的支持下，所有节点的状态最终都会收敛到同一状态。根据上述分析，分布式网络在实际工程中更具有应用价值，因此本节根据 2.4 节提出的协同中制导律基本设计思路，在 3.3 节的基础上，将集中式协同中制导律扩展为分布式协同中制导律，并对协同中制导律的稳定性进行分析。

问题描述已在 3.3.1 小节介绍，这里不再重复。但需要对多导弹系统的通信网络拓扑结构作以下假设。

假设 3-1：多导弹系统的通信网络拓扑结构对应的有向图 G 包含一个有向生成树，且邻接矩阵为定常数矩阵。

3.4.1　制导律设计

3.4.1.1　基础制导律设计

与 3.3 节设计思路类似，分布式协同中制导律由基础制导律的制导指令 $\boldsymbol{a}_{bi}(t)$ 和协同项 $\boldsymbol{a}_{ci}(t)$ 构成，如式(3-15)所示。制导指令 $\boldsymbol{a}_{bi}(t)$ 依然采用 3.3.2.1 小节设计的基础制导律(3-16)，相关设置可参考 3.3.2.1 小节，这里不再重复。

3.4.1.2　协同项设计

在分布式网络中，每个节点只需要跟自己的邻居节点通信，节点自身就是计算核心。若采取 3.3.2.2 中协同项的设计方法，基于邻居节点和自身节点的状态信息的平均值构建的协同项只能保证多导弹系统中的每枚导弹与其邻居导弹状态达成一致，并不能保证整体编队的状态达成一致。因此，在分布式网络中，协同项的构建还需包含基于分布式网络的状态一致性协议，从而保证整体网络节点的状态达成一致。

协同项 $\boldsymbol{a}_{ci}(t)$ 设计分为三步，首先确定协同变量，其次设计关于协同变量的一致性协议算法，最后构建协同项，具体设计步骤如下。

1) 确定协同变量

在分布式通信网络架构下，选择每枚导弹及其邻居导弹在惯性坐标系下的虚拟碰撞点的位置坐标平均值 $\hat{\boldsymbol{P}}_i(t)=\left[\hat{P}_{xi}(t),\hat{P}_{yi}(t),\hat{P}_{zi}(t)\right]^{\mathrm{T}}$ 作为协同变量，具体可以表示为

$$\hat{\boldsymbol{P}}_i(t)=\begin{bmatrix}\hat{P}_{xi}(t)\\\hat{P}_{yi}(t)\\\hat{P}_{zi}(t)\end{bmatrix}=\begin{bmatrix}\dfrac{1}{N_i(j\,|\,j\in N_i(t))}\sum_{j\in N_i(t)}\tilde{P}_{xj}(t)\\\dfrac{1}{N_i(j\,|\,j\in N_i(t))}\sum_{j\in N_i(t)}\tilde{P}_{yj}(t)\\\dfrac{1}{N_i(j\,|\,j\in N_i(t))}\sum_{j\in N_i(t)}\tilde{P}_{zj}(t)\end{bmatrix}=\begin{bmatrix}x_{\mathrm{T}}(t)+V_{\mathrm{T}x}(t)\overline{t}_{\mathrm{go}i}\\y_{\mathrm{T}}(t)+V_{\mathrm{T}y}(t)\overline{t}_{\mathrm{go}i}\\z_{\mathrm{T}}(t)+V_{\mathrm{T}z}(t)\overline{t}_{\mathrm{go}i}\end{bmatrix}\quad(3\text{-}66)$$

式中，$N_i(j\,|\,j\in N_i(t))$ 表示第 i 枚导弹包含自身节点和邻居节点集合中的元素个数，后文直接用 N_i 表示；$(x_{\mathrm{T}}(t),y_{\mathrm{T}}(t),z_{\mathrm{T}}(t))$ 和 $(V_{\mathrm{T}x}(t),V_{\mathrm{T}y}(t),V_{\mathrm{T}z}(t))$ 分别表示目标在惯性坐标系下的实时位置和实时速度；$\overline{t}_{\mathrm{go}i}$ 表示第 i 枚导弹及其邻居导弹的剩余飞行时间平均值。

2) 设计一致性协议

基于协同变量 $\hat{\boldsymbol{P}}_i(t)$ 设计一致性协议，如式(3-67)所示：

$$\dot{\hat{\boldsymbol{P}}}_i(t)=\begin{bmatrix}\dot{\hat{P}}_{xi}(t)\\\dot{\hat{P}}_{yi}(t)\\\dot{\hat{P}}_{zi}(t)\end{bmatrix}=\begin{bmatrix}-\sum_{j=1}^{N}a_{ij}\left[\hat{P}_{xi}(t)-\hat{P}_{xj}(t)\right]\\-\sum_{j=1}^{N}a_{ij}\left[\hat{P}_{yi}(t)-\hat{P}_{yj}(t)\right]\\-\sum_{j=1}^{N}a_{ij}\left[\hat{P}_{zi}(t)-\hat{P}_{zj}(t)\right]\end{bmatrix}\quad(3\text{-}67)$$

式中，a_{ij} 为节点 j 与节点 i 之间的通信权重。一致性协议保证每枚导弹及其邻居导弹的虚拟碰撞点的位置坐标平均值 $\hat{\boldsymbol{P}}_i(t)$ 能趋于一致，即 $\hat{\boldsymbol{P}}_i(t)-\hat{\boldsymbol{P}}_j(t)\to\mathbf{0}$。

3) 构建协同项

基于每个导弹的虚拟碰撞点的位置坐标 $(\tilde{P}_{xi}(t),\tilde{P}_{yi}(t),\tilde{P}_{zi}(t))$ 与每个导弹及

其邻居导弹的虚拟碰撞点的位置坐标平均值 $\left(\hat{P}_{xi}(t), \hat{P}_{yi}(t), \hat{P}_{zi}(t)\right)$ 设计协同项，如式(3-68)所示：

$$
\boldsymbol{a}_{ci}(t) = \begin{bmatrix} a_{cxi}(t) \\ a_{cyi}(t) \\ a_{czi}(t) \end{bmatrix} = \begin{bmatrix} \kappa_{i1}\left[\tilde{P}_{xi}(t) - \hat{P}_{xi}(t)\right] \\ \kappa_{i2}\left[\tilde{P}_{yi}(t) - \hat{P}_{yi}(t)\right] \\ \kappa_{i3}\left[\tilde{P}_{zi}(t) - \hat{P}_{zi}(t)\right] \end{bmatrix}
\tag{3-68}
$$

式中，$\tilde{P}_{xi}(t)$、$\tilde{P}_{yi}(t)$ 和 $\tilde{P}_{zi}(t)$ 表示第 i 枚导弹在惯性坐标系下的虚拟碰撞点，由式(3-17)计算获得；κ_{i1}、κ_{i2} 和 κ_{i3} 为协同项的协同系数，需要根据以下公式计算获得

$$
\begin{bmatrix} \kappa_{i1} \\ \kappa_{i2} \\ \kappa_{i3} \end{bmatrix} = \begin{bmatrix} \dfrac{\hat{p}_{i1}\,\mathrm{sgn}\left[\tilde{P}_{xi}(t) - \hat{P}_{xi}(t)\right]\mathrm{sgn}\left[x_i(t) - \hat{P}_{xi}(t)\right]}{V_{\mathrm{T}x}(t)\left[x_{\mathrm{T}}(t) - x_i(t)\right]} \\ \dfrac{\hat{p}_{i2}\,\mathrm{sgn}\left[\tilde{P}_{yi}(t) - \hat{P}_{yi}(t)\right]\mathrm{sgn}\left[y_i(t) - \hat{P}_{yi}(t)\right]}{V_{\mathrm{T}y}(t)\left[y_{\mathrm{T}}(t) - y_i(t)\right]} \\ \dfrac{\hat{p}_{i3}\,\mathrm{sgn}\left[\tilde{P}_{zi}(t) - \hat{P}_{zi}(t)\right]\mathrm{sgn}\left[z_i(t) - \hat{P}_{zi}(t)\right]}{V_{\mathrm{T}z}(t)\left[z_{\mathrm{T}}(t) - z_i(t)\right]} \end{bmatrix}
\tag{3-69}
$$

式中，$\mathrm{sgn}(\cdot)$ 表示符号函数；$\hat{p}_{i1}$、$\hat{p}_{i2}$ 和 $\hat{p}_{i3}$ 为待定系数，其选择范围将在定理3-3证明中给出。

协同项 $\boldsymbol{a}_{ci}(t)$ 的计算过程如图 3-3 所示。首先获取第 i 枚导弹邻居导弹的虚拟碰撞点坐标；其次通过一致性协议(3-67)计算 $\dot{\hat{P}}_i(t)$；再次更新协同变量 $\hat{P}_i(t)$；最后基于式(3-68)进行协同项计算。一致性协议(3-67)可以保证每枚导弹及其邻居导弹的虚拟碰撞点坐标的平均值趋于一致；协同项(式(3-68))可以保证每枚导弹的虚拟碰撞点收敛到该导弹及其邻居导弹的虚拟碰撞点坐标的平均值。在一致性协议和协同项共同作用下，所有导弹的虚拟碰撞点都可以收敛到同一数值，进而保证弹目相对距离一致。

图 3-3　协同项的计算过程

基于式(3-16)、一致性协议(3-67)和式(3-68)可以获得分布式协同中制导律，如式(3-70)所示：

$$
\left\{
\begin{aligned}
a_{xi}(t) &= \frac{6\left[\tilde{P}_{xi}(t) - \bar{P}_{xi}(t)\right]}{t_{\text{goi}}^2} + \frac{2\left[\bar{V}_{xi}(t_{\text{mf}}) - \bar{V}_{xi}(t)\right]}{t_{\text{goi}}} + a_{\text{T}x}(t) - \kappa_{i1}\left[\tilde{P}_{xi}(t) - \hat{P}_{xi}(t)\right] \\
\dot{\hat{P}}_{xi}(t) &= -\sum_{j=1}^{N} a_{ij}\left[\hat{P}_{xi}(t) - \hat{P}_{xj}(t)\right] \\
a_{yi}(t) &= \frac{6\left[\tilde{P}_{yi}(t) - \bar{P}_{yi}(t)\right]}{t_{\text{goi}}^2} + \frac{2\left[\bar{V}_{yi}(t_{\text{mf}}) - \bar{V}_{yi}(t)\right]}{t_{\text{goi}}} + a_{\text{T}y}(t) - \kappa_{i2}\left[\tilde{P}_{yi}(t) - \hat{P}_{yi}(t)\right] \\
\dot{\hat{P}}_{yi}(t) &= -\sum_{j=1}^{N} a_{ij}\left[\hat{P}_{yi}(t) - \hat{P}_{yj}(t)\right] \\
a_{zi}(t) &= \frac{6\left[\tilde{P}_{zi}(t) - \bar{P}_{zi}(t)\right]}{t_{\text{goi}}^2} + \frac{2\left[\bar{V}_{zi}(t_{\text{mf}}) - \bar{V}_{zi}(t)\right]}{t_{\text{goi}}} + a_{\text{T}z}(t) - \kappa_{i3}\left[\tilde{P}_{zi}(t) - \hat{P}_{zi}(t)\right] \\
\dot{\hat{P}}_{zi}(t) &= -\sum_{j=1}^{N} a_{ij}\left[\hat{P}_{zi}(t) - \hat{P}_{zj}(t)\right]
\end{aligned}
\right.
$$

$$(3\text{-}70)$$

3.4.2　稳定性分析

本小节将分析与证明上述分布式协同中制导律可以保证所有导弹同时到达中末制导交班区，且使弹目相对距离保持一致。下面仅针对 x 轴方向的协同中制导律 $a_{xi}(t)$ 进行分析与证明，其他两个轴方向的协同中制导律 $a_{yi}(t)$ 和 $a_{zi}(t)$ 可进行类似分析与证明，将不再赘述。基于协同中制段的协同目标可以给出分布式协同中制导律(3-70)应满足以下条件：

$$
\lim_{t \to t_{\text{mf}}}\left\|\tilde{\boldsymbol{P}}_i(t) - \boldsymbol{P}_i(t)\right\| = 0, \quad \lim_{t \to t_{\text{mf}}}\left\|\hat{\boldsymbol{P}}_i(t) - \hat{\boldsymbol{P}}_j(t)\right\| < \sigma_1, \quad \lim_{t \to t_{\text{mf}}}\left|t_{\text{goi}}(t) - t_{\text{goj}}(t)\right| < \sigma_2 \quad (3\text{-}71)
$$

与定理 3-1 证明过程类似，下面给出定理 3-3。

定理 3-3：假设多导弹系统的通信网络拓扑结构满足假设 3-1，协同中制导律中协同项的协同系数 κ_{i1}、κ_{i2} 和 κ_{i3} 由式(3-68)给出，协同系数和待定系数 $\hat{p}_{i1}$、$\hat{p}_{i2}$ 和 $\hat{p}_{i3}$ 之间的关系由式(3-69)给出。如果待定系数 $\hat{p}_{i1}$、$\hat{p}_{i2}$ 和 $\hat{p}_{i3}$ 满足如下条件：

$$
\begin{bmatrix} \hat{p}_{i1} \\ \hat{p}_{i2} \\ \hat{p}_{i3} \end{bmatrix} = \begin{bmatrix} \dfrac{N_i \hat{H}_{xi} + \hat{B}_{xi} D_i x_{Ri} F_{xi}}{\left|\hat{G}_{xi}\right|\left|\hat{M}_{xi}\right| D_i} + \rho(t) \\[4mm] \dfrac{N_i \hat{H}_{yi} + \hat{B}_{yi} D_i y_{Ri} F_{yi}}{\left|\hat{G}_{yi}\right|\left|\hat{M}_{yi}\right| D_i} + \rho(t) \\[4mm] \dfrac{N_i \hat{H}_{zi} + \hat{B}_{zi} D_i z_{Ri} F_{zi}}{\left|\hat{G}_{zi}\right|\left|\hat{M}_{zi}\right| D_i} + \rho(t) \end{bmatrix}, \quad \forall \rho(t) > 0 \qquad (3\text{-}72)
$$

式中，D_i 如式(3-33)所示；x_{Ri}、y_{Ri} 和 z_{Ri} 如式(3-34)所示；F_{xi}、F_{yi} 和 F_{zi} 如式(3-35)所示；$\hat{G}_{xi}$、$\hat{G}_{yi}$ 和 $\hat{G}_{zi}$ 具体表示为

$$\begin{cases} \hat{G}_{xi} = \tilde{P}_{xi}(t) - \hat{P}_{xi}(t) = \left(t_{goi} - \overline{t}_{goi}\right)V_{Tx}(t) \\ \hat{G}_{yi} = \tilde{P}_{yi}(t) - \hat{P}_{yi}(t) = \left(t_{goi} - \overline{t}_{goi}\right)V_{Ty}(t) \\ \hat{G}_{zi} = \tilde{P}_{zi}(t) - \hat{P}_{zi}(t) = \left(t_{goi} - \overline{t}_{goi}\right)V_{Tz}(t) \end{cases} \tag{3-73}$$

其中，$\overline{t}_{goi}$ 具体表示为

$$\overline{t}_{goi} = \frac{1}{N_i} \sum_{j \in N_i(t)}^{N_i} t_{goj} \tag{3-74}$$

$\hat{M}_{xi}$、$\hat{M}_{yi}$ 和 $\hat{M}_{zi}$ 具体表示为

$$\begin{cases} \hat{M}_{xi} = 2\left[x_i(t) - x_T(t) - V_{Tx}(t)\overline{t}_{goi}\right] \\ \hat{M}_{yi} = 2\left[y_i(t) - y_T(t) - V_{Ty}(t)\overline{t}_{goi}\right] \\ \hat{M}_{zi} = 2\left[z_i(t) - z_T(t) - V_{Tz}(t)\overline{t}_{goi}\right] \end{cases} \tag{3-75}$$

$\hat{B}_{xi}$、$\hat{B}_{yi}$ 和 $\hat{B}_{zi}$ 具体表示为

$$\begin{cases} \hat{B}_{xi} = \hat{M}_{xi}V_{Tx}(t) \\ \hat{B}_{yi} = \hat{M}_{yi}V_{Ty}(t) \\ \hat{B}_{zi} = \hat{M}_{zi}V_{Tz}(t) \end{cases} \tag{3-76}$$

$\hat{H}_{xi}$、$\hat{H}_{yi}$ 和 $\hat{H}_{zi}$ 具体表示为

$$\begin{cases} \hat{H}_{xi} = \hat{A}_{xi} + \dfrac{2\hat{B}_{xi}}{N_i} - \dfrac{\hat{B}_{xi}D_iE_{xi}}{N_i} - \hat{B}_{xi}J_i \\[2mm] \hat{H}_{yi} = \hat{A}_{yi} + \dfrac{2\hat{B}_{yi}}{N_i} - \dfrac{\hat{B}_{yi}D_iE_{yi}}{N_i} - \hat{B}_{yi}J_i \\[2mm] \hat{H}_{zi} = \hat{A}_{zi} + \dfrac{2\hat{B}_{zi}}{N_i} - \dfrac{\hat{B}_{zi}D_iE_{zi}}{N_i} - \hat{B}_{zi}J_i \end{cases} \tag{3-77}$$

其中，$\hat{A}_{xi}$、$\hat{A}_{yi}$ 和 $\hat{A}_{zi}$ 具体表示为

$$\begin{cases} \hat{A}_{xi} = \hat{M}_{xi}\left[V_{xi}(t) - V_{Tx}(t) - a_{Tx}\overline{t}_{goi}\right] \\ \hat{A}_{yi} = \hat{M}_{yi}\left[V_{yi}(t) - V_{Ty}(t) - a_{Ty}\overline{t}_{goi}\right] \\ \hat{A}_{zi} = \hat{M}_{zi}\left[V_{zi}(t) - V_{Tz}(t) - a_{Tz}\overline{t}_{goi}\right] \end{cases} \tag{3-78}$$

E_{xi}、E_{yi} 和 E_{zi} 如式(3-41)所示；J_i 可具体表示为

$$J_i = \frac{1}{N_i} \sum_{j \in N_i, j \neq i}^{N_i} \dot{t}_{goj} \tag{3-79}$$

则关于 $\tilde{\boldsymbol{P}}_i(t) - \hat{\boldsymbol{P}}_i(t)$ 的误差会随着时间增加而逐渐收敛到 **0**。

证明：与定理3-1证明过程相似，首先定义状态误差函数 $\bar{\varepsilon}_{li}(t) = \left[\tilde{P}_{li}(t) - \hat{P}_{li}(t) \right]^2$，$l = x, y, z$，其次利用泰勒公式展开，代入相关状态方程，最后基于 $\bar{\varepsilon}_i(t + \Delta t) < \bar{\varepsilon}_i(t)$ 可获得 $\hat{p}_{i1}$、$\hat{p}_{i2}$ 和 $\hat{p}_{i3}$ 的取值为条件(3-72)。具体证明过程与定理 3-1 证明过程非常相似，为避免重复在此省略。

当 $\hat{p}_{i1}$、$\hat{p}_{i2}$ 和 $\hat{p}_{i3}$ 满足条件(3-72)，则随着时间增加，$\tilde{\boldsymbol{P}}_i(t) - \hat{\boldsymbol{P}}_j(t) \to \boldsymbol{0}$，即每枚导弹的虚拟碰撞点坐标收敛到该导弹及其邻居导弹的虚拟碰撞点坐标的平均值。证毕。

注解 3-1：由于在分布式网络中，每枚导弹只跟邻居导弹进行通信，因此获得的协同变量 $\hat{\boldsymbol{P}}_i(t)$ 具有局部性，不能如 3.3.2.2 中的协同变量 $\hat{\boldsymbol{P}}(t)$ 反映整个系统的状态变化。虽然定理 3-1 和定理 3-3 的证明思路一致，(p_{i1}, p_{i2}, p_{i3}) 和 $(\hat{p}_{i1}, \hat{p}_{i2}, \hat{p}_{i3})$ 的取值范围表达式(3-32)和式(3-72)也基本一致，但是由于协同变量的定义不一样，实际的取值范围也是不一样的。在定理3-1 中，协同变量 $\hat{\boldsymbol{P}}(t)$ 能反映整个系统的状态的变化，p_{i1}、p_{i2} 和 p_{i3} 的取值范围可以保证整体系统状态趋于一致；在定理 3-3 中，协同变量 $\hat{\boldsymbol{P}}_i(t)$ 只能反应每枚导弹及其邻居导弹的状态变化，$\hat{p}_{i1}$、$\hat{p}_{i2}$ 和 $\hat{p}_{i3}$ 的取值范围也只能保证每枚导弹及其邻居导弹状态趋于一致。

注解 3-2：定理 3-3 和定理 3-1 证明过程相似，但所得结论不一样。定理 3-1 证明 $\tilde{\boldsymbol{P}}_i(t)$ 可以逐渐收敛到 $\hat{\boldsymbol{P}}(t)$，即保证所有导弹的虚拟碰撞点趋于一致。定理 3-3 证明 $\tilde{\boldsymbol{P}}_i(t)$ 可以逐渐收敛到 $\hat{\boldsymbol{P}}_i(t)$，只能保证每枚导弹及其邻居导弹的虚拟碰撞点趋于一致，不能保证编队内所有导弹的虚拟碰撞点趋于一致。例如，在如图 3-4 所示的分布式网络拓扑结构中，导弹 1 与导弹 2 存在通信关系，可趋于一致；导弹 3 与导弹 4 存在通信关系，可趋于一致；但全部 4 枚导弹并不能趋于一致。

由引理 3-3 可知，当假设 3-1 条件满足，在分布式一致性协议(3-67)算法的作用下，可以保证协同变量 $\hat{\boldsymbol{P}}_i(t)$ 达成一致，即 $\hat{\boldsymbol{P}}_i(t) - \hat{\boldsymbol{P}}_j(t) \to \boldsymbol{0}$。

基于定理 3-3 和引理 3-3 可知，随着时间增加，一致性协议(3-67)可以保证每枚导弹及其邻居导弹的虚拟碰撞点坐标的平均值趋于一致；协同项可以保证每枚导弹的虚拟碰撞点收敛到该导弹及其邻居导弹的虚拟碰撞点坐标的平均值。在一致性协议和协同项共同作用下，所有导弹的虚拟碰撞点可以趋于一致。通过调节协同项的协同系数 κ_{i1}、κ_{i2} 和 κ_{i3} 的大小，可以加强协同项作用，保证所有导弹的虚拟碰撞点 $\tilde{\boldsymbol{P}}_i(t)$ 快速趋于一致，进而确保所有导弹在到达中末制导交班区时，弹

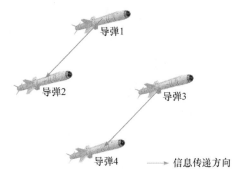

图 3-4　分布式网络拓扑结构(无有向生成树)

目相对距离保持一致，即满足多导弹协同中制导的协同目标中关于弹目相对距离的约束。下面证明所有导弹能同一时间到达中末制导交班区。

定理 3-4：假设多导弹系统的通信网络拓扑结构满足假设 3-1，协同中制导律中协同项的协同系数 κ_{i1}、κ_{i2} 和 κ_{i3} 由式(3-68)给出，协同系数和待定系数 $\hat{p}_{i1}$、$\hat{p}_{i2}$ 和 $\hat{p}_{i3}$ 之间的关系由式(3-69)给出。如果待定系数 $\hat{p}_{i1}$、$\hat{p}_{i2}$ 和 $\hat{p}_{i3}$ 满足条件(3-72)，则分布式协同中制导律(3-70)可以保证所有导弹的剩余飞行时间 t_{goi} 逐渐趋于一致，从而确保所有导弹能同一时间到达中末制导交班区。

证明：基于定理 3-3 和引理 3-3 可知，当 $\hat{p}_{i1}$、$\hat{p}_{i2}$ 和 $\hat{p}_{i3}$ 满足条件(3-72)时，存在：

$$\lim_{t\to\infty}\Big[\tilde{\boldsymbol{P}}_i(t)-\hat{\boldsymbol{P}}_i(t)\Big]=\boldsymbol{0},\quad \lim_{t\to\infty}\Big[\hat{\boldsymbol{P}}_i(t)-\hat{\boldsymbol{P}}_j(t)\Big]=\boldsymbol{0} \tag{3-80}$$

根据 $\tilde{\boldsymbol{P}}_i(t)$ 的定义可知：

$$t_{goi}(t)=\frac{\tilde{P}_{xi}(t)-x_{\mathrm{T}}(t)}{V_{\mathrm{T}x}(t)}=\frac{\tilde{P}_{yi}(t)-y_{\mathrm{T}}(t)}{V_{\mathrm{T}y}(t)}=\frac{\tilde{P}_{zi}(t)-z_{\mathrm{T}}(t)}{V_{\mathrm{T}z}(t)} \tag{3-81}$$

根据 $\hat{\boldsymbol{P}}_i(t)$ 的定义可知：

$$\overline{t}_{goi}(t)=\frac{\hat{P}_{xi}(t)-x_{\mathrm{T}}(t)}{V_{\mathrm{T}x}(t)}=\frac{\hat{P}_{yi}(t)-y_{\mathrm{T}}(t)}{V_{\mathrm{T}y}(t)}=\frac{\hat{P}_{zi}(t)-z_{\mathrm{T}}(t)}{V_{\mathrm{T}z}(t)} \tag{3-82}$$

基于式(3-81)和式(3-82)可知：

$$\begin{aligned}
t_{goi}(t)-\overline{t}_{goi}(t)&=\frac{\tilde{P}_{xi}(t)-x_{\mathrm{T}}(t)}{V_{\mathrm{T}x}(t)}-\frac{\hat{P}_{xi}(t)-x_{\mathrm{T}}(t)}{V_{\mathrm{T}x}(t)}=\frac{\tilde{P}_{xi}(t)-\hat{P}_{xi}(t)}{V_{\mathrm{T}x}(t)}\\
&=\frac{\tilde{P}_{yi}(t)-y_{\mathrm{T}}(t)}{V_{\mathrm{T}y}(t)}-\frac{\hat{P}_{yi}(t)-y_{\mathrm{T}}(t)}{V_{\mathrm{T}y}(t)}=\frac{\tilde{P}_{yi}(t)-\hat{P}_{yi}(t)}{V_{\mathrm{T}y}(t)}\\
&=\frac{\tilde{P}_{zi}(t)-z_{\mathrm{T}}(t)}{V_{\mathrm{T}z}(t)}-\frac{\hat{P}_{zi}(t)-z_{\mathrm{T}}(t)}{V_{\mathrm{T}z}(t)}=\frac{\tilde{P}_{zi}(t)-\hat{P}_{zi}(t)}{V_{\mathrm{T}z}(t)}
\end{aligned} \tag{3-83}$$

根据式(3-80)可知，当 $t \to \infty$ 时，$\tilde{\boldsymbol{P}}_i(t) - \hat{\boldsymbol{P}}_i(t) \to \boldsymbol{0}$，可推出 $t_{\text{go}i}(t) - \overline{t}_{\text{go}i}(t) \to 0$。由于多导弹系统的通信网络拓扑结构满足假设 3-1，即多导弹系统的通信网络拓扑结构存在一个有向生成树，则根据引理 3-3 可知，协同变量 $\hat{\boldsymbol{P}}_i(t)$ 达成一致，即 $\hat{\boldsymbol{P}}_i(t) - \hat{\boldsymbol{P}}_j(t) \to \boldsymbol{0}$，可推出 $\overline{t}_{\text{go}i}(t) - \overline{t}_{\text{go}j}(t) \to 0$。

综合以上两个极限公式，得 $t_{\text{go}i}(t) - t_{\text{go}j}(t) \to \overline{t}_{\text{go}i}(t) - \overline{t}_{\text{go}j}(t) \to 0$，即所有导弹的剩余飞行时间 $t_{\text{go}i}$ 能逐渐趋于一致。证毕。

由定理 3-4 可知，当所有导弹的虚拟碰撞点 $\tilde{\boldsymbol{P}}_i(t)$ 逐渐趋于一致，其剩余飞行时间 $t_{\text{go}i}$ 也将逐渐趋于一致。因此，基于定理 3-3、引理 3-3 和定理 3-4 可知，基于分布式网络拓扑结构的多导弹协同中制导律(3-70)的协同系数 κ_{i1}、κ_{i2} 和 κ_{i3} 中的 $\hat{p}_{i1}$、$\hat{p}_{i2}$ 和 $\hat{p}_{i3}$ 满足条件(3-72)时，可以保证所有导弹的剩余飞行时间 $t_{\text{go}i}$ 趋于一致，从而确保所有导弹同时到达中末制导交班区，即满足多导弹协同中制导的一致性目标中关于剩余飞行时间的约束。

3.5　仿　真　分　析

本节将分别采用基础制导律(3-16)、集中式协同中制导律(3-29)和分布式协同中制导律(3-70)进行仿真试验，并分析验证 3.3 节与 3.4 节提出的多导弹集中式协同中制导律和分布式协同中制导律的有效性。具体仿真场景设置如下。

(1) 场景一：目标匀速直线运动情况下，3 枚导弹在非协同情况下只采用基础制导律(3-16)，各自独立飞行；

(2) 场景二：目标在横向平面内做蛇形机动，3 枚导弹构成带有中心节点的无向网络，采用集中式协同中制导律(3-29)，设定 p_{i1}、p_{i2} 和 p_{i3} 约束条件(3-32)中的 $\rho(t)=0.4$，并通过式(3-28)实时计算获得协同系数 α_{i1}、α_{i2} 和 α_{i3}；

(3) 场景三：目标在横向平面内做蛇形机动，3 枚导弹采用分布式协同中制导律(3-70)，设定 $\hat{p}_{i1}$、$\hat{p}_{i2}$ 和 $\hat{p}_{i3}$ 约束条件(3-72)中的 $\rho(t)=0.4$，并通过式(3-69)实时计算获得协同系数 κ_{i1}、κ_{i2} 和 κ_{i3}。

协同中制导段目标(期望的协同中制导精度)设置如下：导引头的最大探测距离为 $R_t=17\text{km}$；中末制导交班区期望的最大速度值为 $V^*=1300\text{m/s}$，视线角分别设为 $\sigma_1=30°$ 和 $\sigma_2=30°$；由于中制导段导弹速度通常大于 1000m/s，协同中制导段的协同目标分别设为 $\sigma_3=1000\text{m}$ 和 $\sigma_4=1\text{s}$。

数值仿真实验中的相关设置如下：中末制导交班区与目标的距离设为 15km，即协同中制导在距离目标 15km 处停止；目标的初始位置坐标设为 $(x_{\text{T}}, y_{\text{T}}, z_{\text{T}}) = (85000, 8000, 0)\text{m}$，速度大小设置为 $V_{\text{T}}=280\text{m/s}$，弹道倾角为 $\theta_{\text{T}v}=0°$，弹道偏角

为 $\varphi_{Ty} = 0°$，切向加速度为 $a_{Tx}^d(t) = 0$，在横向平面内做蛇形机动时，法向加速度为 $a_{Ty}^d(t) = 0$ 和 $a_{Tz}^d(t) = 20\sin(0.2t)$；在协同中制导段，所有导弹的指令加速度范围分别为 $|a_{xi}(t)| < 80\text{m/s}^2$，$|a_{yi}(t)| < 80\text{m/s}^2$ 和 $|a_{zi}(t)| < 80\text{m/s}^2$；3 枚导弹的初始条件设置如表 3-1 所示，其中 (x_i, y_i, z_i) 表示第 i 枚导弹的初始位置坐标，V_{xi}、V_{yi} 和 V_{zi} 表示第 i 枚导弹在地面惯性坐标系下的初始速度。

表 3-1　3 枚导弹的初始条件

导弹编号	(x_i, y_i, z_i)/m	V_{xi}/(m/s)	V_{yi}/(m/s)	V_{zi}/(m/s)
导弹 1	(5000,10000,−2000)	1150	50	60
导弹 2	(3000,9500,1000)	1200	20	50
导弹 3	(1500,8500,−1000)	1250	30	50

3.5.1　无协同场景仿真结果

场景一的仿真结果如图 3-5 所示。从图 3-5(a)可以看出，在基础制导律作用下，各导弹都飞向目标，对目标实施拦截。从图 3-5(b)可以看出，导弹 3 最早抵达中末制导交班区，导弹 2 距离中末制导交班区 2.5km，导弹 1 距离中末制导交班区 4.5km。在此种情况中，导弹 3 率先进入末制导阶段，导弹 1 和导弹 2 仍处于中制导阶段，导引头未开机，无法探测目标，协同末制导律难以有效发挥作用。从图 3-5(c)可以看出，各导弹的剩余飞行时间之间存在较大误差，其中导弹 1 与导弹 3 的剩余飞行时间误差为 5.6s，在此种情况下，对协同末制导律的能力提出较大的考验。综上所述，在非协同的情况下，3 枚导弹各自飞行，不能同时到达中末制导交班区，弹目相对距离与剩余飞行时间都存在较大误差，很难依靠协同末制导律实现同一时间攻击目标，这与文献[3]中的结论一致。因此，对于多中远程导弹编队协同打击目标任务，在中制导段进行协同飞行是至关重要的。

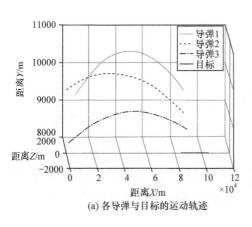

(a) 各导弹与目标的运动轨迹

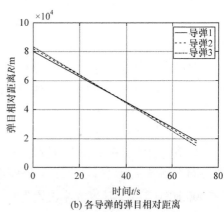

(b) 各导弹的弹目相对距离

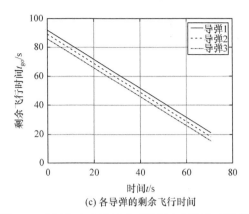

(c) 各导弹的剩余飞行时间

图 3-5　目标匀速直线运动时协同中制导仿真结果

3.5.2　集中式协同中制导律仿真结果

在场景二中,各导弹在中制导结束时期望的视线倾角 θ_{iLf}^* 分别设为 $-5°$、$-3°$ 和 $-2°$,视线偏角 φ_{iLf}^* 分别设为 $0°$、$4°$ 和 $1°$。场景二的仿真结果如图 3-6 所示。从图 3-6(a)可以看出,当目标做蛇形机动时,3 枚导弹相应调整各自的运动轨迹,对目标形成包围态势。图 3-6(b)和(c)显示 3 枚导弹的弹目相对距离和剩余飞行时间都逐渐收敛一致,说明满足约束条件的协同项可以保证状态误差逐步减小。从图 3-6(d)~(f)中可以看出,各导弹的加速度指令受到协同项和目标机动的影响,但量值不大且较为光滑,适合工程应用。从图 3-6(g)可以看出,为了消除初始阶段的状态误差,各导弹速度都进行了小幅度的调整;随着时间的推进,导弹状态误差逐渐减小,协同项作用也逐渐减弱;此时,目标机动的影响更加明显,各导弹速度需要进行较大幅度调整;当中制导段快结束时,各导弹速度又趋向于期望最大速度值,并满足速度约束(2-2)。图 3-6(h)和(i)表明在中制导结束时各导弹的视线倾角 θ_{iLf} 和视线偏角 φ_{iLf} 都能满足视线角约束(2-3),但与设定的期望视线倾

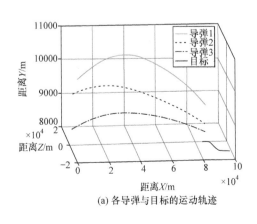

(a) 各导弹与目标的运动轨迹

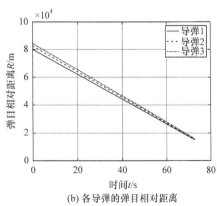

(b) 各导弹的弹目相对距离

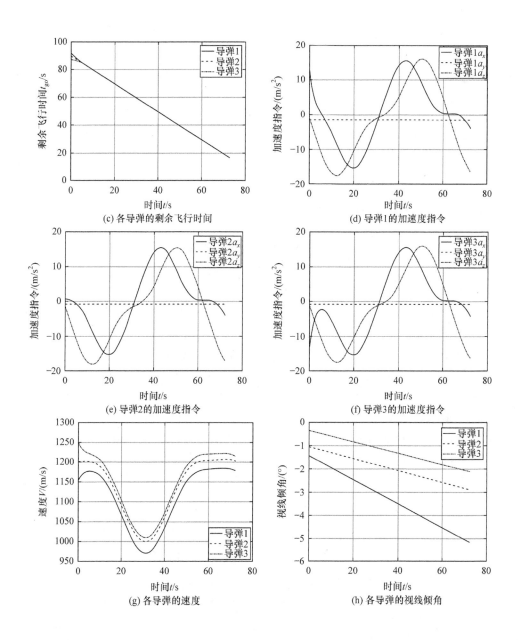

(c) 各导弹的剩余飞行时间

(d) 导弹1的加速度指令

(e) 导弹2的加速度指令

(f) 导弹3的加速度指令

(g) 各导弹的速度

(h) 各导弹的视线倾角

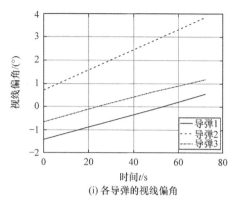

(i) 各导弹的视线偏角

图 3-6 目标蛇形机动时集中式协同中制导仿真结果

角 θ^*_{iLf} 和期望视线偏角 φ^*_{iLf} 的偏差不大于 0.5°，原因是基础制导律中速度误差项(第二项)的效果受到目标蛇形机动的影响，从而导致在中制导结束时各导弹的视线角和设定的期望视线角之间的误差增大。3 枚导弹协同中制导的统计结果如表 3-2 所示，其中最大相对距离误差表示弹目相对距离之间误差的最大值，最大剩余飞行时间误差表示剩余飞行时间之间误差的最大值。

表 3-2 3 枚导弹协同中制导的统计结果

导弹编号	中末制导交班约束状态			最大相对距离误差/m		最大剩余飞行时间误差/s	
	视线倾角/(°)	视线偏角/(°)	速度/(m/s)	初始时刻	结束时刻	初始时刻	结束时刻
导弹 1	−5.18	0.53	1178	3481	804	5.92	0.049
导弹 2	−2.89	3.79	1203	1975	353	3.16	0.046
导弹 3	−2.10	1.16	1215	3481	804	5.92	0.049

从表 3-2 可以看到，最大相对距离误差和最大剩余飞行时间误差都小于设定的误差值，说明多导弹编队达到一致性目标。从图 3-6 和表 3-2 可以看出，3.3.2 小节提出的集中式协同中制导律(3-29)对蛇形机动目标有效，可以确保多导弹编队达到期望的协同中制导精度，实现协同中制导目标。

3.5.3 分布式协同中制导律仿真结果

在场景三中，各导弹在中制导结束时期望的视线倾角 θ^*_{iLf} 分别设为 −5°、−3° 和 −2°，视线偏角 φ^*_{iLf} 分别设为 1°、7° 和 9°，导弹之间的通信网络拓扑结构如图 3-7 所示。场景三的具体仿真结果如图 3-8 所示。

从图 3-8(a)可以看出，由于目标蛇形机动，3 枚导弹相应调整各自的运动轨迹，形成对目标的包围态势。由图 3-8(b)和(c)可以看出，3 枚导弹的弹目相对距离和剩余

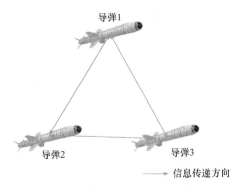

图 3-7　通信网络拓扑结构示意图

飞行时间都逐渐收敛一致,表明当协同项的协调系数满足定理 3-3 提出的约束条件(3-72)时,一致性协议(3-67)和协同项(3-68)共同作用使状态误差逐步减小,可以克服目标机动的影响。从图 3-8(d)~(f)可以看出,协同项和目标机动对各导弹的加速度指令影响较大,但加速度指令整体较小,且较为光滑,适合工程实现。由图 3-8(g)可以看出,由于协同项和目标机动的影响,各导弹速度都进行了较大幅度的调整;在临近中制导段结束时,各导弹速度大小又趋向于期望最大速度值,满足速度约束。

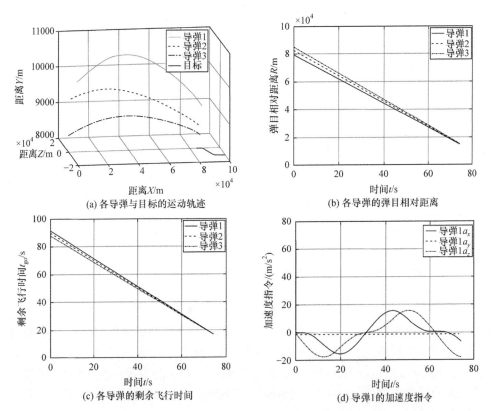

(a) 各导弹与目标的运动轨迹

(b) 各导弹的弹目相对距离

(c) 各导弹的剩余飞行时间

(d) 导弹1的加速度指令

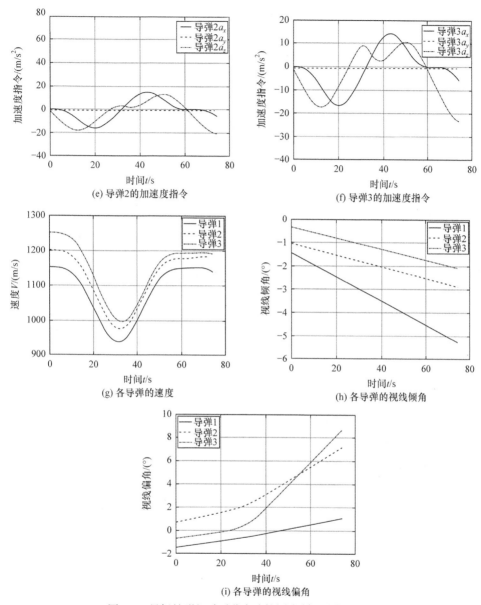

(e) 导弹2的加速度指令　　　　　(f) 导弹3的加速度指令

(g) 各导弹的速度　　　　　(h) 各导弹的视线倾角

(i) 各导弹的视线偏角

图 3-8　目标蛇形机动时分布式协同中制导律仿真结果

从图 3-8(h)和(i)可以看出，各导弹的视线倾角 θ_{iLf} 和视线偏角 φ_{iLf} 在中制导结束时都能满足视线角约束，但与设定的期望视线倾角 θ_{iLf}^* 和期望视线偏角 φ_{iLf}^* 存在 0.3°以内的偏差。3枚导弹目标蛇形机动时分布式协同中制导律统计结果如表 3-3 所示。

表 3-3 目标蛇形机动时分布式协同中制导律统计结果

导弹编号	中末制导交班约束状态			最大相对距离误差/m		最大剩余飞行时间误差/s	
	视线倾角/(°)	视线偏角/(°)	速度/(m/s)	初始时刻	结束时刻	初始时刻	结束时刻
导弹 1	−5.25	1.10	1139	5480	452	3.81	0.505
导弹 2	−2.87	7.16	1178	2974	336	2.16	0.339
导弹 3	−2.06	8.66	1191	5480	452	3.81	0.505

根据表 3-3 可知，弹目相对距离之间误差的最大值和剩余飞行时间之间误差的最大值都小于给定的误差范围，表明多导弹编队达成如式(2-4)的一致性目标。根据图 3-8 和表 3-3 可知，当目标作蛇形机动时，分布式协同中制导律(3-70)依然有效，能够使多导弹编队协同中制导精度的满足期望的要求，实现协同中制导目标。

3.6 小　结

本章首先介绍了与协同中制导律设计相关的基础知识，包括坐标系、图论和多智能体一致性理论等相关知识；其次，基于第 2 章有关协同中制导律典型设计框架，设计了集中式协同中制导律，并证明了协同的一致性；再次，考虑到集中式网络在实际使用时存在抗毁性和鲁棒性较差的问题，又设计了分布式协同中制导律，并证明了协同一致性；最后，通过大量仿真进行验证和比较。

参 考 文 献

[1] WU Z, FANG Y, FU W, et al. Three-dimensional cooperative mid-course guidance law against the maneuvering target[J]. IEEE Access, 2020, 8: 18841-18851.

[2] 方洋旺, 吴自豪, 王志凯, 等. 一种针对空中机动目标的三维协同中制导方法: CN202011314913. 2[P]. 2021-02-19.

[3] 方洋旺, 马文卉, 吴自豪, 等. 一种编队协同中制导技术统一框架的构建方法: CN202011311696. 1[P]. 2021-03-19.

[4] 吴自豪. 多导弹编队分布式协同中制导研究[D]. 西安: 西北工业大学, 2022.

[5] YANG G Y, FANG Y W, FU W X, et al. Cooperative trajectory shaping guidance law for multiple missiles[C]. International Conference on Guidance, Navigation and Control, Harbin, 2022: 1-19.

[6] 赵启伦, 宋勋, 王晓东, 等. 高抛弹道三维复合协同制导律设计[J]. 航空兵器, 2021, 28(1): 26-33.

[7] ZENG J, DOU L, XIN B. A joint mid-course and terminal course cooperative guidance law for multi-missile salvo attack[J]. Chinese Journal of Aeronautics, 2018, 31(6): 1311-1326.

[8] ZHANG H, TANG S, GUO J. Cooperative near-space interceptor mid-course guidance law with terminal handover constraints[J]. Proceedings of the Institution of Mechanical Engineers, Part G: Journal of Aerospace Engineering, 2019, 233(6): 1960-1976.

[9] WANG C, DING X, WANG J, et al. A robust three-dimensional cooperative guidance law against maneuvering target[J]. Journal of the Franklin Institute, 2020, 357(10): 5735-5752.

[10] LEVINSON S, WEISS H, BEN-ASHER J Z. Trajectory shaping and terminal guidance using linear quadratic differential games[C]. 2002 AIAA Guidance, Navigation, & Control Conference & Exhibit, Monterey, 2002: 4839.

[11] RYU M Y, LEE C H , TAHK M J. New trajectory shaping guidance laws for anti-tank guided missile[J]. Proceedings of the Institution of Mechanical Engineers, Part G: Journal of Aerospace Engineering, 2015, 229(7): 1360-1368.

[12] 宋俊红, 宋申民, 徐胜利. 一种拦截机动目标的多导弹协同制导律[J]. 宇航学报, 2016, 37(12): 1306-1314.

[13] 宋俊红, 宋申民, 徐胜利. 带有攻击角约束的多导弹协同制导律[J]. 中国惯性技术学报, 2016, 24(4): 554-560.

[14] SI Y, SONG S. Three-dimensional adaptive finite-time guidance law for intercepting maneuvering targets[J]. Chinese Journal of Aeronautics, 2017, 30(6): 1985-2003.

[15] ZHAO E, CHAO T, WANG S, et al. Multiple flight vehicles cooperative guidance law based on extended state observer and finite time consensus theory[J]. Proceedings of the Institution of Mechanical Engineers, Part G: Journal of Aerospace Engineering, 2018, 232(2): 270-279.

[16] SONG J, SONG S, XU S. Three-dimensional cooperative guidance law for multiple missiles with finite-time convergence[J]. Aerospace Science and Technology, 2017, 67: 193-205.

[17] YANG B, JING W, GAO C. Three-dimensional cooperative guidance law for multiple missiles with impact angle constraint[J]. Journal of Systems Engineering and Electronics, 2020, 31(6): 1286-1296.

[18] REN W, BEARD R W. Distributed Consensus in Multi-vehicle Cooperative Control[M]. London: Springer, 2008.

[19] JOHN A L, OLEG A Y. Trajectory-shape-varying missile guidance for interception of ballistic missiles during the boost phase[C]. 2007 AIAA Guidance, Navigation and Control Conference and Exhibit, Hilton Head, 2007: 6538-6545.

第4章 通信时延下协同中制导

4.1 引　言

在协同中制导段，多导弹需要通过通信网络交互状态信息，在协同中制导律的作用下使所有导弹状态趋于一致，从而完成空间与时间的协同。由此可见，可靠的通信网络是多导弹系统实现协同中制导目标的基础，即保证协同制导律所需要的状态信息能得到及时更新。由于在中远距导弹的中制导阶段，导引头无法探测目标，一方面，需要通过外部的传感器探测目标，然后将目标信息传给导弹；另一方面，各导弹协同时需要通过网络传递邻居节点的状态信息[1-6]。因此，需要有两种通信网络来支撑协同制导律所需要的信息，即传感器到导弹之间的通信网络和多导弹系统之间的通信网络。因此，在实际作战中，这些网络通信链路可能会被干扰，一旦被干扰，节点间接收数据的误码率将增大，误码率达到一定门限值时需要进行信息重发，从而造成一定程度的时延。此外，网络通信由于存在保密、编码及传输等本身时延，通信时延将成为不可忽略的影响因素之一。多导弹系统在中制导段高速飞行过程中，通信时延会导致信息更新不及时，从而造成协同中制导律中的协同项作用滞后，进而直接影响导弹状态收敛效果，甚至破坏系统的稳定性[7-16]。

近年来，部分学者在不同的协同制导律基础上，分析了通信时延对协同制导律的影响。文献[1]和[2]提出一种基于分布式网络拓扑结构的协同制导律，并基于线性矩阵不等式(LMI)进行理论分析，证明时延对多智能体系统一致性的影响；通过求解线性矩阵不等式得到通信时延上界约束，但求解线性矩阵不等式较为困难，甚至存在无解情况，不便于工程实际应用。文献[3]针对匀速运动目标提出一种基于分布式网络拓扑结构的协同制导律，同样通过求解包含时延的线性矩阵不等式，补偿时延对协同制导律的影响。在无向网络拓扑结构下，文献[4]针对固定目标介绍了一种两阶段协同末制导律，分析了通信时延对协同制导律的影响，并给出了较为清晰的通信时延上界约束。以上研究成果都是针对协同末制导段进行分析与研究的，对考虑中末制导交班约束的协同中制导段并不适用。文献[17]～[19]对存在通信时延的协同中制导问题进行研究，设计了通信时延下的分布式协同中制导律，并给出通信时延上界约束。本章重点介绍通信时延下的分布式协同中制导律的设计方法及步骤。

4.2 问 题 描 述

下面以两层结构协同中制导律为例，分析通信时延对协同中制导律的影响。在理想状态下，忽略通信时延，协同中制导律可以表示为

$$a_i(t) = a_{bi}(t) + a_{ci}(t), \quad i = 1, 2, \cdots, N \tag{4-1}$$

当考虑存在通信时延的情况下，协同中制导律可以表示为

$$a_i(t) = a_{bi}(t) + a_{ci}(t+\tau), \quad i = 1, 2, \cdots, N \tag{4-2}$$

式中，$a_i(t)$ 表示第 i 枚导弹的协同中制导律；$a_{bi}(t)$ 表示第 i 枚导弹的协同中制导律中的基础导引律；$a_{ci}(t)$ 表示第 i 枚导弹的协同中制导律中的协同项；τ 表示通信网络中的通信时延。从式(4-1)和式(4-2)中可以看出，由于基础导引律 $a_{bi}(t)$ 是通过导弹自身状态信息计算得到，不受多导弹之间通信时延的影响；协同项 $a_{ci}(t)$ 需要邻居导弹的状态信息才能计算得到，因而在存在通信时延的情况下，计算存在滞后性，变为 $a_{ci}(t+\tau)$。协同中制导律中的协同项是保证多导弹状态收敛的关键，因而通信时延对协同项的影响，会直接影响到多导弹的状态收敛，进而影响到协同中制导的效果。综上所述，通信时延会对协同中制导律的协同效果产生影响，因此需要在通信时延的情况下，设计一种协同中制导律保证多导弹达成协同中制导目标。下面对带有通信时延的多导弹协同中制导问题进行数学描述。

定义 4-1：在协同中制导段，考虑包含 N 枚导弹组成的多导弹系统，导弹之间通过单向或双向通信进行信息传输，信息传输过程存在通信延迟 $\tau \leqslant \tau_{\max}$。如果带有通信时延的协同中制导律使得多导弹系统的各导弹状态满足：弹目相对距离约束(2-1)、速度约束(2-2)和视线角约束(2-3)，而且多导弹系统状态满足式(2-4)，则称在通信时延情况下实现了多导弹协同中制导目标。

为了简化研究过程，对通信时延 τ 作以下假设。

假设 4-1：在多导弹系统中，导弹之间通信时延 τ 满足以下条件：

$$\tau_1 = \tau_2 = \cdots = \tau_N = \tau$$

式中，τ_i，$i = 1, 2, \cdots, N$ 表示第 i 枚导弹与其邻居导弹之间存在的通信时延。

4.3 通信时延下协同中制导律设计

在本节中，基于两层协同架构设计通信时延下协同中制导律：第一层为基础

制导律，依然采用第 2 章设计的基础制导律，保证各导弹在协同中制导结束时满足弹目相对距离、速度和视线角约束；第二层为包含通信时延下分布式一致性协议的协同项，保证存在通信时延的情况下，协调变量依然可以逐渐趋于一致，进而使得所有导弹的弹目之间相对距离的误差和剩余飞行时间之间的误差都在较小的范围内，从而实现多导弹协同中制导的一致性目标。基础制导律和通信时延下协同项共同构成通信时延下多导弹协同成型中制导律，如图 4-1 所示。由于基础制导律已在第 2 章进行了详细介绍，在此不再重复描述，重点介绍通信时延下协同项设计，并对稳定性进行分析。

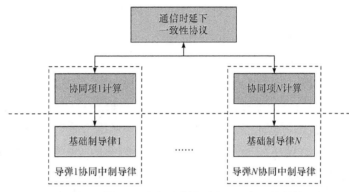

图 4-1　通信时延下多导弹协同成型中制导律结构

4.3.1　协同项设计

协同项 $\boldsymbol{a}_{ci}(t)$ 设计过程与第 2 章的协同项设计过程相似，分三步设计。

1) 确定协调变量

协调变量基于协同目标及其相关的导弹状态信息来确定。本节以每枚导弹及其邻居导弹在惯性坐标系下带有时延的虚拟碰撞点位置坐标平均值作为协调变量，具体可以表示为

$$\hat{\boldsymbol{P}}_i(t-\tau)=\begin{bmatrix}\hat{P}_{xi}(t-\tau)\\\hat{P}_{yi}(t-\tau)\\\hat{P}_{zi}(t-\tau)\end{bmatrix}=\begin{bmatrix}\dfrac{1}{N_i\left(j\,|\,j\in N_i(t)\right)}\displaystyle\sum_{j\in N_i(t)}\tilde{P}_{xj}\left(t-\tau\right)\\[6pt]\dfrac{1}{N_i\left(j\,|\,j\in N_i(t)\right)}\displaystyle\sum_{j\in N_i(t)}\tilde{P}_{yj}\left(t-\tau\right)\\[6pt]\dfrac{1}{N_i\left(j\,|\,j\in N_i(t)\right)}\displaystyle\sum_{j\in N_i(t)}\tilde{P}_{zj}\left(t-\tau\right)\end{bmatrix}\tag{4-3}$$

式中，$N_i\left(j\,|\,j\in N_i(t)\right)$，$i,j=1,2,\cdots,N_i$ 表示第 i 枚导弹中包含自身和邻居节点集

合中的元素个数，为简单起见，后文直接用 N_i 表示；$\tilde{\boldsymbol{P}}_i(t-\tau)$ 表示第 i 枚导弹的虚拟碰撞点，具体可见式(3-17)；τ 表示通信时延。

注解 4-1：因为通信网络存在通信时延 τ ，所以在 t 时刻，第 i 枚导弹只能获取到邻居导弹 $t-\tau$ 时刻的虚拟碰撞点坐标，协调变量更新为 $\hat{\boldsymbol{P}}_i(t-\tau)$ 。

2) 设计带有通信时延的一致性协议

基于协调变量 $\hat{\boldsymbol{P}}_i(t-\tau)$ 设计带有通信延迟的一致性算法，如式(4-4)所示：

$$\dot{\boldsymbol{P}}_i(t)=\begin{bmatrix}\dot{\hat{P}}_{xi}(t)\\\dot{\hat{P}}_{yi}(t)\\\dot{\hat{P}}_{zi}(t)\end{bmatrix}=\begin{bmatrix}-\sum_{j=1}^{N}a_{ij}\left[\hat{P}_{xi}(t-\tau)-\hat{P}_{xj}(t-\tau)\right]\\-\sum_{j=1}^{N}a_{ij}\left[\hat{P}_{yi}(t-\tau)-\hat{P}_{yj}(t-\tau)\right]\\-\sum_{j=1}^{N}a_{ij}\left[\hat{P}_{zi}(t-\tau)-\hat{P}_{zj}(t-\tau)\right]\end{bmatrix} \tag{4-4}$$

式中，a_{ij} 为节点 j 到节点 i 之间的通信权重。由式(4-4)可知，带有通信延迟的一致性协议采用 $t-\tau$ 时刻的协调变量 $\hat{\boldsymbol{P}}_i(t-\tau)$ ，更新 t 时刻的协调变量 $\dot{\hat{\boldsymbol{P}}}_i(t)$ 。若直接基于 $\hat{\boldsymbol{P}}_i(t-\tau)$ 构建协同项，则协同项作用必然存在滞后性，无法有效保证协同效果。因此，引入关于带有通信时延的协调变量 $\hat{\boldsymbol{P}}_i(t-\tau)$ 的分布式一致性协议计算获得 $\dot{\hat{\boldsymbol{P}}}_i(t)$ ，并保证协调变量 $\dot{\hat{\boldsymbol{P}}}_i(t)$ 趋于一致，即 $\dot{\hat{\boldsymbol{P}}}_i(t)-\dot{\hat{\boldsymbol{P}}}_j(t)\rightarrow\boldsymbol{0}$ 。

3) 构建协同项

构建协同项的目的是确保所有导弹的状态趋于一致。在本节中，协同项是基于每枚导弹的虚拟碰撞点在惯性坐标系下的位置坐标 $\left(\tilde{P}_{xi}(t),\tilde{P}_{yi}(t),\tilde{P}_{zi}(t)\right)$ 与通过带有通信时延的一致性协议(4-4)计算获得的每枚导弹及其邻居导弹的虚拟碰撞点的位置坐标平均值 $\left(\hat{P}_{xi}(t),\hat{P}_{yi}(t),\hat{P}_{zi}(t)\right)$ 来确定，如式(4-5)所示：

$$\boldsymbol{a}_{ci}(t)=\begin{bmatrix}a_{cxi}(t)\\a_{cyi}(t)\\a_{czi}(t)\end{bmatrix}=\begin{bmatrix}\kappa_{i1}\left[\tilde{P}_{xi}(t)-\hat{P}_{xi}(t)\right]\\\kappa_{i2}\left[\tilde{P}_{yi}(t)-\hat{P}_{yi}(t)\right]\\\kappa_{i3}\left[\tilde{P}_{zi}(t)-\hat{P}_{zi}(t)\right]\end{bmatrix} \tag{4-5}$$

式中，κ_{i1} 、κ_{i2} 和 κ_{i3} 为协同项的协调系数，需要根据式(3-68)计算获得，式(3-69)中 $\hat{p}_{i1}$ 、$\hat{p}_{i2}$ 和 $\hat{p}_{i3}$ 需要满足式(3-68)。

基于带有通信时延的分布式一致性协议和两层协同架构，设计带有通信时延的多导弹协同中制导律，如式(4-6)所示：

$$
\begin{cases}
a_{xi}(t) = \dfrac{6\left[\tilde{P}_{xi}(t)-\overline{P}_{xi}(t)\right]}{t_{\mathrm{goi}}^2} + \dfrac{2\left[\overline{V}_{xi}(t_{\mathrm{mf}})-\overline{V}_{xi}(t)\right]}{t_{\mathrm{goi}}} + a_{\mathrm{Tx}}(t) - \kappa_{i1}\left[\tilde{P}_{xi}(t)-\hat{P}_{xi}(t)\right] \\[2mm]
\dot{\hat{P}}_{xi}(t) = -\displaystyle\sum_{j=1}^{N} a_{ij}\left[\hat{P}_{xi}(t-\tau)-\hat{P}_{xj}(t-\tau)\right] \\[2mm]
a_{yi}(t) = \dfrac{6\left[\tilde{P}_{yi}(t)-\overline{P}_{yi}(t)\right]}{t_{\mathrm{goi}}^2} + \dfrac{2\left[\overline{V}_{yi}(t_{\mathrm{mf}})-\overline{V}_{yi}(t)\right]}{t_{\mathrm{goi}}} + a_{\mathrm{Ty}}(t) - \kappa_{i2}\left[\tilde{P}_{yi}(t)-\hat{P}_{yi}(t)\right] \\[2mm]
\dot{\hat{P}}_{yi}(t) = -\displaystyle\sum_{j=1}^{N} a_{ij}\left[\hat{P}_{yi}(t-\tau)-\hat{P}_{yj}(t-\tau)\right] \\[2mm]
a_{zi}(t) = \dfrac{6\left[\tilde{P}_{zi}(t)-\overline{P}_{zi}(t)\right]}{t_{\mathrm{goi}}^2} + \dfrac{2\left[\overline{V}_{zi}(t_{\mathrm{mf}})-\overline{V}_{zi}(t)\right]}{t_{\mathrm{goi}}} + a_{\mathrm{Tz}}(t) - \kappa_{i3}\left[\tilde{P}_{zi}(t)-\hat{P}_{zi}(t)\right] \\[2mm]
\dot{\hat{P}}_{zi}(t) = -\displaystyle\sum_{j=1}^{N} a_{ij}\left[\hat{P}_{zi}(t-\tau)-\hat{P}_{zj}(t-\tau)\right]
\end{cases}
$$

$$(4\text{-}6)$$

式中，$a_{xi}(t)$、$a_{yi}(t)$ 和 $a_{zi}(t)$ 表示第 i 枚导弹在地面惯性坐标系下的协同中制导指令；$\tilde{P}_{xi}(t)$、$\tilde{P}_{yi}(t)$ 和 $\tilde{P}_{zi}(t)$ 表示第 i 枚导弹在地面惯性坐标系下的虚拟碰撞点，如式(3-17)所示；$\overline{P}_{xi}(t)$、$\overline{P}_{yi}(t)$ 和 $\overline{P}_{zi}(t)$ 表示在地面惯性坐标系下导弹按照当前位置和速度经过剩余飞行时间 t_{goi} 飞行后的位置，如式(3-18)所示；$\overline{V}_{xi}(t_{\mathrm{mf}})$、$\overline{V}_{yi}(t_{\mathrm{mf}})$ 和 $\overline{V}_{zi}(t_{\mathrm{mf}})$ 表示在地面惯性坐标系下，协同中制导结束时刻 t_{mf} 期望的导弹速度和估计的目标速度之间的误差，如式(3-19)所示；$\overline{V}_{xi}(t)$、$\overline{V}_{yi}(t)$ 和 $\overline{V}_{zi}(t)$ 表示导弹与目标在地面惯性坐标系下的实时速度误差，如式(3-23)所示；$a_{\mathrm{Tx}}(t)$、$a_{\mathrm{Ty}}(t)$ 和 $a_{\mathrm{Tz}}(t)$ 表示目标在地面惯性坐标系下的加速度；t_{goi} 表示第 i 枚导弹的剩余飞行时间，如式(3-21)所示；$\hat{P}_{xi}(t)$、$\hat{P}_{yi}(t)$ 和 $\hat{P}_{zi}(t)$ 表示协调变量，即每枚导弹及其邻居导弹的虚拟碰撞点平均值；a_{ij} 表示节点 j 到节点 i 之间的通信权重；τ 表示信息传递过程中的通信时延。

将理想状态下多导弹分布式协同中制导律(3-70)和带有通信时延的多导弹协同成型中制导律(4-6)进行比较，可以看出通信时延 τ 主要对协调变量 $\hat{\boldsymbol{P}}_i(t)$ 的收敛性产生影响。若通信时延 τ 过大，分布式一致性协议将无法保证协调变量 $\hat{\boldsymbol{P}}_i(t)$ 趋于一致。因此，在 4.3.2 小节主要分析与证明当通信时延 τ 在某一范围内，协调变量 $\hat{\boldsymbol{P}}_i(t)$ 趋于一致。

4.3.2　稳定性分析

4.3.2.1　基于无向图的稳定性分析

下面将对上述带有通信时延的多导弹协同成型中制导律在无向连通图且通信时延 τ 在某一范围的情况下，可以保证所有导弹同时到达中末制导交班区，弹目相对距离趋于一致进行分析与证明。分析协同中制导段的一致性目标，可获得带有通信时延的多导弹协同成型中制导律(4-6)应满足的条件：

$$\lim_{t \to t_{\mathrm{mf}}} \left\| \tilde{\boldsymbol{P}}_i(t) - \hat{\boldsymbol{P}}_i(t) \right\| = 0, \quad \lim_{t \to t_{\mathrm{mf}}} \left\| \hat{\boldsymbol{P}}_i(t) - \hat{\boldsymbol{P}}_j(t) \right\| < \sigma_1, \quad \lim_{t \to t_{\mathrm{mf}}} \left| t_{\mathrm{go}i}(t) - t_{\mathrm{go}j}(t) \right| < \sigma_2 \quad (4\text{-}7)$$

显然，要使所有导弹的弹目相对距离之间的误差 $R_i - R_j (i, j = 1, 2, \cdots, N)$ 较小，需要每个导弹的虚拟碰撞点 $\tilde{\boldsymbol{P}}_i(t)$ (目标点)逐渐趋于一致，并使所有导弹的剩余飞行时间之间的误差 $t_{\mathrm{go}i} - t_{\mathrm{go}j} (i, j = 1, 2, \cdots, N)$ 也较小。

从定理 3-3 可知，当协调系数 κ_{i1}、κ_{i2} 和 κ_{i3} 中的 $\hat{p}_{i1}$、$\hat{p}_{i2}$ 和 $\hat{p}_{i3}$ 满足约束条件(3-72)时，协同项可以确保每枚导弹的虚拟碰撞点 $\tilde{\boldsymbol{P}}_i(t)$ 逐渐收敛到该导弹及其邻居导弹的虚拟碰撞点平均值 $\hat{\boldsymbol{P}}_i(t)$，即 $\tilde{\boldsymbol{P}}_i(t) - \hat{\boldsymbol{P}}_i(t) \to \boldsymbol{0}$。

下面基于式(4-6)表示的带有通信时延的分布式一致性协议算法，分析与证明 $\hat{\boldsymbol{P}}_{xi}(t) \to \hat{\boldsymbol{P}}_{xj}(t)$，并给出相关引理与定理。对于 $\hat{\boldsymbol{P}}_{yi}(t) \to \hat{\boldsymbol{P}}_{yj}(t)$ 和 $\hat{\boldsymbol{P}}_{zi}(t) \to \hat{\boldsymbol{P}}_{zj}(t)$ 的证明类似，本章不再赘述。

引理 4-1[5]：当 $\boldsymbol{Q}$ 为任意 $N \times N$ 维正定矩阵，$\boldsymbol{X}$、$\boldsymbol{Y}$ 为任意 N 维向量时，下列不等式成立。

$$2\boldsymbol{X}^{\mathrm{T}}\boldsymbol{Y} \leqslant \boldsymbol{X}^{\mathrm{T}}\boldsymbol{Q}^{-1}\boldsymbol{X} + \boldsymbol{Y}^{\mathrm{T}}\boldsymbol{Q}\boldsymbol{Y} \tag{4-8}$$

定理 4-1：若多导弹系统通信网络为无向连通的，且网络节点间的通信时延满足假设 4-1，以及 $\tau < 1 / \lambda_{\max}(\boldsymbol{L})$，其中，$\lambda_{\max}(\boldsymbol{L})$ 表示无向图 G 对应的拉普拉斯矩阵 $\boldsymbol{L}$ 的最大特征值，则带有通信时延的一致性协议算法可以保证 $\hat{\boldsymbol{P}}_{xi}(t)$ 趋于一致，即 $\hat{\boldsymbol{P}}_{xi}(t) \to \hat{\boldsymbol{P}}_{xj}(t), i, j = 1, 2, \cdots, N$。

证明：构造向量 $\hat{\boldsymbol{P}}_x(t) = \left[\hat{P}_{x1}(t), \hat{P}_{x2}(t), \cdots, \hat{P}_{xN}(t) \right]^{\mathrm{T}}$，基于式(4-4)可获得

$$\dot{\hat{\boldsymbol{P}}}_x(t) = -\boldsymbol{L}\hat{\boldsymbol{P}}_x(t - \tau) \tag{4-9}$$

选取 Lyapunov-Krasovskii 泛函：

$$V\left(\hat{\boldsymbol{P}}_x(t) \right) = \boldsymbol{Y}^{\mathrm{T}}(t)\boldsymbol{Z}\boldsymbol{Y}(t) + \int_{-\tau}^{0} \int_{t+\theta}^{t} \hat{\boldsymbol{P}}_x^{\mathrm{T}}(\omega)(-\boldsymbol{L})^{\mathrm{T}}\boldsymbol{Z}(-\boldsymbol{L})\hat{\boldsymbol{P}}_x(\omega)\mathrm{d}\omega\mathrm{d}\theta \tag{4-10}$$

式中，$\boldsymbol{Z}$ 为待确定矩阵；$\boldsymbol{Y}(t)$ 可具体表示为

$$Y(t) = \hat{P}_x(t) + \int_{t-\tau}^{t} (-L)\hat{P}_x(\omega)\mathrm{d}\omega \tag{4-11}$$

对式(4-11)关于 t 求导可得

$$
\begin{aligned}
\dot{Y}(t) &= \dot{\hat{P}}_x(t) + (-L)\hat{P}_x(t) - (-L)\hat{P}_x(t-\tau) \\
&= (-L)\hat{P}_x(t-\tau) + (-L)\hat{P}_x(t) - (-L)\hat{P}_x(t-\tau) \\
&= (-L)\hat{P}_x(t)
\end{aligned} \tag{4-12}
$$

对 $V\left(\hat{P}_x(t)\right)$ 关于 t 求导可得

$$
\begin{aligned}
\dot{V}\left(\hat{P}_x(t)\right) &= \dot{Y}^{\mathrm{T}}(t)ZY(t) + Y^{\mathrm{T}}(t)Z\dot{Y}(t) \\
&\quad + \frac{\mathrm{d}}{\mathrm{d}t}\left[\int_{-\tau}^{0}\int_{t+\theta}^{t} \hat{P}_x^{\mathrm{T}}(\omega)(-L)^{\mathrm{T}}Z(-L)\hat{P}_x(\omega)\mathrm{d}\omega\mathrm{d}\theta \right]
\end{aligned} \tag{4-13}
$$

基于式(4-12)可得

$$
\begin{aligned}
\dot{Y}^{\mathrm{T}}(t)ZY(t) &= \left[(-L)\hat{P}_x(t)\right]^{\mathrm{T}} Z\left[\hat{P}_x(t) + \int_{t-\tau}^{t}(-L)\hat{P}_x(\omega)\mathrm{d}\omega \right] \\
&= \hat{P}_x^{\mathrm{T}}(t)(-L)^{\mathrm{T}}Z\hat{P}_x(t) + \hat{P}_x^{\mathrm{T}}(t)(-L)^{\mathrm{T}}Z\int_{t-\tau}^{t}(-L)\hat{P}_x(\omega)\mathrm{d}\omega
\end{aligned} \tag{4-14}
$$

$$
\begin{aligned}
Y^{\mathrm{T}}(t)Z\dot{Y}(t) &= \left[\hat{P}_x(t) + \int_{t-\tau}^{t}(-L)\hat{P}_x(\omega)\mathrm{d}\omega \right]^{\mathrm{T}} Z(-L)\hat{P}_x(t) \\
&= \hat{P}_x^{\mathrm{T}}(t)Z(-L)\hat{P}_x(t) + \left[\int_{t-\tau}^{t}(-L)\hat{P}_x(\omega)\mathrm{d}\omega \right]^{\mathrm{T}} Z(-L)\hat{P}_x(t)
\end{aligned} \tag{4-15}
$$

关于积分项 $\int_{t-\tau}^{t} f(\omega)\mathrm{d}\omega$ ，在 $\tau > 0$ 时存在如下关系：

$$\frac{\mathrm{d}}{\mathrm{d}t}\left[\int_{t-\tau}^{t} f(\omega)\mathrm{d}\omega \right] = f(t) - f(t-\tau) \tag{4-16}$$

基于式(4-16)，则式(4-13)等号右边的最后一项可以进行如下化简：

$$
\begin{aligned}
&\frac{\mathrm{d}}{\mathrm{d}t}\left[\int_{-\tau}^{0}\int_{t+\theta}^{t} \hat{P}_x^{\mathrm{T}}(\omega)(-L)^{\mathrm{T}}Z(-L)\hat{P}_x(\omega)\mathrm{d}\omega\mathrm{d}\theta \right] \\
&= \int_{-\tau}^{0}\frac{\mathrm{d}}{\mathrm{d}t}\left[\int_{t+\theta}^{t} \hat{P}_x^{\mathrm{T}}(\omega)(-L)^{\mathrm{T}}Z(-L)\hat{P}_x(\omega)\mathrm{d}\omega \right]\mathrm{d}\theta \\
&= \int_{-\tau}^{0}\left[\hat{P}_x^{\mathrm{T}}(t)(-L)^{\mathrm{T}}Z(-L)\hat{P}_x(t) - \hat{P}_x^{\mathrm{T}}(t+\theta)(-L)^{\mathrm{T}}Z(-L)\hat{P}_x(t+\theta) \right]\mathrm{d}\theta \\
&= \int_{-\tau}^{0}\hat{P}_x^{\mathrm{T}}(t)(-L)^{\mathrm{T}}Z(-L)\hat{P}_x^{\mathrm{T}}(t)\mathrm{d}\theta - \int_{-\tau}^{0}\hat{P}_x^{\mathrm{T}}(t+\theta)(-L)^{\mathrm{T}}Z(-L)\hat{P}_x(t+\theta)\mathrm{d}\theta \\
&= \tau\left[\hat{P}_x^{\mathrm{T}}(t)(-L)^{\mathrm{T}}Z(-L)\hat{P}_x^{\mathrm{T}}(t) \right] - \int_{-\tau}^{0}\hat{P}_x^{\mathrm{T}}(t+\theta)(-L)^{\mathrm{T}}Z(-L)\hat{P}_x(t+\theta)\mathrm{d}\theta
\end{aligned} \tag{4-17}
$$

令 $\theta' = t + \theta$，则式(4-17)可转换为

$$\frac{\mathrm{d}}{\mathrm{d}t}\left[\int_{-\tau}^{0}\int_{t+\theta}^{t}\hat{\pmb{P}}_x^{\mathrm{T}}(\omega)(-\pmb{L})^{\mathrm{T}}\pmb{Z}(-\pmb{L})\hat{\pmb{P}}_x(\omega)\mathrm{d}\omega\mathrm{d}\theta\right]$$

$$=\tau\left[\hat{\pmb{P}}_x^{\mathrm{T}}(t)(-\pmb{L})^{\mathrm{T}}\pmb{Z}(-\pmb{L})\hat{\pmb{P}}_x^{\mathrm{T}}(t)\right]-\int_{t-\tau}^{t}\hat{\pmb{P}}_x^{\mathrm{T}}(\theta')(-\pmb{L})^{\mathrm{T}}\pmb{Z}(-\pmb{L})\hat{\pmb{P}}_x(\theta')\mathrm{d}\theta'$$

(4-18)

将式(4-14)、式(4-15)和式(4-18)代入式(4-13)中可得

$$\dot{V}\left(\hat{\pmb{P}}_x(t)\right)=\hat{\pmb{P}}_x^{\mathrm{T}}(t)\left[(-\pmb{L})^{\mathrm{T}}\pmb{Z}+\pmb{Z}\pmb{L}\right]\hat{\pmb{P}}_x(t)+2\int_{t-\tau}^{t}\hat{\pmb{P}}_x^{\mathrm{T}}(t)(-\pmb{L})^{\mathrm{T}}\pmb{Z}(-\pmb{L})\hat{\pmb{P}}_x(\omega)\mathrm{d}\omega$$

$$+\tau\left[\hat{\pmb{P}}_x^{\mathrm{T}}(t)(-\pmb{L})^{\mathrm{T}}\pmb{Z}(-\pmb{L})\hat{\pmb{P}}_x^{\mathrm{T}}(t)\right]-\int_{t-\tau}^{t}\hat{\pmb{P}}_x^{\mathrm{T}}(\theta')(-\pmb{L})^{\mathrm{T}}\pmb{Z}(-\pmb{L})\hat{\pmb{P}}_x(\theta')\mathrm{d}\theta'$$

(4-19)

根据引理 4-1 可得

$$2\int_{t-\tau}^{t}\hat{\pmb{P}}_x^{\mathrm{T}}(t)(-\pmb{L})^{\mathrm{T}}\pmb{Z}(-\pmb{L})\hat{\pmb{P}}_x(\omega)\mathrm{d}\omega$$

$$\leqslant\int_{t-\tau}^{t}\hat{\pmb{P}}_x^{\mathrm{T}}(t)(-\pmb{L})^{\mathrm{T}}\pmb{Z}\pmb{Q}^{-1}\pmb{Z}(-\pmb{L})\hat{\pmb{P}}_x(t)\mathrm{d}\omega+\int_{t-\tau}^{t}\hat{\pmb{P}}_x^{\mathrm{T}}(\omega)(-\pmb{L})^{\mathrm{T}}\pmb{Q}(-\pmb{L})\hat{\pmb{P}}_x(\omega)\mathrm{d}\omega$$

(4-20)

令 $\pmb{Q}=\pmb{Z}$，则式(4-20)可以重写为

$$2\int_{t-\tau}^{t}\hat{\pmb{P}}_x^{\mathrm{T}}(t)(-\pmb{L})^{\mathrm{T}}\pmb{Z}(-\pmb{L})\hat{\pmb{P}}_x(\omega)\mathrm{d}\omega$$

$$\leqslant\int_{t-\tau}^{t}\hat{\pmb{P}}_x^{\mathrm{T}}(t)(-\pmb{L})^{\mathrm{T}}\pmb{Z}\pmb{Z}^{-1}\pmb{Z}(-\pmb{L})\hat{\pmb{P}}_x(t)\mathrm{d}\omega+\int_{t-\tau}^{t}\hat{\pmb{P}}_x^{\mathrm{T}}(\omega)(-\pmb{L})^{\mathrm{T}}\pmb{Z}(-\pmb{L})\hat{\pmb{P}}_x(\omega)\mathrm{d}\omega$$

$$=\int_{t-\tau}^{t}\hat{\pmb{P}}_x^{\mathrm{T}}(t)(-\pmb{L})^{\mathrm{T}}\pmb{Z}(-\pmb{L})\hat{\pmb{P}}_x(t)\mathrm{d}\omega+\int_{t-\tau}^{t}\hat{\pmb{P}}_x^{\mathrm{T}}(\omega)(-\pmb{L})^{\mathrm{T}}\pmb{Z}(-\pmb{L})\hat{\pmb{P}}_x(\omega)\mathrm{d}\omega$$

$$=\tau\left[\hat{\pmb{P}}_x^{\mathrm{T}}(t)(-\pmb{L})^{\mathrm{T}}\pmb{Z}(-\pmb{L})\hat{\pmb{P}}_x(t)\right]+\int_{t-\tau}^{t}\hat{\pmb{P}}_x^{\mathrm{T}}(\omega)(-\pmb{L})^{\mathrm{T}}\pmb{Z}(-\pmb{L})\hat{\pmb{P}}(\omega)\mathrm{d}\omega$$

(4-21)

将式(4-21)代入式(4-19)可得

$$\dot{V}\left(\hat{\pmb{P}}_x(t)\right)\leqslant\hat{\pmb{P}}_x^{\mathrm{T}}(t)\left[(-\pmb{L})^{\mathrm{T}}\pmb{Z}+\pmb{Z}\pmb{L}\right]\hat{\pmb{P}}_x(t)+\tau\left(\hat{\pmb{P}}_x^{\mathrm{T}}(t)(-\pmb{L})^{\mathrm{T}}\pmb{Z}(-\pmb{L})\hat{\pmb{P}}_x(t)\right)$$

$$+\int_{t-\tau}^{t}\hat{\pmb{P}}_x^{\mathrm{T}}(\omega)(-\pmb{L})^{\mathrm{T}}\pmb{Z}(-\pmb{L})\hat{\pmb{P}}_x(\omega)\mathrm{d}\omega+\tau\left[\hat{\pmb{P}}_x^{\mathrm{T}}(t)(-\pmb{L})^{\mathrm{T}}\pmb{Z}(-\pmb{L})\hat{\pmb{P}}_x^{\mathrm{T}}(t)\right]$$

$$-\int_{t-\tau}^{t}\hat{\pmb{P}}_x^{\mathrm{T}}(\theta')(-\pmb{L})^{\mathrm{T}}\pmb{Z}(-\pmb{L})\hat{\pmb{P}}_x(\theta')\mathrm{d}\theta'$$

$$=\hat{\pmb{P}}_x^{\mathrm{T}}(t)\left[(-\pmb{L})^{\mathrm{T}}\pmb{Z}-\pmb{Z}(-\pmb{L})+2\tau(-\pmb{L})^{\mathrm{T}}\pmb{Z}(-\pmb{L})\right]\hat{\pmb{P}}_x(t)$$

(4-22)

令 $\pmb{Z}=\pmb{I}$，$\pmb{I}$ 为 $N\times N$ 维的单位矩阵，则式(4-22)可重写为

$$\dot{V}\left(\hat{\pmb{P}}_x(t)\right)\leqslant\hat{\pmb{P}}_x^{\mathrm{T}}(t)\left[(-\pmb{L})^{\mathrm{T}}+(-\pmb{L})+2\tau(-\pmb{L})^{\mathrm{T}}(-\pmb{L})\right]\hat{\pmb{P}}_x(t)$$

(4-23)

在无向连通图下，拉普拉斯矩阵 $\boldsymbol{L}$ 为实对称矩阵，即 $\boldsymbol{L}^{\mathrm{T}}=\boldsymbol{L}$，同时也是埃尔米特矩阵，则存在酉矩阵 $\boldsymbol{H}$，使得 $\boldsymbol{H}^{-1}\boldsymbol{L}\boldsymbol{H}=\varLambda$，$\varLambda$ 为矩阵 $\boldsymbol{L}$ 的所有特征值元素构成的对角阵。令 $\boldsymbol{M}=\left(-\boldsymbol{L}\right)^{\mathrm{T}}+\left(-\boldsymbol{L}\right)+2\tau\boldsymbol{L}^{\mathrm{T}}\boldsymbol{L}$，通过矩阵变换可得

$$
\begin{aligned}
\boldsymbol{H}^{-1}\boldsymbol{M}\boldsymbol{H} &= \boldsymbol{H}^{-1}\left(-\boldsymbol{L}\right)\boldsymbol{H}+\boldsymbol{H}^{-1}\left(-\boldsymbol{L}\right)\boldsymbol{H}+2\tau\boldsymbol{H}^{-1}\boldsymbol{L}\boldsymbol{H}\boldsymbol{H}^{-1}\boldsymbol{L}\boldsymbol{H} \\
&= -2\varLambda+2\tau\varLambda^{2}
\end{aligned}
\tag{4-24}
$$

对角矩阵 $\varLambda$ 可表示为

$$
\varLambda=\begin{bmatrix} \varLambda^{*} & \\ & 0 \end{bmatrix}
$$

式中，$\varLambda^{*}$ 为拉普拉斯矩阵 $\boldsymbol{L}$ 除 0 特征值以外所有正实数特征值形成的对角矩阵，即 $\varLambda^{*}=\mathrm{diag}\left\{\lambda_{2}\left(\boldsymbol{L}\right),\lambda_{3}\left(\boldsymbol{L}\right),\cdots,\lambda_{N}\left(\boldsymbol{L}\right)\right\}$，$0<\lambda_{2}\left(\boldsymbol{L}\right)\leqslant\cdots\leqslant\lambda_{n}\left(\boldsymbol{L}\right)$。

当 $\tau<1/\lambda_{\max}\left(\boldsymbol{L}\right)$ 时，基于式(4-24)可知：

$$
-2\lambda_{i}\left(\boldsymbol{L}\right)+2\tau\lambda_{i}\left(\boldsymbol{L}\right)^{2}=-2\lambda_{i}\left(\boldsymbol{L}\right)\left[1-\tau\lambda_{i}\left(\boldsymbol{L}\right)\right]<0,\quad i=2,3,\cdots,N
\tag{4-25}
$$

同时由于酉矩阵 $\boldsymbol{H}$ 为可逆矩阵，则可知 $\boldsymbol{M}\leqslant0$。因此，从式(4-22)可知，当 $\dot{V}_{x}\left(\hat{\boldsymbol{P}}_{x}\left(t\right)\right)<0$ 时，系统会逐渐收敛到平衡点，即 $\hat{P}_{x1}\left(t\right)=\hat{P}_{x2}\left(t\right)=\cdots=\hat{P}_{xN}\left(t\right)$，$\hat{P}_{xi}\left(t\right)\to\hat{P}_{xj}\left(t\right),i,j=1,2,\cdots,N$。当 $\dot{V}_{x}\left(\hat{\boldsymbol{P}}_{x}\left(t\right)\right)=0$ 时，由拉塞尔不变集原理可知，$\hat{\boldsymbol{P}}_{x}\left(t\right)$ 收敛到的 $\boldsymbol{M}$ 核空间 $\ker\left\{\boldsymbol{M}\right\}=\left\{\boldsymbol{X}\middle|\boldsymbol{M}\boldsymbol{X}=\boldsymbol{0}\right\}$，由式(4-24)和对角矩阵 $\varLambda$ 可知，$\boldsymbol{M}$ 核空间 $\ker\left\{\boldsymbol{M}\right\}$ 是一维子空间，又由于：

$$
\boldsymbol{M}\left(\boldsymbol{1}_{N}\otimes\eta\right)=\left[\left(-\boldsymbol{L}\right)^{\mathrm{T}}+\left(-\boldsymbol{L}\right)+2\tau\boldsymbol{L}^{\mathrm{T}}\boldsymbol{L}\right]\left(\boldsymbol{1}_{N}\otimes\eta\right)=0
$$

式中，$\boldsymbol{1}_{N}$ 表示所有元素为 1 的 N 维向量；η 表示实数。

因此，$\ker\left\{\boldsymbol{M}\right\}=\mathrm{span}\left\{\boldsymbol{1}_{N}\otimes\eta\right\}$，从而 $\hat{\boldsymbol{P}}_{x}\left(t\right)$ 收敛到的 $\boldsymbol{M}$ 核空间 $\ker\left\{\boldsymbol{M}\right\}=\mathrm{span}\left\{\boldsymbol{1}_{N}\otimes\eta\right\}$，故 $\hat{P}_{xi}\left(t\right)\to\hat{P}_{xj}\left(t\right)\to\eta,i,j=1,2,\cdots,N$。证毕。

对于 $\hat{\boldsymbol{P}}_{y}\left(t\right)$、$\hat{\boldsymbol{P}}_{z}\left(t\right)$ 的一致性证明类似，不再赘述。

由定理 3-3 和定理 4-1 可知，在分布式网络拓扑结构为无向连通图且通信网络中存在通信时延的情况下，当协调系数 κ_{i1}、κ_{i2} 和 κ_{i3} 中的 $\hat{p}_{i1}$、$\hat{p}_{i2}$ 和 $\hat{p}_{i3}$ 满足约束条件(3-72)，通信时延 τ 满足 $\tau<1/\lambda_{\max}\left(\boldsymbol{L}\right)$ 时，在带有通信时延的分布式一致性协议和协同项共同作用下，所有导弹的虚拟碰撞点逐渐收敛一致。协同项的协调系数 κ_{i1}、κ_{i2} 和 κ_{i3} 大小影响状态的收敛速度，进而影响到达中末制导交班区时所有导弹的弹目相对距离趋于一致的速度。进一步，由定理 3-4 可知，所有导

弹可以同时到达中末制导交班区。

综上所述，在网络拓扑为无向连通图且通信时延 $\tau < 1/\lambda_{\max}(\boldsymbol{L})$ 的情况下，本节所设计的带有通信时延的多导弹协同成型中制导律(4-6)，可以确保弹目相对距离趋于一致，使所有导弹同时到达中末制导交班区，从而实现多导弹协同中制导的一致性目标。

4.3.2.2　基于有向图的稳定性分析

下面将分析在有向网络拓扑结构且通信时延 τ 在某个范围的情况下，带有通信时延的多导弹协同成型中制导律(4-6)可以确保弹目相对距离趋于一致，所有导弹同时到达中末制导交班区，并给出相关假设与定理。

假设 4-2：多导弹编队的通信网络拓扑结构对应的有向图 G 包含一簇有向生成树，且拉普拉斯矩阵 $\boldsymbol{L}$ 的特征值除 0 以外都为正实数，邻接矩阵为定常数矩阵。

定理 4-2：若假设 4-2 条件满足，且通信时延满足 $\tau < 1/\lambda_{\max}(\boldsymbol{L})$，则带有通信时延的多导弹协同成型中制导律(4-6)算法可以确保 $\hat{P}_{xi}(t)$ 趋于一致，即 $\hat{P}_{xi}(t) \rightarrow \hat{P}_{xj}(t), i, j = 1, 2, \cdots, N$。

证明：与定理 4-1 的证明过程类似，为避免重复，只详细介绍与定理 4-1 证明过程中不同的部分。先构造向量 $\hat{\boldsymbol{P}}_x(t) = \left[\hat{P}_{x1}(t), \hat{P}_{x2}(t), \cdots, \hat{P}_{xN}(t)\right]^{\mathrm{T}}$，基于式(4-4)可获得

$$\dot{\hat{\boldsymbol{P}}}_x(t) = -\boldsymbol{L}\hat{\boldsymbol{P}}_x(t - \tau) \tag{4-26}$$

选取 Lyapunov-Krasovskii 泛函，经过与定理 4-1 同样的化简和变换过程，可推出：

$$
\begin{aligned}
\dot{V}\left(\hat{\boldsymbol{P}}_x(t)\right) \leqslant\; & \hat{\boldsymbol{P}}_x^{\mathrm{T}}(t)\left[(-\boldsymbol{L})^{\mathrm{T}}\boldsymbol{Z} + \boldsymbol{Z}\boldsymbol{L}\right]\hat{\boldsymbol{P}}_x(t) + \tau\left[\hat{\boldsymbol{P}}_x^{\mathrm{T}}(t)(-\boldsymbol{L})^{\mathrm{T}}\boldsymbol{Z}(-\boldsymbol{L})\hat{\boldsymbol{P}}_x(t)\right] \\
& + \int_{t-\tau}^{t}\hat{\boldsymbol{P}}_x^{\mathrm{T}}(\omega)(-\boldsymbol{L})^{\mathrm{T}}\boldsymbol{Z}(-\boldsymbol{L})\hat{\boldsymbol{P}}_x(\omega)\mathrm{d}\omega + \tau\left[\hat{\boldsymbol{P}}_x^{\mathrm{T}}(t)(-\boldsymbol{L})^{\mathrm{T}}\boldsymbol{Z}(-\boldsymbol{L})\hat{\boldsymbol{P}}_x^{\mathrm{T}}(t)\right] \\
& - \int_{t-\tau}^{t}\hat{\boldsymbol{P}}_x^{\mathrm{T}}(\theta')(-\boldsymbol{L})^{\mathrm{T}}\boldsymbol{Z}(-\boldsymbol{L})\hat{\boldsymbol{P}}_x(\theta')\mathrm{d}\theta' \\
=\; & \hat{\boldsymbol{P}}_x^{\mathrm{T}}(t)\left[(-\boldsymbol{L})^{\mathrm{T}}\boldsymbol{Z} + \boldsymbol{Z}(-\boldsymbol{L}) + 2\tau(-\boldsymbol{L})^{\mathrm{T}}\boldsymbol{Z}(-\boldsymbol{L})\right]\hat{\boldsymbol{P}}_x(t)
\end{aligned}
$$

$$\tag{4-27}$$

由于拉普拉斯矩阵 $\boldsymbol{L}$ 是半正定矩阵，可进行对角化，则矩阵 $\boldsymbol{L}$ 可以表示为 $\boldsymbol{L} = \boldsymbol{T}^{-1}\boldsymbol{\varLambda}\boldsymbol{T}$，$\boldsymbol{\varLambda}$ 为矩阵 $\boldsymbol{L}$ 的所有特征值构成的对角矩阵，$\boldsymbol{T}$ 为相关转换矩阵。令 $\boldsymbol{Z} = \boldsymbol{T}^{\mathrm{T}}\boldsymbol{T}$，则式(4-27)可表示为

$$\dot{V}\left(\hat{P}_x(t)\right) \leqslant \hat{P}_x^{\mathrm{T}}(t)\Big[(-T^{-1}\varLambda T)^{\mathrm{T}}(T^{\mathrm{T}}T) + (T^{\mathrm{T}}T)(-T^{-1}\varLambda T)$$

$$+ 2\tau(-T^{-1}\varLambda T)^{\mathrm{T}}(T^{\mathrm{T}}T)(-T^{-1}\varLambda T)\Big]\hat{P}_x(t)$$

$$= \hat{P}_x^{\mathrm{T}}(t)\left(-T^{\mathrm{T}}\varLambda T^{-\mathrm{T}}T^{\mathrm{T}}T - T^{\mathrm{T}}TT^{-1}\varLambda T + 2\tau T^{\mathrm{T}}\varLambda T^{-\mathrm{T}}T^{\mathrm{T}}TT^{-1}\varLambda T\right)\hat{P}_x(t) \quad (4\text{-}28)$$

$$= \hat{P}_x^{\mathrm{T}}(t)\left(-T^{\mathrm{T}}\varLambda T - T^{\mathrm{T}}\varLambda T + 2\tau T^{\mathrm{T}}\varLambda^2 T\right)\hat{P}_x(t)$$

$$= 2\left(T\hat{P}_x(t)\right)^{\mathrm{T}}\left(-\varLambda + \tau\varLambda^2\right)T\hat{P}_x(t)$$

由于 $\varLambda$ 为矩阵 L 的所有特征值构成的对角矩阵，则 $-\varLambda + \tau\varLambda^2$ 可以表示为

$$-\varLambda + \tau\varLambda^2 = \begin{bmatrix} 0 & & & \\ & \tau\lambda_2^2(L) - \lambda_2(L) & & \\ & & \ddots & \\ & & & \tau\lambda_N^2(L) - \lambda_N(L) \end{bmatrix} \quad (4\text{-}29)$$

由假设 4-2 可知拉普拉斯矩阵 L 的特征值除 0 以外都为正实数，即 $0 < \lambda_2(L) \leqslant \cdots \leqslant \lambda_N(L)$，所以当 $\tau < 1/\lambda_{\max}(L)$ 时，存在以下关系：

$$\tau\lambda_i^2(L) - \lambda_i(L) < 0, \quad i = 2, 3, \cdots, N \quad (4\text{-}30)$$

基于式(4-28)和式(4-30)可得

$$\dot{V}\left(\hat{P}(t)\right) \leqslant 2\left(T\hat{P}(t)\right)^{\mathrm{T}}\left(-\varLambda + \tau\varLambda^2\right)T\hat{P}(t) \leqslant 0 \quad (4\text{-}31)$$

下面基于式(4-31)，分三种情况讨论。

情况 1：当 $\dot{V}\left(\hat{P}_x(t)\right) < 2\left(T\hat{P}_x(t)\right)^{\mathrm{T}}\left(-\varLambda + \tau\varLambda^2\right)T\hat{P}_x(t)$ 且 $2\left(T\hat{P}_x(t)\right)^{\mathrm{T}}\left(-\varLambda + \tau\varLambda^2\right) \cdot T\hat{P}_x(t) < 0$ 时，根据李雅普诺夫稳定性理论可知系统会逐渐收敛到平衡点，即 $\hat{P}_{x1}(t) = \hat{P}_{x1}(t) = \cdots = \hat{P}_{x1}(t)$，则可推出带有通信时延的分布式一致性协议算法可以保证 $\hat{P}_{xi}(t)$ 达成一致，即 $\hat{P}_{xi}(t) \to \hat{P}_{xj}(t), i, j = 1, 2, \cdots, N$。

情况 2：当 $\dot{V}\left(\hat{P}_x(t)\right) = 2\left(T\hat{P}_x(t)\right)^{\mathrm{T}}\left(-\varLambda + \tau\varLambda^2\right)T\hat{P}_x(t)$ 且 $2\left(T\hat{P}_x(t)\right)^{\mathrm{T}}\left(-\varLambda + \tau\varLambda^2\right) \cdot T\hat{P}_x(t) < 0$ 时，与情况 1 相似，带有通信时延的分布式一致性协议算法可以保证 $\hat{P}_{xi}(t)$ 达成一致，即 $\hat{P}_{xi}(t) \to \hat{P}_{xj}(t), i, j = 1, 2, \cdots, N$。

情况 3：当 $\dot{V}\left(\hat{P}_x(t)\right) = 2\left(T\hat{P}_x(t)\right)^{\mathrm{T}}\left(-\varLambda + \tau\varLambda^2\right)T\hat{P}_x(t)$ 且 $2\left(T\hat{P}_x(t)\right)^{\mathrm{T}}\left(-\varLambda + \tau\varLambda^2\right) \cdot T\hat{P}_x(t) = 0$ 时，则有 $\dot{V}\left(\hat{P}_x(t)\right) = 0$。由拉塞尔不变集原理可知，$\hat{P}_x(t)$ 收敛到空间 $\varOmega = \left\{X(t) \in R^N \,|\, \dot{V}(X(t)) = 0\right\}$。定义核子空间 $\ker\{(\tau\varLambda^2 - \varLambda)T\} = \{X(t) | (-\varLambda + \tau\varLambda^2) \cdot$

$TX(t)=0\}$ ，显然可知：

$$\ker\left\{\left(\tau A^2-A\right)T\right\}=\left\{X(t)\big|\left(TX(t)\right)^{\mathrm{T}}\left(-A+\tau A^2\right)TX(t)=0\right\}=\Omega \qquad (4\text{-}32)$$

从式(4-29)可知，矩阵 $\left(\tau A^2-A\right)T$ 的秩为 $\mathrm{rank}\left\{\left(\tau A^2-A\right)T\right\}=N-1$，所以核子空间 $\ker\left\{\left(\tau A^2-A\right)T\right\}$ 为一维子空间。

由于有向图 G 包含一簇有向生成树，故其拉普拉斯矩阵 L 有唯一 0 特征根，$\mathbf{1}_N$ 为对于特征根 0 的特征向量，从而有 $L(\mathbf{1}_N\otimes\eta)=\mathbf{0}$，进一步利用 $L=T^{-1}AT$，得

$$(\tau A^2-A)T(\mathbf{1}_N\otimes\eta)=0 \qquad (4\text{-}33)$$

式中，$\eta\in R$；$\mathbf{1}_N$ 为所有元素都为 1 的 N 维向量。

因此 $\mathbf{1}_N\otimes\eta\in\ker\left\{\left(\tau A^2-A\right)T\right\}$，故

$$\mathrm{span}\{\mathbf{1}_N\otimes\eta)\}=\ker(\tau A^2-A)T \qquad (4\text{-}34)$$

所以当 $\hat{P}_x(t)$ 收敛到 $\mathrm{span}\{\mathbf{1}_N\otimes\eta)\}=\ker(\tau A^2-A)T$ 时，$\hat{P}_{xi}(t)\to\hat{P}_{xj}(t)\to\eta,i,$ $j=1,2,\cdots,N$。

综合以上 3 种情况可知，带有通信时延的协同中制导律可保证 $\hat{P}_{xi}(t)$，$i=1,2,\cdots,N$ 趋于一致，即 $\hat{P}_{xi}(t)\to\hat{P}_{xj}(t),i,j=1,2,\cdots,N$。证毕。

对于 $\hat{P}_{yi}(t)$，$\hat{P}_{zi}(t),i=1,2,\cdots,N$ 的一致性证明与 $\hat{P}_{xi}(t)$，$i=1,2,\cdots,N$ 类似，不再赘述。

综合定理 3-3 和定理 4-2 可知，当通信网络拓扑结构对应的图 G 包含一簇有向生成树，且对应的拉普拉斯矩阵 L 的特征值除 0 以外都为正实数，邻接矩阵是定常数矩阵，协调系数 κ_{i1}、κ_{i2} 和 κ_{i3} 中的 $\hat{p}_{i1}$、$\hat{p}_{i2}$ 和 $\hat{p}_{i3}$ 满足约束条件(3-72)，通信时延 $\tau<1/\lambda_{\max}\left(L\right)$ 时，带有通信时延的多导弹协同中制导律(4-6)可以保证所有导弹的虚拟碰撞点逐渐趋于一致。由于协同项的协调系数 κ_{i1}、κ_{i2} 和 κ_{i3} 大小影响状态收敛速度，进而影响所有导弹到达中末制导交班区时弹目相对距离趋于一致的快慢，但不影响状态趋于一致性。由定理 3-4 可知，所有导弹可以同时到达中末制导交班区。

由定理 4-1 和定理 4-2 可知，多导弹系统的通信网络拓扑结构对导弹状态收敛产生较大影响。在同样的通信时延上界约束条件下，无向网络拓扑结构只要求拓扑结构为无向连通图，以及邻接矩阵是定常数矩阵，就能保证协调变量收敛一致；有向网络拓扑结构要求拓扑结构包含一簇有向生成树，以及邻接矩阵是定常数矩阵，拉普拉斯矩阵 L 的特征值除 0 以外都为正实数，也只能保证协调变量趋于一致。

4.4　仿真分析

4.4.1　基于无向图的仿真结果

本节假设多导弹编队网络拓扑结构为无向连通图，将通过仿真实验，验证提出带有通信时延的多导弹协同中制导律的有效性，具体仿真实验设置如下。

(1) 实验一：设定多导弹编队由 3 枚导弹构成，各导弹(节点)间的通信时延 τ 满足上界约束，即 $\tau < 1/\lambda_{\max}(\boldsymbol{L})$；所有导弹采用带有通信时延的协同成型中制导律(4-6)，设定 $\hat{p}_{i1}$、$\hat{p}_{i2}$ 和 $\hat{p}_{i3}$ 满足约束条件(3-72)的 $\rho(t) = 0.4$；目标在水平面内做蛇形机动，其法向加速度分别为 $a_{\mathrm{T}y}^{d}(t) = 0$ 和 $a_{\mathrm{T}z}^{d}(t) = 20\sin(0.2t)$。

(2) 实验二：仿真实验设置基本与实验一相同，不同点为通信时延 τ 的设置，在本实验中，假设通信时延 τ 满足 $\tau > 1/\lambda_{\max}(\boldsymbol{L})$，即不满足上界约束。

协同中制导段目标(期望的协同中制导精度)设置如下：假设导引头的最大探测距离为 $R_t = 17\mathrm{km}$；各导弹的视线倾角 σ_1 和视线偏角 σ_2 分别设为 $\sigma_1 = 30°$ 和 $\sigma_2 = 30°$；弹目相对距离之间的误差 σ_3 设为 $\sigma_3 = 1000\mathrm{m}$，剩余飞行时间之间的误差 σ_4 设为 $\sigma_4 = 1\mathrm{s}$。

数值仿真实验中的相关设置如下：所有导弹在中制导结束时期望的最大速度值为 $V^* = 1300\mathrm{m/s}$；所有导弹的加速度指令范围分别为 $|a_{xi}(t)| \leqslant 80\mathrm{m/s}^2$、$|a_{yi}(t)| \leqslant 80\mathrm{m/s}^2$ 和 $|a_{zi}(t)| \leqslant 80\mathrm{m/s}^2$；中末制导交班区与目标的距离设为 15km，即协同中制导在距离目标 15km 处停止；目标的初始位置坐标设为 $(x_{\mathrm{T}}, y_{\mathrm{T}}, z_{\mathrm{T}}) = (85000, 8000, 0)\mathrm{m}$，弹道倾角为 $\theta_{\mathrm{T}v} = 0°$，弹道偏角为 $\varphi_{\mathrm{T}v} = 10°$，速度大小设置为 $V_{\mathrm{T}} = 280\mathrm{m/s}$，切向加速度为 $a_{\mathrm{T}x}^{d}(t) = 0$；多导弹通信网络拓扑结构如图 3-7 所示，基于定理 4-1 可知通信时延上界约束为 $\tau_{\max} = 1/\lambda_{\max}(\boldsymbol{L}) = 0.33\mathrm{s}$，因此在实验一中通信时延设为 $\tau = 0.2\mathrm{s}$，在实验二中通信时延设为 $\tau = 0.4\mathrm{s}$；3 枚导弹的初始条件设置如表 4-1 所示，其中 (x_i, y_i, z_i) 表示第 i 枚导弹的初始位置坐标，V_{xi}、V_{yi} 和 V_{zi} 表示第 i 枚导弹在地面惯性坐标系下的初始速度，$\theta_{i\mathrm{Lf}}^*$ 和 $\varphi_{i\mathrm{Lf}}^*$ 分别表示第 i 枚导弹在中制导结束时期望的视线倾角和视线偏角。

表 4-1　各导弹的初始条件(基于无向图)

导弹编号	(x_i, y_i, z_i) / m	V_{xi} / (m/s)	V_{yi} / (m/s)	V_{zi} / (m/s)	$\theta_{i\mathrm{Lf}}^*$ / (°)	$\varphi_{i\mathrm{Lf}}^*$ / (°)
导弹 1	$(5500, 10000, -2000)$	1150	50	20	−5	1
导弹 2	$(2500, 9500, 1000)$	1200	20	20	−3	7
导弹 3	$(0, 8500, -1000)$	1250	30	30	−2	9

4.4.1.1　实验一仿真结果

在实验一中目标在横向平面做蛇形机动,所有导弹采用带有通信时延的协同成型中制导律(4-6),通信时延 $\tau = 0.2s$,具体仿真结果如图 4-2 所示。由图 4-2(a)可以看到,3 枚导弹在协同中制导律的作用下,对目标形成包围态势。从图 4-2(b)可以看到,3 枚导弹的弹目相对距离逐渐收敛一致,误差逐步缩小。由图 4-2(c)可以看到,3 枚导弹的剩余飞行时间逐渐收敛一致。图 4-2(b)和(c)说明当通信时延 $\tau < 1 / \lambda_{\max}(\boldsymbol{L})$ 时,带有通信时延的协同成型中制导律(4-6)可以确保协调变量趋于一致,克服通信时延带来的影响。从图 4-2(d)～(f)可以看到,由于目标蛇形机动的影响,各导弹的加速度都进行较大幅度的调整,但整体较小且较为光滑,适合工程实现。由图 4-2(g)可以看到,由于目标蛇形机动和协同项的影响,各导弹速度进行较大幅度的调整;在临近中制导结束时,各导弹速度大小都趋向于期望的最大速度值,满足速度约束。从图 4-2(h)和(i)可以看出,各导弹的视线倾角 θ_{iLf}^{*} 和视线偏角 φ_{iLf}^{*} 在中制导结束时都能满足视线角约束。3 枚导弹协同中制导的统计结果如表 4-2 所示。

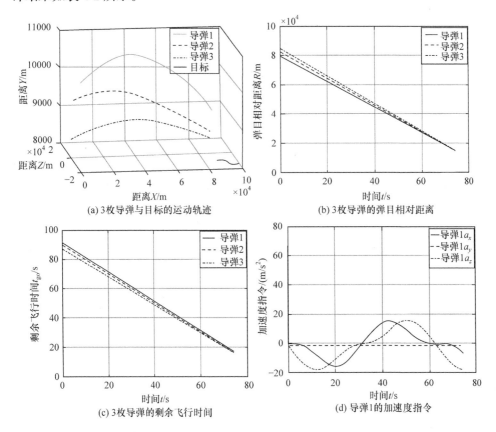

(a) 3枚导弹与目标的运动轨迹

(b) 3枚导弹的弹目相对距离

(c) 3枚导弹的剩余飞行时间

(d) 导弹1的加速度指令

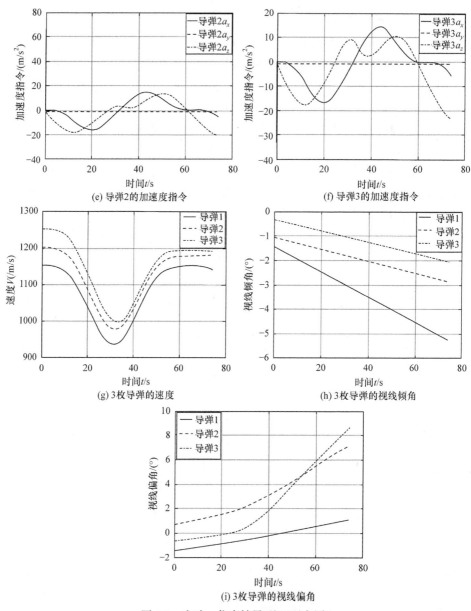

图 4-2 实验一仿真结果(基于无向图)

表 4-2 实验一统计结果(基于无向图)

导弹编号	中末制导交班约束状态			最大相对距离误差/m		最大剩余飞行时间误差/s	
	视线倾角/(°)	视线偏角/(°)	速度/(m/s)	初始时刻	结束时刻	初始时刻	结束时刻
导弹1	−5.26	1.12	1138	5480	482	3.81	0.632

续表

导弹编号	中末制导交班约束状态			最大相对距离误差/m		最大剩余飞行时间误差/s	
	视线倾角/(°)	视线偏角/(°)	速度/(m/s)	初始时刻	结束时刻	初始时刻	结束时刻
导弹 2	−2.88	7.15	1177	2974	356	2.16	0.557
导弹 3	−2.08	8.60	1190	5480	482	3.81	0.632

根据表 4-2 可知，弹目相对距离之间误差的最大值和剩余飞行时间之间误差的最大值都属于设定的误差范围，表明多导弹编队实现了一致性目标。

将 3.5.3 小节的仿真结果与实验一的仿真结果进行比较，具体结果如表 4-3 所示。由表 4-3 可知，有通信时延和无通信时延的多导弹协同中制导律的制导效果基本一致，说明当通信时延 $\tau < 1/\lambda_{\max}(\boldsymbol{L})$ 时，有通信时延的多导弹协同中制导律可以消除通信时延的影响。

表 4-3　有/无通信时延的协同中制导统计结果

实验设置	结束时刻最大相对距离误差/m	结束时刻最大剩余飞行时间误差/s
无通信时延的协同中制导	452	0.505
有通信时延的协同中制导	482	0.632

4.4.1.2　实验二仿真结果

在实验二中通信时延 $\tau = 0.4\text{s}$，大于上界约束 $\tau_{\max} = 0.33\text{s}$，具体仿真结果如图 4-3 所示。由图 4-3(a)和(b)可以看出，虽然 3 枚导弹的弹目相对距离与剩余飞行时间逐渐收敛，但并未收敛一致，在中制导段结束时刻还存在一定的误差，表明多导弹编队未能实现一致性目标。由此可知，当通信时延 $\tau > 1/\lambda_{\max}(\boldsymbol{L})$ 时，带有通信时延的分布式一致性协议不能克服通信时延的影响，协调变量不能收敛一

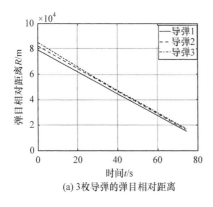

(a) 3 枚导弹的弹目相对距离

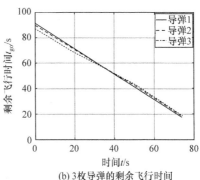

(b) 3 枚导弹的剩余飞行时间

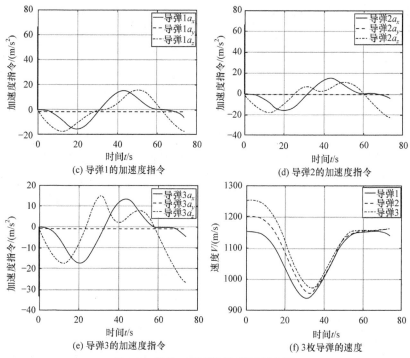

图 4-3　实验二仿真结果(基于无向图)

致，体现出定理 4-1 中假设条件的充分性。从图 4-3(c)～(e)中可以看出，目标机动和通信时延对加速度指令影响较大，导致变化趋势的波动较大。由图 4-3(f)可以看出，由于通信时延较大，带有通信时延的分布式一致性协议不能保证协调变量收敛一致，直接影响协同项的作用，同时目标蛇形机动的影响也较为突出，各导弹速度进行较大幅度的调整。3 枚导弹协同中制导的统计结果如表 4-4 所示。

表 4-4　实验二统计结果(基于无向图)

导弹编号	中末制导交班约束状态			最大相对距离误差/m		最大剩余飞行时间误差/s	
	视线倾角/(°)	视线偏角/(°)	速度/(m/s)	初始时刻	结束时刻	初始时刻	结束时刻
导弹 1	−4.81	0.76	1139	5480	1897	3.81	1.517
导弹 2	−2.88	4.89	1160	2975	1194	2.16	0.893
导弹 3	−1.88	12.71	1162	5480	1897	3.81	1.517

　　由表 4-4 可以看出，剩余飞行时间之间误差的最大值和弹目相对距离之间误差的最大值都大于给定的误差值，表明多导弹编队未能实现一致性目标。

　　从图 4-3 和表 4-4 可知，当通信时延 $\tau > 1/\lambda_{\max}(L)$ 时，带有通信时延的多导弹协同中制导律无法有效克服通信时延造成的影响，不能保证多导弹编队达到期望的协同中制导精度，实现协同中制导目标，体现出定理 4-1 的正确性。

4.4.2　基于有向图的仿真结果

本节将基于有向图进行仿真实验，并分析验证提出带有通信时延的多导弹协同中制导律的有效性，具体仿真实验设置如下。

(1) 实验一：设定多导弹编队由 4 枚导弹构成，各导弹(节点)间的通信时延 τ 满足上界约束，即 $\tau < 1 / \lambda_{\max}(\boldsymbol{L})$；所有导弹采用带有通信时延的协同中制导律，设定 $\hat{p}_{i1}$、$\hat{p}_{i2}$ 和 $\hat{p}_{i3}$ 满足约束条件(3-72)的 $\rho(t) = 0.4$；目标在水平面内做蛇形机动，其法向加速度分别为 $a_{\mathrm{T}y}^{d}(t) = 0$ 和 $a_{\mathrm{T}z}^{d}(t) = 20\sin(0.2t)$。

(2) 实验二：仿真实验设置基本与实验一相同，不同点为通信时延 τ 的设置，在本实验中，假设通信时延 τ 满足 $\tau > 1 / \lambda_{\max}(\boldsymbol{L})$，即不满足上界约束。

协同中制导段目标(期望的协同中制导精度)设置如下：假设导引头的最大探测距离为 $R_{t} = 17\mathrm{km}$；各导弹的视线倾角 σ_{1} 和视线偏角 σ_{2} 分别设为 $\sigma_{1} = 30°$ 和 $\sigma_{2} = 30°$；弹目相对距离之间的误差 σ_{3} 设为 $\sigma_{3} = 1000\mathrm{m}$，剩余飞行时间之间的误差 σ_{4} 设为 $\sigma_{4} = 1\mathrm{s}$。

数值仿真实验中的相关设置如下：所有导弹在中制导结束时期望的最大速度值为 $V^{*} = 1300\mathrm{m/s}$；目标的初始位置坐标设为 $(x_{\mathrm{T}}, y_{\mathrm{T}}, z_{\mathrm{T}}) = (85000, 8000, 0)\mathrm{m}$，弹道倾角为 $\theta_{\mathrm{T}v} = 0°$，弹道偏角为 $\varphi_{\mathrm{T}v} = 10°$，速度大小设置为 $V_{\mathrm{T}} = 280\mathrm{m/s}$，切向加速度为 $a_{\mathrm{T}x}^{d}(t) = 0$；所有导弹的加速度指令范围分别为 $|a_{xi}(t)| \leqslant 80\mathrm{m/s}^{2}$，$|a_{yi}(t)| \leqslant 80\mathrm{m/s}^{2}$ 和 $|a_{zi}(t)| \leqslant 80\mathrm{m/s}^{2}$；中末制导交班区与目标的距离设为 15km，即协同中制导在距离目标 15km 处停止；多导弹通信网络拓扑结构如图 4-4 所示，基于定理 4-2 可知通信时延上界约束为 $\tau_{\max} = 1 / \lambda_{\max}(\boldsymbol{L}) = 0.5\mathrm{s}$，因此在实验一中通信时延设为 $\tau = 0.4\mathrm{s}$，在实验二中通信时延设为 $\tau = 0.8\mathrm{s}$；4 枚导弹的初始条件

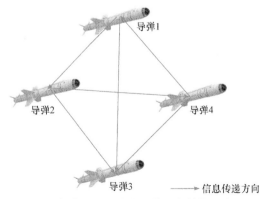

图 4-4　实验一/二的有向网络拓扑结构示意图

设置如表 4-5 所示，其中 (x_i,y_i,z_i) 表示第 i 枚导弹的初始位置坐标，V_{xi}、V_{yi} 和 V_{zi} 表示第 i 枚导弹在地面惯性坐标系下的初始速度，θ_{iLf}^* 和 φ_{iLf}^* 分别表示第 i 枚导弹在中制导结束时期望的视线倾角和视线偏角。

表 4-5　各导弹初始条件(基于有向图)

导弹编号	(x_i,y_i,z_i) / m	V_{xi} / (m/s)	V_{yi} / (m/s)	V_{zi} / (m/s)	θ_{iLf}^* / (°)	φ_{iLf}^* / (°)
导弹 1	(5500,10500,−2000)	1150	50	60	−5	1
导弹 2	(3000,10000,1000)	1200	20	50	−3	7
导弹 3	(1000,9000,−1000)	1200	30	50	−3	2
导弹 4	(0,8500,−1000)	1250	30	50	−2	8

4.4.2.1　实验一仿真结果

在实验一中通信时延 $\tau=0.4\mathrm{s}$，具体仿真结果如图 4-5 所示。图 4-5(a)显示 4 枚导弹实现对目标的包围态势。由图 4-5(b)可知，4 枚导弹的弹目相对距离逐渐趋

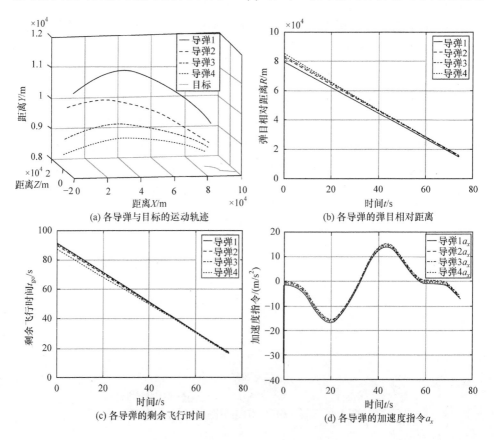

(a) 各导弹与目标的运动轨迹

(b) 各导弹的弹目相对距离

(c) 各导弹的剩余飞行时间

(d) 各导弹的加速度指令 a_x

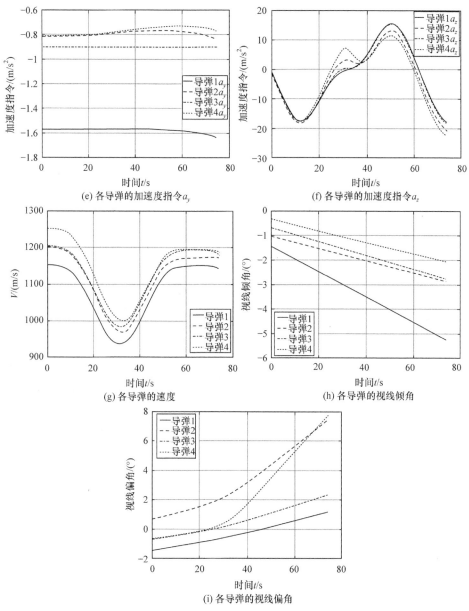

(e) 各导弹的加速度指令a_y

(f) 各导弹的加速度指令a_z

(g) 各导弹的速度

(h) 各导弹的视线倾角

(i) 各导弹的视线偏角

图 4-5　实验一仿真结果(基于有向图)

于一致。由图 4-5(c)可以看到，4 枚导弹的剩余飞行时间逐渐收敛一致。由图 4-5(b)和(c)可以看出，当通信时延 $\tau < 1/\lambda_{\max}(\boldsymbol{L})$ 时，带有通信时延的分布式一致性协议使所有导弹的协调变量达到一致，不受通信时延影响。图 4-5(d)~(f)表明，虽然目标蛇形机动致使各导弹的加速度需要进行较大幅度的调整，但整体幅度较小且较为光滑，具有良好的工程应用价值。由图 4-5(g)可以看到，由于目标蛇形机动

和协同项的影响，各导弹速度进行较大幅度的调整。根据图 4-5(h)和(i)可知，在中制导结束时各导弹的视线倾角 θ_{iLf} 和视线偏角 φ_{iLf} 都能满足视线角约束。4 枚导弹协同中制导的统计结果如表 4-6 所示。

表 4-6　实验一统计结果(基于有向图)

导弹编号	中末制导交班约束状态			最大相对距离误差/m		最大剩余飞行时间误差/s	
	视线倾角/(°)	视线偏角/(°)	速度/(m/s)	初始时刻	结束时刻	初始时刻	结束时刻
导弹 1	−5.26	1.15	1139	5480	549	3.84	0.500
导弹 2	−2.87	7.47	1170	3005	318	2.20	0.428
导弹 3	−2.76	2.33	1179	4480	479	3.18	0.454
导弹 4	−2.06	7.78	1187	5480	549	3.84	0.500

根据表 4-6 可知，剩余飞行时间之间误差的最大值和弹目相对距离之间误差的最大值都属于设定的误差范围，说明带有通信时延的协同制导律可以使多导弹编队状态达成一致性。

4.4.2.2　实验二仿真结果

在实验二中通信时延 $\tau = 0.8\text{s}$ ，大于上界约束 $\tau_{\max} = 0.5\text{s}$ ，具体仿真结果如图 4-6 所示。根据图 4-6(a)和(b)可知，4 枚导弹的弹目相对距离与剩余飞行时间逐渐收敛到不同值，并未趋于一致，且在中制导段结束时还存在一定的偏差，说明带有通信时延的协同中制导律受通信时延的影响，未能实现一致性目标。由此可知，当通信时延不满足定理 4-2 的假设条件，即 $\tau > 1 / \lambda_{\max}(\boldsymbol{L})$ 时，带有通信时延的分布式一致性协议不能确保协调变量趋于一致，说明定理 4-2 中假设条件的必要性。图 4-6(c)～(e)表明，协同中制导律受到目标机动和通信时延较大影响，致使协同中制导加速度指令的变化趋势波动较大。根据图 4-6(f)可知，较大的通信时延影

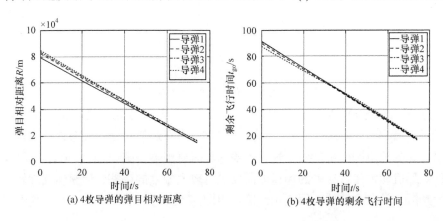

(a) 4枚导弹的弹目相对距离　　　　　　　(b) 4枚导弹的剩余飞行时间

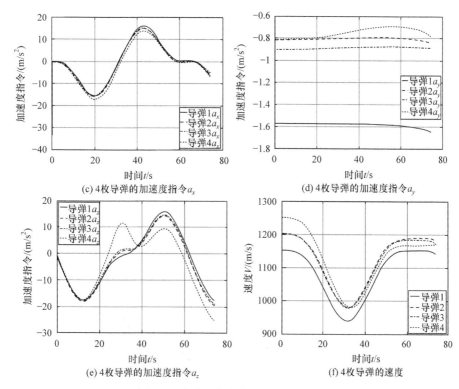

图 4-6　实验二仿真结果(基于有向图)

响协调变量达到一致性,从而直接影响协同项的作用;同时目标蛇形机动对协同中制导律影响也较大,致使各导弹速度需要进行较大幅度的调整。4 枚导弹协同中制导的统计结果如表 4-7 所示。

表 4-7　实验二统计结果(基于有向图)

导弹编号	中末制导交班约束状态			最大相对距离误差/m		最大剩余飞行时间误差/s	
	视线倾角/(°)	视线偏角/(°)	速度/(m/s)	初始时刻	结束时刻	初始时刻	结束时刻
导弹 1	−5.26	1.15	1139	5480	1555	3.84	1.134
导弹 2	−2.87	7.47	1170	3005	1564	2.20	1.836
导弹 3	−2.76	2.33	1179	4480	1052	3.18	1.360
导弹 4	−2.06	7.78	1187	5480	1564	3.84	1.836

　　根据表 4-7 可知,弹目相对距离之间误差的最大值和剩余飞行时间之间误差的最大值都大于设定的误差范围,说明多导弹编队未能达到一致性。

　　从图 4-6 和表 4-7 可以看出,当通信时延不满足定理 4-2 的假设条件,即 $\tau > 1/\lambda_{\max}(L)$ 时,无法有效抑制通信时延造成的影响,使得带有通信时延的多导弹协同中制导律不能保证多导弹编队达到期望的协同中制导精度，从而实现协同中制导目标。因此，可以验证定理 4-2 假设条件和结论的正确性。

4.5 小　结

本章针对多导弹通信网络存在通信时延情况下的协同中制导问题，基于带有通信时延的分布式一致性协议设计了带有通信时延的多导弹协同中制导律，确保所有导弹实现了多导弹协同中制导目标。基于无向网络拓扑结构和有向网络拓扑结构，分别通过 Lyapunov-Krasovskii 函数进行稳定性分析，给出不同拓扑结构下的约束条件和通信时延上界。理论分析表明，本章提出的获取通信时延上界的方法，即根据通信网络拓扑结构直接求出通信时延上界，与现有研究成果中通过求解线性矩阵不等式得到通信时延上界的方法相比更加简便和直接，无须进行复杂的数学计算。

参 考 文 献

[1] SUN X, HOU D, ZHOU R, et al. Consensus of leader-followers system of multi-missile with time-delays and switching topologies[J]. Optik, 2014, 125(3): 1202-1208.

[2] 王青, 后德龙, 李君, 等. 存在时延和拓扑不确定的多弹分散化协同制导时间一致性分析[J]. 兵工学报, 2014, 35(7): 982-989.

[3] LIU Z, LV Y, ZHOU J. Cooperative guidance law design on simultaneous attack for multiple missiles under time-delayed communication topologies[C]. 2019 IEEE Symposium Series on Computational Intelligence, Xiamen, 2019: 2006-2011.

[4] HE S, KIM M, SONG T, et al. Three-dimensional salvo attack guidance considering communication delay[J]. Aerospace Science and Technology, 2018, 73: 1-9.

[5] REN W, BEARD R W. Distributed Consensus in Multi-vehicle Cooperative Control[M]. London: Springer, 2008.

[6] 赵启伦, 宋勋, 王晓东, 等. 高抛弹道三维复合协同制导律设计[J]. 航空兵器, 2021, 28(1): 26-33.

[7] ZENG J, DOU L, XIN B. A joint mid-course and terminal course cooperative guidance law for multi-missile salvo attack[J]. Chinese Journal of Aeronautics, 2018, 31(6): 1311-1326.

[8] ZHANG H, TANG S, GUO J. Cooperative near-space interceptor mid-course guidance law with terminal handover constraints[J]. Proceedings of the Institution of Mechanical Engineers, Part G: Journal of Aerospace Engineering, 2019, 233(6): 1960-1976.

[9] WU Z, FANG Y, FU W, et al. Three-dimensional cooperative mid-course guidance law against the maneuvering target[J]. IEEE Access, 2020, 8: 18841-18851.

[10] LEVINSON S, WEISS H, BEN-ASHER J Z. Trajectory shaping and terminal guidance using linear quadratic differential games[C]. 2002 AIAA Guidance, Navigation, & Control Conference & Exhibit, Monterey, 2002: 4839.

[11] JOHN A L, OLEG A Y. Trajectory-shape-varying missile guidance for interception of ballistic missiles during the boost phase[C]. 2007 AIAA Guidance, Navigation and Control Conference and Exhibit, Rohnert Park, 2007: 6538.

[12] RYU M Y, LEE C H, TAHK M J. New trajectory shaping guidance laws for anti-tank guided missile[J]. Proceedings of the Institution of Mechanical Engineers, Part G: Journal of Aerospace Engineering, 2015, 229(7): 1360-1368.

[13] YUJIE S I, SONG S. Three-dimensional adaptive finite-time guidance law for intercepting maneuvering targets[J]. Chinese Journal of Aeronautics, 2017, 30(6): 1985-2003.

[14] ZHAO E, CHAO T, WANG S, et al. Multiple flight vehicles cooperative guidance law based on extended state observer and finite time consensus theory[J]. Proceedings of the Institution of Mechanical Engineers, Part G: Journal of Aerospace Engineering, 2018, 232(2): 270-279.

[15] SONG J, SONG S, XU S. Three-dimensional cooperative guidance law for multiple missiles with finite-time convergence[J]. Aerospace Science and Technology, 2017, 67: 193-205.

[16] YANG B , JING W , GAO C. Three-dimensional cooperative guidance law for multiple missiles with impact angle constraint[J]. Journal of Systems Engineering and Electronics, 2020, 31(6): 1286-1296.

[17] 方洋旺, 王志凯, 吴自豪, 等. 一种基于通信时变延迟的分布式协同制导律构建方法: CN202011314928.9[P]. 2021-02-19.

[18] WU Z, REN Q, LUO Z, et al. Cooperative midcourse guidance law with communication delay[J]. International Journal of Aerospace Engineering, 2021, 2021: 1-16.

[19] 吴自豪. 多导弹编队分布式协同中制导研究[D]. 西安: 西北工业大学, 2022.

第5章　预设时间收敛编队协同中制导

5.1　引　　言

随着无人智能技术的发展，军事装备逐步走向无人化、智能化，防御手段的多元化和空中飞行器自主性能的提升进一步削弱了导弹的作战能力。在此背景下，一部分学者提出将目标的机动范围合理划分为不同的小区域，基于多导弹协同打击策略，每枚导弹以预设方向飞行，负责攻击不同小区域内的目标，从而可以确保在最终时刻至少有 1 枚导弹拦截目标[1-2]；另一部分学者提出多导弹基于领-从弹编队框架进行编队飞行，以领弹为基准，从弹对领弹的状态进行跟踪，形成包围攻击态势，确保多导弹可以同时打击目标[3]。

通过对以上学者提出的多导弹协同打击策略分析可知，在协同中制导段，需要保证多导弹编队以固定编队形式(导弹之间的相对距离为期望相对距离)到达中末制导交班区。一方面，确保多导弹在中制导飞行过程中不相互碰撞；另一方面，可以保证到达中末制导交班区时，各导弹的弹目相对距离、速度和视线角满足中末制导交班区的约束条件，从而为协同末制导段提供良好的初始条件和初始位置。因此，在协同中制导段，能否在有限的时间范围内完成多导弹编队，并以期望编队形式形成和保持，对完成多导弹协同攻击目标作战任务具有较大的影响。综上所述，对协同中制导段多导弹固定编队形式协同飞行的研究具有重要意义。

近年来，多智能体的编队控制方法受到广泛关注，取得了大量的研究成果[4-18]。其中，领-从弹编队策略因其节约成本、结构简单等优点被大量应用。因为中制导段的时间有限，所以协同中制导律需要在有限时间内保证导弹的状态趋于一致。目前，部分学者基于有限时间稳定性理论设计了有限时间收敛协同制导律[19-26]。然而现有的有限时间收敛协同制导律存在收敛时间不可控的问题，即收敛时间跟导弹的初始状态和系统参数相关，且由于制导律设计过程引入符号函数，控制量会出现抖动。文献[27]~[29]基于领-从弹编队框架，设计了可以保证多导弹在预设时间内构成期望编队形式的协同中制导律，该制导律可以根据实际需求预设编队形成时间，相比传统的在有限时间内保证编队形成更具优势，便于工程应用。本章重点介绍领-从弹编队框架下多导弹编队预设时间收敛协同中制导律的设计方法和步骤。

5.2　问　题　描　述

假设由 3 枚导弹基于领-从弹编队框架构成多导弹编队对某个高价值目标进行协同打击,具体可分为两种打击过程,如图 5-1 所示,其中五角星标识的导弹为领弹,实心圆标识的导弹为从弹,虚线标识各导弹的飞行轨迹,实线标识编队中各导弹的状态信息传递,圆圈标识目标可机动范围,椭圆标识导弹覆盖范围。

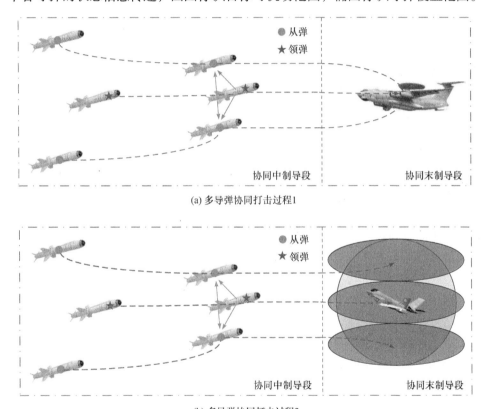

(a) 多导弹协同打击过程1

(b) 多导弹协同打击过程2

图 5-1　多导弹协同打击过程

在第一种打击过程中,要求领弹和从弹从不同方向对目标进行包围,在协同末制导段同时达到目标,如图 5-1(a)所示;在第二种打击过程中,要求每枚导弹负责不同的目标机动范围,确保在协同末制导段,当目标进行不同形式的机动时,始终保持至少 1 枚导弹能打击目标,如图 5-1(b)所示。以上两种打击过程中,在协同末制导段初始时刻不但需要保证所有导弹的弹目相对距离之间的误差和剩余飞行时间之间的误差都较小,而且还需要保证各导弹的初始位置较好,即领弹和从弹的位置可以构成一种特定形状。因此在协同中制导段，需要多导弹编队以领弹为基准，从弹与领弹的相对距离需要逐步收敛到期望相对距离，与领弹构成一种特定形状的编队形式，并保持队形同时到达中末制导交班区，为协同末制导段提供良好的初始位置和初始条件。

通过分析以上两种打击过程可知，由于协同末制导段打击策略的影响，在协同末制导段开始时各导弹需要良好的初始位置，即各导弹的初始位置可以构成一种特定形状(如三角形、一字形等)。为了确保为协同末制导段提供良好的初始位置，多导弹编队需要在协同中制导段形成一种特定形状的编队形式，即构成期望编队形式，并能保持期望编队形式到达中末制导交班区。除了协同末制导段打击策略的影响，多导弹在协同中制导段以期望编队形式协同飞行，在一定程度上可以保证导弹之间不发生碰撞，同时扩大在协同末制导段初始时刻对目标的探测范围。综上可知，多导弹构成期望编队形式协同飞行是协同中制导段的重要协同目标。这种期望编队形式可以通过导弹之间相对距离进行描述，即导弹之间相对距离达到期望相对距离，多导弹编队构成期望编队形式。因此，多导弹编队构成期望编队形式问题可以转化为导弹之间的相对距离控制问题。由此可见，保证导弹之间相对距离达到期望相对距离是协同中制导段的一致性目标之一。此外，为了保证多导弹编队在协同末制导段对目标的有效打击，仍然需要保证在中末制导交班区时，所有导弹的弹目相对距离之间的误差和剩余飞行时间之间的误差都较小，为协同末制导段提供良好的初始条件。除了上述协同打击策略要求多导弹编队实现的协同目标，还需保证每枚导弹满足弹目相对距离、速度和视线角约束，确保中末制导交班成功。

根据以上分析可知，在协同中制导段，多导弹编队需要保证在中末制导交班区时，各导弹的弹目相对距离、速度和视线角满足约束的情况下，实现多导弹的期望编队形成和队形保持等协同目标。下面将基于领-从弹编队框架，对多导弹固定编队形式协同中制导目标进行具体分析。

假设由 N 枚导弹基于领-从弹编队框架构成多导弹编队，领弹负责将自身状态信息传递给从弹，但不接收从弹的状态信息；从弹不仅要将自身的状态信息传递给邻居导弹，还需接收领弹的状态信息和邻居导弹的状态信息，如图 5-2 所示。在编队整体飞行过程中，领弹不受从弹状态的影响，相当于独立飞行，可根据实际环境选择多种不同的制导律，确保领弹满足中末制导交班区所需的弹目相对距离、速度和视线角约束。从弹以领弹为基准，在协同中制导段的有限时间内，与领弹的相对距离需要达到期望相对距离，构成固定编队形式(期望编队形式)；同时为了保持固定编队形式飞行，在形成固定编队形式后，速度需要与领弹保持一致，且弹目相对距离、速度和视线角还要满足中末制导交班约束。整个编队还需保证在中末制导交班区时，所有导弹的弹目相对距离之间的误差和剩余飞行时间之间的误差都较小，为协同末制导段提供良好的初始条件。

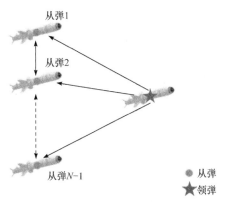

图 5-2　多导弹状态信息流向示意图

　　基于以上分析，多导弹固定编队形式协同中制导目标可分为两类：一类为中末制导交班区需满足的各种约束条件，即各导弹自身状态需要实现的飞行目标；另一类为保障协同任务完成的一致性目标，即多导弹编队需要实现的一致性目标。

　　各导弹自身状态在中制导段需满足的弹目相对距离、速度和视线角约束，可具体表示为

$$R_{\mathrm{imf}} < R_t \tag{5-1}$$

$$V_{\mathrm{imf}} \to V^* \tag{5-2}$$

$$\left|\theta_{i\mathrm{Lf}}\right| < \sigma_1, \quad \left|\varphi_{i\mathrm{Lf}}\right| < \sigma_2 \tag{5-3}$$

式中，R_{imf} 表示第 i 枚导弹在中制导结束时的弹目相对距离；R_t 表示导引头的最大探测距离；V_{imf} 表示第 i 枚导弹在中制导段结束时的速度；V^* 表示导弹在中制导段结束时的期望最大速度；$\theta_{i\mathrm{Lf}}$ 和 $\varphi_{i\mathrm{Lf}}$ 分别表示第 i 枚导弹在中制导结束时的视线倾角和视线偏角；σ_1 和 σ_2 为正常数；$i = 1,2,\cdots,N$。

　　多导弹编队在中制导段需要实现的一致性目标，可具体表示为

$$\lim_{t \to t_{\mathrm{mf}}} \left|R_i - R_j\right| < \sigma_3, \quad \lim_{t \to t_{\mathrm{mf}}} \left|t_{\mathrm{go}i} - t_{\mathrm{go}j}\right| < \sigma_4 \tag{5-4}$$

$$\lim_{t \to t_{\mathrm{mf}}} \left\|\boldsymbol{P}_i(t) - \boldsymbol{P}_1(t) - \boldsymbol{\varDelta}_i\right\| = 0, \quad \lim_{t \to t_{\mathrm{mf}}} \left\|\boldsymbol{V}_i(t) - \boldsymbol{V}_1(t)\right\| = 0 \tag{5-5}$$

式中，R_j 表示第 j 枚导弹的弹目相对距离；$t_{\mathrm{go}i}$ 表示第 i 枚导弹的剩余飞行时间；t_{mf} 表示中制导结束时刻；σ_3 和 σ_4 为正常数；$\boldsymbol{P}_1(t)$ 和 $\boldsymbol{V}_1(t)$ 分别表示领弹在地面惯性坐标系下的位置和速度；$\boldsymbol{P}_i(t)$ 和 $\boldsymbol{V}_i(t)$ 分别表示第 i 枚从弹在地面惯性坐标系下的位置和速度；$\boldsymbol{\varDelta}_i$ 表示第 i 枚从弹与领弹在地面惯性坐标系下的期望相对距离。

综上所述的，可以给出多导弹固定编队形式协同中制导目标的定义。

定义 5-1：在协同中制导段，考虑由 1 枚领弹和 $N-1$ 枚从弹构成的多导弹编队系统。如果在协同中制导律的作用下，使各导弹状态满足弹目相对距离约束(5-1)、速度约束(5-2)和视线角约束(5-3)，以及多导弹编队状态满足协同条件(5-4)和协同条件(5-5)，则称实现了多导弹固定编队协同中制导的目标。

5.3 多导弹固定编队协同中制导律

本节将基于领–从弹编队框架，根据 5.2 节中提出的多导弹固定编队协同中制导目标，设计多导弹固定编队协同中制导律。首先，对领–从弹编队模型进行介绍；其次，结合多智能体一致性和预设时间稳定性相关理论，设计多导弹预设时间编队协同中制导律；最后，通过李雅普诺夫稳定性理论证明在预设时间内从弹与领弹构成期望编队形式，并在构成期望编队形式后，保持队形到达中末制导交班区。

5.3.1 领–从弹编队模型

在地面惯性坐标系下，领弹的运动状态方程可表示为

$$\begin{cases} \dot{\boldsymbol{P}}_1(t) = \boldsymbol{V}_1(t) \\ \dot{\boldsymbol{V}}_1(t) = \boldsymbol{a}_1(t) \end{cases} \tag{5-6}$$

式中，$\boldsymbol{P}_1(t)$ 和 $\boldsymbol{V}_1(t)$ 分别表示领弹在地面惯性坐标下的位置和速度；$\boldsymbol{a}_1(t)$ 表示领弹在地面惯性坐标下的加速度，可以具体表示为

$$\boldsymbol{a}_1(t) = \begin{bmatrix} a_{1x}(t) \\ a_{1y}(t) \\ a_{1z}(t) \end{bmatrix} = \begin{bmatrix} -\sin\theta_{1v}\cos\varphi_{1v}a_{1y}^d + \sin\varphi_{1v}a_{1z}^d \\ \cos\theta_{1v}a_{1y} \\ \sin\theta_{1v}\sin\varphi_{1v}a_{1y}^d + \cos\varphi_{1v}a_{1z}^d \end{bmatrix} \tag{5-7}$$

式中，θ_{1v} 表示领弹的弹道倾角；φ_{1v} 表示领弹的弹道偏角；a_{1y}^d 和 a_{1z}^d 表示领弹的法向加速度指令。

从弹的运动状态方程可表示为

$$\begin{cases} \dot{\boldsymbol{P}}_i(t) = \boldsymbol{V}_i(t) \\ \dot{\boldsymbol{V}}_i(t) = \boldsymbol{a}_i(t) \end{cases} \tag{5-8}$$

式中，$\boldsymbol{P}_i(t)$、$\boldsymbol{V}_i(t)$ 和 $\boldsymbol{a}_i(t)$ 分别表示从弹在地面惯性坐标下的位置、速度和加速度；$i = 2,\cdots,N$。

为了实现多导弹固定编队协同中制导的一致性目标，需要对基于领-从弹编队框架的通信网络拓扑结构作以下假设。

假设 5-1：领-从弹编队构成的通信网络拓扑结构对应的有向图 G 中至少包含一簇有向生成树，且领弹作为根节点用下标 1 表示，与任意一个从弹 k 都存在一条有向路径，即 $(1,j_1),(j_1,j_2),\cdots,(j_{k-1},j_k)$。

多导弹编队的通信网络拓扑结构对应的拉普拉斯矩阵 L 可以表示为

$$L = \begin{bmatrix} 0 & \mathbf{0}_{1\times(N-1)} \\ \boldsymbol{L}^l & \boldsymbol{L}^f \end{bmatrix} \tag{5-9}$$

式中，$\boldsymbol{L}^l \in R^{(N-1)\times 1}$ 表示领弹与从弹之间的通信网络拓扑结构；$\boldsymbol{L}^f \in R^{(N-1)\times(N-1)}$ 表示从弹与从弹之间的通信网络拓扑结构。

为了方便对下文的理解，基于多导弹固定编队协同中制导的一致性目标式(5-4)和式(5-5)，在此构建状态误差方程如下：

$$\begin{cases} \tilde{\boldsymbol{P}}_i(t) = \boldsymbol{P}_i(t) - \boldsymbol{P}_1(t) - \boldsymbol{\Delta}_i \\ \tilde{\boldsymbol{V}}_i(t) = \boldsymbol{V}_i(t) - \boldsymbol{V}_1(t) \end{cases} \tag{5-10}$$

5.3.2 基于预设时间收敛编队协同中制导律

在协同中制导段，多导弹以固定编队形式协同飞行过程中，领弹状态不受从弹状态的影响，相当于独立飞行，其自身的制导律保证领弹飞向目标，可根据实际环境选择现有成熟的制导律。领弹将自身的实时状态信息传输给从弹，从弹根据领弹状态信息和期望相对距离生成制导指令；在制导律的作用下，从弹与领弹的相对距离逐渐达到期望相对距离，进而保证从弹与领弹构成固定编队形式；在固定编队形式形成后，从弹与领弹还需保持固定编队形式到达中末制导交班区。从上述飞行过程可知，期望相对距离、领弹制导律和从弹制导律是保证多导弹固定编队协同飞行的三大要素。下面将对期望相对距离设定、领弹制导律设计和从弹制导律设计分别进行详细介绍。

5.3.2.1 期望相对距离设定

如图 5-3 所示，从弹与领弹的期望相对距离设定将直接决定多导弹编队的固定编队形式，同时也会对各导弹的视线倾角、视线偏角和弹目相对距离产生影响。若期望相对距离 $\boldsymbol{\Delta}_i$ 设定值过大，将会导致在中末制导交班时领弹的弹目相对距离 R_1 和从弹的弹目相对距离 $R_i(i=2,3,\cdots,N)$ 之间的误差过大，不能实现协同中制导的一致性目标(5-4)。除了对弹目相对距离的影响，期望相对距离的设定还会对从弹的视线倾角和视线偏角造成影响。例如，领弹在中末制导交班时的视线倾角为

$\theta_1 = 20°$，视线偏角为 $\varphi_1 = 20°$，在期望相对距离 Δ_i 设定不合理的情况下，有可能导致从弹的视线倾角和视线偏角超出设定范围，不能满足中末制导交班区所需的视线角约束。

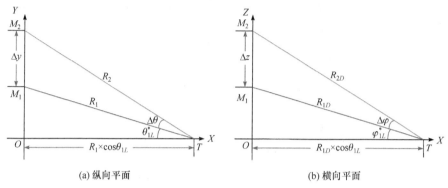

(a) 纵向平面　　　　　　　　　　　　　　(b) 横向平面

图 5-3　期望相对距离设定示意图

基于以上分析，期望相对距离设定需要满足以下两点约束：

(1) 期望相对距离设定不能导致各导弹的弹目相对距离之间的误差较大；

(2) 期望相对距离设定不能导致从弹的视线角超出设定范围。

为了避免期望相对距离设定导致从弹与领弹的弹目相对距离之间的误差过大以及从弹视线角超出设定范围，在此给出一种期望相对距离设定方案，便于实际应用参考。首先，领弹制导律需要选择具备视线角控制能力的制导律，使领弹的视线倾角和视线偏角可以达到期望的视线倾角 θ_{1L}^* 和视线偏角 φ_{1L}^*；其次，选择期望的视线倾角偏差 $\Delta\theta_i$ 和视线偏角偏差 $\Delta\varphi_i$，并基于领弹期望的视线倾角 θ_{1L}^* 和视线偏角 φ_{1L}^* 获得从弹的视线倾角 $\theta_{1L}^* + \Delta\theta_i$ 和视线偏角 $\varphi_{1L}^* + \Delta\varphi_i$；最后，通过如图 5-3 所示的纵向平面和横向平面的几何关系计算获得期望相对距离 $\Delta_i = \left[\Delta_{xi}, \Delta_{yi}, \Delta_{zi} \right]^{\mathrm{T}}$，可具体表示为

$$\begin{cases} \Delta_{xi} = 0 \\ \Delta_{yi} = R_1 \cos\theta_{1L}^* \tan\left(\theta_{1L}^* + \Delta\theta_i\right) - R_1 \sin\theta_{1L}^* \\ \Delta_{zi} = R_{1D} \cos\varphi_{1L}^* \tan\left(\varphi_{1L}^* + \Delta\varphi_i\right) - R_{1D} \sin\varphi_{1L}^* \\ R_{1D} = R_1 \cos\theta_{1L}^* \end{cases} \tag{5-11}$$

式中，R_1 表示领弹在中制导结束时的弹目相对距离。

在上述期望相对距离设定方案中，基于领弹期望的视线倾角 θ_{1L}^* 和视线偏角 φ_{1L}^* 获得的从弹的视线倾角 $\theta_{1L}^* + \Delta\theta_i$ 和视线偏角 $\varphi_{1L}^* + \Delta\varphi_i$ 要满足视线角约束 (5-3)，即 $\theta_{1L}^* + \Delta\theta_i < \sigma_1$，$\varphi_{1L}^* + \Delta\varphi_i < \sigma_2$。同时，在设定期望相对距离 Δ_i 时，一

般将 X 轴上的期望相对距离设为 $\Delta_{xi}=0$。这是由于通常情况下导弹与目标在地面惯性坐标系下的 X 轴上位置误差远大于 Y 轴和 Z 轴,对弹目相对距离的影响较大。

5.3.2.2 领弹制导律设计

通过 5.3.2.1 小节的分析可知,领弹制导律需要具备视线角控制能力。除了视线角控制需求,还需考虑领弹对整个编队的影响。在领弹和从弹保持固定编队飞行过程中,领弹速度将直接决定整个编队的速度,因此为了保证所有导弹在中末制导交班区时达到最大速度值,领弹速度大小需要在中末制导交班区时达到最大速度值,即在中制导段减少能量消耗。

综合视线角控制和低能量消耗两点需求,本小节采用 Zarchan[30]提出的轨迹成型制导律作为领弹的制导律。轨迹成型制导律是基于能量代价函数,利用最优化方法和 Schwartz 不等式推导而来,可以减少导弹能量消耗,同时保证视线角达到设定的期望视线角,具有较高的导引精度,在实际工程中被大量应用。轨迹成型制导律可以具体表示为[30]

$$\begin{cases} a_{1y}^{d} = 4V_{l}\dot{\theta}_{1L} + 2V_{l}\left(\theta_{1L} - \theta_{1L}^{*}\right) \\ a_{1z}^{d} = \left[4V_{l}\dot{\varphi}_{1L} + 2V_{l}\left(\varphi_{1L} - \varphi_{1L}^{*}\right)\right]\cos\theta_{1v} \end{cases} \tag{5-12}$$

式中,a_{1y}^{d} 和 a_{1z}^{d} 分别表示垂直于领弹速度矢量的两个方向法向加速度指令;V_{l} 表示领弹速度;θ_{1L} 表示领弹的实时视线倾角;θ_{1L}^{*} 表示设定的领弹期望视线倾角;φ_{1L} 表示领弹的实时视线偏角;φ_{1L}^{*} 表示设定的领弹期望视线偏角;θ_{1v} 表示领弹的弹道倾角。

5.3.2.3 从弹制导律设计

从弹制导律需要满足两点需求:一是实现一致性目标,即完成期望编队形成,并保持队形飞行;二是在有限时间内完成状态收敛。现有的有限时间收敛制导律可以保证系统状态在有限时间内完成收敛,但状态收敛时间受初始状态的影响,且在设计过程中通常会引入符号函数,造成控制量出现抖动。为了避免初始状态对状态收敛时间的影响,受文献[24]和[25]的研究成果启发,本章提出一种预设时间收敛从弹制导律,保证系统状态可以在预设时间内收敛到期望的状态。此种制导律相比传统的有限时间收敛制导律,状态收敛时间是预先设置的,跟初始状态无关,在实际应用中更具有价值。

基于编队状态误差、多智能体一致性理论和预设时间稳定性理论,设计从弹制导律如下所示:

$$a_i(t) = a_1(t) - \psi(t)\left\{k_1\psi(t)\sum_{j\in N_i}a_{ij}\left[\tilde{P}_i(t)-\tilde{P}_j(t)\right] + k_1\psi(t)a_{i1}\tilde{P}_i(t)\right.$$
$$\left.+ k_2\sum_{j\in N_i}a_{ij}\left[\tilde{V}_i(t)-\tilde{V}_j(t)\right]+k_2 a_{i1}\tilde{V}_i(t)\right\} \tag{5-13}$$

式中，$a_i(t)$ 表示第 i 枚从弹的加速度指令；k_1 和 k_2 表示正常数；$\tilde{P}_i(t)$ 和 $\tilde{V}_i(t)$ 分别表示第 i 枚从弹与领弹的位置误差和速度误差，如式(5-10)所示；N_i 表示第 i 枚从弹的邻居从弹个数；a_{ij} 表示第 i 枚从弹与第 j 枚从弹之间的通信链路权重；a_{i1} 表示第 i 枚从弹与领弹之间的通信链路权重；$\psi(t)$ 表示时间变换函数，具体如下：

$$\psi(t) = \begin{cases} \dfrac{\dot{\eta}(t)}{\eta(t)}, & t\in[t_0,t_0+T) \\ \dfrac{p}{T}, & t\in[t_0+T,\infty) \end{cases} \tag{5-14}$$

$$\eta(t) = \begin{cases} \dfrac{T^p}{(t_0+T-t)^p}, & t\in[t_0,t_0+T) \\ 1, & t\in[t_0+T,\infty) \end{cases} \tag{5-15}$$

式中，t_0 为初始时刻；T 为预设时间；p 为大于 0 的正常数。

从式(5-13)可以看出，从弹的制导指令主要分为两部分：第一部分为领弹在地面惯性坐标系下的加速度；第二部分为位置误差和速度误差构成的状态误差项。将时间变换函数 $\psi(t)$ 与误差项结合，可以使误差项在预设时间 T 内收敛到 0，即从弹与领弹的相对距离达到期望相对距离，构成固定编队形式；在预设时间 T 后，误差项将恒为 0，多导弹保持固定编队飞行，具体证明过程将在 5.3.3 小节进行详细描述。

5.3.3　稳定性分析

本小节将对 5.3.2 小节设计的从弹制导律进行稳定性分析。首先对状态误差方程(5-10)进行变换：

$$\begin{cases} \bar{P}_i(t) = \psi(t)\tilde{P}_i(t) \\ \bar{V}_i(t) = \tilde{V}_i(t) \end{cases} \tag{5-16}$$

对式(5-16)求导可得

$$\begin{cases} \dot{\bar{P}}_i(t) = \psi(t)\tilde{V}_i(t) + \dot{\psi}(t)\tilde{P}_i(t) \\ \dot{\bar{V}}_i(t) = \dot{\tilde{V}}_i(t) = a_i(t) - a_1(t) \end{cases} \tag{5-17}$$

基于式(5-14)和式(5-15)可得

$$\dot{\psi}(t) = \begin{cases} \dfrac{\ddot{\eta}(t)\eta(t) - \dot{\eta}(t)\dot{\eta}(t)}{\eta(t)^2}, & t \in [t_0, t_0 + T) \\ 0, & t \in [t_0 + T, \infty) \end{cases} \tag{5-18}$$

$$\dot{\eta}(t) = \begin{cases} \dfrac{p}{T}\eta(t)^{1+\frac{1}{p}}, & t \in [t_0, t_0 + T) \\ 0, & t \in [t_0 + T, \infty) \end{cases} \tag{5-19}$$

对式(5-19)进行化简可得

$$\begin{aligned}
\frac{\ddot{\eta}(t)\eta(t) - \dot{\eta}(t)\dot{\eta}(t)}{\eta(t)^2} &= \frac{\dfrac{p}{T}\left(1+\dfrac{1}{p}\right)\eta(t)^{\frac{1}{p}}\dfrac{p}{T}\eta(t)^{1+\frac{1}{p}}\eta(t) - \dfrac{p}{T}\eta(t)^{1+\frac{1}{p}}\dfrac{p}{T}\eta(t)^{1+\frac{1}{p}}}{\eta(t)^2} \\
&= \frac{\left(1+\dfrac{1}{p}-1\right)\dfrac{p^2}{T^2}\eta(t)^{2+\frac{2}{p}}}{\eta(t)^2} = \frac{\dfrac{1}{p}\dot{\eta}(t)^2}{\eta(t)^2} = \frac{1}{p}\psi(t)^2
\end{aligned} \tag{5-20}$$

基于式(5-20)和拉普拉斯矩阵 $\boldsymbol{L}$ 的性质，式(5-17)可重写为

$$\begin{cases} \dot{\bar{\boldsymbol{P}}}_i(t) = \psi(t)\bar{\boldsymbol{V}}_i(t) + \tilde{\psi}(t)\bar{\boldsymbol{P}}_i(t) \\ \dot{\bar{\boldsymbol{V}}}_i(t) = -k_1\psi(t)\displaystyle\sum_{j=1}^{N-1} l_{ij}\bar{\boldsymbol{P}}_i(t) - k_2\psi(t)\displaystyle\sum_{j=1}^{N-1} l_{ij}\bar{\boldsymbol{V}}_i(t) \end{cases} \tag{5-21}$$

式中，l_{ij} 表示拉普拉斯矩阵 $\boldsymbol{L}$ 中第 i 行第 j 列的元素；$\tilde{\psi}(t)$ 可以表示为

$$\tilde{\psi}(t) = \begin{cases} \dfrac{\psi(t)}{p}, & t \in [t_0, t_0 + T) \\ 0, & t \in [t_0 + T, \infty) \end{cases} \tag{5-22}$$

构建向量 $\bar{\boldsymbol{P}}(t) = \left[\bar{\boldsymbol{P}}_2^{\mathrm{T}}(t), \bar{\boldsymbol{P}}_3^{\mathrm{T}}(t), \cdots, \bar{\boldsymbol{P}}_N^{\mathrm{T}}(t)\right]^{\mathrm{T}}$ 和 $\bar{\boldsymbol{V}}(t) = \left[\bar{\boldsymbol{V}}_2^{\mathrm{T}}(t), \bar{\boldsymbol{V}}_3^{\mathrm{T}}(t), \cdots, \bar{\boldsymbol{V}}_N^{\mathrm{T}}(t)\right]^{\mathrm{T}}$，式(5-21)可整理成矩阵表达形式：

$$\begin{cases} \dot{\bar{\boldsymbol{P}}}(t) = \psi(t)\bar{\boldsymbol{V}}(t) + \tilde{\psi}(t)\bar{\boldsymbol{P}}(t) \\ \dot{\bar{\boldsymbol{V}}}(t) = -\psi(t)\left(\boldsymbol{L}^f \otimes \boldsymbol{I}_3\right)\left[k_1\bar{\boldsymbol{P}}(t) + k_2\bar{\boldsymbol{V}}(t)\right] \end{cases} \tag{5-23}$$

下面将进行一致性证明，首先给出相关引理和定理。

引理 5-1[24]：假设领–从弹编队构成的通信网络拓扑结构满足假设 5-1 的条件，且其通信网络拓扑结构对应的拉普拉斯矩阵 $\boldsymbol{L}$ 表示为式(5-9)，则矩阵 $\boldsymbol{L}^f$ 是非奇异的 M 矩阵。进一步，存在向量 $\boldsymbol{\omega} = [\omega_2, \omega_3, \cdots, \omega_N]$ 使得 $\boldsymbol{L}^f\boldsymbol{\omega} = \mathbf{1}_{N-1}$。如果定义 $\boldsymbol{W} = \mathrm{diag}\{1/\omega_2, 1/\omega_3, \cdots, 1/\omega_N\}$ 和 $\boldsymbol{\Gamma} = \boldsymbol{W}\boldsymbol{L}^f + \left(\boldsymbol{L}^f\right)^{\mathrm{T}}\boldsymbol{W}$，则 $\boldsymbol{W}$ 和 $\boldsymbol{\Gamma}$ 都是正定矩阵。

引理 5-2[25]：对于任意适维向量 X 和 Y，下列不等式成立：

$$\|X\|\|Y\| \leqslant \alpha\|X\|^2 + \frac{1}{4\alpha}\|Y\|^2 \tag{5-24}$$

式中，α 为任意的正实数。

引理 5-3[26]：假设非线性系统可以描述为 $\dot{q}(t) = f(t, q(t))$，其中 $q(t) \in R^m$，并且存在李雅普诺夫函数 $V(t)$，其导数沿状态方程满足：

$$\dot{V}(t) < -bV(t) - k\psi(t)V(t) \tag{5-25}$$

式中，$b \geqslant 0$；$k > 0$；$\psi(t)$ 如式(5-14)定义。因此当 $t \in [t_0, t_0 + T]$ 时，有

$$V(t) < \eta(t)^{-k} \exp\left[-b(t - t_0)\right]V(t_0) \tag{5-26}$$

定理 5-1：假设领–从弹编队构成的通信网络拓扑结构满足假设 5-1 的条件，且其通信网络拓扑结构对应的拉普拉斯矩阵 L 表示为式(5-9)，对于设定的预设时间 T，控制器参数 k_1、k_2、p 和 T 满足下列条件：

$$k_1 + k_2 > \frac{1}{\lambda_{\min}(\Gamma)\omega_{\min}} \tag{5-27}$$

$$\frac{\left[(k_1 + k_2)(kp + Tb + 2) - k_1 p\right]\lambda_{\min}(\Gamma)\omega_{\min}}{2p} + \frac{2\alpha(kp + Tb + 1)}{2p} < 0 \tag{5-28}$$

$$\frac{2\alpha\left[kp + Tb + 2p - k_2 p\lambda_{\min}(\Gamma)\omega_{\min}\right] + (kp + Tb + 1)}{4\alpha p} < 0 \tag{5-29}$$

式中，$p > 0$；$k > 0$；$b \geqslant 0$；α 表示任意的正实数；$\lambda_{\min}(\Gamma)$ 表示矩阵 Γ 的最小特征值。因此，制导律(5-13)可以使多导弹编队在预设时间 T 内构成固定编队形式且保持队形飞行。

证明：由于领–从弹编队构成的通信网络拓扑结构满足假设 5-1 的条件，且根据引理 5-1 可知矩阵 L^f 是非奇异的 M 矩阵，W 和 Γ 都是正定矩阵。

因此，定义变量 $\varepsilon(t) = \left[\bar{P}^{\mathrm{T}}(t), \bar{V}^{\mathrm{T}}(t)\right]^{\mathrm{T}}$，构造如下李雅普诺夫函数定义变量：

$$V(t) = \frac{1}{2}\varepsilon^{\mathrm{T}}(t)(\Omega \otimes I_3)\varepsilon(t) \tag{5-30}$$

式中，矩阵 Ω 定义为

$$\Omega = \begin{bmatrix} (k_1 + k_2)\Gamma & W \\ W & W \end{bmatrix} \tag{5-31}$$

由引理 5-1 可知，W 是正定矩阵，即 $W > 0$；当控制器参数 k_1 和 k_2 满足式(5-27)时，有 $(k_1 + k_2)\Gamma - W > 0$。综上，根据 Schur 补定理可得，$\Omega > 0$，进而由式(5-30)

可知 $V(t)>0$。对 $V(t)$ 求导可得

$$\dot{V}(t)=\frac{1}{2}\Big[\dot{\bar{P}}^{\mathrm{T}}(t)(k_1+k_2)(\boldsymbol{\Gamma}\otimes\boldsymbol{I}_3)\bar{P}(t)+\dot{\bar{V}}^{\mathrm{T}}(t)(\boldsymbol{W}\otimes\boldsymbol{I}_3)\bar{P}(t)+\dot{\bar{P}}^{\mathrm{T}}(t)(\boldsymbol{W}\otimes\boldsymbol{I}_3)\bar{V}(t)$$
$$+\dot{\bar{V}}^{\mathrm{T}}(t)(\boldsymbol{W}\otimes\boldsymbol{I}_3)\bar{V}(t)+\bar{P}^{\mathrm{T}}(t)(k_1+k_2)(\boldsymbol{\Gamma}\otimes\boldsymbol{I}_3)\dot{\bar{P}}(t)+\bar{V}^{\mathrm{T}}(t)(\boldsymbol{W}\otimes\boldsymbol{I}_3)\dot{\bar{P}}(t)$$
$$+\bar{P}^{\mathrm{T}}(t)(\boldsymbol{W}\otimes\boldsymbol{I}_3)\dot{\bar{V}}(t)+\bar{V}^{\mathrm{T}}(t)(\boldsymbol{W}\otimes\boldsymbol{I}_3)\dot{\bar{V}}(t)\Big]$$

$$(5\text{-}32)$$

将式(5-23)代入式(5-32)可得

$$\dot{V}(t)=\frac{k_1+k_2}{p}\psi(t)\bar{P}^{\mathrm{T}}(t)(\boldsymbol{\Gamma}\otimes\boldsymbol{I}_3)\bar{P}(t)+(k_1+k_2)\psi(t)\bar{V}^{\mathrm{T}}(t)(\boldsymbol{\Gamma}\otimes\boldsymbol{I}_3)\bar{P}(t)$$
$$+\psi(t)\bar{V}^{\mathrm{T}}(t)(\boldsymbol{W}\otimes\boldsymbol{I}_3)\bar{V}(t)+\frac{1}{p}\psi(t)\bar{V}^{\mathrm{T}}(t)(\boldsymbol{W}\otimes\boldsymbol{I}_3)\bar{P}(t)$$
$$-\frac{k_1}{2}\psi(t)\bar{P}^{\mathrm{T}}(t)(\boldsymbol{\Gamma}\otimes\boldsymbol{I}_3)\bar{P}(t)-\frac{k_2}{2}\psi(t)\bar{V}^{\mathrm{T}}(t)(\boldsymbol{\Gamma}\otimes\boldsymbol{I}_3)\bar{V}(t)$$
$$-\frac{k_1+k_2}{2}\psi(t)\bar{V}^{\mathrm{T}}(t)(\boldsymbol{\Gamma}\otimes\boldsymbol{I}_3)\bar{P}(t)-\frac{k_1+k_2}{2}\psi(t)\bar{P}^{\mathrm{T}}(t)(\boldsymbol{\Gamma}\otimes\boldsymbol{I}_3)\bar{V}(t)$$

$$(5\text{-}33)$$

根据引理 5-1 可知，$\boldsymbol{\Gamma}=\boldsymbol{W}\boldsymbol{L}^f+\left(\boldsymbol{L}^f\right)^{\mathrm{T}}\boldsymbol{W}$ 是对称矩阵，则式(5-33)可重写为

$$\dot{V}(t)=\left(\frac{k_1+k_2}{p}-\frac{k_1}{2}\right)\psi(t)\bar{P}^{\mathrm{T}}(t)(\boldsymbol{\Gamma}\otimes\boldsymbol{I}_3)\bar{P}(t)+\psi(t)\bar{V}^{\mathrm{T}}(t)(\boldsymbol{W}\otimes\boldsymbol{I}_3)\bar{V}(t)$$
$$+\frac{1}{p}\psi(t)\bar{V}^{\mathrm{T}}(t)(\boldsymbol{W}\otimes\boldsymbol{I}_3)\bar{P}(t)-\frac{k_2}{2}\psi(t)\bar{V}^{\mathrm{T}}(t)(\boldsymbol{\Gamma}\otimes\boldsymbol{I}_3)\bar{V}(t)$$

$$(5\text{-}34)$$

定义新函数 $H(t)$ 如下：

$$H(t)=\dot{V}(t)+\big[k\psi(t)+b\big]V(t) \qquad (5\text{-}35)$$

式中，$\big[k\psi(t)+b\big]V(t)$ 基于式(5-30)可具体表示为

$$\big[k\psi(t)+b\big]V(t)=\frac{1}{2}\left[k+\frac{b}{\psi(t)}\right](k_1+k_2)\psi(t)\bar{P}^{\mathrm{T}}(t)(\boldsymbol{\Gamma}\otimes\boldsymbol{I}_3)\bar{P}(t)$$
$$+\frac{1}{2}\left[k+\frac{b}{\psi(t)}\right]\psi(t)\bar{P}^{\mathrm{T}}(t)(\boldsymbol{\Gamma}\otimes\boldsymbol{I}_3)\bar{V}(t)$$
$$+\frac{1}{2}\left[k+\frac{b}{\psi(t)}\right]\psi(t)\bar{P}^{\mathrm{T}}(t)(\boldsymbol{\Gamma}\otimes\boldsymbol{I}_3)\bar{V}(t)$$
$$+\frac{1}{2}\left[k+\frac{b}{\psi(t)}\right]\psi(t)\bar{V}^{\mathrm{T}}(t)(\boldsymbol{W}\otimes\boldsymbol{I}_3)\bar{P}(t)$$

$$(5\text{-}36)$$

将式(5-34)和式(5-36)代入式(5-35)可得

$$H(t)=\left\{\frac{k_1+k_2}{p}-\frac{k_1}{2}+\frac{k_1+k_2}{2}\left[k+\frac{b}{\psi(t)}\right]\right\}\psi(t)\bar{\boldsymbol{P}}^{\mathrm{T}}(t)(\boldsymbol{\Gamma}\otimes\boldsymbol{I}_3)\bar{\boldsymbol{P}}(t)$$

$$+\left\{\frac{1}{p}+\frac{1}{2}\left[k+\frac{b}{\psi(t)}\right]\right\}\left[k+\frac{b}{\psi(t)}\right]\psi(t)\bar{\boldsymbol{V}}^{\mathrm{T}}(t)(\boldsymbol{W}\otimes\boldsymbol{I}_3)\bar{\boldsymbol{P}}(t)$$

$$-\frac{k_2}{2}\psi(t)\bar{\boldsymbol{V}}^{\mathrm{T}}(t)(\boldsymbol{\Gamma}\otimes\boldsymbol{I}_3)\bar{\boldsymbol{V}}(t) \tag{5-37}$$

$$\cdot\left\{1+\frac{1}{2}\left[k+\frac{b}{\psi(t)}\right]\right\}\psi(t)\bar{\boldsymbol{V}}^{\mathrm{T}}(t)(\boldsymbol{W}\otimes\boldsymbol{I}_3)\bar{\boldsymbol{V}}(t)$$

$$+\frac{1}{2}\left[k+\frac{b}{\psi(t)}\right]\psi(t)\bar{\boldsymbol{P}}^{\mathrm{T}}(t)(\boldsymbol{W}\otimes\boldsymbol{I}_3)\bar{\boldsymbol{V}}(t)$$

下面将对式(5-37)进行化简放缩。从式(5-14)可知：

$$\frac{1}{\psi(t)}\leqslant\frac{T}{p} \tag{5-38}$$

基于引理 5-2 可得

$$\bar{\boldsymbol{V}}^{\mathrm{T}}(t)(\boldsymbol{W}\otimes\boldsymbol{I}_3)\bar{\boldsymbol{P}}(t)=\sum_{i=2}^{n}\frac{1}{\omega_i}\bar{\boldsymbol{V}}_i^{\mathrm{T}}(t)\bar{\boldsymbol{P}}_i(t)$$

$$\leqslant\sum_{i=2}^{n}\frac{1}{\omega_i}\left[\alpha\left\|\bar{\boldsymbol{P}}_i(t)\right\|^2+\frac{1}{4\alpha}\left\|\bar{\boldsymbol{V}}_i(t)\right\|^2\right] \tag{5-39}$$

$$=\alpha\bar{\boldsymbol{P}}^{\mathrm{T}}(t)(\boldsymbol{W}\otimes\boldsymbol{I}_3)\bar{\boldsymbol{P}}(t)+\frac{1}{4\alpha}\bar{\boldsymbol{V}}^{\mathrm{T}}(t)(\boldsymbol{W}\otimes\boldsymbol{I}_3)\bar{\boldsymbol{V}}(t)$$

$$\bar{\boldsymbol{P}}^{\mathrm{T}}(t)(\boldsymbol{W}\otimes\boldsymbol{I}_3)\bar{\boldsymbol{V}}(t)=\sum_{i=2}^{n}\frac{1}{\omega_i}\bar{\boldsymbol{P}}_i^{\mathrm{T}}(t)\bar{\boldsymbol{V}}_i(t)$$

$$\leqslant\sum_{i=2}^{n}\frac{1}{\omega_i}\left[\alpha\left\|\bar{\boldsymbol{P}}_i(t)\right\|^2+\frac{1}{4\alpha}\left\|\bar{\boldsymbol{V}}_i(t)\right\|^2\right] \tag{5-40}$$

$$=\alpha\bar{\boldsymbol{P}}^{\mathrm{T}}(t)(\boldsymbol{W}\otimes\boldsymbol{I}_3)\bar{\boldsymbol{P}}(t)+\frac{1}{4\alpha}\bar{\boldsymbol{V}}^{\mathrm{T}}(t)(\boldsymbol{W}\otimes\boldsymbol{I}_3)\bar{\boldsymbol{V}}(t)$$

又存在如下关系：

$$\bar{\boldsymbol{V}}^{\mathrm{T}}(t)(\boldsymbol{\Gamma}\otimes\boldsymbol{I}_3)\bar{\boldsymbol{V}}(t)\geqslant\lambda_{\min}(\boldsymbol{\Gamma})\sum_{i=2}^{n}\left\|\bar{\boldsymbol{V}}_i(t)\right\|^2$$

$$\geqslant\lambda_{\min}(\boldsymbol{\Gamma})\omega_{\min}\sum_{i=2}^{n}\frac{1}{\omega_i}\left\|\bar{\boldsymbol{V}}_i(t)\right\|^2 \tag{5-41}$$

$$=\lambda_{\min}(\boldsymbol{\Gamma})\omega_{\min}\bar{\boldsymbol{V}}^{\mathrm{T}}(t)(\boldsymbol{W}\otimes\boldsymbol{I}_3)\bar{\boldsymbol{V}}(t)$$

$$\overline{\boldsymbol{P}}^{\mathrm{T}}(t)(\boldsymbol{\Gamma}\otimes\boldsymbol{I}_3)\overline{\boldsymbol{P}}(t)\geqslant\lambda_{\min}(\boldsymbol{\Gamma})\sum_{i=2}^{n}\left\|\overline{\boldsymbol{P}}_i(t)\right\|^2$$

$$\geqslant\lambda_{\min}(\boldsymbol{\Gamma})\omega_{\min}\sum_{i=2}^{n}\frac{1}{\omega_i}\left\|\overline{\boldsymbol{P}}_i(t)\right\|^2 \tag{5-42}$$

$$=\lambda_{\min}(\boldsymbol{\Gamma})\omega_{\min}\overline{\boldsymbol{P}}^{\mathrm{T}}(t)(\boldsymbol{W}\otimes\boldsymbol{I}_3)\overline{\boldsymbol{P}}(t)$$

基于式(5-38)~式(5-42)，式(5-37)可以变换为

$$H(t)\leqslant\overline{M}\psi(t)\overline{\boldsymbol{P}}^{\mathrm{T}}(t)(\boldsymbol{W}\otimes\boldsymbol{I}_3)\overline{\boldsymbol{P}}(t)+\overline{N}\psi(t)\overline{\boldsymbol{V}}^{\mathrm{T}}(t)(\boldsymbol{W}\otimes\boldsymbol{I}_3)\overline{\boldsymbol{V}}(t) \tag{5-43}$$

式中，$\overline{M}$ 和 $\overline{N}$ 可具体表示为

$$\overline{M}=\frac{\left[(k_1+k_2)(kp+Tb+2)-k_1 p\right]\lambda_{\min}(\boldsymbol{\Gamma})\omega_{\min}}{2p}+\frac{2\alpha(kp+Tb+1)}{2p} \tag{5-44}$$

$$\overline{N}=\frac{2\alpha\left[kp+Tb+2p-k_2 p\lambda_{\min}(\boldsymbol{\Gamma})\omega_{\min}\right]+(kp+Tb+1)}{4\alpha p} \tag{5-45}$$

将式(5-28)和式(5-29)代入式(5-43)可知，$H(t)<0$，即 $\dot{V}(t)\leqslant-\left[k+b\psi(t)\right]V(t)$。根据引理 5-3 可知，$V(t)<\eta(t)^{-k}\exp\left[-b(t-t_0)\right]V(t_0)$，则 $V(t)$ 可在预设时间 T 收敛至零。基于引理 5-3 可知，存在如下不等式关系：

$$\left\|\overline{\boldsymbol{P}}(t)\right\|^2+\left\|\overline{\boldsymbol{V}}(t)\right\|^2=\psi^2(t)\left\|\tilde{\boldsymbol{P}}(t)\right\|^2+\left\|\tilde{\boldsymbol{V}}(t)\right\|^2\geqslant h\left(\left\|\tilde{\boldsymbol{P}}(t)\right\|^2+\left\|\tilde{\boldsymbol{V}}(t)\right\|^2\right) \tag{5-46}$$

式中，$h=\min\left\{\dfrac{p^2}{T^2},1\right\}$。因为 $\psi(t)\geqslant\dfrac{p}{T}$，则可得

$$\left\|\overline{\boldsymbol{P}}(t)\right\|^2+\left\|\overline{\boldsymbol{V}}(t)\right\|^2\leqslant\frac{1}{\lambda_{\min}(\boldsymbol{\Omega})}\eta(t)^{-k}\exp\left[-b(t-t_0)\right]V(t_0) \tag{5-47}$$

基于不等式(5-46)和不等式(5-47)可得

$$\left(\left\|\tilde{\boldsymbol{P}}(t)\right\|^2+\left\|\tilde{\boldsymbol{V}}(t)\right\|^2\right)\leqslant\frac{1}{h\lambda_{\min}(\boldsymbol{\Omega})}\eta(t)^{-k}\exp\left[-b(t-t_0)\right]V(t_0) \tag{5-48}$$

由此可得当 $t\to t_0+T$，存在 $\left\|\tilde{\boldsymbol{P}}(t)\right\|\to 0$ 和 $\left\|\tilde{\boldsymbol{V}}(t)\right\|\to 0$，则在预设时间 T 内，从弹与领弹的相对距离达到期望相对距离，从弹与领弹的速度达成一致，从而保证从弹与领弹构成固定编队形式。下面分析在 T 时刻后，$V(t)$ 能够恒等于 0。

当 $t>t_0+T$ 时，由于 $V(t)$ 是连续时间函数，并存在以下关系：

$$\dot{V}(t)<-bV(t)-k\psi(t)V(t)=-\left(\frac{kp}{T}+b\right)V(t)\leqslant 0 \tag{5-49}$$

则可知：

$$0\leqslant V(t)\leqslant V(t_0+T)=0 \tag{5-50}$$

综上，当 $t\to t_0+T$，有 $V(t)\to 0$，位置误差项 $\tilde{\boldsymbol{P}}(t)$ 和速度误差项 $\tilde{\boldsymbol{V}}(t)$ 趋近

于 0；当 $t > t_0 + T$，有 $V(t) \equiv 0$，误差项 $\tilde{P}(t)$ 和 $\tilde{V}(t)$ 恒等于 **0**。多导弹编队在预设时间 T 内构成固定编队形式，并能保持固定编队形式飞行。证毕。

定理 5-1 给出了控制器参数 k_1、k_2、p 和 T 需要满足的 3 个条件，但是计算相对复杂，不利于工程实际找寻满足稳定性的参数。因此下面对 3 个条件进行一定的简化。

假设 $k_2 = mk_1$，$m > 0$，令 $s = kb + Tp$，则式(5-27)可以转换为

$$k_1 > \frac{1}{(1+m)\lambda_{\min}(\boldsymbol{\Gamma})\omega_{\min}} \triangleq \Pi_1 \tag{5-51}$$

由于 $m > 0$，$\lambda_{\min}(\boldsymbol{\Gamma})\omega_{\min} > 0$，则 k_1 大于某一待计算的正实数。式(5-28)可以变换为

$$k_1 > \frac{2\alpha(s+1)}{\lambda_{\min}(\boldsymbol{\Gamma})\omega_{\min}[p-(s+2)(1+m)]} \triangleq \Pi_2 \tag{5-52}$$

对式(5-52)中的分子与分母的正负进行分析。由于 $\alpha > 0$，$s > 0$，则分子 $2\alpha(s+1) > 0$；分母上 $\lambda_{\min}(\boldsymbol{\Gamma})\omega_{\min} > 0$，若 $p-(s+2)(1+m) > 0$，则分母为大于 0 的正实数，k_1 大于某一待计算的正实数；若 $p-(s+2)(1+m) = 0$，则分母出现奇异；若 $p-(s+2)(1+m) < 0$，则分母为小于 0 的负实数，k_1 大于某一待计算的负实数。式(5-29)可以变换为

$$k_1 > \frac{2s + 2p + 1}{mp\lambda_{\min}(\boldsymbol{\Gamma})\omega_{\min}} \triangleq \Pi_3 \tag{5-53}$$

如果 $m > 0$，$s > 0$，$p > 0$，$\lambda_{\min}(\boldsymbol{\Gamma})\omega_{\min} > 0$，则 k_1 大于某一待计算的正实数。综上分析，式(5-27)~式(5-29)可以转化为

$$\begin{cases} p-(s+2)(1+m) \neq 0 \\ k_1 > \max\{\Pi_1, \Pi_2, \Pi_3\} \end{cases} \tag{5-54}$$

注解 5-1：$p-(s+2)(1+m) \neq 0$ 用于避免 Π_2 出现奇异。

由于 m、p、T、k、b 和 α 都是自选参数，则 $p-(s+2)(1+m) \neq 0$ 是可以保证的。基于以上这些自选参数和式(5-54)，可以计算获得 k_1 和 k_2 的取值范围，再根据实际需求合理选择即可。相比式(5-27)~式(5-29)，式(5-54)更加简便，便于工程实际操作人员设计与选择参数。

5.4 仿真分析

本节将通过数值仿真实验分析验证 5.3.2 小节提出的多导弹预设时间收敛编队协同中制导律的有效性。在场景设置中，假设领弹搭配能力较强的导引头，最大探测距离为 80km，在整个多导弹编队协同中制导段都可以探测目标；从弹搭

配能力较差的导引头，最大探测距离为 17km；领弹与从弹形成"高低"搭配，构成异构多导弹编队。数值仿真实验分为两组，具体实验设置如下。

(1) 实验一：多导弹编队由 1 枚领弹和 2 枚从弹构成，领弹采用轨迹成型制导律(5-12)，从弹采用本章提出的式(5-13)表示的多导弹预设时间编队协同中制导律，预设时间设为 $T = 50\mathrm{s}$，目标做匀速直线运动。

(2) 实验二：多导弹编队构成同实验一，领弹和从弹所采用的协同中制导律也和实验一相同，但预设时间设为 $T = 40\mathrm{s}$。假设目标在水平面内做蛇形机动，其法向加速度为 $a_{\mathrm{T}z}^{d}(t) = 20\sin(0.2t)$ 和 $a_{\mathrm{T}y}^{d}(t) = 0$。

协同中制导段目标(期望的协同中制导精度)设置如下：各导弹的视线角约束(5-3)中的视线倾角 σ_1 和视线偏角 σ_2 分别设为 $\sigma_1 = 30°$ 和 $\sigma_2 = 30°$；协同中制导的一致性目标(5-4)中的弹目相对距离之间的误差 σ_3 设为 $\sigma_3 = 1000\mathrm{m}$，剩余飞行时间之间的误差 σ_4 设为 $\sigma_4 = 1\mathrm{s}$。

数值仿真实验中的相关设置如下：中末制导交班区与目标的距离设为 15km，即协同中制导在距离目标 15km 处停止；目标的初始位置坐标设为 $(x_{\mathrm{T}}, y_{\mathrm{T}}, z_{\mathrm{T}}) = (85000, 8000, 0)\mathrm{m}$，速度大小设置为 $V_{\mathrm{T}} = 280\mathrm{m/s}$，弹道倾角为 $\theta_{\mathrm{T}v} = 0°$，弹道偏角为 $\varphi_{\mathrm{T}v} = 10°$，切向加速度为 $a_{\mathrm{T}x}^{d}(t) = 0$；在协同中制导段，所有导弹的指令加速度范围分别为 $|a_{xi}(t)| \leqslant 80\mathrm{m/s^2}$，$|a_{yi}(t)| \leqslant 80\mathrm{m/s^2}$ 和 $|a_{zi}(t)| \leqslant 80\mathrm{m/s^2}$；领弹在中制导结束时期望的视线倾角为 $\theta_{1L}^{*} = -2°$，期望的视线偏角为 $\varphi_{1L}^{*} = 0°$，速度 V_l 由 1000m/s 逐步上升到最大速度值 1350m/s；从弹 1 期望的视线倾角为 $\theta_{2L}^{*} = -4°$，期望的视线偏角为 $\varphi_{2L}^{*} = 4°$；从弹 2 期望的视线倾角为 $\theta_{3L}^{*} = -4°$，期望的视线偏角为 $\varphi_{3L}^{*} = -4°$。实验一和二中的领–从弹通信网络拓扑结构如图 5-4 所示。3 枚导弹的初始条件设置如表 5-1 所示，其中 (x_i, y_i, z_i) 表示第 i 枚导弹的初始位置坐标，V_{xi}、V_{yi} 和 V_{zi} 表示第 i 枚导弹在地面惯性坐标系下的初始速度，$(\Delta_{xi}, \Delta_{yi}, \Delta_{zi})$ 表示第 i 枚从弹与领弹的期望相对距离。

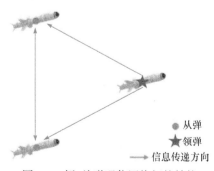

● 从弹
★ 领弹
→ 信息传递方向

图 5-4　领–从弹通信网络拓扑结构

表 5-1　　各导弹初始条件

导弹编号	(x_i,y_i,z_i)/m	V_{xi}/(m/s)	V_{yi}/(m/s)	V_{zi}/(m/s)	$(\Delta_{xi},\Delta_{yi},\Delta_{zi})$/m
领弹	(5000,9000,0)	998	−9.69	0	—
从弹 1	(3000,10000,1500)	1000	30	−20	(0,500,1000)
从弹 2	(1500,9500,−1500)	1000	20	30	(0,500,−1000)

表 5-1 中从弹与领弹的期望相对距离是基于 5.3.2.1 小节提出的期望相对距离设定方案计算获得的，但是为了下文仿真结果易于识别，对基于式(5-11)计算获得的 Δ_{yi} 和 Δ_{zi} 进行了取整处理。

5.4.1　实验一仿真结果

在实验一中，预设时间 $T=50\text{s}$，目标做匀速直线运动，具体仿真结果如图 5-5 所示。从图 5-5(a)可以看出，在多导弹预设时间编队协同中制导律的作用下，领弹与从弹构成期望的编队形式飞向目标。由图 5-5(b)可以看到，3 枚导弹的弹目相对距离逐渐收敛一致，误差逐步缩小；在中制导结束时刻，3 枚导弹的弹目相对距离分别为 $R_1=14.99\text{km}$、$R_2=15.03\text{km}$ 和 $R_3=15.03\text{km}$，都小于导引头探测距离，满足弹目相对距离约束(5-1)。从图 5-5(c)可以看到，3 枚导弹的剩余飞行时间逐渐收敛一致，误差逐步缩小。综合图 5-5(b)和(c)可以看出，3 枚导弹的弹目相对距离与剩余飞行时间都逐渐收敛一致，实现了多导弹固定编队形式协同中制导的一致性目标(5-4)。图 5-5(d)~(f)分别显示两枚从弹与领弹在 X、Y 和 Z 方向的相对距离，在预设时间 $T=50\text{s}$ 都收敛到期望相对距离，从而说明从弹与领弹之间形成固定编队。图 5-5(g)~(i)分别为从弹与领弹在 X、Y 和 Z 方向的速度，可以看到从弹速度在预设时间 $T=50\text{s}$ 收敛至领弹速度，并在 $T>50\text{s}$ 时，与领弹速度保持一致；3 枚导弹都能达到最大速度值，满足速度约束(5-2)。图 5-5(j)~(l)分别为从弹与领弹在 X、Y 和 Z 方向的加速度，可以看到从弹加速度在预设时间 $T=50\text{s}$ 收敛至领弹加速度，并在 $T>50\text{s}$ 时，与领弹加速度保持一致；在整个飞行过程中，加速度指令整体较小，利于工程实现。由图 5-5(b)~(l)可以看出，多导弹预设时间编队协同中制导律可以保证从弹与领弹的相对距离在预设时间内达到期望相对距离，即构成固定编队形式，并能保持队形到达中末制导交班区，实现了多导弹固定编队形式协同中制导的一致性目标(5-5)。相对距离、剩余飞行时间、速度和加速度都在预设时间内收敛，表明时间变化函数对控制量的调整是有效的。在收敛完成后，相对距离、剩余飞行时间、速度和加速度都能保持收敛一致的状态，表明式(5-13)中的误差项在收敛完成后恒为 0，这与定理 5-1 所得结论一致。3 枚导弹协同中制导的统计结果如表 5-2 所示。

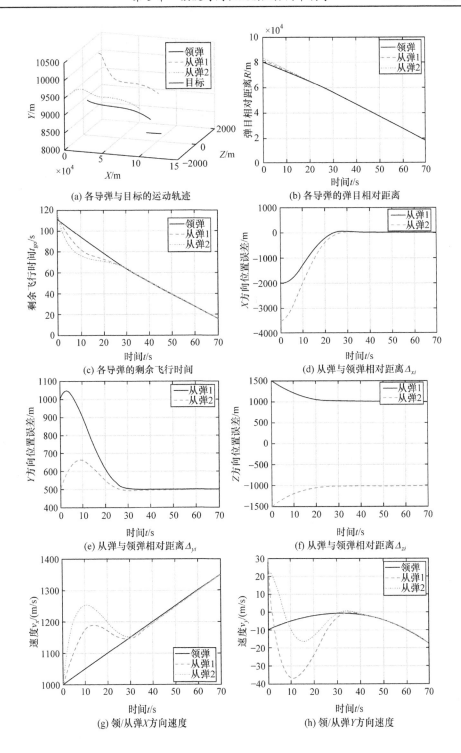

(a) 各导弹与目标的运动轨迹

(b) 各导弹的弹目相对距离

(c) 各导弹的剩余飞行时间

(d) 从弹与领弹相对距离 Δ_{xi}

(e) 从弹与领弹相对距离 Δ_{yi}

(f) 从弹与领弹相对距离 Δ_{zi}

(g) 领/从弹 X 方向速度

(h) 领/从弹 Y 方向速度

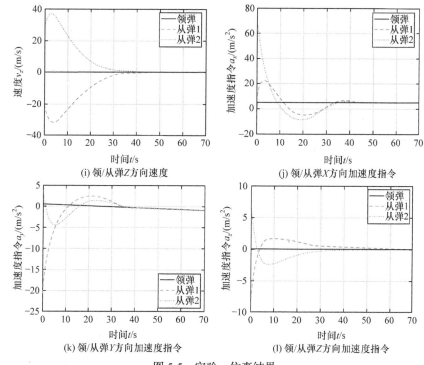

图 5-5　实验一仿真结果

表 5-2　实验一统计结果

导弹编号	中末制导交班约束状态			最大弹目相对距离误差/m		最大剩余飞行时间误差/s	
	视线倾角/(°)	视线偏角/(°)	速度/(m/s)	初始时刻	结束时刻	初始时刻	结束时刻
领弹	−1.467	0.001	1350	3510	37	4.86	0.044
从弹 1	−3.366	3.816	1350	1996	37	2.82	0.030
从弹 2	−3.366	−3.816	1350	3510	37	4.86	0.044

由表 5-2 可知，最大剩余飞行时间误差和最大弹目相对距离误差都小于设定值，表明多导弹编队实现了由式(5-4)定义的一致性目标。从弹 1 和从弹 2 与领弹的视线倾角误差都为1.899°，达到期望的视线倾角误差；视线偏角误差分别为3.816° 和−3.816°，也达到期望的视线偏角误差，体现出 5.3.3 小节提出的期望相对距离设定方案的有效性。

5.4.2　实验二仿真结果

在实验二中，预设时间 $T = 40\text{s}$，目标做蛇形机动，具体仿真结果如图 5-6 所示。根据图 5-6(a)可知，多导弹预设时间编队协同中制导律确保领弹与从弹构成期望的等腰三角形编队,并以此队形飞向目标。从图 5-6(b)和(c)可以看到,3 枚导弹的弹目相对距离和剩余飞行时间逐渐收敛一致,误差逐步缩小。从图 5-6(d)～(f)可以看到从弹与领弹在 X 、Y 和 Z 方向的相对距离在预设时间 $T=40\mathrm{s}$ 收敛到期望相对距离。由图 5-6(g)～(l)可知,在三个方向上从弹的速度和加速度在预设时间 $T=40\mathrm{s}$ 时都收敛至领弹的速度和加速度,且在 $T>40\mathrm{s}$ 时与领弹保持一致;在整个飞行过程中,加速度指令幅度较小,适合工程应用。由图 5-5 和图 5-6 可知,目标在不同的运动状态及不同预设时间下,从弹状态都可在预设时间内收敛至领弹状态,且与领弹状态保持同步。由此可知,导弹状态收敛时间只跟预设时间 T 相关,不受导弹初始状态的影响;在收敛完成后,相对距离、剩余飞行时间、速度和加

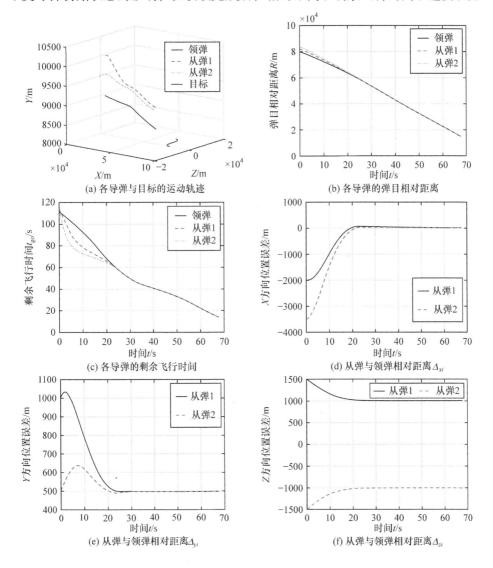

(a) 各导弹与目标的运动轨迹

(b) 各导弹的弹目相对距离

(c) 各导弹的剩余飞行时间

(d) 从弹与领弹相对距离 Δ_{xi}

(e) 从弹与领弹相对距离 Δ_{yi}

(f) 从弹与领弹相对距离 Δ_{zi}

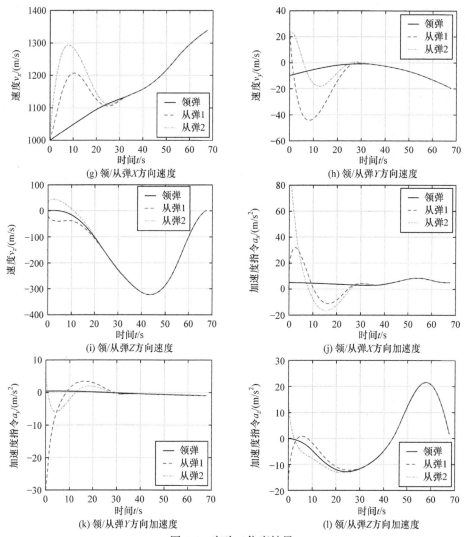

图 5-6　实验二仿真结果

速度都能保持趋于一致的状态，表明式(5-13)中的误差项在收敛完成后恒为 0，这与定理 5-1 所得结论一致。3 枚导弹协同中制导的统计结果如表 5-3 所示。

表 5-3　实验二统计结果

导弹编号	中末制导交班约束状态			最大弹目相对距离误差/m		最大剩余飞行时间误差/s	
	视线倾角/(°)	视线偏角/(°)	速度/(m/s)	初始时刻	结束时刻	初始时刻	结束时刻
领弹	−1.465	−1.007	1350	3510	57	4.86	0.058
从弹 1	−3.368	2.813	1350	1996	57	2.82	0.040
从弹 2	−3.361	−4.818	1350	3510	57	4.86	0.058

由表 5-3 可知, 弹目相对距离之间误差的最大值和剩余飞行时间之间误差的最大值都属于设定的误差范围, 表明多导弹预设时间编队协同中制导律可以确保多导弹编队达到一致性目标(5-4); 各导弹的视线倾角和视线偏角满足视线角约束(5-3)。

5.5 小 结

本章针对固定编队形式的多导弹协同中制导问题, 给出了基于预设时间稳定性理论和多智能体一致性理论的多导弹预设时间编队协同中制导律, 使多导弹在预设时间内形成所期望的编队形式, 并保持队形直到中末制导交班区为止, 为协同末制导段提供良好的初始条件和初始位置。理论分析和仿真结果表明, 多导弹预设时间编队协同中制导律在目标匀速运动或者蛇形机动情况下, 都可以确保多导弹在预设时间内形成所期望的编队形式, 且编队形成时间可预先设定, 不受初始状态的影响, 有利于工程应用。

参 考 文 献

[1] SU W, LI K, CHEN L. Coverage-based cooperative guidance strategy against high maneuvering target[J]. Aerospace Science and Technology, 2017, 71: 147-155.

[2] SU W, LI K , CHEN L. Coverage-based three-dimensional cooperative guidance strategy against highly maneuvering target[J]. Aerospace Science and Technology, 2019, 85: 556-566.

[3] ZHAO Q, DONG X, SONG X, et al. Cooperative time-varying formation guidance for leader-following missiles to intercept a maneuvering target with switching topologies[J]. Nonlinear Dynamics, 2019, 95: 129-141.

[4] HE X Y, WANG Q Y, HAO Y Q. Finite-time adaptive formation control for multi-agent systems with uncertainties under collision avoidance and connectivity maintenance[J]. Science China Technological Sciences, 2020, 63(11): 2305-2314.

[5] WANG Q, CHEN Z W, LIU P, et al. Distributed multi-robot formation control in switching networks[J]. Neurocomputing, 2017, 270: 4-10.

[6] GE M F, GUAN Z H, YANG C, et al. Time-varying formation tracking of multiple manipulators via distributed finite-time control[J]. Neurocomputing, 2016, 202: 20-26.

[7] WEN G, DUAN Z, SU H, et al. A connectivity-preserving flocking algorithm for multi-agent dynamical systems with bounded potential function[J]. IET Control Theory & Applications, 2012, 6(6): 813-821.

[8] HU Q, DONG H, ZHANG Y, et al. Tracking control of spacecraft formation flying with collision avoidance[J]. Aerospace Science and Technology, 2015, 42: 353-364.

[9] WEN G X, PHILIP C L, DOU H, et al. Formation control with obstacle avoidance of second-order multi-agent systems under directed communication topology[J]. Science China (Information Sciences), 2019, 62(9): 144-157.

[10] LEE D, KIM S, SUK J. Formation flight of unmanned aerial vehicles using track guidance[J]. Aerospace Science and Technology, 2018, 76: 412-420.

[11] MAHMOOD A, KIM Y. Leader-following formation control of quadcopters with heading synchronization[J]. Aerospace Science & Technology, 2015, 47: 68-74.

[12] SUZUKI M, SAKURAMA K, NAKANO K. Leader-following formation navigation with maintenance of formation-distance for safe movement of robot group[J]. Transactions of the Society of Instrument & Control Engineers, 2013, 49(2): 302-309.

[13] JIA Z Y, WANG L L, YU J Q, et al. Distributed adaptive neural networks leader-following formation control for quadrotors with directed switching topologies[J]. ISA Transactions, 2019, 93: 93-107.

[14] ZHAO Y, DUAN Z, WEN G, et al. Distributed finite-time tracking control for multi-agent systems: An observer-based approach[J]. Systems & Control Letters, 2013, 62(1): 22-28.

[15] TAO H, GUAN Z H, LIAO R Q, et al. Distributed finite-time formation tracking control of multi-agent systems via FTSMC approach[J]. IET Control Theory & Applications, 2017, 11(15): 2585-2590.

[16] WANG N, LI H. Leader-follower formation control of surface vehicles: A fixed-time control approach[J]. ISA Transactions, 2022, 124: 356-364.

[17] TIAN B L, LU H C, ZUO Z Y, et al. Fixed-time leader-follower output feedback consensus for second-order multiagent systems[J]. IEEE Transactions on Cybernetics, 2019, 49(4): 1545-1550.

[18] 赵恩娇. 多飞行器编队控制及协同制导方法[D]. 哈尔滨: 哈尔滨工业大学, 2018.

[19] YUJIE S I, SONG S. Three-dimensional adaptive finite-time guidance law for intercepting maneuvering targets[J]. Chinese Journal of Aeronautics, 2017, 30(6): 1985-2003.

[20] ZHAO E, CHAO T, WANG S, et al. Multiple flight vehicles cooperative guidance law based on extended state observer and finite time consensus theory[J]. Proceedings of the Institution of Mechanical Engineers, Part G: Journal of Aerospace Engineering, 2018, 232(2): 270-279.

[21] SONG J, SONG S, XU S. Three-dimensional cooperative guidance law for multiple missiles with finite-time convergence[J]. Aerospace Science and Technology, 2017, 67: 193-205.

[22] YANG B , JING W , GAO C. Three-dimensional cooperative guidance law for multiple missiles with impact angle constraint[J]. Journal of Systems Engineering and Electronics, 2020, 31(6): 1286-1296

[23] 钟泽南, 赵恩娇, 赵新华, 等. 基于固定时间收敛的攻击时间控制协同制导[J]. 战术导弹技术, 2020(6): 30-36.

[24] WANG Y J, SONG Y D, HILL D J, et al. Prescribed-time consensus and containment control of networked multiagent systems[J]. IEEE Transactions on Cybernetics, 2018, 49(4): 1138-1147.

[25] WANG Y, SONG Y. Leader-following control of high-order multi-agent systems under directed graphs: Pre-specified finite time approach[J]. Automatica, 2018, 87: 113-120.

[26] REN Y H, ZHOU W N, LI Z W, et al. Prescribed-time cluster lag consensus control for second-order non-linear leader-following multiagent systems[J]. ISA Transactions, 2020, 109: 49-60.

[27] 吴自豪. 多导弹编队分布式协同中制导研究[D]. 西安: 西北工业大学, 2022.

[28] WU Z, FANG Y, FU W, et al. Three-dimensional cooperative mid-course guidance law against the maneuvering target[J]. IEEE Access, 2020, 8: 18841-18851.

[29] 方洋旺, 吴自豪, 王志凯, 等. 一种针对空中机动目标的三维协同中制导方法: CN202011314913.2[P]. 2021-02-19.

[30] ZARCHAN P. Tactical and Strategic Missile Guidance [M]. Sixth Edition. Washington: American Institute of Aeronautics & Astronautics Inc, 2012.

第6章 有限时间收敛协同末制导

6.1 引　　言

多导弹协同末制导的目的就是要求多导弹在时间上同时到达目标，在空间上从不同方向攻击目标。根据攻击时间的确定方式不同，可以将其分为两大类问题：一类是无需进行网络信息交互的带有指定攻击时间约束的末制导问题；另一类是需要多导弹之间进行信息交互的网络化制导。因此，网络化制导的核心问题就是设计带有协同变量的协同末制导律，确保多弹状态达到协同一致。网络化协同末制导律按目标特性又可分为针对固定或慢速机动目标和高速机动目标的协同末制导律。协同制导的概念最早是针对水面舰艇的多弹齐射饱和打击提出的，即针对固定目标或慢速机动目标来设计协同末制导律。但随着对空中机动目标协同打击的需求越来越迫切，学者们开始研究空中机动目标的协同末制导律问题，目前已获得一些研究成果。与针对弱机动目标的协同末制导律相比，高机动目标的制导模型具有更强的非线性和未知扰动，无法直接将针对弱机动目标的制导律直接应用到高机动目标上。为此，近年来针对高机动目标的协同末制导律研究得到了广泛的关注。考虑网络化制导的优点，文献[1]～[4]基于分布式通信网络，设计了带有攻击时间一致性约束的协同末制导律。此外，为了进一步发挥协同制导的作战效能，文献[5]～[9]同时考虑带有攻击时间和角度约束的渐近收敛协同末制导律。由于末制导是一个有限作用时间的过程，为了提升导弹的收敛速度，设计收敛时间约束的多导弹时空协同末制导律具有重要的理论意义和工程应用价值。文献[10]～[14]基于预设时间控制理论，在同时考虑带有攻击时间和角度约束的情况下，设计了预设时间协同末制导律。本章重点介绍有限时间协同末制导律的设计方法。

6.2 问题描述及预备知识

6.2.1 二维协同末制导问题

协同末制导律的设计目的是引导多枚导弹从不同的预先指定的视线方向同时命中目标。进一步，由于末制导攻击过程作用时间有限，末制导律需要保证导弹命中目标之前，其攻击时间和视线角都收敛。为此，本节除了介绍二维平面内视线坐标系下带有攻击时间和攻击角度约束的协同制导模型外，还介绍有限时间收敛的相关概念。

在多枚空空导弹协同拦截单个空中高机动目标的末制导阶段，由于弹目相对距离较近，通常假设导弹与目标在同一高度飞行，因此，该作战场景下导弹与目标的三维制导问题，可近似为二维平面制导。图 6-1 给出了二维平面内多导弹-目标运动关系。其中，AX_IY_I 为惯性坐标系；M_i 和 T 分别为导弹 $i(i=1,2,\cdots,n)$ 和目标，n 为导弹的个数；r_i 为导弹 i 与目标之间的距离；q_{mi} 为导弹 i 的视线角；V_{mi} 和 V_t 分别为导弹 i 和目标的速度；θ_{mi} 和 θ_t 分别为导弹 i 和目标的弹道倾角；a_{mi} 和 a_t 分别为导弹 i 和目标在弹道坐标系下的法向过载；u_{ri} 和 u_{qi} 为导弹 i 的加速度分别在视线方向和视线法向上的加速度分量。

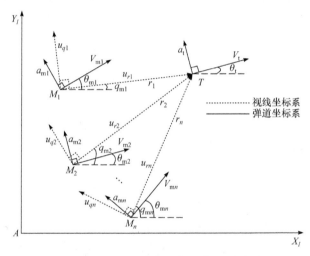

图 6-1 二维平面内多导弹-目标运动关系

为了方便对协同制导模型进行建模和制导律设计，需要做出以下假设。

假设 6-1：导弹的导引头回路和控制回路的响应频率远大于制导回路的响应频率，研究制导问题时可将导弹视为一个质点。

假设 6-2：目标机动时速度大小不变，目标机动法向过载 a_t 的大小是有界的，并且满足 Lipschitz 条件，有 $|\dot{a}_t| \leqslant D$。

假设 6-3：末制导阶段导弹的推力正向可控。

根据图6-1，可建立二维平面内多导弹协同打击单个机动目标的动力学方程为

$$\begin{cases} \dot{r}_i = V_t \cos(q_i - \theta_t) - V_{mi}\cos(q_i - \theta_{mi}) \\ rq_i = -V_t \sin(q_i - \theta_t) + V_{mi}\sin(q_i - \theta_{mi}) \end{cases} \tag{6-1}$$

对式(6-1)两边求导并化简得

$$\begin{cases} \ddot{r}_i = r_i \dot{q}_i^2 - u_{ri} + w_{ri} \\ \ddot{q}_i = -\dfrac{2\dot{r}_i \dot{q}_i}{r_i} - \dfrac{u_{qi}}{r_i} + \dfrac{w_{qi}}{r_i} \end{cases} \tag{6-2}$$

式中，$w_{ri} = a_t \sin(q_i - \theta_t)$ 和 $w_{qi} = a_t \cos(q_i - \theta_t)$ 分别是目标加速度在视线方向和视线法向上的分量。

针对式(6-2)所给出的导弹 i 在视线系下的制导模型，为了实现多导弹同时攻击目标，本章引入剩余飞行时间的概念，定义导弹 i 在 t 时刻的剩余飞行时间的估计值为 $T_{goi} = -r_i / \dot{r}_i$。

由式(6-1)和式(6-2)，并对 T_{goi} 求导可得

$$\dot{T}_{goi} = \frac{r_i^2 \dot{q}_i^2}{\dot{r}_i^2} - 1 - \frac{r_i}{\dot{r}_i^2} u_r + \frac{r_i}{\dot{r}_i^2} w_{ri} \tag{6-3}$$

为了确保多枚导弹分别按照预先设定的角度 q_i^d $(i = 1, 2, \cdots, n)$ 同时攻击目标，本章选择状态变量如下：$x_{1i} = r_i$，$x_{2i} = r_i$，$x_{3i} = q_i - q_i^d$，$x_{4i} = \dot{q}_i$，$T_{goi} = -x_{1i} / x_{2i}$。根据所选择的状态变量，在视线坐标系下所建立的多导弹协同制导模型可以用如下微分方程描述：

$$\begin{cases} T_{goi} = \dfrac{x_{1i}^2}{x_{2i}^2} x_{4i}^2 - 1 - \dfrac{x_{1i}}{x_{2i}^2} u_{ri} + d_{ri} \\ x_{3i} = x_{4i} \\ x_{4i} = -\dfrac{2x_{2i}}{x_{1i}} x_{4j} - \dfrac{u_{qi}}{x_{1i}} + d_{qi} \end{cases} \tag{6-4}$$

式中，$d_{ri} = x_{1i} w_{ri} / x_{2i}^2$ 和 $d_{qi} = w_{qi} / x_{1i}$ 分别为由目标加速度在视线方向和视线法向上带来的未知扰动。

在式(6-4)中，第一个方程表示视线方向上的制导模型，第二个和第三个方程表示视线法向上的制导模型。由于视线方向上的制导模型包含了视线法向模型的状态变量，可知式(6-4)所表示的两个方向的制导模型存在耦合。为了能够在视线方向和视线法向独立地设计协同制导律，本章引入虚拟控制变量 $\hat{u}_{ri}$ 对视线方向上的制导模型进行解耦。

令 $\hat{u}_{ri} = \dfrac{x_{1i}^2}{x_{2i}^2} x_{4i}^2 - 1 - \dfrac{x_{1i}}{x_{2i}^2} u_{ri}$，则可以得到如下制导模型：

$$\begin{cases} \dot{T}_{goi} = \hat{u}_{ri} + d_{ri} \\ \dot{x}_{3i} = x_{4i} \\ \dot{x}_{4i} = -2x_{2i}x_{4i} / x_{1i} - u_{qi} / x_{1i} + d_{qi} \end{cases} \tag{6-5}$$

注解 6-1：在本章中协同制导模型是在视线坐标系下进行描述的，所需要设计的控制输入 u_{ri} 和 u_{qi} 分别在视线方向和视线法向上。对于协同制导系统而言，被控对象是导弹，最终的控制量需要作用到弹道坐标系上，用于改变导弹的速度大小及速度方向。本节所设计的控制输入是在视线坐标系下的，因此需要将其转换到弹道坐标系下。此外，对于目标而言，需要将弹道坐标系下的法向过载转换到视线坐标系下，以便用于进行制导律设计。导弹和目标在视线坐标系和弹道坐标系下的转换关系如下：

$$
\begin{cases}
\begin{bmatrix} u_{ri} \\ u_{qi} \end{bmatrix} = \begin{bmatrix} C_q C_m + S_q S_m & -C_q S_m + S_q C_m \\ -S_q C_m + C_q S_m & C_q C_m + S_q S_m \end{bmatrix} \begin{bmatrix} a_{xmi} \\ a_{ymi} \end{bmatrix} \\
\begin{bmatrix} w_{ri} \\ w_{qi} \end{bmatrix} = \begin{bmatrix} C_q C_t + S_q S_t & -C_q S_t + S_q C_t \\ -S_q C_t + C_q S_t & C_q C_t + S_q S_t \end{bmatrix} \begin{bmatrix} a_{xt} \\ a_{yt} \end{bmatrix}
\end{cases}
\tag{6-6}
$$

式中，$C_q = \cos q_i$；$S_q = \sin q_i$；$C_m = \cos\theta_{mi}$，$\dot{\theta}_{mi} = a_{ymi}/V_{mi}$，$\dot{V}_{mi} = a_{xmi}$；$S_m = \sin\theta_{mi}$；$C_t = \cos\theta_t$，$\dot{\theta}_t = a_{yt}/V_t$，$\dot{V}_t = a_{xt}$；$S_t = \sin\theta_t$；$a_{xmi}$ 是导弹在弹道方向上的加速度分量，用于改变导弹的速度大小；a_{ymi} 是弹道法向上的加速度分量，用于改变导弹的速度方向；a_{xt}、a_{yt} 分别是目标在弹道方向和法向的加速度。在本章中，由假设 6-2 可知 $a_{xt} = 0$。

注解 6-2：当协同制导系统(6-4)到达稳态后(剩余飞行时间一致，视线角速率收敛到零)有 $T_{goi} = T_{goj}$，$\dot{q}_i = 0$，可以得到 $u_{ri} = \omega_{ri}$，$u_{qi} = \omega_{qi}$，即导弹在视线方向和视线法向上的加速度指令用于补偿目标加速度的分量。导弹实际的制导指令需要施加在弹道系上，根据式(6-6)中的转换关系可知，u_{ri}、u_{qi} 转换到弹道系下时，在弹道方向上的分量 a_{xmi} 并不恒为零。因此，需要假设导弹的弹道方向(轴向)加速度可控。目前，针对机动目标的协同末制导律都是在此假设下进行研究的，并且弹道方向加速度主要由推力和阻力决定；在工程应用中，通过增加发动机推力控制可以提供弹道方向的正向加速度；导弹自身受到的空气阻力作用可以提供一定的负向加速度，也可以通过增加空气阻力舵等方式产生复合的负向弹道加速度。

6.2.2 相关引理

由于多导弹协同末制导是一个有限作用时间过程，系统状态变量需要在导弹命中目标之前收敛至期望值。为此，本章设计了一种有限时间协同制导律，可以保证导弹的剩余飞行时间和攻击角度在导弹命中目标之前收敛到期望值。下面给出有限时间收敛的相关引理。

引理 6-1[15]：对于一个连续 n 维系统 $\dot{x} = f(x,t)$，$f(0,t) = 0$，$x \in R^n$，如果存

在一个正定的连续李雅普诺夫函数 $V(\boldsymbol{x},t)$ 和一组正的参数 $c>0$ ，$0<\lambda<1$ 满足 $\dot{V}(\boldsymbol{x},t) \leqslant -cV^{\lambda}(\boldsymbol{x},t)$ ，对于已知系统初始状态 $\boldsymbol{x}(t_0)$ ，函数 $V(\boldsymbol{x},t)$ 在有限时间内 $T \leqslant V^{1-\lambda}(\boldsymbol{x},t_0)/(c-c\lambda)$ 收敛到 0。

引理 6-2[16]：对于一个连续 n 维系统 $\dot{\boldsymbol{x}} = f(\boldsymbol{x},t)$, $f(\boldsymbol{0},t) = \boldsymbol{0}$, $\boldsymbol{x} \in R^n$，$\boldsymbol{x} = \boldsymbol{0}$ 是其平衡点，如果存在一个正定李雅普诺夫函数 $V(\boldsymbol{x},t)$ ，则其一阶导数满足 $\dot{V}(\boldsymbol{x},t) \leqslant -\alpha V(\boldsymbol{x},t) - \beta V^{\gamma}(\boldsymbol{x},t)$ 。其中，α、β 为正实数，$0<\gamma<1$，则对于任意给定的初始条件 $\boldsymbol{x}(t_0)$ ，都可以得到系统状态 $\boldsymbol{x}$ 在有限时间 $T \leqslant \dfrac{1}{\alpha(1-\gamma)} \ln \dfrac{\alpha V^{1-\gamma}(\boldsymbol{x},t_0) + \beta}{\beta}$ 内收敛到 0。

引理 6-3[17]：对于一个一阶线性多智能体系统 $\dot{\boldsymbol{x}}_i = \boldsymbol{u}_i, i=1,2,\cdots,N$，$\boldsymbol{x}_i \in R^n$ 和 $\boldsymbol{u}_i \in R^n$ 分别是第 i 个智能体的状态向量和控制向量。假设智能体之间的通信拓扑图为无向连通的，设计如式(6-7)所示的一致性协议，则可以使基于此一致性协议下的一阶多智能体闭环系统的状态在有限时间内收敛到一致。

$$\boldsymbol{u}_i = \text{sign} \left[\sum_{j=1}^{n} a_j \left(\boldsymbol{x}_j - \boldsymbol{x}_i \right) \right] \left\| \sum_{j=1}^{n} a_j \left(\boldsymbol{x}_j - \boldsymbol{x}_i \right) \right\|^{a_i} \tag{6-7}$$

式中，$0<\alpha_i<1$ 。

引理 6-4：对于一个一阶线性多智能体系统 $\dot{\boldsymbol{x}}_i = \boldsymbol{u}_i, i=1,2,\cdots,N$ ，假设智能体之间的通信拓扑图为无向连通的，设计如式(6-8)所示的一致性协议，则可以使基于此一致性协议下的一阶多智能体闭环系统的状态在有限时间内收敛到一致。

$$\boldsymbol{u}_i = -\mathbf{1}_n - \text{sign} \left[\sum_{j=1}^{n} a_{ij} \left(\boldsymbol{x}_j - \boldsymbol{x}_i \right) \right] \left\| \sum_{j=1}^{n} a_{ij} \left(\boldsymbol{x}_j - \boldsymbol{x}_i \right) \right\|^{a_i} \tag{6-8}$$

证明：定义一个新的变量 $\hat{\boldsymbol{x}}_i = \boldsymbol{x}_i + \mathbf{1}_n t$ ，其中，$\mathbf{1}_n = \begin{bmatrix} 1 & \cdots & 1 \end{bmatrix}^{\mathrm{T}}$ 。令 $\dot{\hat{\boldsymbol{x}}}_i = \hat{\boldsymbol{u}}_i$ ，根据引理 6-3，设计如式(6-9)所示的一致性协议可以保证多智能体状态 $\hat{\boldsymbol{x}}_i$ 在有限时间内趋于一致，即 $\hat{\boldsymbol{x}}_i(i=1,2,\cdots,N)$ 趋于一致。

$$\hat{\boldsymbol{u}}_i = \text{sign} \left[\sum_{j=1}^{n} a_{ij} \left(\hat{\boldsymbol{x}}_j - \hat{\boldsymbol{x}}_i \right) \right] \left\| \sum_{j=1}^{n} a_{ij} \left(\hat{\boldsymbol{x}}_j - \hat{\boldsymbol{x}}_i \right) \right\|^{\alpha_i} \tag{6-9}$$

将 $\hat{\boldsymbol{x}}_i = \boldsymbol{x}_i + \mathbf{1}_n t$ 代入式(6-9)可得

$$\boldsymbol{u}_i = -\mathbf{1}_n - \text{sign} \left[\sum_{j=1}^{n} a_{ij} \left(\boldsymbol{x}_j - \boldsymbol{x}_i \right) \right] \left\| \sum_{j=1}^{n} a_{ij} \left(\boldsymbol{x}_j - \boldsymbol{x}_i \right) \right\|^{a_i} \tag{6-10}$$

因此，可以得到当 $\dot{\boldsymbol{x}}_i$ 满足式(6-8)时，多智能体的系统状态 $\boldsymbol{x}_i(i=1,2,\cdots,N)$ 在

有限时间内趋于一致。证毕。

6.3　有限时间收敛的时空协同末制导律设计

由于末制导是一个有限时间过程，需要在导弹命中目标之前实现系统状态的收敛。本节基于有限时间多智能体一致性理论、滑模控制方法、扩张状态观测器及自适应控制方法等设计有限时间收敛的时间和空间协同末制导律。

本节的设计目标是在有限时间内，保证多导弹剩余攻击时间达到一致且多导弹按照各自预先设定的攻击角度命中目标。为了实现多导弹剩余时间的一致性，本节引入导弹 i 的期望剩余飞行时间 T_{goi}^*，并将其时间导数记为 $\dot{T}_{goi}^* = u_i^{nom}$，设计目标可用如下数学语言描述：

$$\begin{cases} \lim\limits_{i \to T_{c1i}} T_{goi} = T_{goi}^*, \quad \lim\limits_{i \to T_{c2i}} T_{goi}^* = T_{goj}^* \quad (j \neq i; i,j=1,2,\cdots,n) \\ \lim\limits_{i \to T_{c3i}} q_i = q_i^d, \quad \lim\limits_{i \to T_{c3i}} \dot{q}_i = 0 \end{cases} \tag{6-11}$$

式中，T_{c1i} 是预先给定的时间，确保系统状态 T_{goi} 在此时间内收敛到其期望的状态 T_{goi}^*；T_{c2i} 是另一个预先给定的时间，确保多枚导弹的期望剩余飞行时间在此时间内收敛到同一值；T_{c3i} 是又一个预先给定的时间，确保系统状态 x_{3i}、x_{4i} 在此时间内收敛。考虑到实际工程问题，通常要求预先设定的时间 T_{c1i}、T_{c2i}、T_{c3i} 小于导弹的攻击时间 T_{fi}。

在式(6-11)的第一个式中，$T_{goi} = T_{goi}^*$ 表示导弹 i 的剩余飞行时间收敛于其期望状态，$T_{goi}^* = T_{goj}^*$ 表示多枚导弹所期望的剩余飞行时间达到一致。通过以上两个过程即可实现多导弹的实际剩余飞行时间 $T_{goi}(i=1,2,\cdots,n)$ 收敛到一致。

图 6-2 中给出了导弹 i 的两方向协同制导律设计框图。在视线方向，选择导弹的剩余飞行时间 T_{goi} 作为状态变量，并设计导弹 i 的期望剩余飞行时间 T_{goi}^*，通过多导弹间的通信网络可以获取与导弹 i 通信的其他导弹的期望剩余飞行时间信息 T_{goj}^*，然后设计一致性协议保证期望剩余飞行时间的一致性；随后通过设计自适应估计器对视线方向未知扰动 d_{ri} 的边界进行估计，将其引入制导律设计中，并设计制导律保证导弹 i 剩余飞行时间对其期望值的跟踪。在视线法向选择视线角 q_i 和视线角速率 $\dot{q}_i$ 作为状态变量，通过设计观测器对视线法向扰动 d_{qi} 进行估计，并基于系统状态变量和扰动估计值设计视线法向制导律。

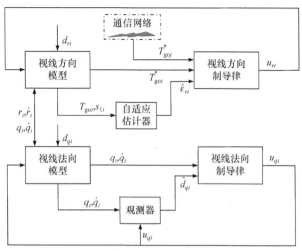

图 6-2　两方向协同制导律设计框图

6.3.1　视线方向协同末制导律设计

根据式(6-5)中第一式所给出的视线方向上的协同制导模型，选择导弹的剩余飞行时间 T_{goi} 作为协同变量。本节基于滑模控制、有限时间多智能体一致性协议和自适应控制理论设计视线方向协同制导律，确保式(6-11)中的第一式成立。

设计如下滑模面：

$$s_{1i} = T_{goi} - T_{goi}^* \tag{6-12}$$

对式(6-12)求导可得

$$\dot{s}_{1i} = \dot{T}_{goi} - \dot{T}_{goi}^* = \hat{u}_{ri} + d_{ri} - u_i^{nom} \tag{6-13}$$

式中，T_{goi}^* 为导弹 i 的期望剩余飞行时间。根据引理 6-4 选取 $x_i = T_{goi}^*$ 作为多智能体的状态变量，设计如式(6-14)的一致性协议，可以保证多枚导弹的期望剩余飞行时间在有限时间 T_{c2i} 内趋于一致，T_{c2i} 为收敛时间上界。

$$\dot{T}_{goi}^* = u_i^{nom} = -1 + \text{sign}\left[\sum_{j=1}^n a_{ij}\left(T_{goj}^* - T_{goi}^* \right) \right] \left| \sum_{j=1}^n a_{ij}\left(T_{goj}^* - T_{goi}^* \right) \right|^{\alpha_i} \tag{6-14}$$

为了保证滑模面的收敛，选取如下趋近律：

$$\dot{s}_{1i} = -\hat{\varepsilon}_{ri}\sigma_i\text{sign}(s_{1i}) - l_{1i}\text{sign}(s_{1i})^{\gamma_i} - l_{2i}s_{1i} \tag{6-15}$$

根据式(6-15)，基于滑模控制理论设计如下视线方向制导律：

$$\begin{cases} \hat{u}_{r_r} = u_i^{nom} - \hat{\varepsilon}_{ri}\sigma_i\text{sign}(s_{1i}) - l_{1i}\text{sign}(s_{1i})^{r_i} - l_{2i}s_{1i} \\ u_{r_i} = -\dfrac{x_{2i}^2}{x_{1i}}\hat{u}_{r_i} + x_{1i}x_{4i}^2 \end{cases} \tag{6-16}$$

式中，$-\hat{\varepsilon}_{ri}\sigma_i\mathrm{sign}(s_{1i}) - l_{1i}\mathrm{sign}(s_{1i})^{\gamma_i} - l_{2i}s_{1i}$ 用于补偿未知扰动 d_{ri} ，并实现滑模面的有限时间收敛，并且有 $\mathrm{sig}(s_{1i})^{\gamma_i} = |s_{1i}|^{l_i}\mathrm{sig}(s_{1i}), l_{1i} > 0, l_{2i} > 0, 0 < \gamma_i < 1, \sigma_i \geq 1$ 。ε_{ri} 记为 $|d_{ri}|$ 的上界，$\hat{\varepsilon}_{ri}$ 为 ε_{ri} 的估计值，估计误差为 $e_{ri} = \hat{\varepsilon}_{ri} - \varepsilon_{ri}$ ，用如下自适应律对扰动上界 ε_{ri} 估计：

$$\dot{\hat{\varepsilon}}_{ri} = \sigma_i |s_{1i}| , \quad \hat{\varepsilon}_{ri}(0) > 0 \tag{6-17}$$

定理 6-1：假设多导弹之间的通信拓扑图为无向连通图。针对式(6-5)中的第一式给出的视线方向协同制导模型，利用自适应方法设计式(6-16)的协同制导律可以保证在有限时间内滑模面 s_{1i} 收敛到 0，即导弹的剩余飞行时间 T_{goi} 收敛到其期望值 T_{goi}^* ，在制导律中选择一致性协议(6-14)可以保证多导弹的期望剩余飞行时间 $T_{goi}^* (i = 1, 2, \cdots, n)$ 在有限时间内收敛到一致。

证明：证明分三步进行，首先，证明估计误差的收敛性；其次，证明滑模面 s_{1i} 在有限时间内收敛到 0，即可得到 $T_{goi} = T_{goi}^*$ ；最后，在第二步的基础上根据式(6-14)和引理 6-4 证得多导弹的剩余飞行时间 T_{goi} 在有限时间趋于一致。

1. 证明估计误差的收敛性

选择如下李雅普诺夫候选函数：

$$V_{1i} = \frac{1}{2}s_{1i}^2 + \frac{1}{2}e_{ri}^2 \tag{6-18}$$

对式(6-18)求导，并将式(6-13)、式(6-16)、式(6-17)代入可得

$$
\begin{aligned}
\dot{V}_{li} &= s_{1i}\dot{s}_{1i} + e_{ri}\dot{e}_{ri} \\
&= s_{1i}\left[-\hat{\varepsilon}_{ri}\sigma_i\mathrm{sign}(s_{1i}) - I_{1r}\mathrm{sign}(s_{1i})^{\gamma_i} - I_{2i}s_{1i} + d_{ri} \right] + \sigma_i |s_{1i}|\left(\hat{\varepsilon}_{ri} - \varepsilon_{ri}\right) \\
&= -l_{li}|s_{li}|^{\gamma_i+1} - l_{2i}s_{1i}^2 + d_{ri}s_{1i} - \sigma_i |s_{1i}|\varepsilon_{ri} \\
&= -I_{li}|s_{li}|^{\gamma_i+1} - I_{2i}s_{1i}^2 + d_{ri}s_{1i} - \sigma_i |s_{1i}|\varepsilon_{ri} \\
&\leq \varepsilon_{ri}|s_{1i}|(1-\sigma_i) - I_{li}|s_{li}|^{\gamma_i+1} - I_{2i}s_{li}^2 \\
&\leq 0
\end{aligned}
\tag{6-19}
$$

根据李雅普诺夫稳定性理论可知，V_{1i} 是渐近收敛的，即滑模面 s_{1i} 和扰动上界 ε_{1i} 的估计是收敛的。

2. 证明滑模面 s_{1i} 在有限时间内收敛到 0

选择一个新的李雅普诺夫函数：

$$V_{2i} = \frac{1}{2}s_{1i}^2 \tag{6-20}$$

对式(6-20)求导，可得下列不等式：

$$\dot{V}_{2i} = s_{1i}\dot{s}_{1i} \leqslant |s_{1i}|(d_{ri} - \sigma_i\hat{x}_{ri}) - l_{1i}|s_{1i}|^{r_i+1} - l_{2i}s_{1i}^{2} \tag{6-21}$$

由于 $\hat{\varepsilon}_{ri}(0) > 0$，$\dot{\hat{\varepsilon}}_{ri} = \sigma_i|s_{1i}| \geqslant 0$，可以得到 $\hat{\varepsilon}_{ri}(t) \geqslant \hat{\varepsilon}_{ri}(0) > 0(t \geqslant 0)$。根据滑模面的初始状态 $s_{1i}(0)$ 选择合适的 $\hat{\varepsilon}_{ri}(0)$ 和 σ_i 满足以下不等式：

$$\sigma_i \geqslant \frac{\sqrt{s_{1i}(0) + \hat{\varepsilon}_{ri}^2(0)}}{\hat{\varepsilon}_{ri}(0)} + 1 \tag{6-22}$$

从而可以得到：

$$
\begin{aligned}
d_{ri} - \sigma_i\hat{\varepsilon}_{ri} &\leqslant d_{ri} - \sqrt{s_{1i}^2(0) + \hat{\varepsilon}_{ri}^2(0)} - \hat{\varepsilon}_{ri}(0) \\
&\leqslant |\hat{\varepsilon}_{ri}| - \sqrt{s_{1i}^2(0) + \hat{\varepsilon}_{ri}^2(0)} \\
&\leqslant 0
\end{aligned} \tag{6-23}
$$

将式(6-23)代入式(6-21)后可得

$$
\begin{aligned}
V_{2i} &\leqslant -l_{1i}|s_{1i}|^{\gamma_i+1} - l_{2i}s_{1i}^2 \\
&= -l_{1i}(s_{1i})^{2\frac{\gamma_i+1}{2}} - l_{2i}(2V_{2i}) \\
&= -l_{1i}(2V_{2i})^{\gamma_i+1} - 2l_{2i}V_{2i} \\
&= -l_{1i}\sqrt{2}^{\gamma_i+1}V_{2i}^{\frac{\gamma_i+1}{2}} - 2l_{2i}V_{2i}
\end{aligned} \tag{6-24}
$$

根据引理 6-2 可得，滑模面 s_{1i} 在有限时间 $T_{c1i} \leqslant \dfrac{1}{l_{2i}(1-\gamma_i)} \cdot$

$\ln\dfrac{2l_{2i}V^{1-\gamma}(x_0) + l_{1i}\sqrt{2}^{\gamma_i+1}}{l_{1i}\sqrt{2}^{\gamma_i+1}}$ 内收敛。当滑模面收敛到 0 时有 $s_{1i} = 0$，可得 $T_{goi} = T_{goi}^*$，即导弹 i 的剩余飞行时间收敛到其期望值。

3. 证明多导弹的期望剩余飞行时间 T_{goi}^* 在有限时间趋于一致

根据引理 6-4 可得，当系统状态变量 $x_i = T_{goi}^*(i = 1,2,\cdots,n)$ 时，式(6-14)可以保证多智能体系统状态 x_i 在有限时间内趋于一致，即多导弹的期望剩余飞行时间 T_{goi}^* 在有限时间内趋于一致。根据以上三个步骤可得，导弹 i 的剩余飞行时间 T_{goi} 在有限时间内趋于一致。证毕。

6.3.2 视线法向协同末制导律设计

本节使用滑模控制方法和非线性扰动观测器设计法向制导律，式(6-25)描述了视线法向上的制导模型：

$$\begin{cases} \dot{x}_{3i} = x_{4i} \\ \dot{x}_{4i} = -\dfrac{2x_{2i}}{x_{1i}}x_{4i} - \dfrac{1}{x_{1i}}u_{qi} + d_{qi} \end{cases} \tag{6-25}$$

式中，d_{qi} 为视线法向上未知扰动。本小节设计如下的非线性扰动观测器对其进行估计：

$$\begin{cases} \hat{d}_{qi} = z_{1i} + p_{1i} \\ \dot{z}_{1i} = -h_{1i}z_{1i} + h_{1i}\left(-p_{1i} - \dfrac{2x_{2i}}{x_{1i}}x_{4i} - \dfrac{1}{x_{1i}}u_{qi}\right) \end{cases} \tag{6-26}$$

式中，$\hat{d}_{qi}$ 是观测器对扰动 d_{qi} 的估计值；$h_{1i} > 0$ 是观测器的参数；z_{1i} 是中间变量；p_{1i} 是另外一个观测器的变量，其导数为

$$\dot{p}_{1i} = h_{1i}\dot{x}_{4i} \tag{6-27}$$

定义非线性扰动观测器的误差为 $e_{qi} = d_{qi} - \hat{d}_{qi}$。接着，基于滑模控制方法设计视线法向制导律，选择如下非奇异终端滑模面：

$$s_{2i} = x_{3i} + k_i \mathrm{sign}\left(x_{4i}\right)^{\beta_i} \tag{6-28}$$

式中，k_i 为大于 0 的正常数；$\beta_i = P_i/Q_i$，$1 < \beta_i < 2$，P_i 和 Q_i 为正奇数。为了使系统状态快速收敛到滑模面，本节选用如下快速幂次趋近律：

$$\dot{s}_{2i} = -k_{1i}s_{2i} - k_{2i}\mathrm{sign}\left(s_{2i}\right)^{\rho_i} - k_{3i}\mathrm{sign}\left(s_{2i}\right) \tag{6-29}$$

式中，$k_{1i} > 0$；$k_{2i} > 0$；$0 < \rho_i < 1$。

根据上述分析，设计法线方向的制导律如下：

$$u_{q_i} = -2x_{2i}x_{4i} + \frac{x_1 k_{1j}s_{2i} + x_{1i}k_{2i}s_{2i}\mathrm{sign}(s_{2i})^{\beta_i} + x_{1i}k_{3i}\mathrm{sign}(s_{2i}) + x_{1i}x_{4i}}{k_i\beta_i}\left|x_{4i}\right|^{2-\beta_i} + x_{1i}\hat{d}_{qi} \tag{6-30}$$

定理 6-2：针对如式(6-25)所示的视线法向上的制导模型，如果设计式(6-26)所示的非线性扰动观测器对未知扰动 d_{qi} 进行估计，并设计视线法向制导律(6-30)，则此制导律可以保证系统状态 x_{3i}、x_{4i} 在有限时间内收敛到 0，即视线法向制导律可以引导多导弹从不同预定方向攻击目标。

证明：根据假设 6-2 可知，目标的加速度有界且满足 Lipschitz 条件，因此可以得到 $\left|\dot{d}_{qi}\right| < L_{qi}$，其中 L_{qi} 为大于 0 的常数。下面分三步证明系统状态 x_{3i}、x_{4i} 在

有限时间内收敛到 0。

1. 证明观测器对扰动的估计误差 e_{qi} 渐近收敛到 0 或 0 的小邻域内

对估计误差 $e_{qi} = d_{qi} - \hat{d}_{qi}$ 求导，并利用式(6-26)可得

$$
\begin{aligned}
\dot{e}_{qi} &= \dot{d}_{qi} - \dot{z}_{1i} - \dot{p}_{1i} \\
&= h_1 z_{1i} - h_{1i}\left(-p_{1i} - \frac{2x_{2i}}{x_{1i}}x_{4i} - \frac{1}{x_{1i}}u_{qi}\right) - h_{1i}\dot{x}_{4i} + \dot{d}_{qi} \\
&< -h_{1i}e_{qi} + L_{qi}
\end{aligned}
\tag{6-31}
$$

选取关于观测器误差的李雅普诺夫候选函数 $V_{3i} = \dfrac{1}{2}e_{qi}^2$，并对其求导可得

$$
\begin{aligned}
\dot{V}_{3i} &= e_{qi}\dot{e}_{qi} \\
&< -h_{1i}e_{qi}^2 + L_{qi}e_{qi}
\end{aligned}
\tag{6-32}
$$

若 $\dot{V}_{3i} < 0$，由李雅普诺夫稳定性理论，则可以得到观测器对扰动的估计误差 e_{qi} 渐近收敛到 0；若 $\dot{V}_{3i} \geqslant 0$，则有 $0 \leqslant \dot{V}_{3i} < -h_{1i}e_{qi}^2 + L_{qi}e_{qi}$，由于 $h_{1i} > 0$，$L_{qi} > 0$，进而可得 $e_{qi} < L_{qi}/h_{1i}$。因为 L_{qi} 为一个正的常数，选取较大的观测器参数 h_{1i}，可使估计误差 e_{qi} 收敛到 0 的邻域内。

2. 证明在有限时间内趋近律将任意初始状态转移到滑模面上

选择李雅普诺夫候选函数 $V_{4i} = \dfrac{1}{2}s_{2i}^2$，对其求导后，可得

$$
\begin{aligned}
\dot{V}_{4i} &= s_{2i}\dot{s}_{2i} \\
&= s_{2i}\left[-k_{1i}s_{2i} - k_{2i}\operatorname{sign}(s_{2i})^{\rho_i} - k_{3i}\operatorname{sign}(s_{2i}) + d_{qi} - \hat{d}_{qi}\right] \\
&< -k_{1i}s_{2i}^2 - k_{2i}|s_{2i}|^{\rho_i+1} - \left(k_{3i} - \frac{L_{ij}}{h_{ii}}\right)|s_{2i}| \\
&< -2k_{1i}V_{4i} - 2^{\frac{\rho_i+1}{2}}k_{2i}V_{4i}V_{4i}^{\frac{\rho_i+1}{2}}
\end{aligned}
\tag{6-33}
$$

根据引理 6-2 可以得到，本节所设计的滑模面 s_{2i} 可以在有限时间内从任意初始状态转移到滑模面上。其收敛时间记为 $T_{c3i1} \leqslant \dfrac{1}{2k_{1i}\left(1 - \dfrac{\rho_i+1}{2}\right)} \cdot$

$\ln\dfrac{2k_{1i}V_4^{1-\frac{\rho_i+1}{2}}(x_0) + 2^{\frac{\rho_i+1}{2}}k_{2i}}{2^{\frac{\rho_i+1}{2}}k_{2i}}$。

3. 证明状态 x_{3i}、x_{4i} 在有限时间 $T_{c3i} \leqslant T_{c3i1} + T_{c3i2}$ 从任意初始状态收敛到 0

当系统状态收敛到滑模面以后，分析系统状态 x_{3i}、x_{4i} 在滑模面 s_{2i} 上的运动状态。根据滑模面的定义可知，当 $s_{2i} = 0$ 时，若 $x_{3i} = 0$，则必有 $x_{4i} = 0$。当滑模面 $s_{2i} = 0$ 时，有 $\dot{x}_{3i} = -k_i^{-\frac{1}{\beta_i}} \dfrac{1}{k_i} x_{3i}^{\frac{1}{\beta_i}}$。

选择李雅普诺夫候选函数为 $V_{5i} = \dfrac{1}{2} x_{3i}^2$，对其求导可得

$$\dot{V}_{5i} = x_{3_i}\dot{x}_{3i} = -x_{3_i} k_i^{-\frac{1}{\beta_i}} x_{s_i}^{\frac{1}{\beta_i}} = -k_i^{-\frac{1}{\beta_i}} x_{s_i}^{\frac{1+\frac{1}{\beta_i}}{2}} = -k_i^{-\frac{1}{\beta_i}} V_{5i}^{\frac{1+\beta_i}{2\beta_i}} \tag{6-34}$$

由引理 6-1 可得，系统状态 x_{3i}、x_{4i} 在到达滑模面以后的有限时间

$T_{c3i2} \leqslant \dfrac{2k_i^{\frac{1}{\beta_i}} \beta_i}{\beta_i - 1} [V(x(T_1))]^{\frac{\beta_i - 1}{2\beta_i}}$ 内收敛到 0，即 x_{3i}、x_{4i} 在有限时间 $T_{c3i} \leqslant T_{c3i1} + T_{c3i2}$ 从任意初始状态收敛到 0。

综合以上分析，可以给出视线方向和法线方向协同制导律的具体表达式为

$$u_{ri} = \begin{cases} -\dfrac{\dot{r}_i^2}{r_i} u_i^{\text{nom}}(T_{goi}^*, T_{goj}^*) + \dfrac{\dot{r}_i^2}{r_i} \hat{\varepsilon}_{r_i} \sigma_i \text{sign}(T_{goi} - T_{goi}^*) + \dfrac{\dot{r}_i^2}{r_i} l_{1i} \text{sign}(T_{goi} - T_{goi}^*)^{\gamma_i} \\ + \dfrac{\dot{r}_i^2}{r_i} l_{2i}(T_{goi} - T_{goi}^*) + r_i \dot{q}_i^2, \quad t \leqslant T_{ci1} \\ -\dfrac{\dot{r}_i^2}{r_i} \left\{ -1 + \text{sign}\left[\sum_{j=1}^{n} a_{ij}(T_{goi} - T_{goi}) \right] \left| \sum_{j=1}^{n} ai_j (T_{goi} - T_{goj}) \right|^{\alpha_i} \right\} + r_i \dot{q}_i^2, \quad t > T_{ci1} \end{cases}$$

式中，

$$u_i^{\text{nom}}(T_{goi}^*, T_{goi}^*) = -1 + \text{sign}\left[\sum_{j=1}^{n} a_{ij}(T_{goi}^* - T_{goi}^*) \right] \left| \sum_{j=1}^{n} a_{ij}(T_{goj}^* - T_{goi}^*) \right|^{\alpha_i}$$

其他参数与式(6-3)、式(6-8)、式(6-14)~式(6-16)中的相同。

视线法向协同末制导律：

$$u_{q_i} = -2r_i \dot{q}_i + \frac{k_{1i}r_i(s_{2i}) + k_{2i}r_i \text{sign}(s_{2i})^{\rho_i} + k_{3i}r_i \text{sign}(s_{2i}) + r_i \dot{q}_i}{k_i \beta_i} |\dot{q}_i|^{2-\beta_i} + r_i \hat{d}_{q_i}$$

式中，$s_{2i} = (q_i - q_i^d) + k_i \text{sign}(\dot{q}_i)^{\beta_i}$，其他参数与式(6-25)、式(6-26)、式(6-28)、式(6-29)中的相同。

注解 6-3：对于视线方向协同末制导律，分为两个阶段，当 $t \leqslant T_{ci1}$ 时，在 u_{ri} 的

作用下使导弹 i 在目标机动干扰情况下确保其实际剩余飞行时间 T_{goi} 收敛到期望剩余飞行时间 T_{goi}^*；当 $t > T_{ci1}$ 时，u_{ri} 转化为非线性的多智能体协议，基于此协议，就可以确保所有导弹的实际剩余飞行时间 $T_{goi}, i = 1, 2, \cdots, N$ 趋于一致，即同时到达目标。

注解 6-4：对于视线法向协同末制导律，u_{qi} 主要包括三项：第一项是比例导引项；第二项是确保导弹 i 在目标机动干扰情况下其实际视线角 q_i 收敛到事先给定的视线角 q_i^d；第三项是抵消目标机动带来的干扰项。

6.4　仿真分析

为了验证所设计的有限时间协同制导律的有效性和鲁棒性，在三枚导弹协同拦截单枚机动目标的作战背景下，分别设计了场景 1:迎头协同攻击仿真和场景 2:尾追协同攻击仿真，用于验证所提出制导律针对不同作战样式的有效性。

两个场景下的末制导参数设置如下：导弹的脱靶量均小于 3m；所有导弹的末端视线角与期望的视线角之差不大于 $1°$；所有导弹的最大攻击时间与最小攻击时间之差不大于 0.1s。

表 6-1 给出了两种情况下导弹与目标的初始参数，其中 θ 表示导弹与目标的初始弹道倾角，迎头拦截时目标的运动方向与导弹相反；对于导弹而言，$\max|a|$ 指视线方向和视线法向的最大加速度，目标的 $\max|a|$ 指最大法向加速度；$g = 9.8\text{m/s}^2$ 是引力常量；V 表示导弹和目标的速度大小；q_{di} 是导弹期望的视线角。此外，目标在弹道法向进行正弦机动，法向加速度为 $a_{yT} = 8g\sin(t + \pi/2)$，弹道方向目标匀速运动。

表 6-1　导弹与目标的初始参数

场景	对象	初始位置/km	$\theta/(°)$	$\max|a|/g$	$V/(\text{m/s})$	$q_{di}/(°)$
迎头攻击	导弹 1	(4,0.9)	5	30	600	15
	导弹 2	(5.2,0.3)	0	30	610	−5
	导弹 3	(5.6,−2)	−5	30	620	−20
	目标	(−5,0)	170	5	260	—
尾追攻击	导弹 1	(4,0.3)	5	30	580	15
	导弹 2	(5,−0.8)	0	30	600	0
	导弹 3	(6,−1)	−5	30	620	−20
	目标	(0,0)	0	5	260	—

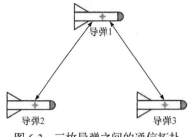

图 6-3　三枚导弹之间的通信拓扑

图 6-3 给出了三枚导弹之间的通信拓扑，可以看出三枚导弹之间的通信是无向连通的。

本节中所设计的制导律参数如下：$l_i = 6$，$\sigma_i = 1.2$，$\gamma_i = 2/3$，$\alpha_i = 0.5$（视线方向制导律参数）；$k_i = 3$，$k_{1i} = 10$，$k_{2i} = 10$，$k_{3i} = 10$，$\beta_i = 11/9$，$\rho_i = 0.6$，$h_i = 200$（视线法向制导律参数）。

注解 6-5：本节在制导律的设计中使用了滑模控制方法，其中引入了不连续的符号函数 $\text{sign}(x)$，会带来控制输入和系统状态的抖震。为了避免此问题，本节采用饱和函数来代替符号函数，饱和函数设计如下：

$$\text{sat}(x) = \frac{e^{ax} - e^{-ax}}{e^{ax} + e^{-ax}} \tag{6-35}$$

式中，a 为大于 0 的常数，本节中 a 取 2。

6.4.1　迎头协同攻击仿真

图 6-4 和图 6-5 分别给出了三枚导弹协同迎头攻击单个正弦机动目标的制导

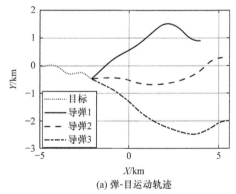

(a) 弹-目运动轨迹

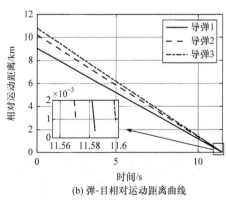

(b) 弹-目相对运动距离曲线

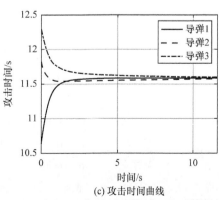

(c) 攻击时间曲线

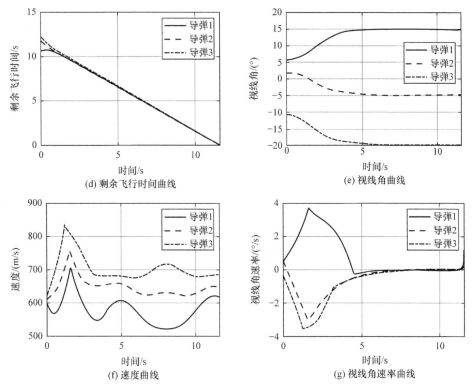

图 6-4　迎头攻击系统状态曲线

系统状态曲线和控制输入曲线。从图 6-4(a)中可以看出，多枚导弹同时从不同的方向命中目标，实现了多导弹同时包围攻击。

视线方向制导律的有效性分析如下：图 6-4(b)给出了导弹与目标的相对运动距离曲线，其中最终导弹的脱靶量均小于 2m，满足打击目标的脱靶量精度要求。图 6-4(c)给出了三枚导弹的攻击时间曲线，可以看出三枚导弹的初始攻击时间不同，随着时间的演化，三枚导弹所期望的攻击时间收敛到一致，最终同时攻击时间小于 0.1s，说明了本章所设计的一致性协议的有效性。从图 6-4(d)中可以看出，导弹的剩余飞行时间可以收敛到所期望的剩余飞行时间，并在攻击末端时达到一致。在图 6-4(f)可以看出，三枚导弹的速度曲线变化相对缓慢。图 6-5(a)给出视线方向上的加速度指令曲线，可以看出所得到的制导指令不超出所设计的限幅，并且曲线的变化相对光滑。

视线法向制导律的有效性分析如下：图 6-4(e)给出了导弹的视线角曲线，可以看出三枚导弹的视线角最终分别收敛到各自期望的视线角 15°、−5°、−20°，并且收敛误差明显小于 1°，满足从不同的方向协同攻击目标的误差精度。图 6-4(g)中可以看出制导的末端视线角速率曲线迅速发散，这是在制导末端弹目距离 r_i 逐

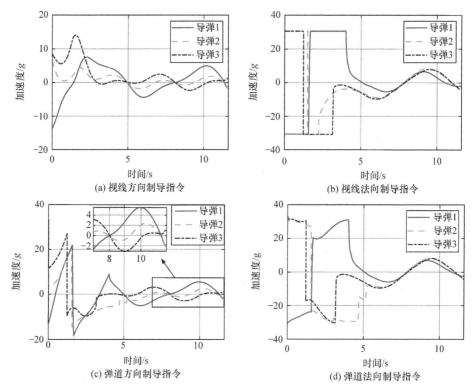

图 6-5　迎头攻击导弹控制输入曲线

渐趋近于 0 导致的；在实际应用中，这种情况只会出现在制导最末端 r_i 较小时，不会对目标的制导精度造成较大影响。图 6-5(b)中可以看出在初始阶段三枚导弹的视线法向过载都达到了限幅值，这是因为初始阶段导弹的视线角与期望的视线角存在较大的差值，从而导致较大的控制量。当飞行时间在 5s 以后，此时法向过载曲线仍然存在波动，这是目标的加速度在视线上的分量引起的，导弹需要施加相应的加速度指令进行补偿。图 6-5(c)和(d)给出了导弹控制输入在弹道方向和弹道法向上的分量，其中，弹道方向制导指令用于改变导弹的速度大小，弹道法向制导指令用于改变导弹的运动方向。

注解 6-6：在工程应用中，通过舵偏或者发动机矢量控制等方式很容易产生正向和负向的弹道法向加速度；在弹道方向可以通过控制发动机产生较大正向加速度，负向加速度可以由导弹本身所受到的阻力以及增加空气阻力舵等方式产生。实际应用中，导弹产生负的弹道方向加速度能力有限。从图 6-5(c)中可以看出，在末制导初期会产生较大负向过载，在制导中后期加速度指令主要用于对目标加速度分量进行补偿，最大负向加速度不超过 $3g$，在工程中还可以通过限幅的方式对最大负向过载进行限制。

6.4.2　尾追协同攻击仿真

为了进一步验证所提出协同制导律的有效性，本节设计了尾追攻击模式下的仿真实验。目标在弹道法向上的机动加速度为 $a_{yT} = 8g\sin(t + \pi/2)$。图 6-6 和图 6-7 给出了场景二下尾追攻击的仿真实验结果。

与场景一类似，可以看出导弹均可以从不同的方向同时命中目标，末端脱靶量均小于 1m，同时攻击时间差小于 0.05s；多导弹视线角都能收敛到各自的期望

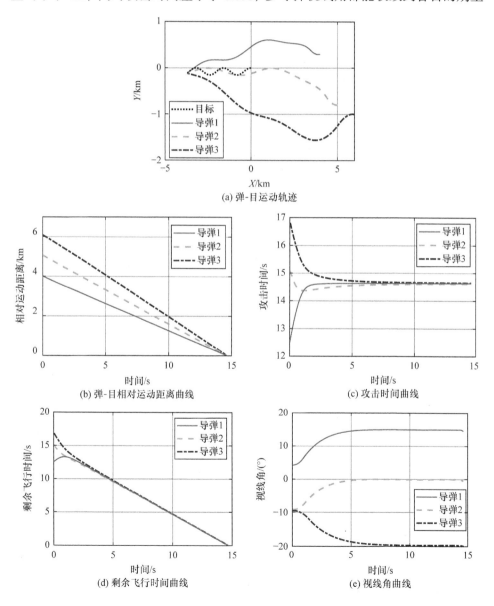

(a) 弹-目运动轨迹

(b) 弹-目相对运动距离曲线

(c) 攻击时间曲线

(d) 剩余飞行时间曲线

(e) 视线角曲线

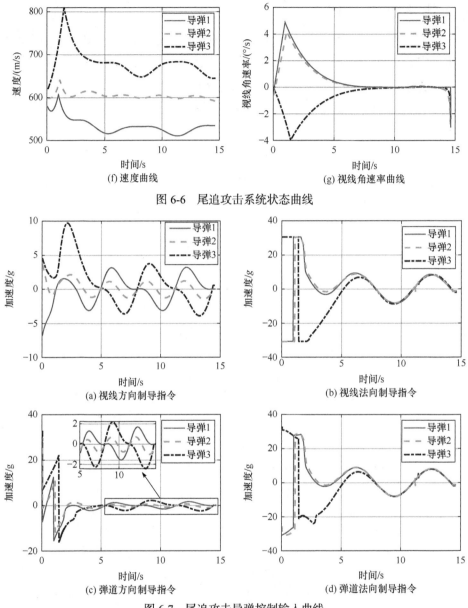

图 6-6　尾追攻击系统状态曲线

图 6-7　尾追攻击导弹控制输入曲线

值；导弹的视线方向加速度和视线法向加速度都满足过载约束条件，弹道方向在5s 以后的最大负向加速度不超过 $3g$，且加速度曲线的变化幅度较为缓慢。

　　与场景一的不同之处在于，在尾追攻击模式下，导弹与目标的速度基本与迎头拦截相同，且弹−目相对运动距离较小的情况下，尾追攻击时间大于迎头攻击时间，并且在初始的剩余飞行时间差大于迎头攻击的情况，多导弹攻击时间和剩余飞行时间仍然能收敛到一致，进一步说明所设计的视线方向制导律的有效性。此外在视线法向过载中，可以明显地看出尾追拦截的初始过载要小于迎头拦截，这是更小的相对弹目接近速度导致的。

综合场景一和场景二的仿真结果可以得到，本节设计的有限时间协同制导律是有效的，可以满足协同制导要求，并且其有效性在两种常用的作战模式(迎头攻击和尾追攻击)下都得到了验证。

6.5 小 结

本章首先介绍了相关的基础知识，为协同末制导律设计作准备。其次，针对末制导阶段需要快速收敛问题，提出了有限时间收敛分布式协同末制导律，基于有限时间控制、滑模控制以及自适应估计方法和非线性扰动观测器方法设计了视线方向和视线法向有限时间协同末制导律，保证多导弹攻击机动目标在时间和空间上的协同。最后，采用李雅普诺夫稳定性理论证明了协同制导律能够确保多弹协同状态变量在有限时间内趋于一致，并通过多组仿真实验验证本章设计制导律的有效性和优越性。

参 考 文 献

[1] ZHAO J, YANG S, XIONG F. Cooperative guidance of seeker-less missile considering localization error[J]. Chinese Journal of Aeronautics, 2019, 32(8): 1933-1945.

[2] WEI X, YANG J. Cooperative guidance laws for simultaneous attack against a target with unknown maneuverability[J]. Proceedings of the Institution of Mechanical Engineers, Part G: Journal of Aerospace Engineering, 2019, 233(7): 2518-2535.

[3] LI G, WU Y, XU P. Fixed-time cooperative guidance law with input delay for simultaneous arrival[J]. International Journal of Control, 2021, 94(6): 1664-1673.

[4] WANG C, DING X, WANG J, et al. A robust three-dimensional cooperative guidance law against maneuvering target[J]. Journal of the Franklin Institute, 2020, 357(10): 5735-5752.

[5] ZHAO Q, DONG X, SONG X, et al. Cooperative time-varying formation guidance for leader-following missiles to intercept a maneuvering target with switching topologies[J]. Nonlinear Dynamics, 2019, 95(1): 129-141.

[6] ZHOU S, HU C, WU P, et al. Impact angle control guidance law considering the seeker's field-of-view constraint applied to variable speed missiles[J]. IEEE Access, 2020, 8: 100608-100619.

[7] ZHOU S, ZHANG S, WANG D. Impact angle control guidance law with seeker's field-of-view constraint based on logarithm barrier lyapunov function[J]. IEEE Access, 2020, 8: 68268-68279.

[8] 谭诗利, 雷虎民, 王斌. 高超声速目标拦截含攻击角约束的协同制导律[J]. 北京理工大学学报, 2019, 39(6): 597-602.

[9] 董晓飞, 任章, 池庆玺, 等. 有向拓扑条件下针对机动目标的分布式协同制导律设计[J]. 航空学报, 2020, 41(S1): 119-127.

[10] WANG Z K, FANG Y W, FU W X, et al. Cooperative guidance laws against highly maneuvering target with impact time and angle[J]. Proceedings of the Institution of Mechanical Engineers, Part G: Journal of Aerospace Engineering, 2022, 236(5): 1006-1016.

[11] ZHOU J, YANG J. Distributed guidance law design for cooperative simultaneous attacks with multiple missiles[J]. Journal of Guidance, Control, and Dynamics, 2016, 39(10): 2439-2447.

[12] WANG Z, FANG Y, FU W. A novel dynamic inversion decouple cooperative guidance law against highly maneuvering target[C]. 2020 Chinese Automation Congress, ShangHai, 2020: 981-986.

[13] 方洋旺, 马文卉, 王志凯, 等. 一种预定时间收敛的末制导方法: CN202011235 100. 4[P]. 2021-02-09.

[14] 王志凯. 针对机动目标的多导弹分布式协同末制导研究[D]. 西安: 西北工业大学, 2023.

[15] NA J, MAHYUDDIN M N, HERRMANN G, et al. Robust adaptive finite-time parameter estimation and control for robotic systems[J]. International Journal of Robust and Nonlinear Control, 2015, 25(16): 3045-3071.

[16] YU S, YU X, SHIRINZADEH B, et al. Continuous finite-time control for robotic manipulators with terminal sliding mode[J]. Automatica, 2005, 41(11): 1957-1964.

[17] WANG L, XIAO F. Finite-time consensus problems for networks of dynamic agents[J]. IEEE Transactions on Automatic Control, 2010, 55(4): 950-955.

第7章 通信网络约束的协同末制导

7.1 引　　言

在复杂干扰环境下进行多导弹协同作战时，弹间通信链路通常会受到干扰。一方面，干扰使得节点接收数据的误码率增大，误码到达一定门限值时需要进行信息重发回，从而造成一定程度的时延；另一方面，通信干扰过大时甚至会导致某些通信链路中断。因此，可以将导弹通信受干扰下协同末制导律的设计问题归纳为通信时间延迟和拓扑切换(局部通信链路中断、恢复)下协同末制导律的设计问题。因此，研究存在通信时间延迟和拓扑切换的多导弹分布式协同末制导律问题具有重要的理论意义和工程应用价值。

针对导弹间存在固定的通信时间延迟问题，文献[1]～[3]分别研究了针对固定目标和机动目标的协同制导律，并且通过稳定性分析给出了所能容忍的通信时延的上界。进一步，文献[4]将固定时延推广到时变时延，并设计了一种针对固定目标的两阶段协同末制导律，但是该方法仍然需要在线求解 LMI，计算比较复杂。文献[5]～[7]针对机动目标并考虑通信时间延迟、拓扑切换，设计了分布式协同末制导律。

针对空中高机动目标，7.3 节设计了带有通信时延的三维协同末制导律。进一步，所设计的制导律推广到拓扑切换情形，并通过理论分析和仿真实验，验证了所提出的制导律在通信延迟和拓扑切换下的有效性。

7.2 问题描述及预备知识

本章研究三维空间内多导弹在通信时间延迟和通信拓扑切换下的多导弹分布式协同末制导律。本节中主要介绍三维制导模型、考虑通信约束(时间延迟和拓扑切换)下的多智能体一致性理论以及本章定理证明中所需要的一些引理[8-14]。

7.2.1 三维制导模型

图 7-1 给出了弹目三维运动关系图。其中，$Ax_1y_1z_1$ 表示惯性坐标系；$M_ix_Ly_Lz_L$ 表示弹目视线坐标系；$M_iy_{vmi}z_{vmi}$ 和 $Ty_{vt}z_{vt}$ 分别表示导弹和目标的弹道坐标系；r_i 为导弹 i 与目标之间的距离；$q_{\varepsilon i}$ 和 $q_{\beta i}$ 分别为导弹 i 的视线倾角和视线偏角；θ_{mi} 和 ϕ_{mi} 分别为导弹 i 的弹道倾角和弹道偏角，$i = 1, 2, \cdots, N$，N 为导弹的个数；θ_t 和

ϕ_t 分别为目标的弹道倾角和弹道偏角。

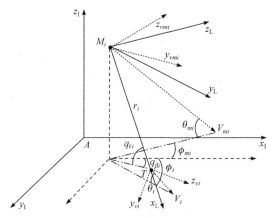

图 7-1　弹目三维运动关系图

三维空间内弹目运动方程可以描述为

$$\begin{cases} \dot{r}_i = -V_{mi}\cos\theta_{mi}\cos q_{\varepsilon i}\cos\left(q_{\beta i}-\phi_{mi}\right)+V_{mi}\sin\theta_{mi}\sin q_{\varepsilon i} \\ \qquad +V_t\cos\theta_t\cos q_{\varepsilon i}\cos\left(q_{\beta i}-\phi_t\right)+V_t\sin\theta_t\sin q_{\varepsilon i} \\ r_i\dot{q}_{\varepsilon i}=-V_m\sin\theta_{mi}\cos q_{\varepsilon i}-V_{mi}\cos\theta_{mi}\sin q_{\varepsilon i}\cos\left(q_{\beta i}-\phi_{mi}\right) \\ \qquad +V_t\sin\theta_t\cos q_{\varepsilon i}-V_t\cos\theta_t\sin q_{\varepsilon i}\cos\left(q_{\beta i}-\phi_t\right) \\ -r_i\dot{q}_{\beta i}\cos q_{\varepsilon i}=-V_{mi}\cos\theta_{mi}\sin\left(q_{\beta i}-\phi_{mi}\right)+V_t\cos\theta_t\sin\left(q_{\beta i}-\phi_t\right) \end{cases} \tag{7-1}$$

对式(7-1)进行求导后可得

$$\begin{cases} \ddot{r}_i=r_i\dot{q}_{\varepsilon i}^2+r_i\dot{q}_{\beta i}^2\cos^2 q_{\varepsilon i}+u_{Tri}-u_{ri} \\ r_i\ddot{q}_{\varepsilon i}=-2\dot{r}_i\dot{q}_{\varepsilon i}-r_i\dot{q}_{\beta i}^2\sin q_{\varepsilon i}\cos q_{\varepsilon i}+u_{T\varepsilon i}-u_{\varepsilon i} \\ r_i\cos q_{\varepsilon i}\ddot{q}_{\beta i}=-2\cos q_{\varepsilon i}\dot{r}_i\dot{q}_{\beta i}+2r_i\cos q_{\varepsilon i}\dot{q}_{\varepsilon i}\dot{q}_{\beta i}\tan q_{\varepsilon i}-u_{T\beta i}+u_{\beta i} \end{cases} \tag{7-2}$$

式中，u_{Tri} 是目标加速度在视线方向上的分量；$u_{T\varepsilon i}$ 和 $u_{T\beta i}$ 分别是目标的加速度在垂直于视线方向的纵向平面和横向平面上的分量；u_{ri} 是导弹 i 在视线方向上的控制输入，用于保证多导弹剩余飞行时间的一致性；$u_{\varepsilon i}$ 和 $u_{\beta i}$ 分别是导弹 i 垂直于视线方向在横向平面和纵向平面内的控制输入，用于保证导弹的视线倾角和视线偏角收敛到期望值，从而实现三维空间内的多导弹协同包围攻击。

接着，考虑视线方向和视线法向的制导律设计目的，本章选取协同制导系统状态变量 $x_i=T_{goi}=-x_{1i}/x_{2i},x_{1i}=r_i,x_{2i}=\dot{r}_i,\boldsymbol{x}_{3i}=[q_{\varepsilon i}-q_{\varepsilon i}^d,q_{\beta i}-q_{\beta i}^d]^{\mathrm{T}},\boldsymbol{x}_{4i}=[\dot{q}_{\varepsilon i},\dot{q}_{\beta i}]^{\mathrm{T}}$。其中，$T_{goi}$ 表示导弹末制导阶段的剩余飞行时间，$q_{\varepsilon i}^d$ 和 $q_{\beta i}^d$ 分别是所期望的视线倾角和视线偏角。

结合式(7-1)和式(7-2)，则协同制导的状态方程可以写为

$$\begin{cases} \dot{x}_i = H_i + b_{ri}u_{ri} + d_{ri} \\ \dot{x}_{2i} = x_{3i} \\ \dot{x}_{3i} = F_i + B_i u_{qi} + d_{qi} \end{cases} \tag{7-3}$$

式中，d_{ri} 和 d_{qi} 分别是目标的加速度在视线方向和视线法向上的分量；u_{ri} 和 u_{qi} 分别是导弹在视线方向和视线法向上的控制输入。式(7-3)中其他变量定义为

$$H_i = \frac{r_i^2}{\dot{r}_i^2}\dot{q}_{\varepsilon i}^2 + \frac{r_i^2}{\dot{r}_i^2}\dot{q}_{\beta i}^2 \cos q_{\varepsilon i}^2 - 1 , \quad d_{ri} = \frac{r_i}{\dot{r}_i^2}u_{Tri} , \quad b_{ri} = -r_i/\dot{r}_i^2 , \quad F_i = \begin{bmatrix} -\dot{q}_{\beta i}^2 \sin q_{\varepsilon i}\cos q_{\varepsilon i} \\ 2\dot{q}_{\varepsilon i}\dot{q}_{\beta i}\tan q_{\varepsilon i} \end{bmatrix}$$

$$B_i = \begin{bmatrix} -1/r_i & 0 \\ 0 & 1/(r_i\cos q_{\varepsilon i}) \end{bmatrix}, \quad u_{qi} = \begin{bmatrix} 2\dot{r}_i\dot{q}_{\varepsilon i} + u_{\varepsilon i} \\ -2\dot{r}_i\dot{q}_{\beta i}\cos q_{\varepsilon i} + u_{\beta i} \end{bmatrix}, \quad d_{qi} = \begin{bmatrix} u_{T\varepsilon}/r_i \\ -u_{T\beta_i}/(r_i\cos q_{\varepsilon i}) \end{bmatrix}。$$

另外，从式(7-3)中可以看出系统方程中所设计的控制输入是在视线坐标系下的。考虑到导弹弹体的控制是在弹道坐标系下的，因此需要将视线系下的控制输入转换到弹道系下。弹道系下的三维控制输入变量分别表示为 a_{xmi}、a_{ymi}、a_{zmi}，弹道系与视线系的转换矩阵为

$$\begin{bmatrix} a_{xmi} \\ a_{ymi} \\ a_{zmi} \end{bmatrix} = L(\theta_{mi},\phi_{mi})L(q_{\varepsilon i},q_{\beta i})^{-1}\begin{bmatrix} u_{ri} \\ u_{\varepsilon i} \\ u_{\beta i} \end{bmatrix} \tag{7-4}$$

式中，$L(\theta_{mi},\phi_{mi})$、$L(q_{\varepsilon i},q_{\beta i})$ 分别是由惯性系到弹道系和惯性系到视线系下的转换矩阵：

$$L(\theta_{mi},\phi_{mi}) = \begin{bmatrix} \cos\theta_{mi}\cos\phi_{mi} & \sin\theta_{mi} & -\cos\theta_{mi}\sin\phi_{mi} \\ -\sin\theta_{mi}\cos\phi_{mi} & \cos\theta_{mi} & \sin\theta_{mi}\sin\phi_{mi} \\ \sin\phi_{mi} & 0 & \cos\phi_{mi} \end{bmatrix}$$

$$L(q_{\varepsilon i},q_{\beta i}) = \begin{bmatrix} \cos q_{\varepsilon i}\cos q_{\beta i} & \sin q_{\varepsilon i} & -\cos q_{\varepsilon i}\sin q_{\beta i} \\ -\sin q_{\varepsilon i}\cos q_{\beta i} & \cos q_{\varepsilon i} & \sin q_{\varepsilon i}\sin q_{\beta i} \\ \sin q_{\beta i} & 0 & \cos q_{\beta i} \end{bmatrix}$$

此外，弹道系下的导弹动力学方程为

$$\begin{cases} a_{xmi} = \dot{V}_{mi} \\ a_{ymi} = V_{mi}\dot{\theta}_{mi} \\ a_{zmi} = -V_{mi}\cos\theta_{mi}\dot{\phi}_{mi} \end{cases} \tag{7-5}$$

7.2.2　通信时延和拓扑切换模型

在导弹编队实际作战中，由于通信干扰、通信设备的物理限制或在某些不可

靠的链路条件下，导弹之间的通信时延和拓扑切换不可避免。通信时延是指导弹之间进行通信时信息发送和接收之间存在时间差，并且该时间差大于正常的通信时间间隔和导弹的制导步长。通信拓扑切换是指由于通信环境发生变化或者受到通信干扰等因素的影响，原有的有些通信链路丢失，又新增了一些通信链路。下面对理想通信情况下和存在通信时延与拓扑切换情况下的多智能体一致性协议的形式进行分析。

(1) 理想通信情况下的多智能体一致性协议的表现形式：

$$u_i(t) = \dot{x}_i(t) = f\big(L(t), x_i(t), x_j(t)\big) \tag{7-6}$$

(2) 存在通信时延情况下的多智能体一致性协议的表现形式：

$$u_i(t) = \dot{x}_i(t) = f\big(L(t), x_i(t-\tau), x_j(t-\tau)\big) \tag{7-7}$$

(3) 同时存在通信时延和拓扑切换情况下的多智能体一致性协议的表现形式：

$$u_i(t) = \dot{x}_i(t) = f\big(L(t), x_i(t-\tau), x_j(t-\tau)\big) \tag{7-8}$$

在制导问题中，将导弹视为智能体。式(7-6)~式(7-8)中，$L(t)$是由导弹间通信连接关系确定的拉普拉斯矩阵；$x_i(t)$是导弹 i 的系统状态；$x_j(t)$是与导弹 i 进行通信的其他导弹的状态；$u_i(t)$是所设计的一致性协议。

注解 7-1：从上述三种情况下的多智能体一致性协议的形式可以看出，对于理想通信情况下的模型，其多智能体一致性协议是基于拉普拉斯矩阵 $L(t)$ 和导弹 i 及与其通信的导弹 j 的实时信息得到的。存在通信时延时，导弹 i 获得导弹 j 的信息不是实时的，而是 $t-\tau$ 时刻的值，而导弹 i 可以记录本身的实时状态信息，也可选择 $t-\tau$ 时刻的状态值设计多智能体一致性协议。在同时存在通信时间延迟和拓扑切换时，从式(7-8)可以看出，此时的拉普拉斯矩阵是时变的，基于时变的 $L(t)$ 矩阵和带有通信时延的状态信息设计多智能体一致性协议。

7.2.3　相关定义及引理

对于由一个领弹和 N 个从弹构成的多导弹系统，其拉普拉斯矩阵可以定义为 $L = D - A$。其中 $A = \{a_{ij}\}$，a_{ij} 表示导弹之间的通信连接关系，存在通信时，其值为 1，否则为 0；$D = \text{diag}\{d_{00}, d_{11}, d_{22}, \cdots, d_{NN}\}$；$d_{ii} = \sum_{j=1}^{N} a_{ij}\,(i = 0,1,2,\cdots,N)$。此外，由于领弹只给从弹发送信息，不接收来自从弹的信息，则 L 矩阵可写为

$$L = \begin{bmatrix} 0 & \mathbf{0}_{1*N} \\ L^d & L^f \end{bmatrix} \tag{7-9}$$

定义 7-1：对于如式(7-10)所示的连续非线性系统：

$$\dot{x}(t) = f\big(t, x(t)\big) + u(t) \tag{7-10}$$

式中，$x(t) \in R^n$ 是系统状态变量；$u(t) \in R^n$ 是系统的控制输入；$f(\cdot)$ 是描述系统动态特性的非线性函数，并且 $f(t, 0) = 0$。如果设计合适的控制输入 u，可以使得系统状态 x 在任意设定的时间参数 T 时刻收敛到 0，则称控制输入 u 是预设时间收敛的控制向量；同时，闭环非线性系统(7-10)称为预设时间稳定的。

引理 7-1[8]：对于任意给定的 n 维向量 X、Y 和正定矩阵 $Q \in R^{n \times n}$，下列不等式总成立：

$$2X^T Y \le X^T Q^{-1} X + Y^T Q Y \tag{7-11}$$

引理 7-2[9]：对于任意的 n 维多智能体系统的通信拓扑图而言，其对应的拉普拉斯矩阵都有一个 0 特征值，并且其对应的特征向量为 $\mathbf{1}_{n\cdot1}$，即 $L\mathbf{1}_{n\cdot1} = \mathbf{0}_{n\cdot1}$。

引理 7-3[10]：对于一个形如 $\dot{x}(t) = f(t) + u(t) + d(t)$ 的非线性系统，其中 $f(t)$ 是一个已知的系统状态函数；$x(t) \in R$，$u(t) \in R$ 分别是系统的状态变量和控制输入；$d(t) \le D$ 是一个未知有界的扰动，如果可以设计如下形式的固定时间扰动观测器(FxTDO)对其进行估计：

$$\begin{cases} \dot{z}_1 = \chi_1 g_1\left(\dfrac{x - z_1}{\varepsilon}\right) + z_2 + f(t) + u(t) \\ \dot{z}_2 = \dfrac{\chi_2}{\varepsilon} g_2\left(\dfrac{x - z_1}{\varepsilon}\right) \end{cases} \tag{7-12}$$

式中，$z_1 \in R$ 和 $z_2 \in R$ 分别是状态变量 $x(t)$ 和扰动 $d(t)$ 的估计值；$g_1(x) = \mathrm{sign}(x)|x|^a + \mathrm{sign}(x)|x|^b$；$g_2(x) = \mathrm{sign}(x)|x|^{2a-1} + \mathrm{sign}(x)|x|^{2b-1}$；$\chi_1$、$\chi_2$ 是正的观测器常数，并且满足 $\chi_1 \ge 2\sqrt{\chi_2}$；系数 ε 满足 $0 < \varepsilon < 1$。则在有限时间 T 内基于式(7-12)所设计的观测器状态 z_2 收敛到扰动 $d(t)$ 的估计值，且满足：

$$T \le \frac{1}{c}\left(\frac{2a}{1-a} + \frac{2b}{b-1}\right) \tag{7-13}$$

式中，指数项 a 和 b 满足 $0.5 < a < 1 < b < 1.5$；$c > 0$ 是一个正实数，其值的选取需要满足一定约束条件(见文献[10])。

与有限时间收敛不同，预设时间收敛不受控制器参数和系统初始状态的影响，收敛时间可以任意设定，下面给出预设时间收敛的定义及相关引理。

引理 7-4[11]：对于式(7-10)所示的非线性系统，定义一个正定且连续的李雅普诺夫函数 $V\big(x(t), t\big)$，满足 $V(\mathbf{0}, t) = 0$。如果存在参数 $b \ge 0, k > 0$，在时间区间

$t \in [0,\infty)$ 内使得李雅普诺夫函数的一阶时间导数满足 $\dot{V}(\boldsymbol{x}(t),t) \leqslant -bV - k\varphi(t_0,T)V$ ，则有

$$\begin{cases} V(\boldsymbol{x}(t),t) \leqslant -\mu^{-k}(t_0,T)e^{-b(t-t_0)}V(t_0), & t \in [t_0,T) \\ V(\boldsymbol{x}(t),t) \equiv 0, & t \in [T,\infty) \end{cases} \tag{7-14}$$

式中，$\mu(t_0,T)$ 是一个时变的缩放函数，具体表达式为

$$\mu(t_0,T) = \begin{cases} \left(\dfrac{T}{T+t_0-t}\right)^p, & t \in [t_0,t_0+T) \\ 1, & t \in [t_0+T,\infty) \end{cases} \tag{7-15}$$

式中，p 为大于 1 的正实数。函数 $\varphi(t_0,T)$ 为

$$\varphi(t_0,T) = \begin{cases} \dfrac{\dot{\mu}(t_0,T)}{\mu(t_0,T)}, & t \in [t_0,t_0+T) \\ \dfrac{p}{T}, & t \in [t_0+T,\infty) \end{cases} \tag{7-16}$$

注解 7-2：此引理说明，当存在李雅普诺夫函数 $V(\boldsymbol{x}(t),t)$ 的导数满足此引理中的不等式时，可以确保李雅普诺夫函数 $V(\boldsymbol{x}(t),t)$ 在有限时间 T 内收敛到 0。

7.3　通信时延下的三维协同末制导律设计

7.3.1　视线方向协同末制导律设计

在本节中，视线方向协同末制导律的设计目标是利用带有通信时延的邻弹信息设计控制输入 u_{ri}，保证多枚导弹的剩余飞行时间趋于一致。为此，设计一种虚拟领弹的制导策略，虚拟领弹的状态变量选为 $x_0 = T_{go}^* = T_{fL}^* - t$，其中 T_{fL}^* 是虚拟领弹所指定的攻击时间，t 是导弹的飞行时间，T_{go}^* 是虚拟领弹的剩余飞行时间。对于虚拟领弹而言，由于不接收来自从弹的信息，其剩余飞行时间不受从弹的影响。因此有 $\dot{x}_0 = -1$，即领弹所指定的剩余飞行时间随着飞行时间的变化同步递减。对于第 i 枚导弹，通常事先给定期望的攻击时间 $T_{fi}^*, i = 1,2,\cdots,N$，则可定义其期望的剩余飞行时间为 $T_{goi}^* = T_{fi}^* - t$。由于导弹在实际攻击过程中要进行各种机动，从而会影响期望的剩余飞行时间，因此，对于第 i 枚导弹的实际剩余飞行时间 T_{goi} 需要进行实时的估计，本章采用 $T_{goi} = -r_i/\dot{r}_i$ 进行估计。

注解 7-3：从上面的分析可以看出，本节定义了三种剩余飞行时间，即虚拟领弹的剩余飞行时间 T_{go}^*，导弹 i 的期望剩余飞行时间 T_{goi}^*，导弹 i 的实际剩余飞行时间 T_{goi}。

因此，本小节的设计目标转化为通过设计导弹 i 的带有通信时延的协同末制导律，使导弹 i 的实际剩余飞行时间 T_{goi} 收敛到虚拟领弹所指定的值 T_{go}^*，用数学语言描述为

$$\lim_{t \to T_{fi}} T_{goi} \to T_{go}^*, \quad i = 1, 2, \cdots, N \tag{7-17}$$

式中，N 为导弹的个数；T_{fi} 为导弹 i 攻击目标的时间。

在视线方向上的协同末制导律设计思路分为三步。

1. 设计带有通信时延的多导弹通信网络的末制导律协同项

目的：设计带有通信时延的多导弹通信网络的末制导律协同项，确保所有导弹期望剩余飞行时间 T_{goi}^* 趋于一致，即 $T_{goi}^* \to T_{goj}^* \to T_{go}^*, i, j = 1, 2, \cdots, N$。

构建一阶多智能体系统：

$$\dot{T}_{goi}^* = u_i^{nom}, \quad i = 1, 2, \cdots, N \tag{7-18}$$

设计如下带有通信时延的末制导律协同项：

$$u_i^{nom} = -k \sum_{j=1}^{N} a_{ij} \left[T_{goi}^*(t-\tau) - T_{goj}^*(t-\tau) \right] - k a_{i0} \left[T_{goi}^*(t-\tau) - T_{go}^*(t-\tau) \right] \tag{7-19}$$

式中，$k > 0$ 是待设计的控制器参数；$T_{goi}^*(0) = T_{goi}(0)$；$a_{ij}(i, j = 0, 1, \cdots, N)$ 为导弹网络拓扑结构的连接权系数。

后面将证明带有通信时延的末制导律协同项 u_i^{nom} 确保所有状态趋于一致，即 $T_{goi}^* \to T_{goj}^* \to T_{go}^*, i, j = 1, 2, \cdots, N$。

2. 设计导弹 $i(i = 1, 2, \cdots, N)$ 在视线方向上的末制导律

目的：设计导弹 $i(i = 1, 2, \cdots, N)$ 在视线方向上的末制导律，确保其实际剩余飞行时间 T_{goi} 收敛到期望剩余飞行时间 T_{goi}^*。

根据式(7-3)，导弹 $i(i = 1, 2, \cdots, N)$ 在视线方向上的制导模型可以写为

$$\dot{x}_i(t) = \hat{u}_{ri} + d_{ri} \tag{7-20}$$

式中，$x_i = T_{goi} = -x_{1i}/x_{2i}$，$x_{1i} = r_i$，$x_{2i} = \dot{r}_i$；$\hat{u}_{ri} = H_{ri} + b_{ri} u_{ri}$，$H_{ri}$、$b_{ri}$ 和 u_{ri} 是已知的变量；d_{ri} 是在视线方向上由目标机动带来的未知且不可直接测量的扰动。

针对上述模型，首先基于引理 7-3 设计一个 FxTDO 估计 d_{ri}，并将估计值记为 $\hat{d}_{ri}$。其次设计如下滑模面：

$$S_{1i} = x_i - T_{goi}^* \tag{7-21}$$

对式(7-21)进行求导后可得

$$\dot{S}_{1i} = \dot{x}_i - u_i^{nom} \tag{7-22}$$

并选择如下的趋近律：

$$\dot{S}_{1i} = -\left[h_1 + h_2 \varphi(0, T_{r1})\right] S_{1i} - \eta_1 \text{sign}(S_{1i}) \tag{7-23}$$

式中，$h_1 > 0$，$h_2 > 0$，$\eta_1 > 0$ 是趋近律的设计参数。

最后基于所设计的滑模面(7-21)和趋近律(7-23)，设计如下控制器：

$$\begin{cases} u_{ri} = \dfrac{1}{b_{ri}}\left(\hat{u}_{ri} - H_{ri}\right) \\ \hat{u}_{ri} = u_i^{nom} - \hat{d}_{ri} - \left[h_1 + h_2 \varphi(0, T_{r1})\right] S_{1i} - \eta_1 \text{sign}(S_{1i}) \end{cases} \tag{7-24}$$

式中，$\eta_1 > 0$ 用于处理 FxTDO 带来的观测误差，并记观测器误差为 $\tilde{d}_{ri} = d_{ri} - \hat{d}_{ri}$，观测器的收敛时间上界记为 T_{dr}。

利用式(7-24)可以确保导弹 $i(i = 1, 2, \cdots, N)$ 的实际剩余飞行时间 T_{goi} 收敛到期望剩余飞行时间 T_{goi}^*。

3. 设计带有通信时延的多导弹通信网络的协同末制导律

综合以上两步，可以获得带有通信时延的多导弹通信网络的协同末制导律：

$$\begin{cases} u_{ri} = \dfrac{1}{b_{ri}}\left\{u_i^{nom} - \hat{d}_{ri} - \left[h_1 + h_2 \varphi(0, T_{r1})\right] S_{1i} - \eta_1 \text{sign}(S_{1i}) - H_{ri}\right\} \\ u_i^{nom} = -k \displaystyle\sum_{j=1}^{N} a_{ij}\left[T_{goi}^*(t-\tau) - T_{goj}^*(t-\tau)\right] - k a_{i0}\left[T_{goi}^*(t-\tau) - T_{go}^*(t-\tau)\right] \end{cases} \tag{7-25}$$

下面，分别证明带有通信时延的末制导律协同项 u_i^{nom}，确保所有期望剩余飞行时间趋于一致，即 $T_{goi}^* \to T_{goj}^* \to T_{go}^*, i, j = 1, 2, \cdots, N$，以及导弹 $i(i = 1, 2, \cdots, N)$ 在视线方向上的末制导律，确保其实际剩余飞行时间 T_{goi} 收敛到期望剩余飞行时间 T_{goi}^*，并最终证明上述所设计的带有通信时延的协同末制导律，确保所有导弹的剩余飞行时间 T_{goi} 趋于一致，即 $T_{goi} \to T_{goj} \to T_{go}^*, i, j = 1, 2, \cdots, N$。

假设 7-1：从弹(实际控制的导弹)之间的通信拓扑图是无向连通的，并且虚拟领弹可以选择任意从弹进行牵引，虚拟领弹与从弹组成的通信拓扑图中至少含有一个有向生成树。

注解 7-4：假设 7-1 表示了从弹之间的通信拓扑图的要求，这是一种比较普遍的通信连接状态。从弹之间的拓扑为无向连通时，虚拟领弹可以从其中任意选择一枚导弹节点进行牵引并向其传递信息。此时，虚拟领弹和从弹之间的通信拓扑存在一个有向生成树，且从弹构成的网络也存在有向生成树，故 $\boldsymbol{L}^f$ 是一个弱对角占优矩阵，也是一个正定非奇异 M 矩阵，其特征值均为正数。

令 $\lambda_{\max}\left(\boldsymbol{L}^f\right)$ 是矩阵 $\boldsymbol{L}^f$ 的最大特征根，其中，$\boldsymbol{L}^f$ 是虚拟领弹与从弹拓扑矩阵 $\boldsymbol{L}$ 的子矩阵，表示从弹之间的拓扑连接关系。

定理 7-1：如果虚拟领弹与从弹组成的通信拓扑图满足假设 7-1，并且通信延迟时间满足 $\tau < 1/\left[k\lambda_{\max}\left(\boldsymbol{L}^f\right)\right]$。令状态变量 $x_i = T_{\mathrm{go}i}^*$，如果采用式(7-19)所示的协同项，则所有从弹 $i(i=1,2,\cdots,N)$ 的期望剩余飞行时间 $T_{\mathrm{go}i}^*(i=1,2,\cdots,N)$ 收敛到虚拟领弹指定的期望剩余飞行时间 T_{go}^*。

证明：设虚拟领弹的状态变量为 $x_0 = T_{\mathrm{go}}^*$，从弹的状态变量为 $x_i = T_{\mathrm{go}i}^*$。$\boldsymbol{L}$ 是一个虚拟领弹和 N 个从弹构成的通信拓扑图的拉普拉斯矩阵，其定义如式(7-9)。定义状态变量 $\boldsymbol{x} = \left[x_0, x_1, \cdots, x_N\right]$。

将状态变量 $x_i = T_{\mathrm{go}i}^*, i=0,1,\cdots,N$ 代入式(7-18)和式(7-19)，得

$$\dot{x}_i = -k\sum_{j=1}^{N}a_{ij}\left[x_i(t-\tau) - x_j(t-\tau)\right] - ka_{i0}\left[x_i(t-\tau) - x_0(t-\tau)\right] \tag{7-26}$$

式中，$k>0$ 是待设计的控制器参数。

将式(7-26)写成矢量形式：

$$\dot{\boldsymbol{x}}(t) = -k\boldsymbol{L}\boldsymbol{x}\left(t-\tau(t)\right) \tag{7-27}$$

为了保证从弹 i 的期望剩余飞行时间 $T_{\mathrm{go}i}^*$ 收敛到期望的值 T_{go}^*，可以构建如下的误差向量：

$$\begin{cases} y_1 = x_0 - x_1 \\ \cdots \\ y_N = x_0 - x_N \end{cases} \tag{7-28}$$

定义 $\boldsymbol{y} = \left[y_1, y_2, \cdots, y_N\right]$，然后可以得到：

$$\begin{cases} \boldsymbol{y}(t) = \boldsymbol{E}\boldsymbol{x}(t) \\ \boldsymbol{x}(t) = x_0\boldsymbol{1}_{(N+1)\cdot 1} + \boldsymbol{F}\boldsymbol{y}(t) \end{cases} \tag{7-29}$$

式中，$\boldsymbol{1}_{(N+1)\cdot 1}$ 是 $N+1$ 维单位列向量；$\boldsymbol{E} = \left[\boldsymbol{1}_{N*1} \quad -\boldsymbol{I}_N\right] \in R^{N*(N+1)}$；$\boldsymbol{F} = \left[\boldsymbol{0}_{1\times N} \quad -\boldsymbol{I}_N\right]^{\mathrm{T}} \in$

$R^{N*(N+1)}$。

由于假设虚拟领弹与从弹组成的通信拓扑图中含有一个以虚拟领弹为根节点的有向生成树，根据引理 7-2 可得 $\boldsymbol{L}\mathbf{1}_{(N+1)\cdot 1} = \mathbf{0}$。对式(7-29)中的 $\boldsymbol{y}(t)$ 求导，并利用式(7-27)可以得到：

$$
\begin{aligned}
\dot{\boldsymbol{y}}(t) &= \boldsymbol{E}\dot{\boldsymbol{x}}(t) = \boldsymbol{E}\big[-k\boldsymbol{L}\boldsymbol{x}(t-\tau)\big] \\
&= -k\boldsymbol{E}\boldsymbol{L}\Big[x_0(t-\tau)\mathbf{1}_{(N+1)*1} + \boldsymbol{F}\boldsymbol{y}(t-\tau)\Big] \\
&= -k\boldsymbol{E}\boldsymbol{L}\boldsymbol{F}\boldsymbol{y}(t-\tau) \\
&= -k\begin{bmatrix}\mathbf{1}_{1\cdot N} & \boldsymbol{I}_N\end{bmatrix}\begin{bmatrix}\mathbf{0} & \mathbf{0}_{1\cdot N} \\ \boldsymbol{L}^d & \boldsymbol{L}^f\end{bmatrix}\begin{bmatrix}\mathbf{0}_{1\cdot N} \\ \boldsymbol{I}_N\end{bmatrix}\boldsymbol{y}(t-\tau) \\
&= -k\begin{bmatrix}\mathbf{1}_{1\cdot N} & \boldsymbol{I}_N\end{bmatrix}\begin{bmatrix}\mathbf{0} \\ \boldsymbol{L}^f\end{bmatrix}\boldsymbol{y}(t-\tau) \\
&= -k\boldsymbol{L}^f\,\boldsymbol{y}(t-\tau)
\end{aligned}
\tag{7-30}
$$

令 $\boldsymbol{A} = -k\boldsymbol{L}^f$，则式(7-30)可以写成如下形式：

$$
\dot{\boldsymbol{y}}(t) = \boldsymbol{A}\boldsymbol{y}(t-\tau)
\tag{7-31}
$$

为了证明在存在通信时间延迟的基础上，导弹 i 的期望剩余飞行时间 T_{goi}^* 可以逐渐收敛到所期望的剩余飞行时间 T_{go}^*。选择如下的 Lyapunov-Krasovskii 泛函：

$$
V(t) = \boldsymbol{Z}^{\mathrm{T}}(t)\boldsymbol{P}\boldsymbol{Z}(t) + \int_{-\tau}^{0}\int_{t+\theta}^{t}\boldsymbol{y}^{\mathrm{T}}(\omega)\boldsymbol{A}^{\mathrm{T}}\boldsymbol{P}\boldsymbol{A}\boldsymbol{y}(\omega)\mathrm{d}\omega\mathrm{d}\theta
\tag{7-32}
$$

式中，$\boldsymbol{Z}(t) = \boldsymbol{y}(t) + \int_{t-\tau}^{t}\boldsymbol{A}\boldsymbol{y}(\omega)\mathrm{d}\omega$。

对 $\boldsymbol{Z}(t)$ 求导可得

$$
\begin{aligned}
\dot{\boldsymbol{Z}}(t) &= \dot{\boldsymbol{y}}(t) + \boldsymbol{A}\boldsymbol{y}(t) - \boldsymbol{A}\boldsymbol{y}(t-\tau) \\
&= \boldsymbol{A}\boldsymbol{y}(t)
\end{aligned}
\tag{7-33}
$$

再对式(7-32)两边求导，并将式(7-33)代入 $V(t)$ 的导数表达式可得

$$
\begin{aligned}
\dot{V} &= \dot{\boldsymbol{Z}}^{\mathrm{T}}(t)\boldsymbol{P}\boldsymbol{Z}(t) + \boldsymbol{Z}^{\mathrm{T}}(t)\boldsymbol{P}\dot{\boldsymbol{Z}}(t) + \frac{\mathrm{d}}{\mathrm{d}t}\left[\int_{-\tau}^{0}\int_{t+\theta}^{t}\boldsymbol{y}^{\mathrm{T}}(\omega)\boldsymbol{A}^{\mathrm{T}}\boldsymbol{P}\boldsymbol{A}\boldsymbol{y}(\omega)\mathrm{d}\omega\mathrm{d}\theta\right] \\
&= M + N
\end{aligned}
\tag{7-34}
$$

式中，

$$
\begin{aligned}
M &= \dot{\boldsymbol{Z}}^{\mathrm{T}}(t)\boldsymbol{P}\boldsymbol{Z}(t) + \boldsymbol{Z}^{\mathrm{T}}(t)\boldsymbol{P}\dot{\boldsymbol{Z}}(t) \\
&= \boldsymbol{y}^{\mathrm{T}}(t)\boldsymbol{A}^{\mathrm{T}}\boldsymbol{P}\left[\boldsymbol{y}(t) + \int_{t-\tau}^{t}\boldsymbol{A}\boldsymbol{y}(\omega)\mathrm{d}\omega\right] + \left[\boldsymbol{y}(t) + \int_{t-\tau}^{t}\boldsymbol{A}\boldsymbol{y}(\omega)\mathrm{d}\omega\right]^{\mathrm{T}}\boldsymbol{P}\boldsymbol{A}\boldsymbol{y}(t)
\end{aligned}
$$

$$= \boldsymbol{y}^{\mathrm{T}}(t)\boldsymbol{A}^{\mathrm{T}}\boldsymbol{P}\boldsymbol{y}(t) + \boldsymbol{y}^{\mathrm{T}}(t)\boldsymbol{P}\boldsymbol{A}\boldsymbol{y}(t) + \int_{t-\tau}^{t} \boldsymbol{y}^{\mathrm{T}}(t)\boldsymbol{A}^{\mathrm{T}}\boldsymbol{P}\boldsymbol{A}\boldsymbol{y}(\omega)\mathrm{d}\omega$$

$$+ \int_{t-\tau}^{t} \boldsymbol{y}^{\mathrm{T}}(\omega)\boldsymbol{A}^{\mathrm{T}}\boldsymbol{P}\boldsymbol{A}\boldsymbol{y}(t)\mathrm{d}\omega \tag{7-35}$$

$$= \boldsymbol{y}^{\mathrm{T}}(t)\boldsymbol{A}^{\mathrm{T}}\boldsymbol{P}\boldsymbol{y}(t) + \boldsymbol{y}^{\mathrm{T}}(t)\boldsymbol{P}\boldsymbol{A}\boldsymbol{y}(t) + 2\int_{t-\tau}^{t} \boldsymbol{y}^{\mathrm{T}}(t)\boldsymbol{A}^{\mathrm{T}}\boldsymbol{P}\boldsymbol{A}\boldsymbol{y}(\omega)\mathrm{d}\omega$$

$$N = \frac{\mathrm{d}}{\mathrm{d}t}\left[\int_{-\tau}^{0}\int_{t+\theta}^{t} \boldsymbol{y}^{\mathrm{T}}(\omega)\boldsymbol{A}^{\mathrm{T}}\boldsymbol{P}\boldsymbol{A}\boldsymbol{y}(\omega)\mathrm{d}\omega\mathrm{d}\theta\right]$$

$$= \int_{-\tau}^{0} \frac{\mathrm{d}}{\mathrm{d}t}\left[\int_{t+\theta}^{t} \boldsymbol{y}^{\mathrm{T}}(\omega)\boldsymbol{A}^{\mathrm{T}}\boldsymbol{P}\boldsymbol{A}\boldsymbol{y}(\omega)\mathrm{d}\omega\right]\mathrm{d}\theta$$

$$= \int_{-\tau}^{0}\left[\boldsymbol{y}^{\mathrm{T}}(t)\boldsymbol{A}^{\mathrm{T}}\boldsymbol{P}\boldsymbol{A}\boldsymbol{y}(t) - \boldsymbol{y}^{\mathrm{T}}(t+\theta)\boldsymbol{A}^{\mathrm{T}}\boldsymbol{P}\boldsymbol{A}\boldsymbol{y}(t+\theta)\right]\mathrm{d}\theta \tag{7-36}$$

$$= \int_{-\tau}^{0} \boldsymbol{y}^{\mathrm{T}}(t)\boldsymbol{A}^{\mathrm{T}}\boldsymbol{P}\boldsymbol{A}\boldsymbol{y}(t)\mathrm{d}\theta - \int_{-\tau}^{0} \boldsymbol{y}^{\mathrm{T}}(t+\theta)\boldsymbol{A}^{\mathrm{T}}\boldsymbol{P}\boldsymbol{A}\boldsymbol{y}(t+\theta)\mathrm{d}\theta$$

$$= \tau\left[\boldsymbol{y}^{\mathrm{T}}(t)\boldsymbol{A}^{\mathrm{T}}\boldsymbol{P}\boldsymbol{A}\boldsymbol{y}(t)\right] - \int_{-\tau}^{0} \boldsymbol{y}^{\mathrm{T}}(t+\theta)\boldsymbol{A}^{\mathrm{T}}\boldsymbol{P}\boldsymbol{A}\boldsymbol{y}(t+\theta)\mathrm{d}\theta$$

根据引理 7-1，表达式 M 中的最后一项可以缩放为

$$2\int_{t-\tau}^{t} \boldsymbol{y}^{\mathrm{T}}(t)\boldsymbol{A}^{\mathrm{T}}\boldsymbol{P}\boldsymbol{A}\boldsymbol{y}(\omega)\mathrm{d}\omega$$

$$\leqslant \int_{t-\tau}^{t} \boldsymbol{y}^{\mathrm{T}}(t)\boldsymbol{A}^{\mathrm{T}}\boldsymbol{P}^{\mathrm{T}}\boldsymbol{Q}^{-1}\boldsymbol{P}\boldsymbol{A}\boldsymbol{y}(t)\mathrm{d}\omega + \int_{t-\tau}^{t} \boldsymbol{y}^{\mathrm{T}}(\omega)\boldsymbol{A}^{\mathrm{T}}\boldsymbol{Q}\boldsymbol{A}\boldsymbol{y}(\omega)\mathrm{d}\omega \tag{7-37}$$

令 $\boldsymbol{Q}=\boldsymbol{P}$，可以得到：

$$2\int_{t-\tau}^{t} \boldsymbol{y}^{\mathrm{T}}(t)\boldsymbol{A}^{\mathrm{T}}\boldsymbol{P}\boldsymbol{A}\boldsymbol{y}(\omega)\mathrm{d}\omega$$

$$\leqslant \int_{t-\tau}^{t} \boldsymbol{y}^{\mathrm{T}}(t)\boldsymbol{A}^{\mathrm{T}}\boldsymbol{P}\boldsymbol{A}\boldsymbol{y}(t)\mathrm{d}\omega + \int_{t-\tau}^{t} \boldsymbol{y}^{\mathrm{T}}(\omega)\boldsymbol{A}^{\mathrm{T}}\boldsymbol{P}\boldsymbol{A}\boldsymbol{y}(\omega)\mathrm{d}\omega \tag{7-38}$$

$$= \tau\boldsymbol{y}^{\mathrm{T}}(t)\boldsymbol{A}^{\mathrm{T}}\boldsymbol{P}\boldsymbol{A}\boldsymbol{y}(t) + \int_{t-\tau}^{t} \boldsymbol{y}^{\mathrm{T}}(\omega)\boldsymbol{A}^{\mathrm{T}}\boldsymbol{P}\boldsymbol{A}\boldsymbol{y}(\omega)\mathrm{d}\omega$$

为了简化 N 的表达式，定义 $\theta'=t+\theta$，然后可以得到：

$$N = \tau\left[\boldsymbol{y}^{\mathrm{T}}(t)\boldsymbol{A}^{\mathrm{T}}\boldsymbol{P}\boldsymbol{A}\boldsymbol{y}(t)\right] - \int_{t}^{t-\tau} \boldsymbol{y}^{\mathrm{T}}(\theta')\boldsymbol{A}^{\mathrm{T}}\boldsymbol{P}\boldsymbol{A}\boldsymbol{y}(\theta')\mathrm{d}\theta' \tag{7-39}$$

将式(7-35)～式(7-38)代入式(7-34)可以得到：

$$\dot{V} = M + N$$

$$\leqslant \boldsymbol{y}^{\mathrm{T}}(t)\boldsymbol{A}^{\mathrm{T}}\boldsymbol{P}\boldsymbol{y}(t) + \boldsymbol{y}^{\mathrm{T}}(t)\boldsymbol{P}\boldsymbol{A}\boldsymbol{y}(t) + 2\tau\left[\boldsymbol{y}^{\mathrm{T}}(t)\boldsymbol{A}^{\mathrm{T}}\boldsymbol{P}\boldsymbol{A}\boldsymbol{y}(t)\right]$$

$$+ \int_{t-\tau}^{t} \boldsymbol{y}^{\mathrm{T}}(\omega)\boldsymbol{A}^{\mathrm{T}}\boldsymbol{P}\boldsymbol{A}\boldsymbol{y}(\omega)\mathrm{d}\omega - \int_{t-\tau}^{t} \boldsymbol{y}^{\mathrm{T}}(\theta')\boldsymbol{A}^{\mathrm{T}}\boldsymbol{P}\boldsymbol{A}\boldsymbol{y}(\theta')\mathrm{d}\theta' \tag{7-40}$$

$$= \boldsymbol{y}^{\mathrm{T}}(t)\left(\boldsymbol{A}^{\mathrm{T}}\boldsymbol{P} + \boldsymbol{P}\boldsymbol{A} + 2\tau\boldsymbol{A}^{\mathrm{T}}\boldsymbol{P}\boldsymbol{A}\right)\boldsymbol{y}(t)$$

令 $H = A^{\mathrm{T}}P + PA + 2\tau A^{\mathrm{T}}PA$，并选择 $P = I_N$，代入 H 的表达式可得

$$H = A^{\mathrm{T}} + A + 2\tau A^{\mathrm{T}}A \tag{7-41}$$

将 $A = -kL^f$ 代入式(7-41)，可得 $H < -2kL^f + 2\tau k^2 L^f L^f < 0 \Rightarrow \tau k^2 L^f < kI_N$。由于虚拟领弹与从弹组成的通信拓扑图满足假设 7-1，从注解 7-2 可以得到，L^f 是一个正定且对称的非奇异 M 矩阵。因此可知，如果 $\tau < 1/\left[k\lambda_{\max}\left(L^f\right)\right]$ 成立，可以得到 $H < 0$，即 $\dot{V} < 0$。其中，$\lambda_{\max}\left(L^f\right)$ 是矩阵 L^f 的最大特征根。基于李雅普诺夫稳定性理论，可以得到系统状态 x 的误差向量 y 渐近收敛到 0，从而说明所设计的协同项(7-19)确保所有导弹的期望剩余飞行时间 $T_{\mathrm{go}i}^*\,(i = 1, 2, \cdots, N)$ 收敛到期望的剩余飞行时间 T_{go}^*。证毕。

注解 7-5： 在本节中，所提出的一致性协议考虑了导弹之间的通信时间延迟，并且一致性协议所能容忍的最大时间延迟与一致性协议的系数 k 和通信拓扑图的结构有关。此外，本节可以直接给出最大时间延迟与控制参数之间简单且明确的表达式，通过调整系数 k，系统所能容忍的时间延迟也是可调节的。

注解 7-6： 定理 7-1 中假设虚拟领弹与从弹组成的通信拓扑图中至少含有一个有向生成树，因此虚拟领弹至少有一个从弹节点连通，即至少有一个 $a_{i0}, i = 1, 2, \cdots, N$ 不为 0。

注解 7-7： 关于虚拟领弹与从弹组成的通信拓扑图的物理实现问题，只需要在和虚拟领弹连通的从弹 i 上设定不等于 0 的连接权系数 $a_{i0}, i = 1, 2, \cdots, N$，并事先装订期望的终止时间 T_f^*，就可以实时地计算期望的剩余飞行时间 T_{go}^*，这样，带有通信时延的协同制导律(7-25)在物理上就可以实现。

注解 7-8： 定理 7-1 的证明中要求导弹之间的通信延迟时间是一致且固定的，对导弹间的通信约束较为严格。文献[12]和[13]等研究了时变的通信延迟下的多智能体一致性问题，读者可以在此基础上按照本节思路进行深入的研究，进一步放宽制导律对通信的约束。

下面证明导弹 $i(i = 1, 2, \cdots, N)$ 在视线方向上的末制导律，确保其实际剩余飞行时间 $T_{\mathrm{go}i}$ 收敛到期望剩余飞行时间 $T_{\mathrm{go}i}^*$，并最终证明上述所设计的带有通信时延的协同末制导律确保所有导弹的剩余飞行时间 $T_{\mathrm{go}i}$ 趋于一致，即 $T_{\mathrm{go}i} \to T_{\mathrm{go}j} \to T_{\mathrm{go}}^*$，$i, j = 1, 2, \cdots, N$。

定理 7-2： 考虑导弹 $i(i = 1, 2, \cdots, N)$ 在视线方向上的制导模型，如果设计导弹 $i(i = 1, 2, \cdots, N)$ 在视线方向上的末制导律 (7-25)，则此制导律可以使导弹 $i(i = 1, 2, \cdots, N)$ 的实际剩余飞行时间 $T_{\mathrm{go}i}\,(i = 1, 2, \cdots, N)$ 在有限时间内收敛到其期望

的剩余飞行时间 T_{goi}^{*} 。

证明： 为了证明滑模面的收敛性，选择如下李雅普诺夫函数：

$$V_{1i} = \frac{1}{2}S_{1i}^2 \tag{7-42}$$

对式(7-42)进行求导后可以得到：

$$
\begin{aligned}
\dot{V}_{1i} &= S_{1i}\dot{S}_{1i} \\
&= S_{1i}\left(\dot{T}_{\mathrm{goi}} - 1 - u_i^{\mathrm{nom}}\right) \\
&= S_{1i}\left(\hat{u}_{ri} + d_{ri} - 1 - u_i^{\mathrm{nom}}\right) \\
&= S_{1i}\left\{-\hat{d}_{ri} + d_{ri} - \left[h_1 + h_2\varphi(0,T_{r1})\right]S_{1i} - \eta_1\mathrm{sign}(S_{1i})\right\} \\
&= -\left[h_1 + h_2\varphi(0,T_{r1})\right]S_{1i}^2 + \tilde{d}_{ri}S_{1i} - \eta_1|S_{1i}| \\
&\leqslant -2\left[h_1 + h_2\varphi(0,T_{r1})\right]V_{1i} + \sqrt{2}\left(|\tilde{d}_{ri}| - \eta_1\right)V_{1i}^{1/2}
\end{aligned}
\tag{7-43}
$$

式中，$\tilde{d}_{ri} = d_{ri} - \hat{d}_{ri}$ 是 FxTDO 的观测误差。根据引理 7-3 可以得到当 $t \geqslant T_{dr}$ 时，观测器误差 $\tilde{d}_{ri} = 0$，下面本节分两个时间区间对定理 7-2 进行证明。

(1) 当 $0 \leqslant t < T_{dr}$ 时，分如下两种情况。

情况 1： $|\tilde{d}_{ri}| - \eta_1 \leqslant 0$。

在这种情况下，可以得到 $\dot{V}_{1i} \leqslant -2\left[h_1 + h_2\varphi(0,T_{r1})\right]V_{1i} \leqslant 0$，$V_{1i}$ 渐近收敛。

情况 2： $|\tilde{d}_{ri}| - \eta_1 > 0$，此时又可以分两个子情况。

情况 2.1： $\dot{V}_{1i} < 0$。

此时，根据李雅普诺夫稳定性理论可得 V_{1i} 渐近收敛。

情况 2.2： $\dot{V}_{1i} \geqslant 0$。

此时有

$$
\begin{aligned}
\left(|\tilde{d}_{ri}| - \eta_1\right)V_{1i}^{1/2} &\geqslant \sqrt{2}\left[h_1 + h_2\varphi(0,T_{r1})\right]V_{1i} \\
\Rightarrow V_{1i} &\leqslant \frac{\left(|\tilde{d}_{ri}| - \eta_1\right)^2}{2\left[h_1 + h_2\varphi(0,T_{r1})\right]^2}
\end{aligned}
\tag{7-44}
$$

并且，当 $t < T_{dr}$ 时有 $p/T_{r1} \leqslant \varphi(0,T_{r1}) = p/(T_{r1} - T_{dr})$，根据式(7-44)可得 V_{1i} 是有界的。综合情况 2.1 和情况 2.2 可得 V_{1i} 在 T_{dr} 时刻是有界的。

(2) 当 $t \geqslant T_{dr}$ 时有

$$\dot{V}_{1i} \leqslant -2\left[h_1 + h_2\varphi(0,T_r)\right]V_{1i} \tag{7-45}$$

根据引理 7-4，可以得到 $t \to T_r$ 时，$V_{1i} \to 0$。$t > T_r > T_{dr}$ 时有 $\varphi(0,T_r) = p/T_r$，然后得 $\dot{V}_{1i} \leqslant -2(h_1 + h_2 p/T_r)V_{1i}$。由于 V_{1i} 是连续的，因此根据李雅普诺夫稳定性理

论可以得到 $0 \leqslant V_{1i} \leqslant V_{1i}(T_r) = 0$ ，即对于 $t \geqslant T_r$ ， $T_{goi} = T_{goi}^*$ 。综合定理 7-1 能够得到多导弹的剩余飞行时间 $T_{goi}(i=1,2,\cdots,N)$ 可以逐渐收敛到虚拟领弹指定的剩余飞行时间 T_{go}^* 。证毕。

注解 7-9： 本章中考虑到 FxTDO 的固定时间收敛特性，可以选择一个较小的 η_1 ，在收敛时间上界 T_{dr} 时刻以前保证系统状态有界，并且较小 η_1 可以有效削弱滑模控制中符号函数带来的不利影响。

综合以上协同制导律设计步骤、一致性分析，可以得到具有给出视线方向的带有时延的协同末制导律如下：

$$u_{ri} = \begin{cases} \frac{1}{b_{ri}}\left\{u_i^{\text{nom}} - \hat{d}_{ri} - \left[h_1 + h_2\varphi(0,T_{r1})\right](T_{goi} - T_{goi}^*) - \eta_1\text{sign}\left(T_{goi} - T_{goi}^*\right) - H_{ri}\right\}, & t \leqslant T_r \\ -\frac{k}{b_{ri}}\left\{\sum_{j=1}^{N}a_{ij}\left[T_{goi}(t-\tau) - T_{goj}(t-\tau)\right] + a_{i0}\left[T_{goi}(t-\tau) - T_{go}^*(t-\tau)\right]\right\} - \frac{1}{b_{ri}}H_{ri} - \frac{1}{b_{ri}}\hat{d}_{ri}, & t > T_r \end{cases}$$

式中， $u_i^{\text{nom}} = -k\sum_{j=1}^{N}a_{ij}\left[T_{goi}^*(t-\tau) - T_{goj}^*(t-\tau)\right] - ka_{i0}\left[T_{goi}^*(t-\tau) - T_{go}^*(t-\tau)\right]$ ，其他参数与式(7-3)、式(7-16)、式(7-17)和式(7-23)中的相同。

注解 7-10： 对于视线方向协同末制导律，分为两个阶段，当 $t \leqslant T_r$ 时，在 u_{ri} 的作用下使导弹 i 在目标机动干扰情况下，确保其实际剩余飞行时间 T_{goi} 收敛到期望剩余飞行时间 T_{goi}^* ；当 $t > T_r$ 时， u_{ri} 转化为带有时延的多智能体协议和带有干扰的估计项，基于此协议，就可以确保所有导弹的实际剩余飞行时间 $T_{goi}, i=1,2,\cdots,N$ 趋于一致，即同时到达目标。

7.3.2　视线法向协同末制导律设计

视线法向协同末制导律设计的目的是设计导弹 i $(i=1,2,\cdots,N)$ 的协同末制导律，使导弹 i 的所有导弹视线倾角 $q_{\varepsilon i}$ 和 $q_{\beta i}$ 在预设时间 T_q 分别收敛到 $q_{\varepsilon i}^d$ 和 $q_{\beta i}^d$ ，所有的导弹视线偏角 $\dot{q}_{\varepsilon i}$ 和 $\dot{q}_{\beta i}$ 在预设时间 T_q 都收敛到 0。

用数学语言描述为

$$\lim_{t\to T_q}q_{\varepsilon i}\to q_{\varepsilon i}^*, \lim_{t\to T_q}q_{\beta i}\to q_{\beta i}^*; \quad \lim_{t\to T_q}\dot{q}_{\varepsilon i}\to 0, \lim_{t\to T_q}\dot{q}_{\beta i}\to 0, \quad i=1,2,\cdots,N$$

式中， N 为导弹的个数； T_q 为预设时间。

下面设计视线法向制导律，并给出有限时间收敛性证明。

根据式(7-3)中的最后两式给出导弹 i 在视线法向上的动力学模型：

$$\begin{cases} \dot{\boldsymbol{x}}_{3i} = \boldsymbol{x}_{4i} \\ \dot{\boldsymbol{x}}_{4i} = \boldsymbol{F}_i + \boldsymbol{B}_i\boldsymbol{u}_{qi} + \boldsymbol{d}_{qi} \end{cases} \tag{7-46}$$

视线法向上的制导目的是确保系统状态 x_{2i}、x_{3i} 在预设时间 T_q 时刻收敛到 0。为此，本节设计如下的滑模面：

$$\boldsymbol{S}_{2i} = \boldsymbol{x}_{4i} + \left[h_3 + h_4\varphi\left(0, T_q\right)\right]\boldsymbol{x}_{3i} \tag{7-47}$$

式中，$h_3 > 0$，$h_4 > 0$ 是滑模面的参数；T_q 是系统状态所期望的预设时间。

为了确保系统状态在预设的 T_{qs} 时刻收敛到滑模面，本节选择如下趋近律：

$$\dot{\boldsymbol{S}}_{2i} = -\left[h_5 + h_6\varphi\left(0, T_{qs}\right)\right]\boldsymbol{S}_{2i} - \eta_2\mathrm{sign}\left(\boldsymbol{S}_{2i}\right) \tag{7-48}$$

式中，$h_5 > 0$，$h_6 > 0$，$\eta_2 > 0$ 是趋近律的设计参数；T_{qs} 是所设计的 FxTDO 在视线方向对扰动估计的收敛时间上界。

基于式(7-46)中所给出的视线法向制导模型和式(7-47)、式(7-48)中设计的滑模面与趋近律可以得到如下视线法向制导律：

$$\begin{aligned}
\boldsymbol{u}_{qi} = -\boldsymbol{B}_i^{-1}\Big\{ &\boldsymbol{F}_i + \hat{\boldsymbol{d}}_{qi} + \left[h_3 + h_4\varphi\left(0, T_q\right)\right]\boldsymbol{x}_{4i} + h_4\dot{\varphi}\left(0, T_q\right)\boldsymbol{x}_{3i} \\
&+ \left[h_5 + h_6\varphi\left(0, T_{qs}\right)\right]\boldsymbol{S}_{2i} + \eta_2\mathrm{sign}\left(\boldsymbol{S}_{2i}\right)\Big\}
\end{aligned} \tag{7-49}$$

式中，$\hat{\boldsymbol{d}}_{qi} = \begin{bmatrix} \hat{d}_{\varepsilon i} & \hat{d}_{\beta i} \end{bmatrix}^{\mathrm{T}}$ 是根据引理 7-3 设计的 FxTDO 对未知扰动 $\boldsymbol{d}_{qi}$ 的估计值，从式(7-3)中可以看出，$\boldsymbol{d}_{qi}$ 是一个二维列向量，包含了目标加速度在视线纵向和视线横向方向上的两个加速度，将观测器的估计误差记为 $\tilde{\boldsymbol{d}}_{qi} = \boldsymbol{d}_{qi} - \hat{\boldsymbol{d}}_{qi}$，并假设 $|\tilde{d}_{q\varepsilon i}| < \eta_2, |\tilde{d}_{q\beta i}| < \eta_2$。

定理 7-3：针对视线法向制导模型(7-46)，如果利用引理 7-3 设计的 FxTDO 对未知扰动 $\boldsymbol{d}_{qi}$ 进行估计，则视线法向制导律(7-49)可以保证系统状态 x_{3i}、x_{4i} 在预设时间 T_q 处收敛到 0，即所有的导弹视线倾角 $q_{\varepsilon i}$ 和 $q_{\beta i}$ 在预设时间 T_q 分别收敛到 $q_{\varepsilon i}^d$ 和 $q_{\beta i}^d$，所有的导弹视线偏角 $\dot{q}_{\varepsilon i}$ 和 $\dot{q}_{\beta i}$ 在预设时间 T_q 都收敛到 0。

证明：为了证明系统状态 x_{3i}、x_{4i} 收敛到滑模面上的情况，选择如下李雅普诺夫候选函数：

$$V_{2i} = \frac{1}{2}\boldsymbol{S}_{2i}^{\mathrm{T}}\boldsymbol{S}_{2i} \tag{7-50}$$

对式(7-50)求导并将式(7-46)、式(7-47)、式(7-49)代入后可以得到：

$$\begin{aligned}
\dot{V}_{2i} &= \frac{1}{2}\left(\boldsymbol{S}_{2i}^{\mathrm{T}}\dot{\boldsymbol{S}}_{2i} + \dot{\boldsymbol{S}}_{2i}^{\mathrm{T}}\boldsymbol{S}_{2i}\right) \\
&= \boldsymbol{S}_{2i}^{\mathrm{T}}\dot{\boldsymbol{S}}_{2i} \\
&= \boldsymbol{S}_{2i}^{\mathrm{T}}\left[\dot{\boldsymbol{x}}_{3i} + h_4\boldsymbol{x}_{3i} + \frac{h_5}{p}\varphi^2\left(0, T_q\right)\boldsymbol{x}_{2i} + h_4\varphi\left(0, T_q\right)\boldsymbol{x}_{3i}\right]
\end{aligned}$$

$$= \boldsymbol{S}_{2i}^{\mathrm{T}}\left[\boldsymbol{F}_i + \boldsymbol{B}_i\boldsymbol{u}_{qi} + \boldsymbol{d}_{qi} + h_4\boldsymbol{x}_{3i} + \frac{h_5}{p}\varphi^2(0, T_q)\boldsymbol{x}_{2i} + h_4\varphi(0, T_q)\boldsymbol{x}_{3i}\right]$$

$$= \boldsymbol{S}_{2i}^{\mathrm{T}}\left\{\tilde{\boldsymbol{d}}_{qi} - \left[h_5 + h_6\varphi(0, T_{qs})\right]\boldsymbol{S}_{2i} - \eta_2\mathrm{sign}(\boldsymbol{S}_{2i})\right\}$$

$$\leqslant -2\left[h_5 + h_6\varphi(0, T_{qs})\right]V_{2i} + \left[\,|S_{21i}|\quad|S_{22i}|\,\right]\left(\left[\,|\tilde{d}_{q\varepsilon i}|\quad|\tilde{d}_{q\beta i}|\,\right]^{\mathrm{T}} - \eta_2\begin{bmatrix}1 & 1\end{bmatrix}^{\mathrm{T}}\right) \quad (7\text{-}51)$$

$$= -2\left[h_5 + h_6\varphi(0, T_{qs})\right]V_{2i} + \left(|\tilde{d}_{q\varepsilon i}| - \eta_2\right)|S_{21i}| + \left(|\tilde{d}_{q\beta i}| - \eta_2\right)|S_{22i}|$$

$$\leqslant -2\left[h_5 + h_6\varphi(0, T_{qs})\right]V_{2i} + \rho_i\left(|S_{21i}| + |S_{22i}|\right)$$

式中，$\rho_i = \max\left\{|\tilde{d}_{q\varepsilon i}| - \eta_2, |\tilde{d}_{q\beta i}| - \eta_2\right\}$。

与 7.3.1 小节类似，为了削弱符号函数项系数带来的影响，本节选取一个较小的符号函数项系数 η_2，然后考虑到 FxTDO 对扰动固定时间的收敛特性，分三个不同的时间区间，分析滑模面的收敛性。

1）当 $0 \leqslant t < T_{dq}$ 时

系统状态未到达滑模面，并且 FxTDO 对扰动 $\boldsymbol{d}_{qi}$ 的估计也存在误差。根据扰动误差分量的绝对值 $|\tilde{d}_{q\varepsilon i}|$、$|\tilde{d}_{q\beta i}|$ 和参数 η_2 的关系可以进一步分下面几种情况来讨论。

情况 1：$\rho_i \leqslant 0$。

此时，$p/T_{qs} \leqslant \varphi(0, T_{qs}) < p/(T_{qs} - T_{dq})$ 为一个正的常数，并且式(7-51)满足：

$$\dot{V}_{2i} \leqslant -\left[h_5 + h_6 p/\varphi(0, T_{qs})\right]V_{2i} < 0 \quad (7\text{-}52)$$

可以得到 V_{2i} 在有限时间内收敛。

情况 2：$\rho_i > 0$，有如下两种情况。

情况 2.1：$\dot{V}_{2i} < 0$。

此时，根据李雅普诺夫稳定性理论，得 V_{2i} 渐近收敛。

情况 2.2：$\dot{V}_{2i} \geqslant 0$。

根据 Young 不等式得 $2|S_{21i}||S_{22i}| \leqslant |S_{21i}|^2 + |S_{22i}|^2$，进而 $\left(|S_{21i}| + |S_{22i}|\right)^2 = |S_{21i}|^2 + |S_{22i}|^2 + 2|S_{21i}||S_{22i}| \leqslant 2\left(|S_{21i}|^2 + |S_{22i}|^2\right) = 4V_{2i}$，有 $|S_{21i}| + |S_{22i}| \leqslant 2\sqrt{V_{2i}}$。将上述不等式关系代入式(7-51)可以得到：

$$0 \leqslant -2\left[h_5 + h_6\varphi(0, T_{qs})\right]V_{2i} + 2\rho_i\sqrt{V_{2i}}$$

$$\Rightarrow V_{2i} \leqslant \frac{\rho_i^2}{\left[h_5 + h_6\varphi(0, T_{qs})\right]^2} \quad (7\text{-}53)$$

并且，当 $t < T_{dq}$ 时有 $p/T_{qs} \leqslant \varphi\left(0, T_{qs}\right) < p/\left(T_{qs} - T_{dq}\right)$，根据式(7-53)可得 V_{2i} 是有界的。综合情况 2.1 和情况 2.2 可以得到 V_{2i} 在 T_{dq} 时刻是有界的。

2) 当 $T_{dq} \leqslant t < T_{qs}$ 时

在此时间区间内，利用 FxTDO 可以对扰动进行精确估计，故有 $\rho_i < 0$。

此时，式(7-51)可以写为

$$\dot{V}_{2i} \leqslant -2h_5 V_{2i} - 2h_6 \varphi\left(0, T_{qs}\right) V_{2i} \tag{7-54}$$

根据引理 7-4，以 T_{dq} 时刻作为初始时间，滑模面可以在预设时间 T_{qs} 时刻收敛到 0。

3) 当 $t \geqslant T_{qs}$ 时

此时，式(7-51)可以写为

$$\dot{V}_{2i} \leqslant -2\left(h_5 + h_6 \frac{p}{T_{qs} - T_{dq}}\right) V_{2i} \leqslant 0 \tag{7-55}$$

根据李雅普诺夫稳定性理论，可以得到 $0 \leqslant V_{2i}(t) \leqslant V_{2i}\left(T_{qs}\right)$，即 $\boldsymbol{S}_{2i} = \boldsymbol{0}$ $\left(t \geqslant T_{qs}\right)$。接着，为了论证系统状态在滑模面上的运动情况，选择如下李雅普诺夫函数：

$$V_{3i} = \frac{1}{2} \boldsymbol{x}_{3i}^{\mathrm{T}} \boldsymbol{x}_{3i} \tag{7-56}$$

由于 $\boldsymbol{S}_{2i} = \boldsymbol{0}\left(t \geqslant T_{qs}\right)$，结合式(7-47)，可以得到：

$$\boldsymbol{x}_{4i} = -\left[h_3 + h_4 \varphi\left(0, T_q\right)\right] \boldsymbol{x}_{3i} \tag{7-57}$$

将式(7-57)代入式(7-56)可以得到：

$$\begin{aligned}
\dot{V}_{3i} &= \frac{1}{2}\left(\boldsymbol{x}_{3i}^{\mathrm{T}} \dot{\boldsymbol{x}}_{3i} + \dot{\boldsymbol{x}}_{3i}^{\mathrm{T}} \boldsymbol{x}_{3i}\right) \\
&= \boldsymbol{x}_{3i}^{\mathrm{T}} \dot{\boldsymbol{x}}_{3i} \\
&= \boldsymbol{x}_{3i}^{\mathrm{T}} \boldsymbol{x}_{4i} \\
&= -\left[h_3 + h_4 \varphi\left(0, T_q\right)\right] \boldsymbol{x}_{3i}^{\mathrm{T}} \boldsymbol{x}_{3i} \\
&= -2h_3 V_{3i} - 2h_4 \varphi\left(0, T_q\right) V_{3i} < 0
\end{aligned} \tag{7-58}$$

根据引理 7-4，以 T_{qs} 时刻作为初始时间，可以得到系统状态 $\boldsymbol{x}_{3i}$ 在预设时间 T_q 时刻收敛到 0。此外，根据滑模面的定义可知，当 $\boldsymbol{S}_{2i} = \boldsymbol{0}$ 并且 $\boldsymbol{x}_{3i} = \boldsymbol{0}$，必有 $\boldsymbol{x}_{4i} = \boldsymbol{0}$，从而可得所有的导弹视线倾角 $q_{\varepsilon i}$ 和 $q_{\beta i}$ 在预设时间 T_q 分别收敛到 $q_{\varepsilon i}^d$ 和 $q_{\beta i}^d$，所有

的导弹视线偏角 $\dot{q}_{\varepsilon i}$ 和 $\dot{q}_{\beta i}$ 在预设时间 T_q 都收敛到 0。证毕。

综合以上协同制导律设计步骤、一致性分析，具有给出视线法向的带有时延的协同末制导律如下：

$$\boldsymbol{u}_{qi} = -\boldsymbol{B}_i^{-1}\left\{ \boldsymbol{F}_i + \hat{\boldsymbol{d}}_{qi} + \left[h_3 + h_4\varphi\left(0, T_q\right) \right]\boldsymbol{x}_{4i} + h_4\dot{\varphi}\left(0, T_q\right)\boldsymbol{x}_{3i} \right.$$
$$\left. + \left[h_5 + h_6\varphi\left(0, T_{qs}\right) \right]\boldsymbol{S}_{2i} + \eta_2 \mathrm{sign}\left(\boldsymbol{S}_{2i}\right) \right\}$$

式中，$\boldsymbol{S}_{2i} = \boldsymbol{x}_{4i} + \left[h_3 + h_4\varphi\left(0, T_q\right) \right]\boldsymbol{x}_{3i}$；$\boldsymbol{x}_{3i} = [q_{\varepsilon i} - q_{\varepsilon i}^d, q_{\beta i} - q_{\beta i}^d]^{\mathrm{T}}$；$\boldsymbol{x}_{4i} = [\dot{q}_{\varepsilon i}, \dot{q}_{\beta i}]^{\mathrm{T}}$；

$$\boldsymbol{F}_i = \begin{bmatrix} -\dot{q}_{\beta i}^2 \sin q_{\varepsilon i}\cos q_{\varepsilon i} \\ 2\dot{q}_{\varepsilon i}\dot{q}_{\beta i}\tan q_{\varepsilon i} \end{bmatrix}; \quad \boldsymbol{B}_i = \begin{bmatrix} -1/r_i & 0 \\ 0 & 1/(r_i\cos q_{\varepsilon i}) \end{bmatrix}; \quad \boldsymbol{u}_{qi} = \begin{bmatrix} 2\dot{r}_i\dot{q}_{\varepsilon i} + u_{\varepsilon i} \\ -2\dot{r}_i\dot{q}_{\beta i}\cos q_{\varepsilon i} + u_{\beta i} \end{bmatrix};$$

$\hat{\boldsymbol{d}}_{qi} = \begin{bmatrix} \hat{d}_{\varepsilon i} & \hat{d}_{\beta i} \end{bmatrix}^{\mathrm{T}}$，其他符号同式(7-16)、式(7-44)、式(7-45)、式(7-47)～式(7-49)。

对 $\boldsymbol{u}_{qi}$ 进一步整理，分别获得垂直于视线俯仰方向的带有时延的协同末制导律 $u_{\varepsilon i}$ 和垂直于视线偏航方向的带有时延的协同末制导律 $u_{\beta i}$ 如下。

(1) 垂直于视线俯仰方向的带有时延的协同末制导律 $u_{\varepsilon i}$ 为

$$u_{\varepsilon i} = -2\dot{r}_i\dot{q}_{\varepsilon i} - r_i\dot{q}_{\beta i}^2\sin q_{\varepsilon i}\cos q_{\varepsilon i} + r_i\hat{d}_{\varepsilon i} + \rho_1(T_q)r_i\dot{q}_{\varepsilon i} + \rho_2(T_q)r_i(q_{\varepsilon i} - q_{\varepsilon i}^d)$$
$$+ \rho_3(T_{qs})r_i\dot{q}_{\varepsilon i} + \rho_3(T_{qs})\rho_4(T_q)r_i(q_{\varepsilon i} - q_{\varepsilon i}^d) + \eta_2 r_i\mathrm{sign}\left[\dot{q}_{\varepsilon i} + \rho_4(T_q)(q_{\varepsilon i} - q_{\varepsilon i}^d) \right]$$

式中，$\rho_1(T_q) = h_3 + h_4\varphi\left(0, T_q\right)$；$\rho_2(T_q) = h_4\dot{\varphi}\left(0, T_q\right)$；$\rho_3(T_{qs}) = h_5 + h_6\varphi\left(0, T_{qs}\right)$；$\rho_4(T_q) = h_3 + h_4\varphi\left(0, T_q\right)$。

(2) 垂直于视线偏航方向的带有时延的协同末制导律 $u_{\beta i}$ 为

$$u_{\beta i} = 2r_i(\cos q_{\varepsilon i})\dot{q}_{\beta i} - 2r_i\dot{q}_{\beta i}^2(\sin q_{\varepsilon i})\dot{q}_{\varepsilon i}^2\dot{q}_{\beta i}^2 - r_i(\cos q_{\varepsilon i})\hat{d}_{\beta i}$$
$$- \rho_1(T_q)r_i(\cos q_{\varepsilon i})\dot{q}_{\beta i} - \rho_2(T_q)r_i(\cos q_{\varepsilon i})(q_{\varepsilon i} - q_{\varepsilon i}^d) - \rho_3(T_{qs})r_i(\cos q_{\varepsilon i})\dot{q}_{\beta i}$$
$$- \rho_3(T_{qs})\rho_4(T_q)r_i(\cos q_{\varepsilon i})(q_{\beta i} - q_{\beta i}^d) - \eta_2 r_i(\cos q_{\varepsilon i})\mathrm{sign}\left[\dot{q}_{\beta i} + \rho_4(T_q)(q_{\beta i} - q_{\beta i}^d) \right]$$

式中，$\rho_1(T_q) = h_3 + h_4\varphi(0, T_q)$；$\rho_2(T_q) = h_4\dot{\varphi}(0, T_q)$；$\rho_3(T_{qs}) = h_5 + h_6\varphi(0, T_{qs})$；$\rho_4(T_q) = h_3 + h_4\varphi(0, T_q)$。

注解 7-11：对于视线法向协同末制导律 $u_{\varepsilon i}$、$u_{\beta i}$，前三项是带有目标机动干扰估计的扩展比例导引项；第四～六项是确保导弹 i 在有限时间内，其实际视线角 $q_{\varepsilon i}$、$q_{\beta i}$ 收敛到事先给定的视线角 $q_{\varepsilon i}^d$、$q_{\beta i}^d$，并使其视线角速度收敛到零；第七项是确保在有限时间内对目标机动干扰值进行精确估计，消除干扰误差的影响。

7.3.3　仿真分析

在本节中，设计两种场景下的仿真实验对提出的带有通信时间延迟的三维协同制导律的有效性进行验证。在场景一中，考虑三枚导弹之间存在通信时间延迟情况下协同攻击单个空中机动目标，并使用本节提出的协同制导律进行仿真验证。在场景二中，为了进一步验证所提出制导律预设时间收敛的优点，本节设计了一组不同的预设时间参数，分析其对制导系统的影响。

本节的两个场景中的末制导目标设置如下：导弹的脱靶量均小于 3m；多导弹的最大攻击时间与最小攻击时间之差不大于 0.1s；导弹的末端视线倾角、视线偏角与期望的视线角之差不大于 1°。

考虑三枚导弹协同打击一个空中机动目标，在导弹 1 上设计虚拟领弹，并设计虚拟领弹的状态值作为所有导弹的期望剩余飞行时间，记 $T_{go}^{*}=32-t(s)$。图 7-2 给出了虚拟领弹和三枚从弹(真实导弹)之间的通信拓扑关系，表 7-1 给出了导弹初始仿真条件。本节考虑导弹之间的通信时间延迟 $\tau=40\text{ms}$。

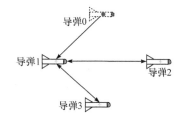

图 7-2　虚拟领弹和三枚从弹(真实导弹)的通信拓扑图

表 7-1　导弹初始仿真条件

初始值	R_i / km	V_{Mi} /(m/s)	$(q_{\varepsilon i}, q_{\beta i})/(°)$	$(q_{\varepsilon i}^{d}, q_{\varepsilon i}^{d})/(°)$	$(\theta_{Mi}, \phi_{Mi})/(°)$
导弹 1	10	600	(−10,30)	(20,10)	(10,0)
导弹 2	12	600	(−20,10)	(−40,30)	(0,0)
导弹 3	11	600	(−30,20)	(−50,50)	(0,0)

本仿真实验中，机动目标的仿真参数设置为位置 $(x_{t0}, y_{t0}, z_{t0})=(0,8,0)\text{km}$，速度 $(V_{t0}, \theta_{t0}, \phi_{t0})=(200\text{m/s}, 0°, 0°)$，目标速度的大小不变，保持定高飞行，在侧向平面内机动，其法向加速度设置为 $(a_{\theta t}, a_{\phi t})=(0, 6g*\sin(1.2\pi t))$，其中 $g=9.8\text{m/s}^2$。

制导律的参数设置如下：$h_1=h_2=2$，$\eta_1=0.2$，$h_3=h_4=h_5=h_6=0.25$，$\eta_2=0.01$，$p=4$，$T_{dq}=3$，$T_{qs}=15$，$T_q=25$，$T_{dr}=3$，$T_r=25$。本节中所设计的 FxTDO 的参数如下：$a=0.8$，$b=1.3$，$\chi_1=1$，$\chi_2=0.09$，$\varepsilon=0.02$。

图 7-3 中给出了主要仿真结果曲线，包括三维空间内弹–目运动轨迹、导弹与目标间的距离、滑模面、剩余飞行时间、视线角和视线角速率曲线。本节从视线方向和视线法向上的状态变量曲线，以及导弹的控制曲线及目标加速度曲线等几个方面对所提出的制导律的有效性进行分析。

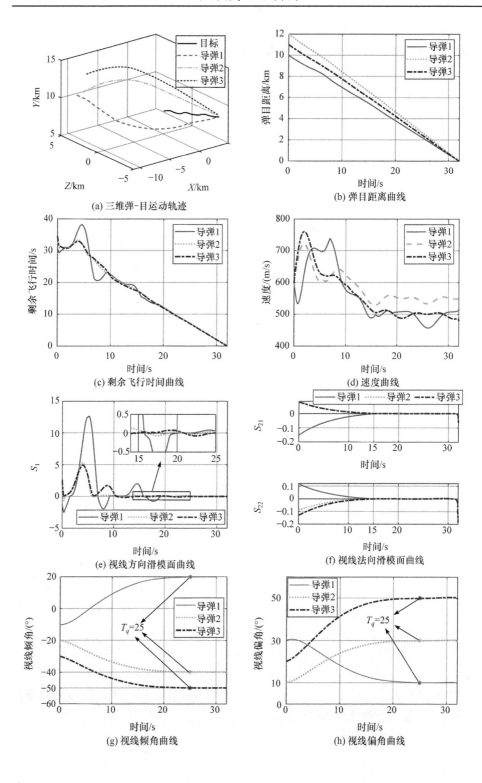

(a) 三维弹-目运动轨迹

(b) 弹目距离曲线

(c) 剩余飞行时间曲线

(d) 速度曲线

(e) 视线方向滑模面曲线

(f) 视线法向滑模面曲线

(g) 视线倾角曲线

(h) 视线偏角曲线

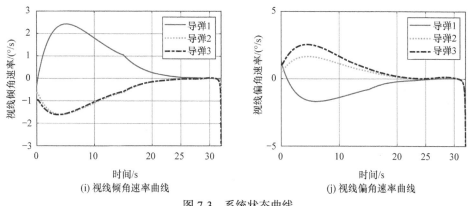

(i) 视线倾角速率曲线　　　　　　　　　　(j) 视线偏角速率曲线

图 7-3　系统状态曲线

在视线方向，图 7-3(a)～(c)表明三枚导弹可以按照预定的时间命中目标，并且弹道轨迹相对光滑。此外，图 7-3(e)可以看出视线方向上的滑模面可以在预设时间 $T_r=25s$ 时收敛到 0，这表明了所提出的基于预设时间收敛积分滑模控制器的有效性。

在视线法向，如图 7-3(f)所示，滑模面 S_2 可以在预设时间 $T_{qs}=15s$ 时刻收敛到 0。此外，在图 7-3(g)和(h)中，可以看出三枚导弹的视线倾角和视线偏角都可以在预设时间 $T_q=25s$ 时收敛到其期望值，并且误差远小于 1°。类似地，图 7-3(i)和(j)展示了视线角速率在纵向平面和横向平面内的预设时间收敛特性。此外，在制导的末端视线倾角和偏角速率发散，这是在制导末端弹目距离 r_i 逐渐趋近于 0 导致的。在实际应用中，这种情况只会出现在制导末端 r_i 较小时，不会对制导精度造成较大影响。

图 7-4(b)、(d)、(f)给出了目标机动在视线方向、视线法向(包括纵向和横向)上的未知扰动的真实值和基于所设计的 FxTDO 对扰动的估计值。可以看出，所设计的观测器对扰动估计的收敛时间均小于 3s，这说明了本节所设计的 FxTDO 的有效性。在图 7-4(c)和(e)中可以看出，视线法向的过载在初始阶段会达到过载限幅，这是由于初始阶段期望的视线角误差与期望值之间的差较大，控制输入容易到达饱和状态。此外，由于目标是在横向平面内机动的，图 7-4(d)和(f)中可以

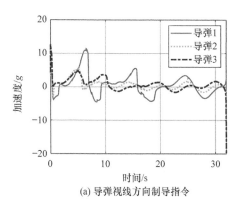

(a) 导弹视线方向制导指令

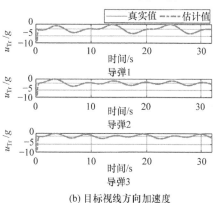

(b) 目标视线方向加速度

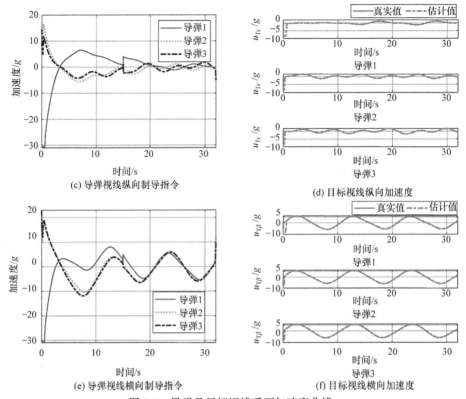

(c) 导弹视线纵向制导指令

(d) 目标视线纵向加速度

(e) 导弹视线横向制导指令

(f) 目标视线横向加速度

图 7-4　导弹及目标视线系下加速度曲线

看出，目标机动的加速度分量主要在视线的横向平面内。在制导末端，导弹的控制输入主要用于补偿目标机动带来的扰动；相应地，导弹在视线横向平面内的末端过载大于纵向平面内的过载。

在图 7-5 中给出了弹道坐标系下导弹的加速度曲线，在横向和纵向平面内导弹过载不超过±20g；在弹道方向虽然前期存在较大的轴向加速度，但是随着制导系统趋于稳定，在 10s 以后最大负向过载不超过-3g。

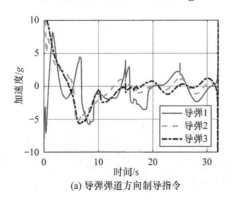

(a) 导弹弹道方向制导指令

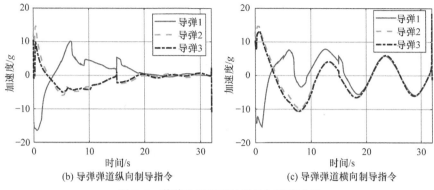

(b) 导弹弹道纵向制导指令   (c) 导弹弹道横向制导指令

图 7-5 弹道坐标系下导弹的加速度曲线

最终，通过上述分析可以得到，本节所提出的制导律不仅可以在存在通信时间延迟下实现多导弹同时攻击，有较强的鲁棒性和自适应性，而且在不同的预设时间参数下都可以实现预定时间收敛，从而使得制导律的使用更具有灵活性。

7.4 通信时延和网络拓扑切换下的三维协同末制导律

7.4.1 协同末制导律设计

本节中，在同时考虑多导弹通信存在时间延迟和网络拓扑切换的情况下设计协同制导律，在 7.2.3 小节中，已经给出了固定通信网络拓扑定义。类似地，本节将表示 N 枚导弹系统的时变通信拓扑图记为 $G_{\delta(t)} \in \Theta$。其中，$\delta(t)$ 是通信拓扑切换函数，$G_{\delta(t)}$ 是在 t 时刻的通信拓扑图，Θ 是 N 个智能体构成的通信拓扑的 $m+1$ 个元素的集合。在末制导阶段的有限时间过程将拓扑切换的时间序列记为 $t_i, i = 0, 1, \cdots, m$ 是切换次数，其中 $i=0$ 是指末制导开始时的零点。导弹编队在任意切换子区间 $t \in [t_i, t_{i+1})$ 时有 $G_{\delta(t)} = G_{\delta_i}$。

在本节中，考虑到实际的制导系统间导弹的通信情况，做出以下假设。

假设 7-2：末制导阶段，每一个通信切换的时间子区间内，导弹之间的通信拓扑都是无向连通的。

假设 7-3：末制导阶段，导弹之间的通信拓扑切换次数是有限的，并且通信拓扑切换频率远小于制导频率。

注解 7-12：与 7.3 节类似，本节同样采用基于虚拟领-从弹的结构设计制导律。其中，虚拟领弹用于给从弹(实际导弹)提供期望的剩余飞行时间，虚拟领弹可以选择任意从弹作为牵引。在实际作战中，可以在中、末交接班时由载机选择导弹编队中的任意导弹增加一枚虚拟领弹与该导弹进行虚拟通信，构成"虚拟领-从弹"

导弹编队结构。该导弹可以根据自身测量的目标运动状态确定所期望的剩余飞行时间 T_{go}^{*}。

同时存在通信时间延迟和拓扑切换的多智能体一致性协议可以设计如下：

$$u_i^{\text{nom}} = \dot{T}_{\text{go}i}^{*} = -k\sum_{i=1}^{N} a_{ij}^{\delta}(t)\Big[T_{\text{go}i}^{*}(t-\tau) - T_{\text{go}j}^{*}(t-\tau)\Big] - ka_{i0}^{\delta}\Big[T_{\text{go}i}^{*}(t-\tau) - T_{\text{go}}^{*}(t-\tau)\Big]$$

$$(7\text{-}59)$$

式中，$a_{ij}^{\delta}(t)$ 表示时变拓扑图 $G_{\delta(t)}$ 中的导弹 i 和导弹 j 的时变连接关系，根据定义可知，当有信息从导弹 j 传到导弹 i 时其值为 1，否则为 0。根据切换拓扑图的定义，将式(7-59)写成如下的矢量形式：

$$\dot{\boldsymbol{x}}(t) = -k\boldsymbol{L}_{\delta(t)}\boldsymbol{x}(t-\tau) \qquad (7\text{-}60)$$

式中，矢量 $\boldsymbol{x}(t)$ 的定义在 7.2 节中给出；$\boldsymbol{L}_{\delta(t)}$ 是时变拓扑图 $G_{\delta(t)}$ 所对应的拉普拉斯矩阵，类似地，其定义为

$$\boldsymbol{L}_{\delta(t)} = \begin{bmatrix} 0 & \boldsymbol{0}_{1^{*}N} \\ \boldsymbol{L}_{\delta(t)}^{d} & \boldsymbol{\varLambda}_{\delta(t)}^{f} \end{bmatrix} \qquad (7\text{-}61)$$

式中，$\boldsymbol{L}_{\delta(t)}^{d}$ 表示从弹(实际导弹)之间的通信连接关系。

定理 7-4：如果虚拟领弹与从弹组成的通信拓扑图满足假设 7-1，拓扑切换关系满足假设 7-2 和假设 7-3；通信延迟时间满足 $\tau < 1/\Big[k\lambda_{\max}\big(\boldsymbol{L}_{\delta(t)}^{f}\big)\Big]$；令状态变量 $x_i = T_{\text{go}i}^{*}$，得一阶多智能体系统 $\dot{x}_i = u_i^{\text{nom}}, i = 1,2,\cdots,N$。如果采用式(7-60)所示的一致性协议，则所有从弹的状态收敛到虚拟领弹的状态，即所有从弹的期望剩余飞行时间 $T_{\text{go}i}^{*}$ 可以收敛到领弹指定的剩余飞行时间 T_{go}^{*}。

证明：本小节证明思路和 7.3.1 小节一样，故本小节中仅针对与 7.3.1 小节中不同的部分进行证明。类似地，本小节选择如下的 Lyapunov-Krasovskii 泛函：

$$V_2 = \boldsymbol{Z}_{\delta(t)}^{\mathrm{T}}(t)\boldsymbol{P}\boldsymbol{Z}(t) + \int_{-\tau}^{0}\int_{t+\theta}^{t}\boldsymbol{y}^{\mathrm{T}}(\omega)\boldsymbol{A}_{\delta(t)}^{\mathrm{T}}\boldsymbol{P}\boldsymbol{A}_{\delta(t)}\boldsymbol{y}(\omega)\mathrm{d}\omega\mathrm{d}\theta \qquad (7\text{-}62)$$

式中，$\boldsymbol{Z}(t) = \boldsymbol{y}(t) + \int_{t-\tau}^{t}\boldsymbol{A}_{\delta(t)}\boldsymbol{y}(\omega)\mathrm{d}\omega$；$\boldsymbol{A}_{\delta(t)} = -k\boldsymbol{L}_{\delta(t)}^{f}$。

与 7.3.1 小节类似，对式(7-62)进行求导可以得到如下结论：

$$\dot{V}_2 \leqslant \boldsymbol{y}^{\mathrm{T}}(t)\Big[\boldsymbol{A}_{\delta(t)}^{\mathrm{T}}\boldsymbol{P} + \boldsymbol{P}\boldsymbol{A}_{\delta(t)} + 2\tau\boldsymbol{A}_{\delta(t)}^{\mathrm{T}}\boldsymbol{P}\boldsymbol{A}_{\delta(t)}\Big]\boldsymbol{y}(t) \qquad (7\text{-}63)$$

$\boldsymbol{H}_{\delta(t)} = \boldsymbol{A}_{\delta(t)}^{\mathrm{T}}\boldsymbol{P} + \boldsymbol{P}\boldsymbol{A}_{\delta(t)} + 2\tau\boldsymbol{A}_{\delta(t)}^{\mathrm{T}}\boldsymbol{P}\boldsymbol{A}_{\delta(t)}$，选择 $\boldsymbol{P} = \boldsymbol{I}_N$ 并代入 $\boldsymbol{H}_{\delta(t)}$ 可得：

$$H_{\delta(t)} = A_{\delta(t)}^{\mathrm{T}} + A_{\delta(t)} + 2\tau A_{\delta(t)}^{\mathrm{T}} A_{\delta(t)} \qquad (7\text{-}64)$$

记 $\lambda_{\max}\left(L_{\delta(t)}^{f}\right) = \max\left\{\lambda_{\max}\left(L_{\delta_0}^{f}\right), \lambda_{\max}\left(L_{\delta_1}^{f}\right), \cdots, \lambda_{\max}\left(L_{\delta_m}^{f}\right)\right\}$，与 7.3.1 小节类似，如果 $\tau < 1/\left[k\lambda_{\max}\left(L_{\delta(t)}^{f}\right)\right]$ 成立，则 $\tau < 1/[k\lambda_{\max}(L_{\delta(t)}^{f})]$ 对于任意的拓扑图 $G_{\delta(t)} \in \Theta$，有 $H_\delta < 0$，故有 $\dot{V} < 0$。根据李雅普诺夫稳定性理论，系统状态 x 的误差向量 y 可以渐近收敛到 $\mathbf{0}$。通过本节中设计的一致性协议(7-60)，所有导弹的期望剩余飞行时间 $T_{goi}(i = 1, 2, \cdots, N)$ 可以逐渐收敛到虚拟领弹指定值 T_{go}^{*}。证毕。

此外，定理 7-4 给出导弹 $i(i = 1, 2, \cdots, N)$ 的期望剩余飞行时间 T_{goi}^{*} 收敛到虚拟领弹的指定值 T_{go}^{*}，然后与 7.3.1 小节类似，根据滑模控制理论设计视线方向上的导弹控制输入(7-24)，并选择设计的一致性协议(7-59)，可以实现时延和拓扑切换下的多导弹剩余飞行时间一致。另外，三维空间内视线法向的制导律与导弹的通信拓扑无关，本小节采用 7.3.1 小节中设计的制导律。

注解 7-13：在通信时间延迟的前提下，拓扑切换的一致性协议与固定拓扑的一致性协议的形式是基本一致的。区别在于所能容忍的最大时间延迟，固定拓扑中最大时间延迟与拓扑当前的最大特征根成反比，而在拓扑切换中，其最大时延需要考虑通信网络中所有可能存在的拓扑的最大特征根。

7.4.2　仿真分析

本小节设计一组仿真实验，用于验证 7.4.1 小节所提出同时考虑通信时间延迟和拓扑切换下的多导弹协同制导律。本仿真实验给出了如图 7-6 中的 4 种通信拓扑结构，按照图 7-7 所给出的切换信号进行通信拓扑切换。本节的末制导目标设置和 7.3.3 小节一致。

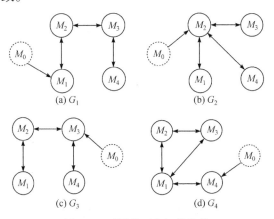

图 7-6　不同的通信拓扑结构

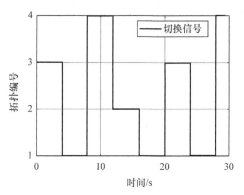

图 7-7　多枚导弹的拓扑切换信号

通信拓扑图 G_1、G_2、G_3、G_4 对应的拉普拉斯矩阵分别记为 L_1、L_2、L_3、L_4，具体参数为

$$
L_1 = \begin{bmatrix} 0 & 0 & 0 & 0 & 0 \\ 2 & -1 & 0 & 0 & -1 \\ -1 & 2 & -1 & 0 & 0 \\ 0 & -1 & 2 & -1 & 0 \\ 0 & 0 & -1 & 1 & 0 \end{bmatrix}, \quad
L_2 = \begin{bmatrix} 0 & 0 & 0 & 0 & 0 \\ 1 & -1 & 0 & 0 & 0 \\ -1 & 4 & -1 & -1 & -1 \\ 0 & -1 & 1 & 0 & 0 \\ 0 & -1 & 0 & 1 & 0 \end{bmatrix},
$$

$$
L_3 = \begin{bmatrix} 0 & 0 & 0 & 0 & 0 \\ 1 & -1 & 0 & 0 & 0 \\ -1 & 1 & -1 & 0 & 0 \\ 0 & -1 & 3 & -1 & -1 \\ 0 & 0 & -1 & 1 & 0 \end{bmatrix}, \quad
L_4 = \begin{bmatrix} 0 & 0 & 0 & 0 & 0 \\ 3 & -1 & -1 & -1 & 0 \\ -1 & 2 & -1 & 0 & 0 \\ -1 & -1 & 2 & 0 & 0 \\ -1 & 0 & 0 & 2 & -1 \end{bmatrix}。
$$

本小节中，导弹 1、2、3 的初始仿真参数、制导律参数、时延参数、观测器参数均与 7.3.3 小节的场景一中的一致。此外，为了丰富导弹之间的拓扑关系，本小节的仿真实验比场景一中多出了一枚导弹 4，其初始参数：弹目初始距离 $r_4(0) = 13\text{km}$；初始速度大小 $V_{\text{m4}} = 600\text{m/s}$；初始弹道倾角 $\theta_{\text{m4}} = 0°$，弹道偏角 $\phi_{\text{m4}} = 0°$；初始视线倾角 $q_{\varepsilon 4} = -20°$，视线偏角 $q_{\beta 4} = -20°$；期望的终端视线倾角 $q_{\varepsilon 4}^d = 0°$，视线偏角 $q_{\beta 4}^d = 60°$。本小节中，设计如图 7-6 所示的拓扑切换逻辑，导弹之间的通信拓扑每 4s 进行一次切换，切换顺序为 $G_3 \to G_1 \to G_4 \to G_2 \to G_1 \to G_3 \to G_1 \to G_4$。

图 7-8 和图 7-9 给出了基于上述仿真条件的数值仿真结果。鉴于篇幅限制，本小节中仅给出了与通信时延和拓扑切换相关的视线方向仿真曲线，视线法向制导律的有效性在 7.3 节中已经论证，本小节的仿真结论与其一致，在此不再赘述。图 7-8 给出了三维空间内的导弹与目标运动轨迹，4 枚导弹在所设计的制导律作

用下可以实现同时在三维空间内进行包围攻击，并且导弹的运动轨迹比较光滑。

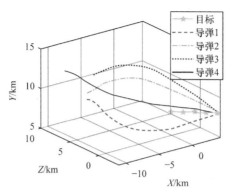

图 7-8 拓扑切换下三维弹目运动轨迹

图 7-9(a)和(b)分别给出了导弹和目标运动在纵向和横向平面内的投影，可以看出目标在固定高度上定高飞行，并在横向平面内进行机动，符合空中飞行器的一般飞行策略。在所设计的制导律的作用下，在两个平面内实现对目标的包围攻击。图 7-9(c)和(d)分别给出了在存在通信时间延迟和拓扑切换的条件下弹目相对

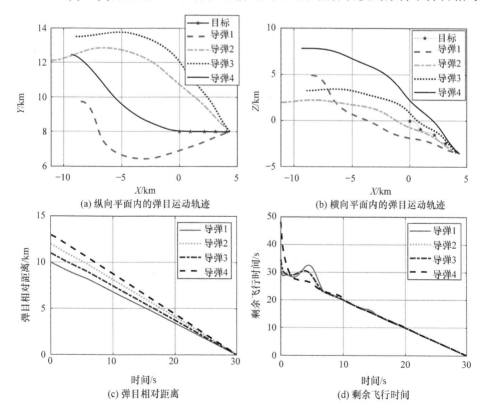

(a) 纵向平面内的弹目运动轨迹   (b) 横向平面内的弹目运动轨迹

(c) 弹目相对距离   (d) 剩余飞行时间

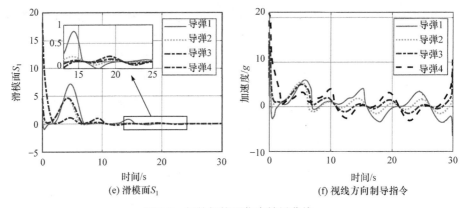

(e) 滑模面S_1　　　　　　　　　　　　(f) 视线方向制导指令

图 7-9　拓扑切换下仿真结果曲线

距离曲线和剩余飞行时间曲线。4 枚导弹在初始弹目距离不同、剩余飞行时间不同的条件下，通过所设计的制导律可以实现同时到达，说明了本节中设计的制导律的有效性。

另外，在图 7-9(d)中可以看出，导弹 4 的初始剩余飞行时间最长，这是因为其初始速度方向与目标的朝向相差较远，因此其估计的剩余飞行时间也就越长。视线方向上的滑模面曲线如图 7-9(e)所示，滑模面在预设时间 $T_r = 25\mathrm{s}$ 时收敛到 0，表明所提出的预设时间收敛的滑模控制方法的有效性。经过定理 7-4 的稳定性证明可以得到，在满足通信无向连通的情况下，拓扑切换不影响系统的稳定性收敛，图 7-9的仿真结果曲线也证实了这一点。此外，在图 7-9(d)中虽然控制输入有略微抖动，但是导弹的状态曲线是由控制输入经过两次积分得到的，状态曲线相对光滑。

7.5　小　　结

本章首先给出了三维空间内的多导弹协同制导模型，以及通信时间延迟和拓扑切换下的多智能体模型，此外，还给出了一些相关的定义及引理。其次，设计了一种基于可变反馈系数的一阶多智能体一致性协议，并基于此设计视线方向协同制导律；考虑视线系下纵向平面和横向平面内的视线角约束，基于预设时间滑模控制理论，设计了视线法向制导律。再次，设计了在同时存在通信时延和拓扑切换情况下的协同末制导律，并进行了理论分析与证明，给出了最大时间延迟的上界。最后，通过多组仿真实验验证本章中的制导律在不同的通信时延和不同的通信拓扑切换下的有效性、鲁棒性和优越性。

参 考 文 献

[1] 王青, 后德龙, 李君, 等. 存在时延和拓扑不确定的多弹分散化协同制导时间一致性分析[J]. 兵工学报, 2014,

35(7): 982-989.

[2] HE S, KIM M, SONG T, et al. Three-dimensional salvo attack guidance considering communication delay[J]. Aerospace Science and Technology, 2018, 73: 1-9.

[3] LIU Z, LV Y, ZHOU J, et al. On 3D simultaneous attack against manoeuvring target with communication delays[J]. International Journal of Advanced Robotic Systems, 2020, 17(1): 1-8.

[4] SUN X, ZHOU R, HOU D, et al. Consensus of leader-followers system of multi-missile with time-delays and switching topologies[J]. Optik, 2014, 125(3): 1202-1208.

[5] WANG Z, FANG Y, FU W, et al. Cooperative guidance laws against highly maneuvering target with impact time and angle[J]. Proceedings of the Institution of Mechanical Engineers, Part G: Journal of Aerospace Engineering, 2022, 236(5): 1006-1016.

[6] 王志凯. 针对机动目标的多导弹分布式协同末制导研究[D]. 西安: 西北工业大学, 2023.

[7] 方洋旺, 王志凯, 吴自豪, 等. 一种基于通信时变延迟的分布式协同制导律构建方法: CN202011314928.9[P]. 2021-02-19.

[8] ZHANG H, YANG D, CHAI T. Guaranteed cost networked control for T-S fuzzy systems with time delays[J]. IEEE Transactions on Systems, Man, and Cybernetics, Part C (Applications and Reviews), 2007, 37(2): 160-172.

[9] OLFATI-SABER R, MURRAY R M. Consensus problems in networks of agents with switching topology and time-delays[J]. IEEE Transactions on Automatic Control, 2004, 49(9): 1520-1533.

[10] WU R, WEI C, YANG F, et al. FxTDO-based non-singular terminal sliding mode control for second-order uncertain systems[J]. IET Control Theory & Applications, 2018, 12(18): 2459-2467.

[11] REN Y, ZHOU W, LI Z, et al. Prescribed-time cluster lag consensus control for second-order nonlinear leader-following multiagent systems[J]. ISA Transactions, 2020, 109: 49-60.

[12] ZHOU S, HUA Y, DONG X, et al. Time-varying output formation-tracking of heterogeneous multi-agent systems with time-varying delays and switching topologies[J]. Measurement and Control, 2021, 54(9-10): 1371-1382.

[13] CUI L, JIN N, CHANG S, et al. Prescribed-time guidance scheme design for missile salvo attack[J]. Journal of the Franklin Institute, 2022, 359(13): 6759-6782.

[14] LUO S, XU J, LIANG X. Mean-square consensus of heterogeneous multi-agent systems with time-varying communication delays and intermittent observations[J]. IEEE Transactions on Circuits and Systems Ⅱ: Express Briefs, 2021, 69(1): 184-188.

第 8 章　动态包围攻击的协同末制导

8.1　引　言

在多导弹协同攻击空中高机动目标的场景中，通过设计某种特殊的导弹制导律引导导弹从不同的方向攻击目标的优点如下：①考虑到目标对来袭导弹探测视场角的局限性，可以使得部分导弹不易被目标探测系统发现；②从不同的方向攻击目标，对目标的反导系统(红外干扰、雷达干扰、电磁干扰、拦截)带来更大挑战。值得注意的是，由于空中高机动目标的高速高机动特性，难以对目标的运动轨迹进行精确估计，进而难以预先指定合适的视线角对目标进行包围攻击，需要设计合理的动态包围攻击的协同制导策略。

目前，多导弹对机动目标的包围攻击中所采用的策略大多是预先指定视线角约束，通过为每枚导弹预先指定期望的攻击方向来实现导弹包围攻击[1-5]。该方法的不足之处在于，空中高机动目标的运动情况难以预测，很难预先为每枚导弹确定合适的视线角。此外，有一些学者基于领-从弹的架构和导弹时变编队的形式实现多导弹包围攻击[6-8]。这种方式的优点在于避免了对机动目标的运动预测，但缺点是难以设计合适的时变编队，而且当弹目距离较远时，从弹对领弹进行跟踪会出现摆尾效应，对从弹的可用过载要求较大。因此，为了克服现有包围攻击制导律中存在的不足，文献[9]和[10]提出了一种动态包围攻击的协同制导策略，并基于此策略设计了动态包围攻击的协同末制导律。

针对高机动目标的多导弹动态包围攻击问题，本章给出了一种动态包围攻击的协同制导策略；给出了虚拟目标的概念；基于剩余飞行时间、目标的速度大小和方向设计多个虚拟目标，并基于此目标设计协同末制导律，确保当所有虚拟目标趋近于真实目标时，多枚导弹能同时从不同方向攻击目标。

8.2　问题描述及预备知识

8.2.1　动态包围攻击问题

传统的动态包围攻击策略是指多弹从事先给定的不同方向攻击目标，本质上是带有不同的固定视线角约束的多弹协同制导问题。固定包围攻击策略如图 8-1所示，其中所期望的视线角是预先给定的常值，通常根据弹目初始相对位置、导弹速度方向、目标速度方向等来确定每枚导弹所期望的攻击角度。固定视线角约束的包围攻击主要适用于地面、海面等低速目标或者空中低机动目标，这种情况下整个制导阶段目标的机动对弹目运动的态势影响较小，可以相对精确地预测弹目交汇的区域，从而可以预先设计合理的导弹期望的视线角。

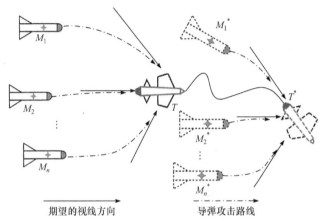

图 8-1　固定包围攻击策略示意图

动态包围攻击是指多导弹可以根据目标的机动情况，通过多弹之间的通信交互，自适应地调整所期望的视线角，实现从不同的角度对机动目标进行包围攻击。动态包围攻击策略如图 8-2 所示，可以看出当目标速度和法向加速度较大时，目标的机动会导致弹目相对态势产生较大的改变。若仍然按照初始设定的期望视线角进行包围攻击，有部分导弹的弹道轨迹变化很大，在实际应用中无法实现。为此，需要设计针对机动目标的新型动态包围攻击制导律，摆脱传统的固定视线角约束的制导策略。

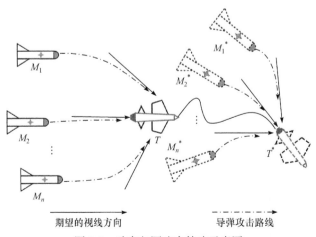

图 8-2　动态包围攻击策略示意图

为此，本章提出了一种基于虚拟目标的动态包围攻击策略，根据导弹与目标的位置、速度及过载能力，为每枚导弹设计虚拟目标点，通过控制虚拟目标点逐渐收敛到真实目标点，实现多导弹的动态包围攻击。

8.2.2　基于虚拟目标的动态包围攻击策略

在空空导弹拦截空中目标的场景中，目标通常会进行转弯机动以避免被导弹击中。图 8-3 为目标的可达集示意图。在情形一中，目标在有限时间内以最大负向过载 $-n_{\mathrm{Tmax}}$ 或者最大正向过载 n_{Tmax} 转弯机动，R 表示目标的最小转弯半径。通常，目标机动转弯的目的是获得垂直于视线的最大横向距离。当目标采用此策略进行机动时，目标的逃逸如图 8-3(b)所示。其中，L 表示目标在 90°转弯后沿直线飞行的距离。

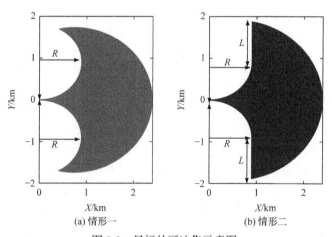

图 8-3　目标的可达集示意图

图 8-4 给出了基于虚拟目标的动态包围攻击策略的弹目几何关系。在 n 枚导弹拦截机动目标的场景中，T_0 和 $M_i(i=1,2,\cdots,n)$ 分别代表目标和导弹 i 的初始位置。T_1 表示目标以最大正向过载按照情形二进行机动时，目标所能到达的上边界点。类似地，T_i 表示目标以最大负向过载进行机动时的下边界点。T_g 是目标不机动，即按照匀速运动时的边界点。可以看出，目标的逃逸区由目标的速度和最大过载决定。本节将目标的逃逸区划分为 n 个子逃逸区，其中 n 为导弹数量，以子逃逸区的中心点为虚拟目标，记为 $T_{iv}(i=1,2,\cdots,n)$。协同制导的目标是使 n 枚导弹的可达集分别覆盖这 n 个子逃逸区。当导弹与虚拟目标之间的距离变小时，其剩余飞行时间逐渐趋近于零，多个虚拟目标从不同方向逐渐接近真实目标，从而多个虚拟目标的逃逸区逐渐重合，直至多个虚拟目标收敛到真实目标，最终实现动态包围攻击。

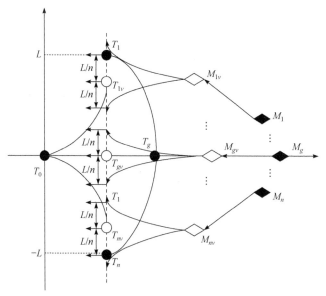

图 8-4　基于虚拟目标的动态包围攻击策略的弹目几何关系示意图

8.2.3　相关引理

在导弹系统中，无论是红外导引头，还是雷达导引头，都无法直接测得目标的加速度。因此，本章将其视为一个未知不确定的扰动，需要设计观测器对其进行估计，并设计非线性鲁棒控制器对估计误差进行补偿。为此，本章引入了一种扩张状态观测器(extended state observer，ESO)对未知扰动进行估计。

引理 8-1[11]：考虑一个带有未知有界扰动的非线性系统 $x(t) = f(t, x(t)) + d(t) + u(t)$。其中，$x(t) \in R^n$ 是系统状态向量；$d(t) \in R^n$ 是系统的未知扰动，其一阶微分满足 $\left\| \dot{d}(t) \right\| \leqslant L$，$L$ 为一个正的常数。设计如下扩张状态观测器对扰动进行估计：

$$\begin{cases} \dot{Z}_1 = Z_2 + f(t, x(t)) + u - \gamma_1 (Z_1 - x) \\ \dot{Z}_2 = -\gamma_2 \mathbf{fal}(Z_1 - x, \mu_1, \delta_1) \end{cases} \tag{8-1}$$

式中，$\gamma_1 > 0$，$\gamma_2 > 0$，$0 < \mu_1 < 1$，$0 < \delta_1 < 1$ 是 ESO 的参数；$Z_1 \in R^n$ 是状态变量 x 的估计值；$Z_2 \in R^n$ 是未知扰动 $d(t)$ 的估计值。非线性函数 $\mathbf{fal}(E_1, \mu_1, \delta_1)$ 定义为

$$\mathbf{fal}(E_1, \mu_1, \delta_1) = \begin{cases} \| E_i \|^{\mu_1} \, \mathrm{sign}(E_1), & \| E_1 \| > \delta_1 \\ E_1 / \delta_1^{1-\mu_1}, & \| E_1 \| \leqslant \delta_1 \end{cases} \tag{8-2}$$

$E_1 = Z_1 - x \in R^n$，$E_2 = Z_2 - d \in R^n$ 分别为 ESO 对状态向量 $x(t)$ 和未知扰动 $d(t)$ 的估计误差，且扰动的估计误差满足以下不等式：

$$\begin{cases} \| \boldsymbol{E}_2 \| \leqslant \gamma_1 \left(L / \gamma_2 \right)^{1/\mu_1}, & \| \boldsymbol{E}_1 \| > \delta_1 \\ \| \boldsymbol{E}_2 \| \leqslant \gamma_1 L \delta_1^{1-\mu_1} / \gamma_2, & \| \boldsymbol{E}_1 \| \leqslant \delta_1 \end{cases} \tag{8-3}$$

对于一个带有未知有界扰动的非线性系统,利用式(8-1)所设计的 ESO 可以对未知扰动进行估计,并且估计误差会收敛到零附近的邻域内。

引理 8-2[12]:对于一阶多智能体系统 $\dot{\boldsymbol{x}}_i(t) = \boldsymbol{u}_i(t), i = 1, 2, \cdots, N$,其中 $\boldsymbol{x}_i(t) \in R^n$ 是系统状态向量,$\boldsymbol{u}_i(t) \in R^n$ 是系统控制向量。如果智能体之间的通信拓扑图为无向连通的,通过如式(8-4)所示的一致性协议,则可以保证一阶多智能体的系统状态在预设时间 T 时刻趋于一致。

$$\boldsymbol{u}_i(t) = -[k + c\varphi(t_0, T)] \sum_{j=1}^{n} a_{ij} (\boldsymbol{x}_i - \boldsymbol{x}_j) \tag{8-4}$$

式中,$k > 0$,$c > 0$ 是待设计的控制器参数;T 是多智能体系统所期望的收敛时间;函数 $\varphi(t_0, T)$ 定义见引理 7-4;$a_{ij}, i, j = 1, 2, \cdots, N$ 是通信拓扑图的邻接矩阵元素。

引理 8-3:对于一阶多智能体系统 $\dot{\boldsymbol{x}}_i(t) = \boldsymbol{u}_i(t), i = 1, 2, \cdots, N$,其中 $\boldsymbol{x}_i(t) \in R^n$ 是系统状态向量,$\boldsymbol{u}_i(t) \in R^n$ 是系统控制向量。如果智能体之间的通信拓扑图为无向连通的,通过如式(8-5)所示的一致性协议,则可以保证一阶多智能体的系统状态在预设时间 T 时刻趋于一致。

$$\boldsymbol{u}_i(t) = -\mathbf{1}_n - \left[k + c\varphi(t_0, T) \right] \sum_{j=1}^{n} a_{ij} \left(\boldsymbol{x}_i - \boldsymbol{x}_j \right) \tag{8-5}$$

式中,$\mathbf{1}_n = [1, \cdots, 1]^{\mathrm{T}}$,其他符号同引理 8-2。

证明:将式(8-5)代入一阶多智能体系统 $\dot{\boldsymbol{x}}_i(t) = \boldsymbol{u}_i(t), i = 1, 2, \cdots, N$,得

$$\dot{\boldsymbol{x}}_i(t) = -\mathbf{1}_n - \left[k + c\varphi(t_0, T) \right] \sum_{j=1}^{n} a_{ij} \left(\boldsymbol{x}_i - \boldsymbol{x}_j \right) \tag{8-6}$$

定义一个新的变量 $\hat{\boldsymbol{x}}_i = \boldsymbol{x}_i + \mathbf{1}_n t$,对其两边求导数,并将式(8-6)代入得

$$\dot{\hat{\boldsymbol{x}}}_i = \dot{\boldsymbol{x}}_i + \mathbf{1}_n = -\left[k + c\varphi(t_0, T) \right] \sum_{j=1}^{n} a_{ij} \left(\boldsymbol{x}_i - \boldsymbol{x}_j \right) \tag{8-7}$$

记 $\hat{\boldsymbol{u}}_i = -\left[k + c\varphi(t_0, T) \right] \sum_{j=1}^{n} a_{ij} \left(\boldsymbol{x}_i - \boldsymbol{x}_j \right)$,则式(8-7)转化为如下标准的一阶多智能体系统:

$$\dot{\hat{\boldsymbol{x}}}_i = \hat{\boldsymbol{u}}_i, \quad i = 1, 2, \cdots, N$$

根据引理 8-2,一致性协议 $\hat{\boldsymbol{u}}_i = -\left[k + c\varphi(t_0, T) \right] \sum_{j=1}^{n} a_{ij} \left(\boldsymbol{x}_i - \boldsymbol{x}_j \right)$ 可以保证上述一

阶多智能体状态 $\hat{x}_i$ 在预设时间 T 时刻趋于一致。因此，由 $\hat{x}_i = x_i + 1_n t$ 可以得出，$x_i(i=1,2,\cdots,N)$ 也在预设时间 T 时刻趋于一致。证毕。

8.3　基于多虚拟目标的多导弹分布式协同末制导律

8.3.1　导弹与虚拟目标的运动学模型

导弹与虚拟目标的运动学模型可以通过以下三个步骤得到。首先，根据真实的目标位置和速度信息计算边界点；其次，根据边界点的信息计算 n 个虚拟目标的坐标；最后，利用虚拟目标的信息建立多导弹和多虚拟目标的运动学模型。

1) 计算边界点

图 8-5 给出了目标边界点与初始位置之间的几何关系。将目标到虚拟目标的飞行预测时间记为 T_p。定义目标以最大过载飞行四分之一圆的时间为 T_{qc}。T_0 表示目标的初始点；T_{u1} 和 T_{u2} 分别表示目标正过载机动且飞行时间小于和大于 T_{qc} 时的横向边界点；T_{d1} 和 T_{d2} 分别表示目标负过载机动且飞行时间小于和大于 T_{qc} 时的横向边界点；T_g 表示目标在没有任何机动的情况下直线飞行时的边界点。

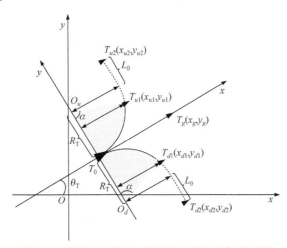

图 8-5　目标边界点与初始位置之间的几何关系图

在工程中，导引头通过滤波后可以直接获取导弹与目标之间的相对信息，如 r、q、$\dot{r}$、$\dot{q}$；导弹本身可以通过惯导等设备获得自身的位置 (x_{mi}, y_{mi}) 和速度信息 (V_{mi}, θ_{mi})，基于弹目运动关系和已经得到的弹目相对信息、导弹自身信息，可以间接得到目标在惯性坐标系下的信息。目标位置信息可以计算为 $x_T = x_{mi} + r\cos q_i$，$y_T = y_{mi} + r\sin q_i$。根据预测时间 T_p 与目标最大机动进行 1/4 转

弯所需要的时间 T_{qc} 之间的关系，三类目标边界点可以按照如下公式计算。

当 $T_p \leqslant T_{qc}$ 时：

$$\begin{cases} x_{u1} = -R_{\mathrm{T}}(1-\cos\alpha)\sin\theta_{\mathrm{T}} + R_{\mathrm{T}}\sin\alpha\cos\theta_{\mathrm{T}} + x_{T_0} \\ y_{u1} = R_{\mathrm{T}}(1-\cos\alpha)\cos\theta_{\mathrm{T}} + R_{\mathrm{T}}\sin\alpha\sin\theta_{\mathrm{T}} + y_{T_0} \end{cases} \tag{8-8}$$

$$\begin{cases} x_{d1} = R_{\mathrm{T}}(1-\cos\alpha)\sin\theta_{\mathrm{T}} + R_{\mathrm{T}}\sin\alpha\cos\theta_{\mathrm{T}} + x_{T_0} \\ y_{d1} = -R_{\mathrm{T}}(1-\cos\alpha)\cos\theta_{\mathrm{T}} + R_{\mathrm{T}}\sin\alpha\sin\theta_{\mathrm{T}} + y_{T_0} \end{cases} \tag{8-9}$$

当 $T_p > T_{qc}$ 时：

$$\begin{cases} x_{u2} = -(R_{\mathrm{T}}+L_0)\sin\theta_{\mathrm{T}} + R_{\mathrm{T}}\cos\theta_{\mathrm{T}} + x_{T_0} \\ y_{u2} = (R_{\mathrm{T}}+L_0)\cos\theta_{\mathrm{T}} + R_{\mathrm{T}}\sin\theta_{\mathrm{T}} + y_{T_0} \end{cases} \tag{8-10}$$

$$\begin{cases} x_{d2} = (R_{\mathrm{T}}+L_0)\sin\theta_{\mathrm{T}} + R_{\mathrm{T}}\cos\theta_{\mathrm{T}} + x_{T_0} \\ y_{d2} = -(R_{\mathrm{T}}+L_0)\cos\theta_{\mathrm{T}} + R_{\mathrm{T}}\sin\theta_{\mathrm{T}} + y_{T_0} \end{cases} \tag{8-11}$$

此外，边界点 (x_g, y_g) 的坐标可以计算如下：

$$\begin{cases} x_g = V_t T_p \cos\theta_{\mathrm{T}} + x_{T_0} \\ y_g = V_t T_p \sin\theta_{\mathrm{T}} + y_{T_0} \end{cases} \tag{8-12}$$

式中，$R_{\mathrm{T}} = V_{\mathrm{T}}^2/a_{\mathrm{T}\max}$ 是目标的最小转弯半径；θ_{T} 是目标的弹道倾角；T_0 是目标的初始位置，其坐标可表示为 (x_{T_0}, y_{T_0})。其他变量的计算如下：$T_{qc} = \pi R_{\mathrm{T}}/2V_{\mathrm{T}}$，$\alpha = \pi T_p/2T_{qc}$，$L_0 = V_{\mathrm{T}}(T_p - T_{qc})$。

2) 计算虚拟目标的坐标

考虑在使用基于虚拟目标的多导弹协同包围攻击策略时，根据导弹编队中导弹的数量 n，为每枚导弹分配一个虚拟目标，使得多枚导弹的攻击区覆盖目标的可逃逸区域的集合。虚拟目标 $T_{iv}(i=1,2,\cdots,n)$ 的坐标 (x_n, y_n) 计算如下。

当 $T_p > T_{qc}$ 时：

$$\begin{cases} x_{iv} = -\dfrac{n-2i+1}{n}(R_{\mathrm{T}}+L_0)\sin\theta_{\mathrm{T}} + R_{\mathrm{T}}\cos\theta_{\mathrm{T}} + x_{T_0} \\[4mm] y_{iv} = \dfrac{n-2i+1}{n}(R_{\mathrm{T}}+L_0)\cos\theta_{\mathrm{T}} + R_{\mathrm{T}}\sin\theta_{\mathrm{T}} + y_{T_0} \end{cases} \tag{8-13}$$

当 $T_p \leqslant T_{qc}$ 时：

$$\begin{cases} x_{iv} = -\dfrac{n-2i+1}{n} R_{\mathrm{T}}\left(1-\cos\alpha\right)\sin\theta_{\mathrm{T}} + R_{\mathrm{T}}\sin\alpha\cos\theta_{\mathrm{T}} + x_{T_0} \\[4mm] y_{iv} = \dfrac{n-2i+1}{n} R_{\mathrm{T}}\left(1-\cos\alpha\right)\cos\theta_{\mathrm{T}} + R_{\mathrm{T}}\sin\alpha\sin\theta_{\mathrm{T}} + y_{T_0} \end{cases} \tag{8-14}$$

式中，系数项 $(n-2i+1)/n\,(i=1,2,\cdots,n)$ 是用于调整第 i 个虚拟目标在目标速度法向上的位置的。通过设置多个虚拟目标，保证导弹可达集覆盖目标可逃逸区。在式(8-13)和式(8-14)中 R_{T} 和 L_0 是由 T_p 决定的，定义 T_p 如下：

$$T_p(t) = \begin{cases} T_{p\max}, & t < T_s \\ T_{\mathrm{gap}} - t - \delta_t, & T_s \leqslant t \leqslant T_g \\ 0, & t > T_e \end{cases} \tag{8-15}$$

式中，$T_s = T_{\mathrm{gap}} - \delta_t - T_{p\max}$；$T_e = T_{\mathrm{gap}} - \delta_t$；$T_{\mathrm{gap}} = T_{go}(0)$；$T_{p\max}$、$T_e$、$T_{\mathrm{gap}}$ 和 δ_t 是给定的正常数；t 是飞行时间。最终，通过式(8-13)～式(8-15)可以得到虚拟目标的位置。

3) 建立运动学模型

为了保证多导弹对应于其虚拟目标的剩余飞行时间趋于一致且确保其视线角速率收敛到零，基于以上获得的虚拟目标信息，本章选取状态变量 $x_{iv} = -x_{1iv}/x_{2iv} - T^*_{goiv} = T_{goiv} - T^*_{goiv}$，$x_{1iv} = r_{iv}$，$x_{2iv} = \dot{r}_{iv}$，$x_{3iv} = \dot{q}_{iv}$，其中 $T_{goiv} = -x_{1iv}/x_{2iv}$ 和 T^*_{goiv} 分别为导弹 i 的剩余飞行时间和期望剩余飞行时间。$r_{iv} = \sqrt{(x_{iv}-x_{\mathrm{m}i})^2 + (y_{iv}-y_{\mathrm{m}i})^2}$，$q_{iv} = \arctan(y_{iv}-y_{\mathrm{m}i})/(x_{iv}-x_{\mathrm{m}i})$，$\dot{r}_{iv} = \mathrm{d}r_{iv}/\mathrm{d}t$，$\dot{q}_{iv} = \mathrm{d}q_{iv}/\mathrm{d}t$；下标为 v 的变量表示导弹与虚拟目标间的状态，与多导弹和真实目标的相对运动方程(6-4)类似，多导弹协同攻击多个虚拟目标的运动学模型可以写为

$$\begin{cases} \dot{x}_{iv} = \dfrac{x_{1iv}^2}{x_{2iv}^2} x_{3iv}^2 - 1 - \dot{T}^*_{goiv} - \dfrac{x_{1iv}}{x_{2iv}^2} u_{ri} + d_{riv} \\[4mm] \dot{x}_{3iv} = -\dfrac{2x_{2iv}}{x_{1iv}} x_{3iv} - \dfrac{1}{x_{1iv}} u_{qi} + d_{qiv} \end{cases} \tag{8-16}$$

式中，$d_{riv} = r_{iv}/\left(\dot{r}_i^2 w_{riv}\right)$ 和 $d_{qiv} = w_{qiv}/r_{iv}$ 是由虚拟目标加速度造成的系统未知扰动，w_{riv} 和 w_{qiv} 分别是虚拟 T_e 目标加速度在导弹 i 与虚拟目标 i 构成的视线坐标系下视线方向和视线法向上的分量。

注解 8-1： 在拦截的初始阶段，第 i 枚导弹瞄准第 i 个虚拟目标；随着时间 t 趋于 T_e，虚拟目标逐渐接近真实目标。由式(8-15)可以看出，当飞行时间 t 大于 T_e

时，$T_p(t) = 0$，由 $\alpha = \pi T_p / (2T_{qc})$ 可得 $\alpha = 0$。根据式(8-14)可得 $x_{iv} = x_{T_0}$，$y_{iv} = y_{T_0}$，其中 x_{T_0} 和 y_{T_0} 表示当前时刻真实目标的位置，也就是说，此时虚拟目标和真实目标一致，即所有导弹都瞄准真实目标。

8.3.2　基于多虚拟目标的多导弹分布式协同末制导律设计

本章中制导律的设计目标有两个，其一是设计视线方向制导律保证多导弹与真实目标之间的剩余飞行时间在命中目标前收敛到一致；其二是设计视线法向制导律保证每枚导弹与真实目标之间的真实视线角速率在命中目标前收敛到零。通过设计虚拟目标的运动方程，可以使得在命中目标之前虚拟目标收敛到真实目标，为此只需要保证多弹与虚拟目标的状态 T_{goiv}、x_{3iv} 满足上述的两个设计目标，即可实现既定的制导目标。本章中的制导目标可以用数学语言描述如下：

$$\begin{cases} \lim_{t \to T_1} T_{goiv} = T_{goiv}^*, \lim_{t \to T_2} T_{goiv}^* = T_{goiv}, & j \neq i; i, j = 1, 2, \cdots, n \\ \lim_{t \to T_1} \dot{q}_{iv} = 0 \end{cases} \tag{8-17}$$

式中，T_1、T_2 是本章所设计的预设收敛时间参数，其取值小于导弹的剩余飞行时间。本章通过两个步骤来实现多导弹攻击时间一致性，首先设计控制器保证导弹 i 的虚拟剩余飞行时间 T_{goiv} 收敛到期望值 T_{goiv}^*，然后通过设计一致性协议保证期望剩余飞行时间收敛到一致。

下面基于式(8-16)所给出的多导弹与多虚拟目标的弹目运动关系来设计协同末制导律。

将式(8-16)改写成如下的矩阵描述形式：

$$\dot{x}_i = f_i(x_i) + g_i(x_i) u_i + d_i \tag{8-18}$$

式中，

$$f_i(x_i) = \begin{bmatrix} \dfrac{x_{1iv}^2}{x_{2iv}^2} x_{3iv}^2 - 1 - \dot{T}_{goiv}^* \\ -\dfrac{2x_{2iv}}{x_{1iv}} x_{3iv} \end{bmatrix}, \quad u_i = \begin{bmatrix} u_{ri} \\ u_{qi} \end{bmatrix}, \quad g_i(x_i) = \begin{bmatrix} -\dfrac{x_{1iv}}{x_{2iv}^2} & 0 \\ 0 & -\dfrac{1}{x_{1iv}} \end{bmatrix}, \quad d_i = \begin{bmatrix} d_{riv} \\ d_{qiv} \end{bmatrix}$$

为了保证多枚导弹剩余飞行时间的一致性，根据引理 8-3，选择导弹的剩余飞行时间作为状态变量，设计式(8-19)的一致性协议：

$$u_i^{\text{nom}} = -1 - \left[k + c\varphi(0, T_2) \right] \sum_{j=1}^{n} a_{ij} \left(T_{goiv}^* - T_{gojv}^* \right) \tag{8-19}$$

式中，T_2 为预先设定的时间。

根据引理 8-1，设计两个扩张状态观测器可以得到未知扰动 d_{riv} 和 d_{qiv} 的估计值 $\hat{d}_{riv}$ 和 $\hat{d}_{riv}$，并且可以得到观测器对未知扰动的估计误差是有界的。因此，总存在两个有界的正实数，$\eta_{1i} > 0$，$\eta_{2i} > 0$ 使其满足。此外 $|d_{riv} - \hat{d}_{riv}| \le \eta_{1i}$，$\|d_{qiv} - \hat{d}_{qiv}\| \le \eta_{2i}$，$\boldsymbol{g}_i(\boldsymbol{x}_i)$ 的逆矩阵可以计算为

$$\boldsymbol{g}_i^{-1}(\boldsymbol{x}_i) = \begin{bmatrix} -\dfrac{\dot{r}_{iv}^2}{r_{iv}} & 0 \\ 0 & -r_{iv} \end{bmatrix} \tag{8-20}$$

然后，设计如下的动态逆解耦控制器：

$$\boldsymbol{u}_i(t) = \boldsymbol{g}_i^{-1}(\boldsymbol{x}_i)\left[\bar{\boldsymbol{u}}_i(t) - \boldsymbol{f}_i(\boldsymbol{x}_i) - \boldsymbol{d}_i\right] \tag{8-21}$$

式中，$\bar{\boldsymbol{u}}_i(t)$ 是动态逆解耦控制器中所需要设计的线性化控制器。考虑到观测器对未知扰动的估计误差，并应用预设时间控制方法，可以设计如下形式的控制器：

$$\bar{\boldsymbol{u}}_i(t) = -\boldsymbol{K}_i(t)\boldsymbol{x}_i(t) \tag{8-22}$$

式中，$\boldsymbol{K}_i(t) = \mathrm{diag}\left[k_{11i} + k_{12i}\varphi(0,T_i) + \eta_{1i}\mathrm{sign}(x_{1iv}), k_{21i} + k_{22i}\varphi(0,T_1) + \eta_{2i}\mathrm{sign}(x_{1iv})\right]$ 是待定的对角矩阵，$k_{11i} > 0$，$k_{12i} > 0$，$k_{21i} > 0$，$k_{22i} > 0$ 是控制器参数，T_1 是预设时间。

最终，联合式(8-19)、式(8-21)和式(8-22)可得如下的协同末制导律：

$$\begin{bmatrix} u_{ri} \\ u_{qi} \end{bmatrix} = \begin{bmatrix} \dfrac{x_{2iv}^2}{x_{1iv}}\left\{\left[k_{11i} + k_{12i}\varphi(0,T_1) + \eta_{1i}\mathrm{sign}(x_{iv})\right]x_{iv} - \dfrac{x_{1iv}^2}{x_{2iv}}x_{3iv}^2 + 1 + u_i^{\mathrm{nom}} - \hat{d}_{riv}\right\} \\ \left[k_{21i} + k_{22i}\varphi(0,T_1) + \eta_{2i}\mathrm{sign}(x_{3iv})\right]x_{1iv}x_{3iv} + 2x_{2iv}x_{3iv} - x_{1iv}\hat{d}_{qiv} \end{bmatrix}$$

$$\tag{8-23}$$

注解 8-2： 本节中协同末制导律的设计是基于动态逆的控制思想。首先针对原非线性系统设计动态逆解耦控制器，如式(8-21)；其次得到非线性系统的线性解耦形式，再针对此线性系统设计线性控制器，如式(8-22)；最后得到如式(8-23)所示的动态逆解耦协同末制导律。

定理 8-1： 假设多导弹网络通信系统是无向连通的，且考虑多导弹–多虚拟目标的动态系统如式(8-18)。如果基于式(8-1)设计两个扩张状态观测器对由目标机动带来的位置扰动 d_{ri} 和 d_{qi} 进行估计，并设计所有导弹对应其虚拟目标的期望剩余飞行时间的一致性协议(8-19)，则基于动态逆解耦的协同末制导律(8-23)可以确保所有导弹对应其虚拟目标的剩余飞行时间 T_{goiv} 在预设时间 $T = \max\{T_1, T_2\}$ 时刻趋于一致，并且视线角速率 $\dot{q}_i$ 也收敛到 0，即所有导弹最终可以实现动态包围，并同时命中真实目标。

证明：定义李雅普诺夫函数：

$$V_{1i} = \frac{1}{2} \boldsymbol{x}_i^{\mathrm{T}} \boldsymbol{x}_i \tag{8-24}$$

对式(8-24)两边求导可得

$$\dot{V}_{1i} = \boldsymbol{x}_i^{\mathrm{T}} \dot{\boldsymbol{x}}_i \tag{8-25}$$

将式(8-18)和式(8-23)代入式(8-25)中，可以得到：

$$
\begin{aligned}
\dot{V}_{1i} &= x_{iv}\dot{x}_{iv} + x_{3iv}\dot{x}_{3iv} \\
&= x_{iv}\left(\frac{x_{1iv}^2}{x_{2iv}^2}x_{3iv}^2 - 1 + \hat{d}_{riv} - \frac{x_{1iv}}{x_{2iv}^2}u_{ri} \right) + x_{3iv}\left(-2\frac{x_{1iv}}{x_{2iv}}x_{3iv} + \hat{d}_{qiv} - \frac{1}{x_{1iv}}u_{qi} \right) \\
&= x_{iv}\left[\psi_1(t) + \eta_{1i}\mathrm{sign}(x_{iv}) - \hat{d}_{riv} + d_{riv} \right]x_{iv} + x_{3iv}\left[\psi_2(t) + \eta_{2i}\mathrm{sign}(x_{3iv}) - \hat{d}_{qiv} + d_{qiv} \right]x_{3iv}
\end{aligned}
\tag{8-26}
$$

式中，$\psi_1(t) = -\left[k_{11i} + k_{12i}\varphi(0,T_1) \right]$；$\psi_2(t) = -\left[k_{21i} + k_{22i}\varphi(0,T_1) \right]$。由于扩张状态观测器 (ESO) 对扰动的估计误差有界，可以选择足够大的 η_{1i}、η_{2i} 满足 $|-\hat{d}_{riv} + d_{riv}| \leqslant \eta_{1i}$，$|-\hat{d}_{qiv} + d_{qiv}| \leqslant \eta_{2i}$，能够得到：

$$
\begin{aligned}
\dot{V}_{1i} &\leqslant \psi_1(t)x_{iv}^2 + \psi_2(t)x_{3iv}^2 \\
&\leqslant -2\left[\lambda_{\min 1} + \lambda_{\min 2}\varphi(0,T_1) \right]V_{1i}
\end{aligned}
\tag{8-27}
$$

式中，$\lambda_{\min 1} = \min\{k_{11i}, k_{21i}\}$；$\lambda_{\min 2} = \min\{k_{12i}, k_{22i}\}$。根据引理 7-4 可以得到 V_{1i} 在预设时间 T_1 时刻收敛到 0，即 x_{iv}、x_{3iv} 在预设时间 T_1 收敛到 0。由 $x_{iv} = -x_{1v}/x_{2iv} - T_{goiv}^* = T_{goiv} - T_{goiv}^*$，$x_{1iv} = r_{iv}$，$x_{2iv} = \dot{r}_{iv}$，$x_{3iv} = \dot{q}_{iv}$ 可知，当 $t \to T_1$ 时，有 $T_{goiv} \to T_{goiv}^*, i=1,2,\cdots,m$，$q_{iv} \to 0, i=1,2,\cdots,m$，即导弹与对应虚拟目标的剩余飞行时间在预设时间 T_1 可以收敛到对应虚拟目标的剩余飞行时间的期望值，以及对应虚拟目标的视线角速率收敛到 0。

进一步，选择导弹与对应虚拟目标的期望剩余飞行时间 $T_{goiv}^*, i=1,2,\cdots,m$ 为一阶智能体的状态变量，构造如下一阶多智能体系统：

$$\dot{T}_{goiv}^* = u_i^{\mathrm{nom}}, \quad i=1,2,\cdots,m \tag{8-28}$$

当一阶多智能体协议为 $u_i^{\mathrm{nom}} = -1 - \left[k + c\varphi(0,T_2) \right]\sum_{j=1}^{n} a_j\left(T_{gonv}^* - T_{gojv}^* \right)$ 时，由于多导弹网络通信系统是无向连通的，故根据引理 8-3，一阶多智能体系统(8-28)的状态 T_{goiv}^* 在预设时间 T_2 时刻趋于一致，即当 $t \to T_2$ 时，有 $T_{goiv}^* \to T_{gojv}^* \to T_{go}^*, i,j =$

$1,2,\cdots,m$ ，其中，T_{go}^{*} 为导弹与真实目标的期望剩余飞行时间。

由于当 $t \to T_{1}$ 时，有 $T_{\mathrm{go}iv} \to T_{\mathrm{go}iv}^{*}, i=1,2,\cdots,m$ ，而当 $t \to T_{2}$ 时，$T_{\mathrm{go}iv}^{*} \to T_{\mathrm{go}jv}^{*}$ ，故当 $t \to T = \max\{T_{1},T_{2}\}$ 时，$T_{\mathrm{go}iv}^{*} \to T_{\mathrm{go}jv}^{*} \to T_{\mathrm{go}}^{*}, i,j=1,2,\cdots,m$ 有 $T_{\mathrm{go}iv} \to T_{\mathrm{go}}^{*}, i=1,2,\cdots,$ m 。因此，基于式(8-23)的协同末制导律，可以确保多枚导弹对于虚拟目标的剩余飞行时间趋于一致。由注解 8-1 可知，弹目距离越小，所有虚拟目标就越接近真实目标，从而所有导弹最终可以实现动态包围，并同时命中真实目标。证毕。

注解 8-3：本章中多导弹动态包围协同同时打击目标分两部分实现。首先通过引入每枚导弹相应于自身的虚拟目标的期望剩余飞行时间作为中间变量 $T_{\mathrm{go}iv}^{*}$ ，并基于此引入新的系统状态变量 $x_{iv} = T_{\mathrm{go}iv} - T_{\mathrm{go}iv}^{*}$ ，通过设计动态逆解耦控制器 (8-21)确保系统状态 x_{iv} 收敛，从而确保所有导弹相应于自身的虚拟目标的期望剩余飞行时间 $T_{\mathrm{go}iv}$ 收敛到期望值 $T_{\mathrm{go}iv}^{*}$ ；其次构建以 x_{iv} 和 x_{3iv} 为自变量的一阶多智能体系统(8-28)，设计式(8-19)的一致性协议，确保所有导弹相应于自身的虚拟目标的期望剩余飞行时间 $T_{\mathrm{go}iv}, i=1,2,\cdots,m$ 趋于一致；最后综合以上两步，即可在每步对应的有向时间的最大时间 $T = \max\{T_{1},T_{2}\}$ 内，确保多枚导弹对于虚拟目标的剩余时间趋于一致。由注解 8-1 可知，弹目距离越小，所有虚拟目标就越接近真实目标，从而所有导弹最终实现动态包围，并同时命中真实目标。

注解 8-4：定理 8-1 中要求多导弹网络通信拓扑是无向连通的，因为在此假设下，基于式(8-19)的一致性协议，确保所有导弹相应于自身的虚拟目标的期望剩余飞行时间 $T_{\mathrm{go}iv}^{*}, i=1,2,\cdots,m$ 可以在有限时间内趋于一致。

综合以上动态包围协同末制导律设计和一致性分析，可以给出具体的动态包围协同末制导律如下。

(1) 视线方向动态包围协同末制导律：

$$
u_{ri} = \begin{cases} \dfrac{\dot{r}_{iv}^{2}}{r_{iv}}\rho_{1i}(0,T_{1})(T_{\mathrm{go}iv}-T_{\mathrm{go}iv}^{*}) + \dfrac{\dot{r}_{iv}^{2}}{r_{iv}}\eta_{1i}\mathrm{sign}\Big[(T_{\mathrm{go}iv}-T_{\mathrm{go}iv}^{*})\Big](T_{\mathrm{go}iv}-T_{\mathrm{go}iv}^{*}) \\ -r_{iv}\dot{r}_{iv}\dot{q}_{iv}^{2} - \dfrac{\dot{r}_{iv}^{2}}{r_{iv}}\rho_{3}(0,T_{1})\displaystyle\sum_{j=1}^{n}a_{ij}(T_{\mathrm{go}iv}^{*}-T_{\mathrm{go}jv}^{*}) - \dfrac{\dot{r}_{iv}^{2}}{r_{iv}}\hat{d}_{riv}, \quad t \leqslant T_{1} \\ -r_{iv}\dot{r}_{iv}\dot{q}_{iv}^{2} - \dfrac{\dot{r}_{iv}^{2}}{r_{iv}}\rho_{3}(0,T_{1})\displaystyle\sum_{j=1}^{n}a_{ij}(T_{\mathrm{go}iv}-T_{\mathrm{go}jv}) - \dfrac{\dot{r}_{iv}^{2}}{r_{iv}}\hat{d}_{riv}, \quad t > T_{1} \end{cases}
$$

式中，$\rho_{1i}(0,T_{1}) = k_{11i} + k_{12i}\varphi(0,T_{1})$ ；$\rho_{3}(0,T_{1}) = k + c\varphi(0,T_{1})$ 。

(2) 视线法向动态包围协同末制导律：

$$
u_{qi} = 2\dot{r}_{iv}\dot{q}_{iv} + \Big[k_{21i} + k_{22i}\varphi(0,T_{1})\Big]r_{iv}\dot{q}_{iv} + \eta_{2i}r_{iv}\mathrm{sign}(\dot{q}_{iv})\dot{q}_{iv} - r_{iv}\hat{d}_{qiv}
$$

注解 8-5：对于视线方向动态包围协同末制导律，分为两个阶段：当 $t \leq T_1$ 时，在 u_{ri} 的作用下使导弹 i 在目标机动干扰情况下确保其对第 i 个虚拟目标的实际剩余飞行时间 T_{goiv} 收敛到对第 i 个虚拟目标的期望剩余飞行时间 T_{goiv}^*；当 $t > T_1$ 时，u_{ri} 转化为带有干扰估计项的一阶多智能体协议，基于此协议，就可以确保针对第 i 个虚拟目标的实际剩余飞行时间 $T_{goiv}, i = 1, 2, \cdots, N$ 趋于一致，即同时到达真实目标。

注解 8-6：对于视线法向动态包围协同末制导律 u_{qi}，第一项是对第 i 个虚拟目标的比例导引项；第二项是确保第 i 个虚拟目标视线角速度在有限时间内收敛；后两项是对抗由真实目标机动引起虚拟目标机动的干扰项。

8.3.3 仿真分析

为了论证本节所提出的基于虚拟目标的动态包围攻击制导律的有效性和优越性，本节分别在三枚导弹协同攻击高机动目标的场景中设计仿真实验，并与文献[13]中带有视线角约束的静态包围攻击的滑模协同制导律进行比较。

本节末制导目标设置如下：导弹的脱靶量均小于 3m；多导弹的最大攻击时间与最小攻击时间之差不大于 0.1s；在导弹攻击目标之前虚拟目标收敛至真实目标。

表 8-1 给出了三枚导弹的仿真初始参数，目标初始位置设定为 $(-10\text{km}, 0\text{km})$，速度大小为 300m/s，目标初始弹道倾角为 $\theta_{T_0} = 0°$，目标法向加速度为 $n_t = 8g\sin(\pi t/4)$，其中 $g = 9.8\text{m/s}^2$。设置导弹之间是分布式连接，通信拓扑图是无向连通的，如图 6-3 所示。

表 8-1　三枚导弹的仿真初始参数

导弹编号	初始位置/km	$\theta_{mi0}/(°)$	过载限幅/g	$V_{mi0}/(\text{m/s})$	R_0/km
导弹 1	(8,0)	2	±30	600	18
导弹 2	(9,1.5)	6	±30	600	19
导弹 3	(7,−0.8)	−6	±30	600	17

制导律参数设置：$k_{11i} = 1$，$k_{12i} = 1$，$k_{21i} = 0.5$，$k_{22i} = 1$，$\eta_{1i} = 0.1$，$\eta_{2i} = 0.05$，$k = 0.5$，$c = 0.5$；预设收敛时间 $T = 19$；另外与虚拟目标计算相关参数设置为 $T_{p\max} = 8$，$\delta_t = 1.5$。对比制导律的视线角期望值 $q_{fi}(i = 1, 2, 3)$ 与本章制导律的终端视线角设为相同值。

图 8-6 给出了目标机动飞行情况下真实目标和虚拟目标的轨迹，其中 T 表示真实目标，T_{up}、T_{down}、T_{go} 表示三枚导弹分别瞄准的虚拟目标。图 8-7(a)表明，

三枚导弹可以从不同方向攻击目标；图 8-7(a)、(b)、(d)表明，所提出的制导律可以保证多导弹同时攻击目标，并且图 8-7(a)中本节方法比对比方法的弹道更平缓；

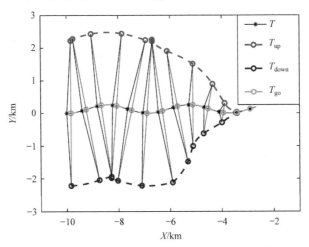

图 8-6　目标机动飞行情况下真实目标和虚拟目标的轨迹

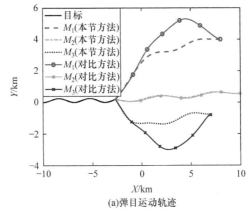

(a)弹目运动轨迹

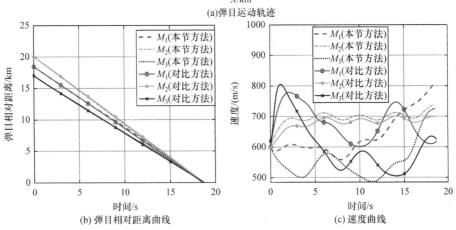

(b) 弹目相对距离曲线　　　　　　　　　(c) 速度曲线

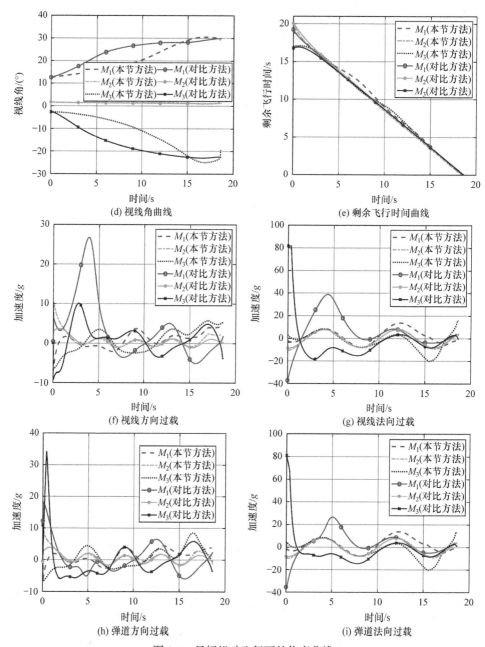

图 8-7　目标机动飞行下的仿真曲线

图 8-7(f)～(i)和表 8-2 表明本节提出的制导律的加速度更小，总控制能量也更小。此外，从图 8-7(h)中可以看出，本节提出制导律的弹道方向负向加速度更小。

表 8-2　能量消耗表

导弹编号	J_{ur}/g^2		J_{uq}/g^2	
	本节方法	对比方法	本节方法	对比方法
导弹 1	314.5	1025.4	1021.5	1858.7
导弹 2	217.9	167.8	944.9	911.1
导弹 3	504.6	548.4	1076.7	1740.4

注解 8-7：在制导律的设计中，保证制导系统的状态达到期望值是制导律设计的第一要务。其次，由于导弹本身所携带的能量是有限的，因此所设计的制导律在完成制导任务的同时，所需要消耗的能量越小越好。为此，本节定义视线方向和视线法向上的能量消耗函数为 $J_w = \int_0^{T_f} u_r^2(t)\,\mathrm{d}t$，$J_{uq} = \int_0^{T_f} u_q^2(t)\,\mathrm{d}t$。

综合以上仿真结果可以看出，本节基于虚拟目标的动态包围攻击策略所设计的动态逆协同制导律，适用于机动性强的目标。此外，本节设计的制导律通过引入虚拟目标实现动态包围攻击，避免了导弹的固定视线角约束，所提出的制导律在弹道和能耗方面的性能均优于作为对比的基于滑模控制的视线角约束协同制导律。

8.4　小　　结

本章针对多导弹动态包围攻击空中机动目标的协同制导策略和协同制导律相关问题进行了研究。给出了基于虚拟目标设计的一种动态包围攻击策略，基于此策略设计的制导律不需要预先指定期望的攻击视线角，导弹的需用过载和所需要的能量都较小。通过引入虚拟目标概念，并根据协同攻击的导弹个数为每枚导弹分配一个虚拟目标，使得导弹的攻击区的集合覆盖目标可逃逸区域。然后，基于此策略使用动态逆控制方法和预设时间控制理论设计多弹协同制导律，在无需视线角约束的情况下，实现了多导弹动态包围攻击和同时到达。此外，通过李雅普诺夫稳定性理论对所提出的协同末制导律的一致性进行了严格的理论证明。最后，通过仿真对比实验验证了本章中协同末制导律的有效性和优越性。

参 考 文 献

[1] HOU X, WANG W, LIU Z. Fixed-time cooperative guidance for multiple missiles with impact angle constraint[J]. Proceedings of the Institution of Mechanical Engineers, Part G: Journal of Aerospace Engineering, 2022, 236(10): 1984-1998.

[2] WANG X, LU H, HUANG X, et al. Three-dimensional time-varying sliding mode guidance law against maneuvering targets with terminal angle constraint[J]. Chinese Journal of Aeronautics, 2022, 35(4): 303-319.

[3] ZHANG S, GUO Y, LIU Z, et al. Finite-time cooperative guidance strategy for impact angle and time control[J]. IEEE Transactions on Aerospace and Electronic Systems, 2021, 57(2): 806-819.

[4] 田野, 蔡远利, 邓逸凡. 一种带时间协同和角度约束的多导弹三维协同制导律[J]. 控制理论与应用, 2022, 39(5): 788-798.

[5] DONG W, WANG C, WANG J, et al. Fixed-time terminal angle-constrained cooperative guidance law against maneuvering target[J]. IEEE Transactions on Aerospace and Electronic Systems, 2022, 58(2): 1352-1366.

[6] ZHAO J, YANG S, XIONG F. Cooperative guidance of seeker-less missile considering localization error[J]. Chinese Journal of Aeronautics, 2019, 32(8): 1933-1945.

[7] ZHAO Q, DONG X, SONG X, et al. Cooperative time-varying formation guidance for leader-following missiles to intercept a maneuvering target with switching topologies[J]. Nonlinear Dynamics, 2019, 95(1): 129-141.

[8] YU J, DONG X, LI Q, et al. Distributed adaptive cooperative time-varying formation tracking guidance for multiple aerial vehicles system[J]. Aerospace Science and Technology, 2021, 117: 106925.

[9] WANG Z K, FU W X, FANG Y W, et al. Cooperative guidance law against highly maneuvering target with dynamic surrounding attack[J]. International Journal of Aerospace Engineering, 2021, 10(1155): 1-16.

[10] 王志凯. 针对机动目标的多导弹分布式协同末制导研究[D]. 西安: 西北工业大学, 2023.

[11] HAN J. From PID to active disturbance rejection control[J]. IEEE Transactions on Industrial Electronics, 2009, 56(3): 900-906.

[12] WANG Y, SONG Y, HILL D J, et al. Prescribed-time consensus and containment control of networked multiagent systems[J]. IEEE Transactions on Cybernetics, 2019, 49(4): 1138-1147.

[13] SONG J, SONG S, XU S. Three-dimensional cooperative guidance law for multiple missiles with finite-time convergence[J]. Aerospace Science and Technology, 2017, 67: 193-205.

第9章 入度平衡约束下分组协同末制导

9.1 引　　言

为实现对地面大型面目标或群目标的协同打击或突破重要目标周围的防空阵地，采用大规模导弹编队进行饱和打击是一个重要的手段。但如果不对大规模编队分组，且每组分配不同的目标或任务，一方面，受限于通信网络频率和带宽，编队规模不可能很大；另一方面，对大型面目标或群目标周围进行无差别的覆盖型毁伤会造成不必要的资源损耗，作战效费比难以保证。因此，协调多目标作战任务下的大规模编队分组协同对于编队作战效能的提升至关重要。图 9-1 为分组协同制导示意图。

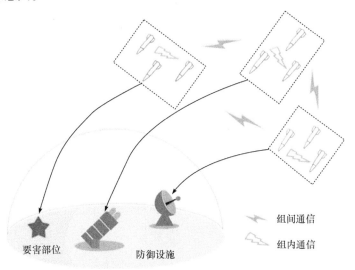

图 9-1　分组协同制导示意图

为实现对地面大型面目标或群目标的协同打击，相比于饱和作战的数量覆盖，分组协同作战方案有利于平衡规模和有限任务资源之间的矛盾。在该作战场景下，多枚导弹被划分为几个小组，每个小组同时摧毁各自的目标，同时为保障群体作战任务，不同的小组之间也会按一定规则进行必要的协同通信。与传统的用于攻击一个目标的协同寻的制导不同，群协同制导适用于多个目标。此外，传统的协同寻的制导只在一个子群中进行信息交换，而群协同寻的制导则在多个子群之间进行额外的信息交换，换言之，一组中合作攻击的信息不仅在同一子组内流动，而且在不同子组之间流动。因此，面对复杂的作战任务，分组协同制导能够为复杂任务下的精确打击提供良好的先决条件。

在大规模编队协同制导过程中，多弹编队可视为包含多个导弹小组的弹群，编队分组一致性是指多弹编队能同时协调完成多个不同任务，并产生不同的一致性结果。基于分组一致性的协同制导方法是组内成员和组间成员采用不同的信息传递方式，自主调整协同状态以实现组内各成员之间状态的协同以及组间另一种状态的协同。近年来，关于分组一致性理论已取得一定成果。文献[1]针对二阶多智能体系统分组一致性开展研究，通过对网络拓扑的频域分析给出分组一致性的充分必要条件，为后续分组一致性的诸多研究奠定关键性基础。文献[2]针对双积分系统开展二分组一致性研究，给出分组收敛的充要条件。在此基础上，文献[3]针对三阶系统开展固定有向拓扑下的分组一致性研究，并给出充要条件，结合复系数多项式稳定理论给出分组一致性和控制参数之间的关系。文献[4]基于组间入度平衡约束，基于无向拓扑结构开展分组一致性研究。文献[5]针对网络攻击下的分组一致性开展研究，给出二分组一致性收敛的充分条件，并进一步推广至多分组一致性研究。文献[6]则是给出了离散时间分组一致性的充要条件。随着多智能体分组网络一致性理论研究的推进[7-14]，相关方法也得以应用于协同制导方向。文献[15]针对多组导弹齐射开展集中式协同制导律研究，但各导弹制导律之间缺乏组间协同。文献[16]则是将多弹编队分为多个"领-从弹"小组，但组间信息交互主要通过领弹之间的协同，缺乏组间和组内的交互。文献[17]和[18]基于分组网络一致性开展了协同制导律的相关研究，但分组网络一致性在协同制导领域的应用研究还有所不足。

然而，实际作战过程中有限的通信网络频率和带宽、高效的毁伤效果对分组协同制导提出新的挑战。本章首先给出组间入度平衡约束二分组协同制导策略，然后进一步扩展到多分组协同制导方案和制导律设计中，并重点介绍入度平衡约束下的分组协同制导方案和制导律设计方法。

9.2 问题描述及预备知识

假设 N 枚导弹参与协同作战任务，视每一枚导弹为一个独立节点 $m_i(i=1,2,\cdots,N)$，导弹之间的信息交换可以用图论相关知识来进行描述。记 $\mathcal{G}=\{M,E,A\}$，其中 $M=\{m_1,m_2,\cdots,m_N\}$ 表示多导弹编队的集合，$E\subseteq(m_i,m_j),m_i,m_j\subseteq M$ 代表了多导弹之间的边集合，$A=\left[a_{ij}\right]\in\mathbb{R}^{N\times N}$ 记为权重连接矩阵。E 中的一个边可表示为 $e_{ij}=(m_i,m_j)(i\neq j)$，其中，当且仅当存在信息

从 m_j 传递至 m_i 时，权重连接矩阵 $\boldsymbol{A}$ 中的连接权重 $a_{ij} \neq 0$，否则，$a_{ij} = 0$。有向图中 e_{ij} 代表 m_i 可从 m_j 获取信息，即 $a_{ij} \neq 0$。但反之不一定成立，即 a_{ji} 是否为 0 取决于连接关系 e_{ji} 是否存在。无向图中 e_{ij} 代表 m_i 和 m_j 可以进行相互通信，故 $a_{ij} = a_{ji} \neq 0$。因此无向图可视为一种特殊的有向图。定义 Laplacian 矩阵 $\boldsymbol{L} = \left[l_{ij} \right] \in R^{N \times N}$，其中 $l_{ij} = -a_{ij}$ 且有 $l_{ii} = \sum\limits_{i \neq j} a_{ij}$。如果存在一个节点具有通向其余节点的有向通道，则该图包含一个有向生成树。记多目标为 $T = \{T_1, T_2, \cdots, T_s\}$，导弹分组记为 $M = \{M_1, M_2, \cdots, M_s\}$，其中 $s \geqslant 2$。

图 9-2 为第 i 枚导弹制导几何关系示意图。在此基础上，本章对分组协同制导场景作如下假设。

根据导弹运动的对称性，协同制导问题可简化为二维平面内协同。

(1) 导弹和目标被视为平面上的质点模型，目标静止，导弹速度为定值。

(2) 相比于制导回路，探测和控制回路频率较低，可忽略。

第 i 枚导弹属于第 s 组，对应的任务目标为 $O_p \left(p = 1, 2, \cdots, s \leqslant m \right)$，相关测量可得 R_i、q_i、θ_i、η_i、n_i 分别表示弹目相对距离、视线角、弹道倾角、前置角和过载，其中，

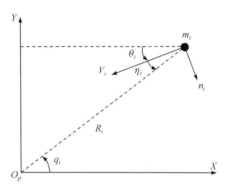

图 9-2　第 i 枚导弹制导几何关系示意图

$$\eta_i(t) = q_i(t) - \theta_i(t) \tag{9-1}$$

当 $\theta_i(t) \geqslant q_i(t)$ 时，$\eta_i(t) \in [0, -\pi]$；当 $\theta_i(t) < q_i(t)$ 时，$\eta_i(t) \in [0, \pi]$。过载垂直于速度方向，作为控制指令可用于改变速度方向。

在本章中，假设 $\eta_i(t) \in [0, \pi]$。据此给出二维运动方程如下：

$$\begin{cases} \dot{R}_i(t) = -V_i \cos_i(t) \\ \dot{q}_i(t) = V_i \sin \eta_i(t) / R_i(t) \\ \dot{\theta}_i(t) = n_i(t) g / V_i \end{cases} \tag{9-2}$$

式中，g 为重力加速度。

令 $r_i(t) = R_i(t) / V_i$，根据式(9-2)和式(9-1)，得

$$\begin{cases} \dot{r}_i(t) = -\cos \eta_i(t) \\ \dot{\eta}_i(t) = \sin \eta_i(t) / r_i(t) - n_i(t) g / V_i \end{cases} \tag{9-3}$$

因此，将协同制导问题转化为一个非线性分组一致性问题，下面给出分组协

同制导的定义。

定义 9-1：对于任意 $m_i, m_j \in M_p (p \in \{1, 2, \cdots, s\})$，当下列条件(9-4)满足时，称多导弹可实现分组协同制导。

$$
\begin{cases}
\lim\limits_{t \to \infty} \left| r_i(t) - r_j(t) \right| = 0, & \forall m_i, m_j \in M_p \\
\lim\limits_{t = \infty} \left| \eta_i(t) - \eta_j(t) \right| = 0, & \forall m_i, m_j \in M_p \\
\lim\limits_{t \to \infty} \left| \cos \eta_i(t) - \cos \eta_j(t) \right| = 0, & \forall m_i, m_j \in M_p
\end{cases} \tag{9-4}
$$

式中，子群组 $M_p = \left\{ m_{\sigma_{p+1}}, m_{\sigma_{p+2}}, \cdots, m_{\sigma_{p+a_p}} \right\}$，$p = 1, 2, \cdots, s$，$\sigma_p = \sum\limits_{l=0}^{p-1} a_l$，$a_0 = 0$。因此，分组协同制导问题的目的可描述为设计分组协同制导指令 $n_i(t)$，使得非线性多智能体系统(9-3)满足式(9-4)条件。

受文献[18]的启发，本章采用两阶段协同制导方案设计群组协同制导律。

(1) 第一阶段：基于多智能体分组协同一致性设计分组协同制导律，当系统状态 r 和 η 满足分组一致时转入第二阶段；

(2) 第二阶段：在保证分组一致性的基础上采用独立的比例导引方法或其他导引方法引导每一枚导弹打击所在组既定目标，制导指令给出如下：

$$
n_i^{\text{PN}}(t) = k_{\text{PN}} V_i \dot{q}_i(t) / g \tag{9-5}
$$

式中，$k_{\text{PN}} \in [3, 6]$ 为比例导引参数。

显然，第二阶段制导采用成熟的单弹制导方法，本章不再赘述。因此，下面将重点介绍在有向导弹通信网络满足入度平衡假设下的分组协同制导设计方法。

9.3　分布式分组协同末制导律设计

9.3.1　模型转化

本小节将把非线性多智能体系统(9-3)转化为标准的二阶多智能体系统，同时，将分组协同制导问题转化为二阶多智能体系统状态一致性收敛问题。

记 $x_{1i} = r_i$，$x_{2i} = -\cos \eta_i(t)$，系统(9-3)转化为

$$
\begin{cases}
\dot{x}_{1i} = x_{2i} \\
\dot{x}_{2i} = (\sin \eta_i)^2 / r_i - (g / V_i) \sin \eta_i n_i(t)
\end{cases} \tag{9-6}
$$

进一步，记 $A_i = (\sin \eta_i)^2 / r_i$，$B_i = -(g / V_i) \sin \eta_i$，则式(9-6)转化为

$$
\begin{cases}
\dot{x}_{1i} = x_{2i} \\
\dot{x}_{2i} = A_i + B_i n_i
\end{cases} \tag{9-7}
$$

定义虚拟控制量 $u_i = A_i + B_i n_i$，则式(9-7)转化为如下标准的二阶多智能体系统：

$$\begin{cases} \dot{x}_{1i} = x_{2i} \\ \dot{x}_{2i} = u_i \end{cases} \tag{9-8}$$

同时，定义 9-1 转化为定义 9-2。

定义 9-2：对于任意 $m_i, m_j \in M_p$，$p \in \{1,2,\cdots,s\}$，当下列条件：

$$\begin{cases} \lim\limits_{t\to\infty} \left| x_{1i}(t) - x_{1j}(t) \right| = 0, & \forall m_i, m_j \in M_p, p = 1,2,\cdots,s \\ \lim\limits_{t\to\infty} \left| x_{2i}(t) - x_{2j}(t) \right| = 0, & \forall m_i, m_j \in M_p, p = 1,2,\cdots,s \\ \lim\limits_{t\to\infty} \left| x_{1i}(t) - x_{1j}(t) \right| \neq 0, & \forall m_i \in M_p, m_j \in M \setminus M_p, p = 1,2,\cdots,s \\ \lim\limits_{t\to\infty} \left| x_{2i}(t) - x_{2j}(t) \right| \neq 0, & \forall m_i \in M_p, m_j \in M \setminus M_p, p = 1,2,\cdots,s \end{cases} \tag{9-9}$$

满足时，称多导弹可实现分组协同制导。

从而，分组协同制导律设计目的转化为设计虚拟分组协同控制指令 $u_i(t)$，使得二阶标准多智能体系统(9-8)满足式(9-9)条件。

9.3.2　二分组协同末制导律

本节将讨论简单的分组协同制导场景，即二分组协同制导方案，将弹群分为两组，针对性地对防御系统的两个要害部位进行打击。记第一组为 $M_1 = \{1,2,\cdots,p\}, p > 1$，第二组为 $M_2 = \{p+1, p+2, \cdots, p+q\}, q > 1$，即弹群中导弹数量 $N = p + q$。

假设 9-1：二分组弹群通信网络拓扑结构满足入度平衡条件，如式(9-10)：

$$\begin{cases} \sum\limits_{j=p+1}^{N} a_{ij} = 0, & \forall i \in M_1 \\ \sum\limits_{j=1}^{p} a_{ij} = 0, & \forall i \in M_2 \end{cases} \tag{9-10}$$

下面首先给出二分组协同控制律：

$$u_i(t) = \begin{cases} \sum\limits_{j \in M_1} a_{ij} \left\{ \alpha \left[x_{1j}(t) - x_{1i}(t) \right] + \beta \left[x_{2j}(t) - x_{2i}(t) \right] \right\} \\ + \sum\limits_{j \in M_2} a_{ij} \left[\alpha x_{2j}(t) + \beta x_{2j}(t) \right], \quad \forall i \in M_1 \\ \sum\limits_{j \in M_1} a_{ij} \left[\alpha x_{1j}(t) + \beta x_{2j}(t) \right] + \sum\limits_{j \in M_2} a_{ij} \left\{ \alpha \left[x_{1j}(t) - x_{1i}(t) \right] \right. \\ \left. + \beta \left[x_{2j}(t) - x_{2i}(t) \right] \right\}, \quad \forall i \in M_2 \end{cases} \tag{9-11}$$

式中，$\alpha > 0$；$\beta > 0$。若 m_i 可从 m_j 获取信息，则 $a_{ij} \neq 0$，反之，$a_{ij} = 0$。

令 $\boldsymbol{x}^{11}(t)=[x_{11}(t),\cdots,x_{1p}(t)]^{\mathrm{T}}$ ， $\boldsymbol{x}^{12}(t)=[x_{1(p+1)}(t),\cdots,x_{1N}(t)]^{\mathrm{T}}$ ， $\boldsymbol{x}^{21}(t)=[x_{21}(t),\cdots,$ $x_{2p}(t)]^{\mathrm{T}}$ ， $\boldsymbol{x}^{22}(t)=[x_{2(p+1)}(t),\cdots,x_{2N}(t)]^{\mathrm{T}}$ ，并令 $\boldsymbol{x}^{1}(t)=\left[\left(\boldsymbol{x}^{11}(t)\right)^{\mathrm{T}},\left(\boldsymbol{x}^{12}(t)\right)^{\mathrm{T}}\right]^{\mathrm{T}}$ 和 $\boldsymbol{x}^{2}(t)=\left[\left(\boldsymbol{x}^{21}(t)\right)^{\mathrm{T}},\left(\boldsymbol{x}^{22}(t)\right)^{\mathrm{T}}\right]^{\mathrm{T}}$ 。

将二分组协同控制律(9-11)代入系统(9-8)，化简得

$$\begin{bmatrix}\dot{x}^{1}(t)\\\dot{x}^{2}(t)\end{bmatrix}=\boldsymbol{\Phi}\begin{bmatrix}x^{1}(t)\\x^{2}(t)\end{bmatrix} \tag{9-12}$$

式中，

$$\boldsymbol{\Phi}=\begin{bmatrix}\mathbf{0}_{N\times N}&\boldsymbol{I}_{N\times N}\\-\alpha\boldsymbol{L}&-\beta\boldsymbol{L}\end{bmatrix}$$

引理 9-1[19]：假设 $\alpha>0$ ， $\beta>0$ ，矩阵 $\boldsymbol{\Phi}$ 的特征值 $\lambda_{i\pm}$ 和矩阵 $\boldsymbol{L}$ 的特征值 $\mu_{i\pm}$ 满足下列关系式：

$$\lambda_{i\pm}=\frac{-\beta\mu_{i}\pm\sqrt{\beta^{2}\mu_{i}^{2}-4\alpha\mu_{i}}}{2} \tag{9-13}$$

如果 $\mathrm{Re}(\mu_{i})>0$ 且

$$\frac{\beta^{2}}{\alpha}>\max_{\mu_{i}\neq0}\frac{\mathrm{Im}^{2}(\mu_{i})}{\mathrm{Re}(\mu_{i})[\mathrm{Re}^{2}(\mu_{i})+\mathrm{Im}^{2}(\mu_{i})]} \tag{9-14}$$

满足，则有 $\mathrm{Re}(\lambda_{i\pm})<0$ ，而且当 $\mu_{i}=0$ 时， $\lambda_{i\pm}=0$ 。

引理 9-2[19]：如果网络拓扑结构二分组满足入度平衡条件(9-10)，且每组包含有向生成树，则 $\boldsymbol{L}$ 有一个 0 特征值，其几何重数至少为 2。

证明：由于网络拓扑结构二分组满足入度平衡条件(9-10)，Laplacian 矩阵 $\boldsymbol{L}$ 行和为 0，因此 Laplacian 矩阵具有 0 特征根。

令 $\boldsymbol{q}_{1}=[\mathbf{1}_{p}^{\mathrm{T}},\mathbf{0}_{q}^{\mathrm{T}}]^{\mathrm{T}}$ ， $\boldsymbol{q}_{2}=[\mathbf{0}_{p}^{\mathrm{T}},\mathbf{1}_{q}^{\mathrm{T}}]^{\mathrm{T}}$ 分别表示 Laplacian 矩阵 $\boldsymbol{L}$ 的两个线性独立右特征向量，故以下关系成立：

$$\boldsymbol{L}\boldsymbol{q}_{1}=\mathbf{0}\cdot\boldsymbol{q}_{1},\quad \boldsymbol{L}\boldsymbol{q}_{2}=\mathbf{0}\cdot\boldsymbol{q}_{2} \tag{9-15}$$

因此， $\boldsymbol{L}$ 具有一个 0 特征值，其代数重数至少为 2。证毕。

引理 9-3[19]：若二阶多智能体系统(9-8)的网络拓扑结构满足假设 9-1 的入度平衡条件，且每组包含有向生成树，则通过二分组协同控制律(9-11)，使得二阶多智能体系统(9-8)达到渐进分组一致性，当且仅当矩阵 $\boldsymbol{L}$ 的代数重数至少是 4，且所有其他非 0 特征根具有负实部，而且系统状态满足：

$$\begin{cases}x_{2i}(t)\to\boldsymbol{p}_{1}^{\mathrm{T}}\boldsymbol{x}^{2}(0),&\forall i\in M_{1}\\x_{2i}(t)\to\boldsymbol{p}_{2}^{\mathrm{T}}\boldsymbol{x}^{2}(0),&\forall i\in M_{2}\end{cases} \tag{9-16}$$

式中，$\boldsymbol{p}_1 = \left[\boldsymbol{p}_{11}^{\mathrm{T}}, \boldsymbol{p}_{12}^{\mathrm{T}}\right]^{\mathrm{T}}$、$\boldsymbol{p}_2 = \left[\boldsymbol{p}_{21}^{\mathrm{T}}, \boldsymbol{p}_{22}^{\mathrm{T}}\right]^{\mathrm{T}}$ 为 $\boldsymbol{L}$ 特征根 0 的两个线性无关的左特征

向量，且满足 $\boldsymbol{p}_1^{\mathrm{T}} \boldsymbol{q}_1 = 1$、$\boldsymbol{p}_2^{\mathrm{T}} \boldsymbol{q}_2 = 1$，$\boldsymbol{q}_1 = [\mathbf{1}_p^{\mathrm{T}}, \mathbf{0}_q^{\mathrm{T}}]^{\mathrm{T}}$、$\boldsymbol{q}_2 = [\mathbf{0}_p^{\mathrm{T}}, \mathbf{1}_q^{\mathrm{T}}]^{\mathrm{T}}$ 分别表示 Laplacian

矩阵 $\boldsymbol{L}$ 的两个线性独立右特征向量，$\boldsymbol{x}^2(t) = [x_{21}(t), \cdots, x_{2N}(t)]^{\mathrm{T}}$。

定理 9-1：假设导弹通信网络拓扑结构满足假设 9-1 的入度平衡条件(9-10)，
且每组包含有向生成树，记 Laplacian 矩阵 $\boldsymbol{L}$ 非 0 特征值为 μ_i。如果存在参数
$\alpha > 0, \beta > 0$ 满足如下不等式：

$$\frac{\beta^2}{\alpha} > \max_{\mu_i \neq 0} \frac{\mathrm{Im}^2(\mu_i)}{\mathrm{Re}(\mu_i)[\mathrm{Re}^2(\mu_i) + \mathrm{Im}^2(\mu_i)]} \tag{9-17}$$

则对于弹群运动方程(9-2)，二分组协同制导律(9-18)可以实现弹群分两组协同制
导，同时弹群状态根据式(9-19)实现分组收敛。

$$n_i(t) = \begin{cases} \dfrac{V_i^2 \sin \eta_i(t)}{g R_i(t)} - \dfrac{V_i}{g \sin \eta_i(t)} \left(\displaystyle\sum_{j \in M_2} a_{ij} \left[\alpha \dfrac{R_i(t)}{V_i} - \beta \cos \eta_i(t) \right] \right. \\ \left. + \displaystyle\sum_{j \in M_1} a_{ij} \left\{ \alpha \left[\dfrac{R_i(t)}{V_i} - \dfrac{R_j(t)}{V_j} \right] + \beta \left[\cos \eta_i(t) - \cos \eta_j(t) \right] \right\} \right), \quad \forall i \in M_1 \\[2mm] \dfrac{V_i^2 \sin \eta_i(t)}{g R_i(t)} - \dfrac{V_i}{g \sin \eta_i(t)} \left(\displaystyle\sum_{j \in M_1} a_{ij} \left[\alpha \dfrac{R_i(t)}{V_i} - \beta \cos \eta_i(t) \right] \right. \\ \left. + \displaystyle\sum_{j \in M_2} a_{ij} \left\{ \alpha \left[\dfrac{R_i(t)}{V_i} - \dfrac{R_j(t)}{V_j} \right] + \beta \left[\cos \eta_i(t) - \cos \eta_j(t) \right] \right\} \right), \quad \forall i \in M_2 \end{cases} \tag{9-18}$$

$$\begin{cases} R_i(t)/V_i \to \displaystyle\sum_{i=1}^{N} p_{1i} R_i(t)/V_i - t \displaystyle\sum_{i=1}^{N} p_{1i} \cos \eta_i(0), \quad \forall i \in M_1 \\[2mm] R_i(t)/V_i \to \displaystyle\sum_{i=1}^{N} p_{2i} R_i(t)/V_i - t \displaystyle\sum_{i=1}^{N} p_{2i} \cos \eta_i(0), \quad \forall i \in M_2 \\[2mm] \cos \eta_i(t) \to \displaystyle\sum_{i=1}^{N} p_{1i} \cos \eta_i(0), \quad \forall i \in M_1 \\[2mm] \cos \eta_i(t) \to \displaystyle\sum_{i=1}^{N} p_{2i} \cos \eta_i(0), \quad \forall i \in M_2 \end{cases} \tag{9-19}$$

证明：将二分组协同制导律(9-18)代入虚拟控制量 $u_i = A_i + B_i n_i$，其中
$A_i = (\sin \eta_i)^2 / r_i$，$B_i = -(g / V_i) \sin \eta_i$。再结合 $x_{1i} = r_i$，$x_{2i} = -\cos \eta_i(t)$，则虚拟
控制量 u_i 转化为二分组协同控制律(9-11)。同样地，弹群运动方程(9-2)可以转化为
标准二阶多智能体系统(9-8)，因此，将二分组协同控制律(9-11)代入系统(9-8)，化

简得式(9-12)。

根据引理 9-2，Laplacian 矩阵 L 具有两个 0 特征值 $\mu_i = 0, i = 1, 2$，其余特征值均具有正实部 $\mathrm{Re}(\mu_i) > 0, i = 3, \cdots, 2N$。当 $\mu_i = 0$ 时，矩阵 $\boldsymbol{\Phi}$ 的特征根 $\lambda_{i\pm} = 0, i = 1, 2$，从而矩阵 $\boldsymbol{\Phi}$ 至少具有 4 重 0 特征值，而且 μ_i 满足 $\mathrm{Re}(\mu_i) > 0$ 和不等式(9-17)。由式(9-12)可知，矩阵 $\boldsymbol{\Phi}$ 的特征根 $\lambda_{i\pm}$，$i = 3, \cdots, 2N$ 都具有负实部。根据引理 9-3 可知，系统(9-8)达到渐进分组一致性，而且系统状态满足式(9-16)。由二阶多智能体系统(9-8)和弹群运动方程(9-2)的等价性可知弹群二分组协同制导律(9-18)可以确保弹群分组协同制导。同时，由引理 9-3 可得，弹群状态按式(9-19)收敛。

证毕。

注解 9-1：在二分组协同制导律(9-18)中，第一组的协同制导律共计包含五项，其中第一项 $\dfrac{V_i^2 \sin \eta_i(t)}{gR_i(t)}$ 可以利用方程(9-2)的第二式转化为 $\dfrac{1}{g} V_i \dot{q}_i(t)$，类似于比例导引项；第二项 $-\dfrac{\alpha V_i}{g \sin \eta_i(t)} \displaystyle\sum_{j \in M_2} a_{ij} \dfrac{R_i(t)}{V_i}$ 为第二组邻居的剩余飞行时间加权和的比例项；第三项 $\dfrac{\beta V_i}{g \sin \eta_i(t)} \displaystyle\sum_{j \in M_2} a_{ij} [\cos \eta_i(t)]$ 为第二组邻居的前置角余弦的加权和的比例项；第四项 $-\dfrac{\alpha V_i}{g \sin \eta_i(t)} \displaystyle\sum_{j \in M_1} a_{ij} \left[\dfrac{R_i(t)}{V_i} - \dfrac{R_j(t)}{V_j} \right]$ 为第 i 枚导弹剩余飞行时间和同组邻居剩余飞行时间的加权和的比例项；第五项 $-\dfrac{\beta V_i}{g \sin \eta_i(t)} \displaystyle\sum_{j \in M_1} a_{ij} \left[\cos \eta_i(t) - \cos \eta_j(t) \right]$ 为第 i 枚导弹前置角余弦和同组邻居前置角余弦的加权和的比例项。

综合以上分析，可以给出设计步骤如下：

(1) 基于通信能力确定多智能体分组通信网络结构及其 Laplacian 矩阵 L；

(2) 基于多智能体分组协同一致性设计二分组协同制导律(9-18)、控制参数 α 和 β，保证协同二分组状态按式(9-19)收敛；

(3) 当系统状态 r 和 η 满足分组一致时，转入第二阶段；

(4) 设计比例导引参数 k_{PN}，保证目标分组协同打击小组目标。

注解 9-2：在二分组协同制导律(9-18)中，第二～五项比例系数的分母中都包含 $\sin \eta_i(t)$ 项，从而有可能导致奇异性。在应用时，可以用 $\sin \eta_i(t) + \varepsilon$（$\varepsilon$ 为很小的正数)代替 $\sin \eta_i(t)$；也可以使用 9.3.3 小节的多分组协同制导律的设计方法加以解决。

注解 9-3：由于 $\dfrac{\mathrm{Im}^2(\mu_i)}{\mathrm{Re}^2(\mu_i) + \mathrm{Im}^2(\mu_i)} \leqslant 1$，故 $\displaystyle\max_{\mu_i \neq 0} \dfrac{\mathrm{Im}^2(\mu_i)}{\mathrm{Re}^2(\mu_i) \left[\mathrm{Re}^2(\mu_i) + \mathrm{Im}^2(\mu_i) \right]} \leqslant$

$\max\limits_{\mu_i \neq 0} \dfrac{1}{\operatorname{Re}(\mu_i)}$，从而，如果 α、β 满足 $\dfrac{\beta^2}{\alpha} \geqslant \max\limits_{\mu_i \neq 0} \dfrac{1}{\operatorname{Re}(\mu_i)}$，即 $\dfrac{\alpha}{\beta^2} \leqslant \min\limits_{\mu_i \neq 0}\{\operatorname{Re}(\mu_i)\}$ 时，

则 $\dfrac{\beta^2}{\alpha} > \max\limits_{\mu_i \neq 0} \dfrac{\operatorname{Im}^2(\mu_i)}{\operatorname{Re}(\mu_i)\left[\operatorname{Re}^2(\mu_i) + \operatorname{Im}^2(\mu_i)\right]}$，因此，只要选择 $\alpha, \beta > 0$ 满足

$\dfrac{\alpha}{\beta^2} \leqslant \min\limits_{\mu_i \neq 0}\{\operatorname{Re}(\mu_i)\}$ 即可。

注解 9-4：由于 $x_{1i} = r_i = R_i(t)/V_i$，即第 i 枚导弹的剩余飞行时间由二分组协同制导律(9-18)的第一式和第二式给出，$x_{1i}(t)$ 收敛于一个与时间 t 有关的函数，不是一个固定值，或 0 值。需要在满足第一阶段协同后，第二阶段各弹采用独自的比例导引律就可以攻击目标，这显然不便于工程应用。

为了解决二分组协同控制律(9-11)使二阶多智能体系统(9-8)的状态变量 $x_{1i}(t)$ 的最终协同值不是时变的问题。下面将采用如下的二分组协同控制律：

$$u_i(t) = \begin{cases} -kx_{2j} + \displaystyle\sum_{j \in M_1} a_{ij}\left\{\left[x_{1j}(t) - x_{1i}(t)\right] + \gamma\left[x_{2j}(t) - x_{2i}(t)\right]\right\} \\ + \displaystyle\sum_{j \in M_2} a_{ij}\left[x_{2j}(t) + \gamma x_{2j}(t)\right], \quad \forall i \in M_1 \\ -kx_{2j} + \displaystyle\sum_{j \in M_1} a_{ij}\left[x_{1j}(t) + \gamma x_{2j}(t)\right] \\ + \displaystyle\sum_{j \in M_2} a_{ij}\left\{\left[x_{1j}(t) - x_{1i}(t)\right] + \gamma\left[x_{2j}(t) - x_{2i}(t)\right]\right\}, \quad \forall i \in M_2 \end{cases} \tag{9-20}$$

式中，$k > 0$；$\gamma > 0$，其余符号同二分组协同控制律(9-11)。

将二分组协同控制律(9-20)代入二阶多智能体系统(9-8)，得

$$\begin{bmatrix} \dot{x}^1(t) \\ \dot{x}^2(t) \end{bmatrix} = \boldsymbol{\Sigma} \begin{bmatrix} x^1(t) \\ x^2(t) \end{bmatrix} \tag{9-21}$$

式中，

$$\boldsymbol{\Sigma} = \begin{bmatrix} \mathbf{0}_{N \times N} & \boldsymbol{I}_{N \times N} \\ -\boldsymbol{L} & -k\boldsymbol{I} - \gamma\boldsymbol{L} \end{bmatrix} \tag{9-22}$$

引理 9-4[19]：假设 $k > 0, \gamma > 0$，矩阵 $\boldsymbol{\Sigma}$ 的特征值 $v_{i\pm}$ 和矩阵 $\boldsymbol{L}$ 的特征值 $\mu_{i\pm}$ 满足下列关系式：

$$v_{i\pm} = \dfrac{-\gamma\mu_i - k \pm \sqrt{(\gamma\mu_i + k)^2 - 4\mu_i}}{2} \tag{9-23}$$

对于任意的 $k > 0$，如果 $\operatorname{Re}(\mu_i) > 0$ 且

$$\gamma > \max\limits_{\mu_i \neq 0} \sqrt{\dfrac{2}{\operatorname{Re}(\mu_i)}} \tag{9-24}$$

满足时，则有 $\text{Re}(\nu_{i\pm}) < 0$ ，而且当 $\mu_i = 0$ 时，$(\nu_{i+}) = 0$ ，$(\nu_{i-}) = -k < 0$ 。

引理 9-5[19]：假设网络拓扑结构二分组满足假设 9-1 的入度平衡条件(9-10)，且每组包含有向生成树。如果给定 $k > 0$ ，$\gamma > 0$ ，满足不等式(9-24)，通过二分组协同控制律(9-20)，二阶多智能体系统(9-8)达到渐进分组一致性，当且仅当矩阵 $\boldsymbol{\varSigma}$ 的零特征根的代数重数为 2，且所有其他非零特征根具有负实部。该系统状态根据式(9-25)实现收敛：

$$\begin{cases} x_{1i}(t) \rightarrow \boldsymbol{p}_1^T x^1(0) + \dfrac{1}{k}\boldsymbol{p}_1^T x^2(0), & \forall i \in M_1 \\[2mm] x_{1i}(t) \rightarrow \boldsymbol{p}_2^T x^1(0) + \dfrac{1}{k}\boldsymbol{p}_2^T x^2(0), & \forall i \in M_2 \\[2mm] x_{2i}(t) \rightarrow 0, & \forall i \in M_1 \\[2mm] x_{2i}(t) \rightarrow 0, & \forall i \in M_2 \end{cases} \tag{9-25}$$

式中，$\boldsymbol{p}_1 = \left[\boldsymbol{p}_{11}^T, \boldsymbol{p}_{12}^T\right]^T$、$\boldsymbol{p}_2 = \left[\boldsymbol{p}_{21}^T, \boldsymbol{p}_{22}^T\right]^T$ 为 $\boldsymbol{L}$ 特征根 0 的两个线性无关的左特征向量，且满足 $\boldsymbol{p}_1^T \boldsymbol{q}_1 = 1$、$\boldsymbol{p}_2^T \boldsymbol{q}_2 = 1$，$\boldsymbol{q}_1 = [\mathbf{1}_p^T, \mathbf{0}_q^T]^T$、$\boldsymbol{q}_2 = [\mathbf{0}_p^T, \mathbf{1}_q^T]^T$ 分别为 Laplacian 矩阵 $\boldsymbol{L}$ 的两个线性独立右特征向量。

证明参见文献[19]命题 2。

定理 9-2：假设导弹通信网络拓扑结构二分组满足假设 9-1 的入度平衡条件(9-10)，且每组包含有向生成树，记 Laplacian 矩阵 $\boldsymbol{L}$ 非零特征值为 μ_i ，如果给定 $k > 0$ ，$\gamma > 0$ 满足如下关系式：

$$\gamma > \max_{\mu_i \neq 0} \sqrt{\dfrac{2}{\text{Re}(\mu_i)}} \tag{9-26}$$

则对于弹群运动方程(9-2)，二分组协同制导律(9-27)可以实现弹群分两组协同制导。

$$n_i(t) = \begin{cases} \dfrac{V_i^2 \sin\eta_1(t)}{gR_i(t)} - \dfrac{V_i}{g\sin\eta_i(t)}\left(k\cos\eta_i(t) + \displaystyle\sum_{j \in M_2} a_{ij}\left[\dfrac{R_i(t)}{V_i} - \gamma\cos\eta_i(t)\right] \right. \\[4mm] \left. + \displaystyle\sum_{j \in M_1} a_{ij}\left\{ \left[\dfrac{R_i(t)}{V_i} - \dfrac{R_j(t)}{V_j}\right] + \gamma\left[\cos\eta_i(t) - \cos\eta_j(t)\right] \right\} \right), \quad \forall i \in M_1 \\[6mm] \dfrac{V_i^2 \sin\eta_i(t)}{gR_i(t)} - \dfrac{V_i}{g\sin\eta_i(t)}\left(k\cos\eta_i(t) + \displaystyle\sum_{j \in M_1} a_{ij}\left[\dfrac{R_i(t)}{V_i} - \gamma\cos\eta_i(t)\right] \right. \\[4mm] \left. + \displaystyle\sum_{j \in M_2} a_{ij}\left\{ \left[\dfrac{R_i(t)}{V_i} - \dfrac{R_j(t)}{V_j}\right] + \gamma\left[\cos\eta_i(t) - \cos\eta_i(t)\right] \right\} \right), \quad \forall i \in M_2 \end{cases} \tag{9-27}$$

系统状态收敛如下：

$$
\begin{cases}
R_i(t)/V_i \to \displaystyle\sum_{i=1}^{N} p_{1i}R_i(0)/V_i - \frac{1}{k}\sum_{i=1}^{N} p_{1i}\cos\eta_i(0), & \forall i \in M_1 \\[2mm]
R_i(t)/V_i \to \displaystyle\sum_{i=1}^{N} p_{2i}R_i/V_i - \frac{1}{k}\sum_{t=1}^{N} p_{2i}\cos\eta_i(0), & \forall i \in M_2 \\[2mm]
\cos\eta_i(t) \to 0, & \forall i \in M_1 \\[2mm]
\cos\eta_i(t) \to 0, & \forall i \in M_2
\end{cases}
\tag{9-28}
$$

证明：将二分组协同制导律(9-27)代入虚拟控制量 $u_i = A_i + B_i n_i$ ，其中 $A_i = (\sin\eta_i)^2/r_i$ ， $B_i = -(g/V_i)\sin\eta_i$ 。再结合 $x_{1i} = r_i$ ， $x_{2i} = -\cos\eta_i(t)$ ，则虚拟控制量 u_i 转化为二分组协同控制律(9-20)。同样地，弹群运动方程(9-2)可以转化为二阶标准多智能体系统(9-8)，再将二分组协同控制律(9-20)代入二阶多智能体系统(9-8)，化简得式(9-21)，利用引理 9-5 可得，二分组协同制导律(9-27)可以实现弹群分两组协同制导。同时确保当 $t \to \infty$ 时，$R_i(t)\big/V_i \to \displaystyle\sum_{i=1}^{N} p_{1i}R_i(0)\big/V_i - \frac{1}{k}\sum_{i=1}^{N}p_{1i}\cos\eta_i(0)$ ， $\forall i \in M_1$ ； $R_i(t)\big/V_i \to \displaystyle\sum_{i=1}^{N} p_{2i}R_i(0)\big/V_i - \frac{1}{k}\sum_{i=1}^{N}p_{2i}\cos\eta_i(0)$ ， $\forall i \in M_2$ 和 $\cos\eta_i(t) \to 0$ ， $\forall i \in M_2$ 。证毕。

当弹群实现二分组协同一致性后，各弹独自采用自身的比例导引律引导导弹攻击各种选定的目标。

根据上述分析，给出设计步骤如下：

(1) 基于通信能力确定多智能体分组通信网络结构及其 Laplacian 矩阵 $\boldsymbol{L}$ ；

(2) 综合基于多智能体分组协同一致性设计二分组协同制导律(9-27)，设计控制参数 k 和 γ ，保证协同分组收敛；

(3) 当系统状态 r 和 η 满足分组一致时，转入第二阶段；

(4) 设计比例导引参数 k_{PN} ，保证目标分组协同打击各自的目标。

注解 9-5：二分组协同制导律(9-27)中从第二项开始的协同项都存在分母为 $\sin\eta_i(t)$ 的项，当 $\eta_i(t)$ 收敛到 0 时，二分组协同制导律会出现分母为 ∞ 的问题。但由于 $\cos\eta_i(t) \to 0$ ， $\forall i \in M$，所以 $\sin\eta_i(t) \to 1$ 。因此不存在分组协同制导律出现奇异的问题。

注解 9-6：从定理 9-2 可以看出，第 i 枚导弹的剩余飞行时间 $R_i(t)\big/V_i$ 收敛到与其初始状态有关的固定值，不同于定理 9-1 中收敛于和作用时间 t 呈线性关系的时变值。因此，通常定理 9-2 的收敛值要小于定理 9-1 的收敛值，即使用定理 9-2 的二分组协同制导律实现协同后距离目标的距离要小于使用定理 9-1 的二分组协同制导律实现协同后距离目标的距离。当转入第二阶段单独制导时，使用定理 9-2 中的二分组协同制导律攻击目标协同的一致性和精度都高于定理 9-1 的方法。

9.3.3　多分组协同末制导律

假设包含 N 枚导弹的弹群分为 s 组，对应记为 $M_p\left(p\in\{1,2,\cdots,s\}\right)$，每组包含的导弹个数记为 a_l，则

$$\sigma_p = \sum_{l=0}^{p-1} a_l \tag{9-29}$$

式中，$a_0 = 0$，故分组可表示为 $M_p = \left\{m_{\sigma_{p+1}}, m_{\sigma_{p+2}}, \cdots, m_{\sigma_{p+a_p}}\right\}, p = 1,2,\cdots,s$。

假设 9-2：对于所有 $m_i \in M_p\left(p\in\{1,2,\cdots,s\}\right)$，有向网络拓扑结构满足如下入度平衡条件：

$$\sum_{m_j \in M \setminus M_p} a_{ij} = 0 \tag{9-30}$$

引理 9-6[17]：假设分成 s 组后的有向网络拓扑结构内，每组都包含一个有向生成树，则 Laplacian 矩阵 $\boldsymbol{L}$ 有一个 s 重 0 根（$\boldsymbol{L}$ 矩阵有一个 0 特征根，代数和几何重数均为 s，且其余 $N-s$ 个特征值具有正实部）。

引理 9-7[17]：令

$$\lambda_{\pm} = \frac{k_c\beta\rho - k_c\alpha \pm \sqrt{(k_c\beta\rho - \alpha k_c)^2 + 4k_c\rho}}{2} \tag{9-31}$$

式中，$\lambda_{\pm}$、ρ 为复数。

如果 $k_c > 0$，$\mathrm{Re}(\rho) < 0$，$\alpha \geqslant 0$ 且 $\beta > \sqrt{\dfrac{2}{k_c|\rho|\cos\left[\tan^{-1}\dfrac{\mathrm{Im}(\rho)}{-\mathrm{Re}(\rho)}\right]}}$，则

$\mathrm{Re}(\lambda_{\pm}) < 0$。其中，$\mathrm{Im}(\cdot)$ 和 $\mathrm{Re}(\cdot)$ 分别表示复数的实部和虚部。

定理 9-3：导弹群通信网络拓扑结构满足假设 9-2，且每个分组内都包含有向生成树，如果存在参数 $k_c > 0, \alpha, \beta > 0$ 满足如下关系式：

$$\beta > \max_{\rho_i \neq 0} \sqrt{\frac{2}{k_c|\rho_i|\cos\left[\tan^{-1}\dfrac{\mathrm{Im}(\rho_i)}{-\mathrm{Re}(\rho_i)}\right]}} \tag{9-32}$$

式中，$\rho_i(i=1,2,\cdots,N)$ 为 $-\boldsymbol{L}$ 的特征值，则对于弹群运动方程(9-2)，分组协同制导

律(9-33)可以实现弹群分组协同制导。

$$n_i(t) = \frac{V_i^2 \sin\eta_i(t)}{gR_i(t)} - \frac{V_i}{g\sin\eta_i(t)}\Bigg(-\alpha k_c\big[-\cos\eta_i(t) - \gamma_{2p} \big]$$

$$+ \sum_{m_j\in M\setminus M_p} k_c a_{ij}\left[\frac{R_i(t)}{V_i} - \beta\cos\eta_i(t) \right]$$

$$- \sum_{m_j\in M_p} k_c a_{ij}\left\{ \left[\frac{R_i(t)}{V_i} - \frac{R_j(t)}{V_j} \right] + \beta\big[\cos\eta_j(t) - \cos\eta_i(t) \big] \right\} \Bigg),$$

$$\forall m_i\in M_p, i=1,2,\cdots,N; p=1,2,\cdots,s$$

(9-33)

式中，γ_{2p} 为相应于第 p 组的事先给定的常数值。

证明：将式(9-33)的分组协同制导指令 $n_i(t)$ 代入二阶标准多智能体系统(9-8)的协同控制指令 $u_i(t) = A_i + B_i n_i(t)$ 中，得

$$u_i(t) = -\alpha k_c\big[x_{2i}(t) - \gamma_{2p} \big] - \sum_{m_j\in M_p} k_c a_{ij}\left\{ \big[x_{1j}(t) - x_{1i}(t) \big] + \beta\big[x_{2j}(t) - x_{2i}(t) \big] \right\}$$

$$+ \sum_{m_j\in M\setminus M_p} k_c a_{ij}\big[x_{1j}(t) + \beta x_{2j}(t) \big], \quad \forall m_i\in M_p$$

(9-34)

注意到 γ_{2p} 为相应于第 p 组的事先给定常数值，记 $\gamma_{1p}(t) = \int_0^t \gamma_{2p}\mathrm{d}\tau = t\gamma_{2p}$。从而对于任意 $m_i\in M_p$，$\tilde{x}_{2i}^p(t) = x_{2i}(t) - \gamma_{2p}$，$\tilde{x}_{1i}^p(t) = x_{1i}(t) - \gamma_{1p}(t)$，有

$$\dot{x}_{1i}(t) - \dot{\gamma}_{1p}(t) = x_{2i}(t) - \gamma_{2p}$$

(9-35)

$$\dot{x}_{2i}(t) - \dot{\gamma}_{2p}$$

$$= -\alpha k_c\big[x_{2i}(t) - \gamma_{2p} \big] - \sum_{m_j\in M_p} k_c a_{ij}\left\{ \big[x_{1i}(t) - x_{1j}(t) \big] + \beta\big[x_{2i}(t) - x_{2j}(t) \big] \right\}$$

$$- \sum_{m_j\in M_p} k_c a_{ij}\left\{ \big[x_{1i}(t) - x_{1j}(t) \big] + \beta\big[x_{2i}(t) - x_{2j}(t) \big] \right\} + \sum_{m_j\in M\setminus M_p} k_c a_{ij}\big[x_{1j}(t) + \beta x_{2j}(t) \big]$$

$$= -\alpha k_c\big[x_{2i}(t) - \gamma_{2p} \big] - \sum_{m_j\in M\setminus M_p} k_c a_{ij}\left\{ \big[x_{1i}(t) - x_{1j}(t) \big] + \beta\big[x_{2i}(t) - x_{2j}(t) \big] - \big[x_{1j}(t) + \beta x_{2j}(t) \big] \right\}$$

$$- \sum_{m_j\in M_p} k_c a_{ij}\left\{ \big[x_{1i}(t) - x_{1j}(t) \big] + \beta\big[x_{2i}(t) - x_{2j}(t) \big] \right\}$$

$$+ \sum_{m_j\in M\setminus M_p} k_c a_{ij}\left\{ \big[x_{1i}(t) - x_{1j}(t) \big] + \beta\big[x_{2i}(t) - x_{2j}(t) \big] \right\}$$

$$= -\alpha k_c\big[x_{2i}(t) - \gamma_{2p} \big] + \sum_{m_j\in M\setminus M_p} k_c a_{ij}\big[x_{1j}(t) + \beta x_{2j}(t) \big]$$

$$- \sum_{m_j\in M\setminus M_p} k_c a_{ij}\left\{ \big[x_{1i}(t) - x_{1j}(t) \big] + \beta\big[x_{2i}(t) - x_{2j}(t) \big] \right\}$$

$$= -\alpha k_c \left[x_{2i}(t) - \gamma_{2p} \right] - \sum_{m_j \in M} k_c a_{ij} \left(\left\{ \left[x_{1i}(t) - \gamma_{1p}(t) \right] - \left[x_{1j}(t) - \gamma_{1p}(t) \right] \right\} \right.$$

$$\left. + \beta \left\{ \left[x_{2i}(t) - \gamma_{2p} \right] - \left[x_{2j}(t) - \gamma_{2p} \right] \right\} \right) \tag{9-36}$$

在式(9-36)的推导过程中，第二式到第三式利用 $\displaystyle\sum_{m_j \in M_p} (\cdot) = \sum_{m_j \in M} (\cdot) - \sum_{m_j \in M \backslash M_p} (\cdot)$ ；第

三式到第四式利用合并同类项；第四式到第五式利用假设 9-1 的入度平衡性质，

即 $\displaystyle\sum_{m_j \in M \backslash M_p} a_{ij} = 0$ ，$\forall m_i \in M_p$ ，从而，

$$\sum_{m_j \in M \backslash M_p} k_c a_{ij} \left[x_{1j}(t) + \beta x_{2j}(t) \right]$$

$$= \sum_{m_j \in M \backslash M_p} k_c a_{ij} \left[x_{1j}(t) + \beta x_{2j}(t) \right] - k_c \beta \gamma_{2p} \sum_{m_j \in M \backslash M_p} a_{ij} - k_c \gamma_{1p}(t) \sum_{m_j \in M \backslash M_p} a_{ij} \tag{9-37}$$

$$+ \sum_{m_j \in M \backslash M_p} k_c a_{ij} \left\{ \left[x_{1j}(t) - \gamma_{1p}(t) \right] + \beta \left[x_{2j}(t) - \gamma_{2p} \right] \right\}$$

因此，式(9-36)可以表示为

$$\begin{cases} \dot{\tilde{x}}_{1i}^p(t) = \tilde{x}_{2i}^p(t) \\ \dot{\tilde{x}}_{2i}^p(t) = -\alpha k_c \tilde{x}_{2i}^p(t) - \displaystyle\sum_{m_j \in M} k_c a_{ij} \left\{ \left[\tilde{x}_{1i}^p(t) - \tilde{x}_{ij}^p(t) \right] + \beta \left[\tilde{x}_{2i}^p(t) - \tilde{x}_{2j}^p(t) \right] \right\} \end{cases} \tag{9-38}$$

记 $\tilde{\boldsymbol{x}}_1^p(t) = \left[\tilde{x}_{1(\sigma_p+1)}^p(t), \tilde{x}_{1(\sigma_p+2)}^p(t), \cdots, \tilde{x}_{1(\sigma_p+a_p)}^p(t) \right]^{\mathrm{T}}$ ，$\tilde{\boldsymbol{x}}_2^p(t) = [\tilde{x}_{2(\sigma_p+1)}^p(t), \tilde{x}_{2(\sigma_p+2)}^p(t), \cdots,$

$\tilde{x}_{2(\sigma_p+a_p)}^p(t)]^{\mathrm{T}}$ ，$p = 1, 2, \cdots, s$ ，$\sigma_p = \displaystyle\sum_{l=0}^{p-1} a_l$ ，$a_0 = 0$ 。定义 $\tilde{\boldsymbol{x}}_1(t) = \left[\left[\tilde{\boldsymbol{x}}_1^1(t) \right]^{\mathrm{T}}, \right.$

$\left[\tilde{\boldsymbol{x}}_1^2(t) \right]^{\mathrm{T}}, \cdots, \left[\tilde{\boldsymbol{x}}_1^s(t) \right]^{\mathrm{T}} \right]^{\mathrm{T}}$ ，$\tilde{\boldsymbol{x}}_2(t) = \left[\left[\tilde{\boldsymbol{x}}_2^1(t) \right]^{\mathrm{T}}, \left[\tilde{\boldsymbol{x}}_2^2(t) \right]^{\mathrm{T}}, \cdots, \left[\tilde{\boldsymbol{x}}_2^s(t) \right]^{\mathrm{T}} \right]^{\mathrm{T}}$ ，则系统(9-38)

可改写为如下矩阵形式：

$$\begin{bmatrix} \dot{\tilde{\boldsymbol{x}}}_1(t) \\ \dot{\tilde{\boldsymbol{x}}}_2(t) \end{bmatrix} = \boldsymbol{\varUpsilon} \begin{bmatrix} \tilde{\boldsymbol{x}}_1(t) \\ \tilde{\boldsymbol{x}}_2(t) \end{bmatrix} \tag{9-39}$$

式中，

$$\boldsymbol{\varUpsilon} = \begin{bmatrix} \boldsymbol{0}_{N \times N} & \boldsymbol{I}_{N \times N} \\ -k_c \boldsymbol{L} & -\alpha k_c \boldsymbol{I}_{n \times N} - \beta k_c \boldsymbol{L} \end{bmatrix}$$

下面证明 $\boldsymbol{\varUpsilon}$ 矩阵具有 s 重 0 特征根且所有特征值具有负实部。根据：

$$\det(\lambda \boldsymbol{I}_{2N \times 2N} - \boldsymbol{\varUpsilon}) = \det[(\lambda^2 + \alpha k_c \lambda) \boldsymbol{I}_{N \times N} + (k_c + k_c \beta \lambda) \boldsymbol{L}]$$

$$= \prod_{i=1}^{N} \left[(\lambda^2 + \alpha k_c \lambda) - (k_c + k_c \beta \lambda) \rho_i \right] \tag{9-40}$$

解 $\det\left(\lambda \boldsymbol{I}_{2N\times 2N}-\boldsymbol{\Upsilon}\right)=0$，可得

$$\lambda_{i\pm}=\frac{k_c\beta\rho_i-k_c\alpha\pm\sqrt{\left(k_c\beta\rho_i-k_c\alpha\right)^2+4k_c\rho_i}}{2} \tag{9-41}$$

根据引理 9-6，如果多分组弹群网络拓扑结构中每一组包含一个有向生成树，则 $-\boldsymbol{L}$ 包含 s 重 0 特征根且其余 $N-s$ 个特征根均具有负实部。因此，对应于对于 $\rho_i=0$ 的特征根，$\lambda_{i\pm}$ 可表示为

$$\begin{cases}\lambda_{1+}=\lambda_{2+}=\cdots=\lambda_{s+}=0\\ \lambda_{1-}=\lambda_{2-}=\cdots=\lambda_{s-}=-\alpha k_c\end{cases} \tag{9-42}$$

而对应于 $\rho_i\neq 0$，则 $\mathrm{Re}(\rho_i)<0$，因此，根据引理 9-5，当 $k_c>0$，且

$$\beta>\max_{\rho_i\neq 0}\sqrt{\frac{2}{k_c\,|\,\rho_i\,|\cos\left[\tan^{-1}\dfrac{\mathrm{Im}(\rho_i)}{-\mathrm{Re}(\rho_i)}\right]}},\quad \forall i=s+1,s+2,\cdots,N \tag{9-43}$$

有

$$\mathrm{Re}(\lambda_{i\pm})<0,\ \forall i=s+1,s+2,\cdots,N \tag{9-44}$$

从而

$$\begin{cases}\lambda_{i+}=0,\lambda_{i-}<0,\quad \forall i=1,2,\cdots,s\\ \mathrm{Re}(\lambda_{i\pm})<0,\qquad \forall i=s+1,s+2,\cdots,N\end{cases} \tag{9-45}$$

故系统(9-37)渐近收敛。因此，

$$\begin{cases}\lim_{t\to\infty}x_{1i}(t)=\boldsymbol{v}_{p1}^{\mathrm{T}}\boldsymbol{x}_1^1(0)+\boldsymbol{v}_{p2}^{\mathrm{T}}\boldsymbol{x}_1^2(0)+\cdots+\boldsymbol{v}_{ps}^{\mathrm{T}}\boldsymbol{x}_1^s(0)+t\gamma_{2p}+\left(1/\alpha k_c\right)\\ \quad\cdot\left[\boldsymbol{v}_{p1}^{\mathrm{T}}\left(\boldsymbol{x}_2^1(0)-\mathbf{1}_{a_1}\gamma_{21}\right)+\boldsymbol{v}_{p2}^{\mathrm{T}}\left(\boldsymbol{x}_2^2(0)-\mathbf{1}_{a_2}\gamma_{22}\right)+\cdots+\boldsymbol{v}_{ps}^{\mathrm{T}}\left(\boldsymbol{x}_2^s(0)-\mathbf{1}_{a_s}\gamma_{2s}\right)\right]\\ \lim_{t\to\infty}x_{2i}(t)=\gamma_{2p}\end{cases} \tag{9-46}$$

式中，$\boldsymbol{v}_{p1},\boldsymbol{v}_{p2},\cdots,\boldsymbol{v}_{ps}$ 分别为 $a_1,a_2,\cdots,a_s$ 维向量；$\mathbf{1}_{a_1},\mathbf{1}_{a_2},\cdots,\mathbf{1}_{a_s}$ 分别为 $a_1,a_2,\cdots,a_s$ 维元素全部为 1 的向量。

因此当 $m_i,m_j\in M_s$ 时，$\lim_{t\to\infty}\left|x_{1i}(t)-x_{1j}(t)\right|=0$ 且 $\lim_{t\to\infty}\left|x_{2i}(t)-x_{2j}(t)\right|=0$，故由定义 9-2 可知，分组协同制导律(9-33)可以实现弹群分组协同制导。

注解 9-7：从式(9-46)可以看出，多导弹可以以不同的剩余飞行时间和给定不同的前置角余弦值分群组协同攻击不同的目标。

注解 9-8：定理 9-3 要求多导弹网络拓扑结构满足入度平衡条件，且每组子网络拓扑结构包含一个有向生成树。对于实际应用来说，入度平衡条件相对比较苛刻，仍需要进一步改进。

注解 9-9：根据式(9-3)、式(9-8)和式(9-46)可知，$\lim_{t\to\infty}\dot{r}_i(t)=\lim_{t\to\infty}x_{2i}(t)=\gamma_{2p}$，

$\forall m_i \in M_p$，也就是说，第 i 组中每枚导弹的剩余飞行时间速率都收敛到给定的值 γ_{2p}。换句话说，就是 γ_{2p} 可以用来调节每组的收敛速率，因此，也会影响每组的作用时间，从而，可以实现分组波次攻击。例如，要使第二组 M_2 快于第一组 M_1 到达目标，可以设置 $\gamma_{22} = \gamma_{21} - \Delta\gamma$，$\Delta\gamma > 0$。

注解 9-10：分组协同制导律(9-33)中从第二项开始的协同项都存在分母为 $\sin\eta_i(t)$ 的项，当 $\eta_i(t)$ 收敛到 0 时，制导律会出现奇异性问题。但幸运的是，可以通过调节 γ_{2p} 来避免。从式 (9-6) 可知，对于 $\forall m_i \in M_p$，$\lim\limits_{t\to\infty}\eta_i(t) = \lim\limits_{t\to\infty}\cos^{-1}(-x_{2i})(t) = \lim\limits_{t\to\infty}\cos^{-1}(-\gamma_{2p})$，又由于 $\eta_i \in [0,\ \pi]$，因此，为了消除奇异性，可以设置 $\gamma_{2p} \in (-1,1)$。进一步考虑到 $\lim\limits_{t\to\infty}\dot{R}_i(t)\big/V_i(t) = \lim\limits_{t\to\infty}\dot{r}_i(t) = \gamma_{2p}$，且 $\dot{r}_i(t) < 0$ 是导弹接近目标的必要条件。因此，在工程应用时事先设置 $\gamma_{2p} \in (-1,0)$。

注解 9-11：在分组协同制导律(9-33)中，第一组的协同制导律共计包含六项，其中第一项 $\dfrac{V_i^2 \sin\eta_i(t)}{gR_i(t)}$ 可以利用方程(9-2)的第二式转化为 $\dfrac{1}{g}V_i\dot{q}_i(t)$，类似于比例导引项；第二项 $-\dfrac{\alpha k_c V_i}{g\sin\eta_i(t)}\big[-\cos\eta_i(t) - \gamma_{2p}\big]$ 为第 $m_i(\in M_p)$ 组剩余飞行时间速率的调节项，可以让其收敛到事先给定的设定值 γ_{2p}；第三项 $-\dfrac{k_c V_i}{g\sin\eta_i(t)}\sum\limits_{m_j\in M\backslash M_p} a_{ij}\dfrac{R_i(t)}{V_i}$ 为除第 M_p 组之外的邻居的剩余飞行时间加权和的比例项；第四项 $\dfrac{\beta k_c V_i}{g\sin\eta_i(t)}\sum\limits_{m_j\in M\backslash M_p} k_c a_{ij}\cos\eta_i(t)$ 为除第 M_p 组之外的邻居的前置角余弦的加权和的比例项；第五项 $\dfrac{k_c V_i}{g\sin\eta_i(t)}\sum\limits_{m_j\in M_p} a_{ij}\left[\dfrac{R_i(t)}{V_i} - \dfrac{R_j(t)}{V_j}\right]$ 为第 i 枚导弹剩余飞行时间和同组 M_p 邻居剩余飞行时间的加权和的比例项；第六项 $\dfrac{\beta k_c V_i}{g\sin\eta_i(t)}\sum\limits_{m_j\in M_p} a_{ij}\big[\cos\eta_i(t) - \cos\eta_j(t)\big]$ 为第 i 个导弹前置角余弦和所在组 M_p 邻居前置角余弦的加权和的比例项。

综上所述，可以给出如下设计步骤：

(1) 基于通信能力确定多智能体分组通信网络结构及其 Laplacian 矩阵 $\boldsymbol{L}$，给定分组期望状态 γ_{1p} 和 γ_{2p}；

(2) 基于多智能体分组协同一致性设计分组协同制导律(9-33)，以及控制参数 α、β 和 k_c，保证协同分组收敛；

(3) 当系统状态 r 和 η 满足分组一致时，转入第二阶段；

(4) 设计比例导引参数 k_{PN}，保证目标分组协同打击小组目标。

9.4 仿 真 分 析

9.4.1 二分组协同末制导律仿真

本小节针对二分组协同制导方法给出两个仿真算例。算例 9-1 包含 6 枚导弹，均分为两组，用于算例横向对比，算例 9-2 参考文献[19]中给出的通信拓扑结构用于验证理论方法与工程实践的结合效果。其中，导弹编队仿真初始条件如表 9-1 所示。

表 9-1 导弹编队仿真初始条件

导弹编号	V_i/(m/s)	$r_i(0)$/km	$q_i(0)$/(°)	$\eta_i(0)$/(°)
m_1	780	63.5	32	20
m_2	700	55.9	41	10
m_3	800	62.8	48	15
m_4	810	63.4	35	25
m_5	730	57.5	25	13
m_6	740	59	15	8

分组 M_1 负责打击位于 (0,10km) 的目标 1，分组 M_2 负责打击位于 (10km,0) 的目标 2。第二阶段比例导引参数设置为 3。

1. 仿真算例 9-1

仿真算例 9-1 中将 6 枚导弹平均分为两组，m_1、m_2、m_3 属于第一组 M_1，m_4、m_5、m_6 属于第二组 M_2。图 9-3 为二分组仿真算例拓扑结构 1。

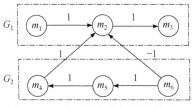

图 9-3 二分组仿真算例拓扑结构 1

此时对应的 Laplacian 矩阵写为

$$\boldsymbol{L} = \begin{bmatrix} 0 & 0 & 0 & 0 & 0 & 0 \\ -1 & 1 & 0 & -1 & 0 & 1 \\ 0 & -1 & 1 & 0 & 0 & 0 \\ 0 & 0 & 0 & 1 & -1 & 0 \\ 0 & 0 & 0 & 0 & 1 & -1 \\ 0 & 0 & 0 & 0 & 0 & 0 \end{bmatrix} \tag{9-47}$$

控制参数 $\alpha = 1, \beta = 9$，此时 $\boldsymbol{L}$ 矩阵特征值为 $[1,1,0,1,1,0]$，参数满足收敛条件。二分组协同仿真算例 9-1 结果如图 9-4 所示。

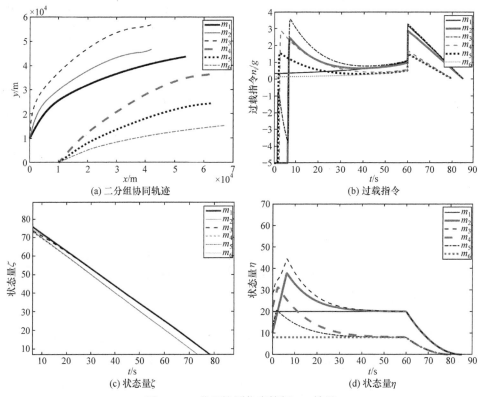

图 9-4　二分组协同仿真算例 9-1 结果

由图 9-4 可以看出，制导律在 $t = 60\text{s}$ 时实现协同转入第二阶段，脱靶量满足误差要求，第一组到达时间为 85.335s，第二组到达时间为 80.353s。因此，在该二分组协同制导律作用下，可以实现对不同威胁目标的协同打击。

2. 仿真算例 9-2

仿真算例 9-2 中将 5 枚导弹平均分为两组，m_1、m_2、m_3 属于第一组 M_1，m_4、m_5 属于第二组 M_2。二分组仿真算例拓扑结构 2 如图 9-5 所示。

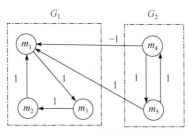

图 9-5　二分组仿真算例拓扑结构 2

此时对应的 Laplacian 矩阵写为

$$L = \begin{bmatrix} 1 & -1 & 0 & 1 & 1 \\ 0 & 1 & -1 & 0 & 0 \\ -1 & 0 & 1 & 0 & 0 \\ 0 & 0 & 0 & 1 & -1 \\ 0 & 0 & 0 & -1 & 1 \end{bmatrix} \tag{9-48}$$

控制参数 $\alpha = 1$，$\beta = 7$，则此时 L 矩阵特征值为 $[0, 1.5 + 0.866i, 1.5 + 0.866i, 2, 0]$，参数满足收敛条件。二分组协同仿真算例 9-2 结果如图 9-6 所示。从图中可以看出，制导律在 $t = 60s$ 时实现协同转入第二阶段，脱靶量满足误差要求，第一组到达时间为 85.82s，第二组到达时间为 82.74s。因此，在该二分组协同制导律作用下，可以实现对不同威胁目标的协同打击。

9.4.2　多分组协同末制导律仿真

本部分针对多分组协同末制导方法给出两个仿真算例。算例 9-3 包含 6 枚导弹，均分为两组，算例 9-4 包含 9 枚导弹，均分为三组，旨在验证方法拓展性。

1. 仿真算例 9-3

仿真算例 9-3 的初始条件及分组通信拓扑结构与仿真算例 9-1 相同，此时协

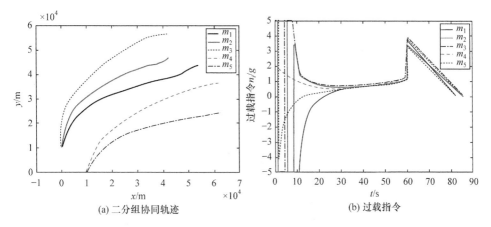

(a) 二分组协同轨迹　　　　　　　　　　(b) 过载指令

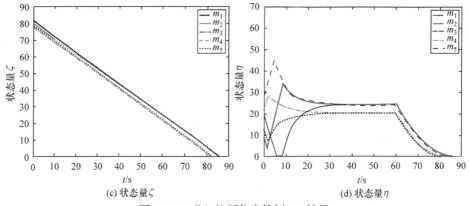

(c) 状态量 ζ　　　　　　　　　　(d) 状态量 η

图 9-6　二分组协同仿真算例 9-2 结果

同制导律参数选取为 $\alpha = 1$，$\beta = 7$，$k_c = 0.4$，$\gamma_{21} = -0.95$，$\gamma_{22} = -0.99$，多分组协同仿真算例 9-3 结果如图 9-7 所示。由图 9-7 可见，制导律在 $t = 60\mathrm{s}$ 时实现协同转入第二阶段，脱靶量满足误差要求，第一组到达时间为 84.685s，第二组到达时间为 80.37s。因此，在该多分组协同制导律作用下，可以实现对不同威胁目标的协同打击。

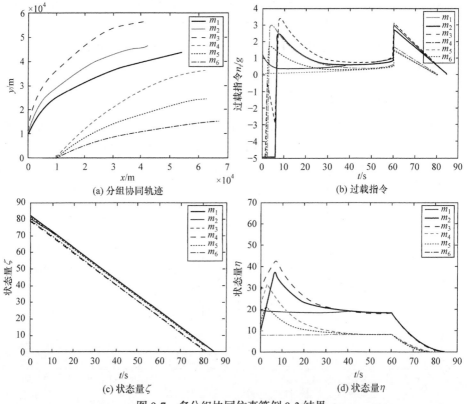

(a) 分组协同轨迹　　　　　　　　　　(b) 过载指令

(c) 状态量 ζ　　　　　　　　　　(d) 状态量 η

图 9-7　多分组协同仿真算例 9-3 结果

2. 仿真算例 9-4

为进一步验证方法的拓展性，仿真算例 9-4 验证三组协同打击，第三组初始仿真条件给定如表 9-2 所示导弹编队初始条件。

表 9-2　导弹编队初始条件

编号	$V_i/(m/s)$	$r_i(0)/km$	$q_i(0)/(°)$	$\eta_i(0)/(°)$
m_7	700	53	33	7
m_8	800	61	19	3
m_9	760	58	27	5

给定初始制导参数 $k_c = 0.4$，$\alpha = 1$，$\beta = 5$，$\gamma_{23} = -0.91$。多分组仿真算例 9-4 通信拓扑结构如图 9-8 所示。

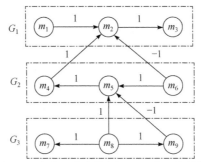

图 9-8　多分组仿真算例 9-4 通信拓扑结构

对应 Laplacian 矩阵如下：

$$L = \begin{bmatrix} 0 & 0 & 0 & 0 & 0 & 0 & 0 & 0 & 0 \\ -1 & 1 & 0 & -1 & 0 & 1 & 0 & 0 & 0 \\ 0 & -1 & 1 & 0 & 0 & 0 & 0 & 0 & 0 \\ 0 & 0 & 0 & 1 & -1 & 0 & 0 & 0 & 0 \\ 0 & 0 & 0 & 0 & 1 & -1 & 0 & 1 & -1 \\ 0 & 0 & 0 & 0 & 0 & 0 & 0 & 0 & 0 \\ 0 & 0 & 0 & 0 & 0 & 0 & 1 & -1 & 0 \\ 0 & 0 & 0 & 0 & 0 & 0 & 0 & 0 & 0 \\ 0 & 0 & 0 & 0 & 0 & 0 & 0 & -1 & 1 \end{bmatrix} \tag{9-49}$$

式中，矩阵特征向量为 $[1,1,0,1,1,0,1,1,0]$，参数满足稳定条件，系统分组收敛，多分组协同仿真算例 9-4 结果如图 9-9 所示。

从图 9-9 可以看出，制导律在 $t = 60s$ 时实现协同转入第二阶段，脱靶量满足误差要求，第一组到达时间为 84.685s，第二组到达时间为 80.37s，第三组到达时间为 81.655s。因此，在该多分组协同制导律作用下，可以实现对不同威胁目标的协同打击。

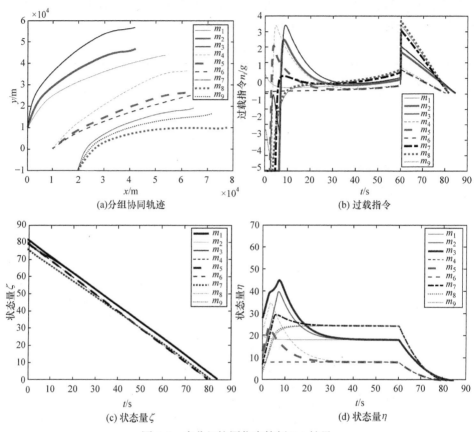

图 9-9　多分组协同仿真算例 9-4 结果

9.5　小　　结

本章探讨了入度平衡约束下的分组协同制导问题，介绍了两种入度平衡约束下的分组协同制导方法，即二分组协同制导方法和多分组协同制导方法。二分组协同制导方法将群体分为两组，在组入度平衡假设下，基于多智能体分组一致性理论设计了二分组编队协同制导律；在此基础上，考虑到多目标场景的复杂性，将此方法扩展到多分组编队的协同制导中，给出了多分组协同制导方法；并结合仿真算例验证此方法的有效性和可拓展性。

参 考 文 献

[1] YU W, CHEN G, CAO M. Some necessary and sufficient conditions for second-order consensus in multi-agent

dynamical systems[J]. Automatica, 2010, 46(6): 1089-1095.

[2] ZHANG Y, WANG X, WU H. A distributed cooperative guidance law for salvo attack of multiple anti-ship missiles[J]. Chinese Journal of Aeronautics, 2015, 28(5): 1438-1450.

[3] 司马嘉欢, 丁孝全. 三阶多智能体系统在固定拓扑下的分组一致性[J]. 理论数学, 2018, 8(3): 315-324.

[4] CUI Q, XIE D, JIANG F. Group consensus tracking control of second-order multi-agent systems with directed fixed topology[J]. Neurocomputing, 2016, 218: 286-295.

[5] GAO H Y, HU A H, SHEN W Q, et al. Group consensus of multi-agent systems subjected to cyber-attacks[J]. Chinese Physics B, 2019, 28(6): 060501.

[6] FENG Y, LU J, XU S, et al. Couple-group consensus for multi-agent networks of agents with discrete-time second-order dynamics[J]. Journal of the Franklin Institute, 2013, 350(10): 3277-3292.

[7] JI L, GAO T, LIAO X. Couple-group consensus for cooperative-competitive heterogeneous multiagent systems: Hybrid adaptive and pinning methods[J]. IEEE Transactions on Systems, Man, and Cybernetics: Systems, 2019 (99): 1-10.

[8] JI L, YU X, LI C. Group consensus for heterogeneous multiagent systems in the competition networks with input time delays[J]. IEEE Transactions on Systems, Man, and Cybernetics: Systems, 2018 (99): 1-9.

[9] 纪良浩, 廖晓峰. 具有不同时延的多智能体系统一致性分析[J]. 物理学报, 2012, 61(15): 8-16.

[10] JI L, LIU Q, LIAO X. On reaching group consensus for linearly coupled multi-agent networks[J]. Information Sciences, 2014, 287: 1-12.

[11] YU J, WANG L. Group consensus of multi-agent systems with directed information exchange[J]. International Journal of Systems Science, 2012, 43(2): 334-348.

[12] JI L, GENG Y, DAI Y. On reaching weighted consensus for second-order delayed multi-agent systems[C]. 2017 International Workshop on Complex Systems and Networks, Doha, Qatar, 2017: 198-204.

[13] JIN T, LIU Z W, ZHOU H. Cluster formation for multi-agent systems under disturbances and unmodelled uncertainties[J]. IET Control Theory & Applications, 2017, 11(15): 2630-2635.

[14] 纪良浩, 王慧维, 李华青. 分布式多智能体网络一致性协调控制理论[M]. 北京: 科学出版社, 2015.

[15] 邹丽, 周锐, 赵世钰, 等. 多导弹编队齐射攻击分散化协同制导方法[J]. 航空学报, 2011, 32(2): 281-290.

[16] JIANBO Z, SHUXING Y. Integrated cooperative guidance framework and cooperative guidance law for multi-missile[J]. Chinese Journal of Aeronautics, 2018, 31(3): 546-555.

[17] ZHAO Q, DONG X, LIANG Z, et al. Distributed group cooperative guidance for multiple missiles with switching directed communication topologies[C]. 2017 36th Chinese Control Conference , Dalian, China, 2017: 5741-5746.

[18] ZHAO Q, DONG X, LIANG Z, et al. Distributed group cooperative guidance for multiple missiles with fixed and switching directed communication topologies[J]. Nonlinear Dynamics, 2017, 90(4): 2507-2523.

[19] FENG Y, XU S, ZHANG B. Group consensus control for double-integrator dynamic multiagent systems with fixed communication topology[J]. International Journal of Robust and Nonlinear Control, 2014, 24(3): 532-547.

第 10 章　组间耦合分组协同末制导

10.1　引　　言

在协同过程中，为了确保目标任务能够协调完成，需要编队内所有导弹的状态随时保持一致，然而，受实际作战环境的影响，系统的收敛状态会发生实时变化。此外，在导弹编队协同过程中，为完成多个不同任务，会产生多个不同的一致性结果。因此，在包含多个小组的导弹编队中，当导弹在分组协同制导方法的作用下实现分组一致时，所有导弹的最终状态可按照分组收敛到一个相同的期望状态，即按组实现渐近一致，且同一个分组中的所有导弹能够实现一致[1]。因此，对于协同制导来说，动态网络一致性问题可视为分组一致性问题的特例。实际应用中，随着编队规模的扩大、成分的复杂化和协同制导支撑网络复杂程度的增加，调控难度不断增大，因此"自上而下、分而治之"的思路更为适用，将导弹编队划分为若干个小组，从而使对整体的协调控制在工程上更易实现，合适的分组一致性能够保证导弹编队中各成员状态快速、稳定地趋于一致性。

关于分组一致性和复杂网络同步问题的研究已取得了很多有益的成果。在文献[1]基于无向图一阶分组一致性研究的基础上，文献[2]将研究工作拓展到基于强连通图的分组一致性，进一步将切换系统转化为降维系统，通过分组间的信息交互能够加快收敛速度。文献[3]针对无向网络提出了一种基于平均一致性的混合协议，并给出了系统收敛的代数判别式。文献[4]针对固定拓扑动态网络的静态分组一致性问题开展研究，给出了两种分组控制协议收敛的条件。文献[5]和[6]基于更为一般的固定有向和无向拓扑结构探讨了具有虚拟领航者的二阶分组一致性问题。

为了进一步减轻通信负担、降低控制成本，牵制策略被引入分组一致性的研究中。考虑到网络内的具体耦合关系，内部节点相互之间的耦合会影响协同，因此，可通过外力作用实现有效控制。理论上，对网络中的每一个节点实施控制从而实现一致，但对于大规模复杂网络来说不切实际。牵制控制可以通过对网络中的部分节点实施控制，从而达到协调控制整个网络的目的。目前，关于多智能体网络牵制分组一致性和牵制分组同步的研究已有一定的进展[7-18]。文献[7]提出了一种集中自适应控制策略，研究结果表明增大统一分组中节点的耦合有助于整个系统分组协同收敛。文献[9]提出一种牵制分组策略并给出牵制原则，当分组中节点的入度大于出度时，该分组需要被选择牵制。文献[10]针对有向弱连通开展牵制策略研究，通过牵制入度为零的节点实现二阶非线性系统的分组一致性。文献[15]基于有向通信网络提出了一种牵制分组策略，保证小组按组虚拟期望实现分组收敛。

然而，实际作战过程中有限的通信资源和复杂的对抗环境对分组协同制导提出新的挑战，第 9 章中入度平衡假设明显限制了分组协同制导律的实际应用。文献[16]放宽了入度平衡带来的组间通信约束，分别给出了线性耦合分组协同制导方法和牵制分组协同制导方法。本章重点介绍组间耦合分组协同末制导律，在此基础上引入牵制控制，给出牵制分组协同制导律，通过仿真验证两种耦合分组协同制导方法的有效性。

10.2　问题描述及预备知识

假设 N 枚导弹构成的导弹网络拓扑结构同第 9 章，分组协同制导场景的相关假设情况和导弹制导几何关系示意图也同第 9 章。第 m_i 枚导弹的二维运动方程、分组协同制导的定义等也同第 9 章。

本章如没有特殊说明，仍采用两阶段协同制导方案设计群组协同制导律。

(1) 第一阶段：基于多智能体分组协同一致性设计分组协同制导律，当系统状态 r 和 η 满足分组一致时转入第二阶段；

(2) 第二阶段：在保证分组一致性的基础上采用独立的比例导引方法或其他导引方法引导每一枚导弹打击所在组既定目标。

类似于第 9 章介绍的分组协同制导律设计方法，本章仅介绍第一阶段分组协同制导律的设计方法。

10.3　组间耦合分组协同末制导律设计

10.3.1　模型转化

模型转化过程同第 9 章，本小节将重写主要公式。

假设第 m_i 枚导弹的纵向平面二维运动方程如下：

$$\begin{cases} \dot{R}_i(t) = -V_i \cos \eta_i(t) \\ \dot{q}_i(t) = V_i \sin \eta_i(t) / R_i(t) \\ \dot{\theta}_i(t) = n_i(t) g / V_i \end{cases} \tag{10-1}$$

记 $r_i = R_i(t)/V_i$，$x_{1i} = r_i$，$x_{2i} = -\cos \eta_i(t)$，$A_i = (\sin \eta_i)^2 / r_i$，$B_i = -(g/V_i)\sin \eta_i$，

则式(10-1)转化为

$$\begin{cases} \dot{x}_{1i} = x_{2i} \\ \dot{x}_{2i} = A_i + B_i n_i \end{cases} \tag{10-2}$$

定义虚拟控制量 $u_i = A_i + B_i n_i$，则式(10-2)转化为如下标准的二阶多智能体系统：

$$\begin{cases} \dot{x}_{1i} = x_{2i} \\ \dot{x}_{2i} = u_i \end{cases} \tag{10-3}$$

同时，分组协同制导的定义等价于如下定义 10-1。

定义 10-1：对于任意 $m_i, m_j \in M_p (p \in 1, 2, \cdots, s)$，当下列条件(10-4)满足时，

$$\begin{cases} \lim\limits_{t \to \infty} \left| x_{1i}(t) - x_{1j}(t) \right| = 0, & \forall m_i, m_j \in M_p, p = 1, 2, \cdots, s \\ \lim\limits_{t \to \infty} \left| x_{2i}(t) - x_{2j}(t) \right| = 0, & \forall m_i, m_j \in M_p, p = 1, 2, \cdots, s \\ \lim\limits_{t \to \infty} \left| x_{1i}(t) - x_{1j}(t) \right| \neq 0, & \forall m_i \in M_p, m_j \in M \setminus M_p, \quad p = 1, 2, \cdots, s \\ \lim\limits_{t \to \infty} \left| x_{2i}(t) - x_{2j}(t) \right| \neq 0, & \forall m_i \in M_p, m_j \in M \setminus M_p, \quad p = 1, 2, \cdots, s \end{cases} \tag{10-4}$$

称多导弹可实现分组协同制导。

从而，分组协同制导律设计目的转化为设计分组协同制导指令 $u_i(t)$，使得二阶标准多智能体系统(10-3)满足条件(10-4)。

10.3.2　线性耦合分组协同末制导律

为放宽入度平衡假设带来的使用约束，本节综合考虑组间通信情况，基于有向生成树假设开展耦合线性分组协同制导的相关研究。

网络拓扑结构和分组定义、符号等与第 9 章一致，在此基础上，给出的有向生成树引理如下。

引理 10-1[11]：假设 $\boldsymbol{x} = [x_1, x_2, \cdots, x_n]^T \in R^n$ 且 $\boldsymbol{L} = [l_{ij}] \in R^{n \times n}$ 为通信网络的 Laplacian 矩阵，满足 $l_{ij} \leqslant 0, i \neq j$ 且 $\sum\limits_{j=1}^{N} l_{ij} = 0, i = 1, 2, \cdots, n$，则如下条件等价：

(1)　$\boldsymbol{L}$ 只有一个 0 特征根且其余特征值均具有正实部；

(2)　$\boldsymbol{Lx} = 0$ 即 $x_1 = x_2 = \cdots = x_n$；

(3)　当 $\dot{x} = -\boldsymbol{Lx}$ 时，系统可以达到渐近一致收敛；

(4)　有向图 $\boldsymbol{L}$ 中包含一个有向生成树；

(5)　矩阵的秩为 $n-1$。

将包含 N 枚导弹的弹群分为 s 组，每组记为 $M_p (p \in \{1, 2, \cdots, s\})$，当节点 m_j 属于第 $p(p \in \{1, 2, \cdots, s\})$ 组子网时，记 $\sigma_j = p$，第 l 组弹群包含导弹个数记为 a_l，则

$$\sigma_p = \sum_{l=0}^{p-1} a_l \tag{10-5}$$

式中，$a_0 = 0$，故分组可表示为 $M_p = \{m_{\sigma_{p+1}}, m_{\sigma_{p+2}}, \cdots, m_{\sigma_{p+a_p}}\}, p = 1, 2, \cdots, s$。

引理 10-2：假设系统(10-3)的节点网络拓扑结构中包含有向生成树，μ_i 为 Laplacian 矩阵 $\boldsymbol{L}$ 的特征值，如果控制参数 $\alpha > 0$，$\beta > 0$ 满足如下关系式：

$$\frac{\beta^2}{\alpha} > \max_{2 \leqslant i \leqslant N} \frac{\mathrm{Im}^2(\mu_i)}{\mathrm{Re}(\mu_i)\left[\mathrm{Re}^2(\mu_i) + \mathrm{Im}^2(\mu_i)\right]} \tag{10-6}$$

则在协同控制协议 $u_i(t)$ 满足式(10-7)时，二阶多智能体系统可以达到分组一致性。

$$
\begin{aligned}
u_i(t) = {} & \alpha \sum_{j=1, j \neq i}^{N} a_{ij}\left[x_{1j}(t) - x_{1i}(t)\right] + \beta \sum_{j=1, j \neq i}^{N} a_{ij}\left[x_{2j}(t) - x_{2i}(t)\right] \\
& + \frac{\beta}{2} \sum_{j=1, j \neq i}^{N} a_{ij}\left[x_{2\sigma_j} - x_{2\sigma_i}\right] + \alpha \sum_{j=1}^{N} l_{ij} x_{1\sigma_j} + \frac{\beta}{2} \sum_{j=1}^{N} l_{ij} x_{2\sigma_j}
\end{aligned} \tag{10-7}
$$

式中，$x_{1\sigma_j}$、$x_{2\sigma_j}$ 分别为事先给定的对应于 $x_{1j}(t)$、$x_{2j}(t)$ 所在分组的状态值。

证明：重写二阶多智能体系统(10-3)如下：

$$
\begin{cases}
\dot{x}_{1i} = x_{2i} \\
\dot{x}_{2i} = u_i
\end{cases} \tag{10-8}
$$

令 $x_{1i} = \tilde{x}_{1i}, x_{2i} = \tilde{x}_{2i} - \dfrac{1}{2} x_{2\sigma_i}$，则 $\tilde{x}_{1\sigma_i} = x_{1\sigma_i}, \tilde{x}_{2\sigma_i} = \dfrac{3}{2} x_{2\sigma_i}$，其中 $x_{1\sigma_i}$、$x_{2\sigma_i}$ 分别为事先给定的对应于 $x_{1i}(t)$、$x_{2i}(t)$ 所在分组的固定状态值。

因此，式(10-8)转化为

$$
\begin{cases}
\dot{\tilde{x}}_{1i} = \tilde{x}_{2i} - \dfrac{1}{3} \tilde{x}_{2\sigma_i} \\
\dot{\tilde{x}}_{2i} = u_i
\end{cases} \tag{10-9}
$$

式(10-7)转化为

$$
\begin{aligned}
u_i(t) = {} & \alpha \sum_{j=1, j \neq i}^{N} a_{ij}\left[\tilde{x}_{1j}(t) - \tilde{x}_{1i}(t)\right] + \beta \sum_{j=1, j \neq i}^{N} a_{ij}\left[\tilde{x}_{2j}(t) - \tilde{x}_{2i}(t)\right] \\
& - \frac{\beta}{2} \sum_{j=1, j \neq i}^{N} a_{ij}\left(x_{2\sigma_j} - x_{2\sigma_i}\right) + \frac{\beta}{2} \sum_{j=1, j \neq i}^{N} a_{ij}\left(x_{2\sigma_j} - x_{2\sigma_i}\right) \\
& + \alpha \sum_{j=1}^{N} l_{ij} \tilde{x}_{1\sigma_j} + \frac{\beta}{3} \sum_{j=1}^{N} l_{ij} \tilde{x}_{2\sigma_j} \\
= {} & \alpha \sum_{j=1, j \neq i}^{N} a_{ij}\left[\tilde{x}_{1j}(t) - \tilde{x}_{1i}(t)\right] + \beta \sum_{j=1, j \neq i}^{N} a_{ij}\left[\tilde{x}_{2j}(t) - \tilde{x}_{2i}(t)\right]
\end{aligned}
$$

$$+\alpha\sum_{j=1}^{N}l_{ij}\tilde{x}_{1\sigma_j}+\frac{\beta}{3}\sum_{j=1}^{N}l_{ij}\tilde{x}_{2\sigma_j}$$

$$=-\alpha\sum_{j=1}^{N}l_{ij}\left[\tilde{x}_{1j}(t)-\tilde{x}_{1\sigma_j}\right]-\beta\sum_{j=1}^{N}l_{ij}\left[\tilde{x}_{2j}(t)-\frac{1}{3}\tilde{x}_{2\sigma_j}\right]$$

(10-10)

因此，记 $\tilde{e}_{1i}(t)=\tilde{x}_{1i}(t)-\tilde{x}_{1\sigma_i}$，$\tilde{e}_{2i}(t)=\tilde{x}_{2i}(t)-\frac{1}{3}\tilde{x}_{2\sigma_i}$，$\tilde{e}_1(t)=\begin{pmatrix}\tilde{e}_{11}&\tilde{e}_{12}&\cdots&\tilde{e}_{1N}\end{pmatrix}^{\mathrm{T}}$，
$\tilde{e}_2(t)=\begin{pmatrix}\tilde{e}_{21}&\tilde{e}_{22}&\cdots&\tilde{e}_{2N}\end{pmatrix}^{\mathrm{T}}$，$\tilde{e}(t)=\begin{pmatrix}\tilde{e}_1^{\mathrm{T}}&\tilde{e}_2^{\mathrm{T}}\end{pmatrix}^{\mathrm{T}}$。

将式(10-10)代入系统(10-9)，经过简化计算，得

$$\dot{\tilde{e}}=\tilde{L}\tilde{e}$$

(10-11)

式中，

$$\tilde{L}=\begin{bmatrix}\mathbf{0}_N&I_N\\-\alpha L&-\beta L\end{bmatrix}$$

(10-12)

假设 $\tilde{L}$ 的特征根记为 $\lambda_{i,\pm}(i=1,2,\cdots,N)$，则有

$$\lambda_{i,\pm}=\frac{-\beta\mu_i\pm\sqrt{\beta^2\mu_i^2-4\alpha\mu_i}}{2},\quad i=1,2,\cdots,N$$

(10-13)

式中，$\mu_i(i=1,2,\cdots,N)$ 为 L 的特征根；$\alpha,\beta>0$。

由于分组网络耦合拓扑结构包含一个有向生成树，故由引理 10-1 得 $\mathrm{Re}(\mu_i)\geqslant 0$，$i=1,2,\cdots,N$，根据不等式(10-6)和式(10-13)，可得 $\mathrm{Re}(\lambda_{i,\pm})<0$ $(i=1,2,\cdots,N)$。从而，系统(10-11)是渐近稳定的，进一步得系统(10-9)是渐近稳定的。因此，二阶多智能体系统(10-8)在分组协同控制协议(10-7)下渐近稳定。

由系统(10-9)可知，当 $t\to\infty$ 时，$\tilde{x}_{1i}(t)\to\tilde{x}_{1\sigma_i}$，$\tilde{x}_{2i}(t)\to\frac{1}{3}\tilde{x}_{2\sigma_i}$，进一步得 $x_{1i}\to x_{1\sigma_i}$，$x_{2i}\to 0$，即对 $\forall m_i,m_j\in M_p$，有 $\sigma_i=\sigma_j=p$，从而 $x_{1i}\to x_{1j}\to x_{1p}$，$x_{2i}\to x_{2j}\to 0$，对 $\forall m_i\in M_p$，$m_j\in M_q$，$M_p\bigcap M_q=\varnothing$，有 $\sigma_i=p$，$\sigma_j=q$，$x_{1i}\to x_{1p}$，$x_{1j}\to x_{1q}$。由于 x_{1p} 和 x_{1q} 是事先给定的，通常 $x_{1p}\neq x_{1q}$，因此由定义 10-1 可知，二阶多智能体系统可以实现分组一致性。证毕。

定理 10-1：假设弹群状态方程(10-1)的节点网络拓扑结构中包含有向生成树，μ_i 为 Laplacian 矩阵 L 的特征值，如果控制参数 $\alpha>0$，$\beta>0$，且满足不等式(10-14)：

$$\frac{\beta^2}{\alpha}>\max_{2\leqslant i\leqslant N}\frac{\mathrm{Im}^2(\mu_i)}{\mathrm{Re}(\mu_i)\left[\mathrm{Re}^2(\mu_i)+\mathrm{Im}^2(\mu_i)\right]}$$

(10-14)

则基于线性耦合分组协同制导律(10-15)可以实现弹群分组协同。

$$n_i(t) = \frac{V_i^2 \sin\eta_i(t)}{gR_i(t)} - \frac{V_i}{g\sin\eta_i(t)}\left\{\alpha\sum_{j=1,j\neq i}^{N} a_{ij}\left[\frac{R_j(t)}{V_j} - \frac{R_i(t)}{V_i}\right]\right.$$

$$+ \alpha\sum_{j=1}^{N} l_{ij}\gamma_{1\sigma_j} - \beta\sum_{j=1,j\neq i}^{N} a_{ij}\left[\cos\eta_j(t) - \cos\eta_i(t)\right] \qquad (10\text{-}15)$$

$$+ \frac{\beta}{2}\sum_{j=1,j\neq i}^{N} a_{ij}\left(\gamma_{2\sigma_j} - \gamma_{2\sigma_i}\right) + \frac{\beta}{2}\sum_{j=1}^{N} l_{ij}\gamma_{2\sigma_j}\right\}, \quad i=1,2,\cdots,N$$

式中，$\gamma_{1\sigma_j}$、$\gamma_{2\sigma_j}$ 分别为事先给定的对应于 $\dfrac{R_i(t)}{V_i}$、$-\cos\eta_i(t)$ 所在分组的状态值。

证明：根据弹群状态方程(10-1)和 $r_i = R_i(t)/V_i$，$x_{1i} = r_i$，$x_{2i} = -\cos\eta_i(t)$，$A_i = \left[\sin\eta_i(t)\right]^2/r_i$，$B_i = -(g/V_i)\sin\eta_i(t)$，以及虚拟控制向量 $u_i = A_i + B_i n_i$，线性耦合分组协同制导律(10-15)可转化为

$$u_i(t) = \alpha\sum_{j=1,j\neq i}^{N} a_{ij}\left[x_{1j}(t) - x_{1i}(t)\right] + \beta\sum_{j=1,j\neq i}^{N} a_{ij}\left[x_{2j}(t) - x_{2i}(t)\right]$$

$$+ \frac{\beta}{2}\sum_{j=1,j\neq i}^{N} a_{ij}\left(x_{2\sigma_j} - x_{2\sigma_i}\right) + \alpha\sum_{j=1}^{N} l_{ij}x_{1\sigma_j} + \frac{\beta}{2}\sum_{j=1}^{N} l_{ij}x_{2\sigma_j} \qquad (10\text{-}16)$$

且弹群状态方程(10-1)转化为标准二阶多智能系统：

$$\begin{cases} \dot{x}_{1i} = x_{2i} \\ \dot{x}_{2i} = u_i \end{cases} \qquad (10\text{-}17)$$

结合定理 10-1 的假设条件和引理 10-2 可得分组协同制导协议 $u_i(t)$，使标准二阶多智能系统实现分组一致性。结合上述转化过程，可知当 $t \to \infty$ 时，对 $\forall m_i$，$m_j \in M_p$，有 $\sigma_i = \sigma_j = p$，从而 $R_i(t)/V_i \to R_j(t)/V_j \to \gamma_{1p}$，$\cos\eta_i(t) \to \cos\eta_j(t) \to 0$，对 $\forall m_i \in M_p$，$m_j \in M_q$，$M_p \bigcap M_q = \varnothing$，有 $\sigma_i = p$，$\sigma_j = q$，$R_i(t)/V_i \to \gamma_{1p}$，$R_j(t)/V_j \to \gamma_{1q}$。由于 γ_{1p} 和 γ_{1q} 是事先给定的，通常 $\gamma_{1p} \neq \gamma_{1q}$，因此线性耦合分组协同制导律(10-15)可以实现弹群分组一致性。证毕。

当弹群实现分组协同一致后，转入第二阶段，即各弹利用自身的比例导引律引导导弹攻击分组指定的目标。

注解 10-1：在线性耦合分组协同制导律(10-15)中，第一组的协同制导律共计包含六项，其中第一项 $\dfrac{V_i^2 \sin\eta_i(t)}{gR_i(t)}$ 可以利用方程(9-2)的第二式转化为 $\dfrac{1}{g}V_i\dot{q}_i(t)$，类似于比例导引项；第二项 $\dfrac{-\alpha V_i}{g\sin\eta_i(t)}\sum_{j=1,j\neq i}^{N} a_{ij}\left[\dfrac{R_j(t)}{V_j} - \dfrac{R_i(t)}{V_i}\right]$ 为第 i 枚

导弹剩余飞行时间和所有除第 i 枚导弹之外的邻居剩余飞行时间的加权和的比例项；第三项 $\dfrac{\alpha V_i}{g\sin\eta_i(t)}\displaystyle\sum_{j=1}^{N} l_{ij}\gamma_{1\sigma_j}$ 为状态 $R_i(t)/V_i$ 事先给定的状态值基于 Laplacian 矩阵元素加权求和的比例项；第四项 $\dfrac{\beta V_i}{g\sin\eta_i(t)}\displaystyle\sum_{j=1,j\neq i}^{N} a_{ij}\left[\cos\eta_j(t)-\cos\eta_i(t)\right]$ 为第 i 枚导弹前置角余弦和所有除第 i 枚导弹之外的邻居前置角余弦的加权和的比例项；第五项 $\dfrac{\beta V_i}{2g\sin\eta_i(t)}\displaystyle\sum_{j=1,j\neq i}^{N} a_{ij}\left(\gamma_{2\sigma_j}-\gamma_{2\sigma_i}\right)$ 为第 M_{σ_i} 组事先给定的状态值 $\gamma_{2\sigma_i}$ 和 M_{σ_i} 之外的邻居组 M_{σ_j} 事先给定的状态值 $\gamma_{2\sigma_j}$ 的剩余飞行时间加权和的比例项；第六项 $\dfrac{\beta V_i}{2g\sin\eta_i(t)}\displaystyle\sum_{j=1}^{N} l_{ij}\gamma_{2\sigma_j}$ 为状态 $-\cos\eta_i(t)$ 事先给定的状态值基于 Laplacian 矩阵元素加权求和的比例项。

注解 10-2：线性耦合分组协同制导律(10-15)中从第二项开始的协同项都存在分母为 $\sin\eta_i(t)$ 的项，当 $\eta_i(t)$ 收敛到 0 时，制导律会出现奇异性问题。但幸运的是，可以通过调节 γ_{2p} 来避免。对 $\forall m_i\in M_{\sigma_i}$，$\displaystyle\lim_{t\to\infty}\eta_i(t)=\lim_{t\to\infty}\cos^{-1}\left(-x_{2i}\right)=\lim_{t\to\infty}\cos^{-1}\left(\gamma_{2\sigma_i}\right)$，又由于 $\gamma_{2\sigma_i}\in[0,\pi]$，因此，为了消除奇异性，可以设置 $\gamma_{2\sigma_i}\in[-1,1]$。进一步考虑到 $\displaystyle\lim_{t\to\infty}\dot{R}_i(t)/V_i(t)=\lim_{t\to\infty}\dot{r}_i(t)=\gamma_{2\sigma_i}$，且 $\dot{r}_i(t)<0$ 是导弹接近目标的必要条件。因此，在工程应用时，事先设置 $\gamma_{2\sigma_i}\in(-1,0),\sigma_i\in\{1,2,\cdots,s\}$，$i\in\{1,2,\cdots,N\}$。

10.3.3　牵制分组协同末制导律

考虑到网络拓扑结构的多边形和复杂网络系统中组间相互影响，从成本和实现的角度出发，如何通过对组中部分节点实施控制以实现协同制导具有相当高的工程价值。本小节介绍一种基于二阶牵制分组一致性的协同制导方法，利用牵制策略保证组间协同，优先牵制系统中入度为 0 的导弹，当牵制分组系统拓扑结构满足 M 矩阵假设时，可实现分组协同制导。

分组定义与 10.3.2 小节一致，选择网络中的部分导弹节点并对其实施牵制，假设牵制矩阵为

$$\boldsymbol{D}=\mathrm{diag}\left(d_1,d_2,\cdots,d_n\right) \tag{10-18}$$

式中，$d_i\geqslant 0$，当 $d_i=0$ 表示节点未被牵制，$d_i>0$ 则表示节点 i 被牵制。

首先给出后面主要结果证明要引用的引理。

引理 10-3[11]：对于非奇异矩阵 $A = \left[a_{ij} \right] \in R^{n \times n}$，若 $a_{ij} \leqslant 0, \forall i \neq j$ ，则以下结论等价。

(1) 矩阵为 M 矩阵；

(2) 矩阵 A 所有的特征值均具有正实部，即 $\mathrm{Re}(\lambda_i(A)), i = 1, 2, \cdots, n$ ；

(3) 存在一个正定对角矩阵 $\boldsymbol{\varXi} = \mathrm{diag}(\xi_1, \xi_2, \cdots, \xi_n) > 0$ ，使得 $\boldsymbol{\varXi} A + A^{\mathrm{T}} \boldsymbol{\varXi}$ 也为正定矩阵。

引理 10-4：假设系统(10-3)的节点网络拓扑图 Laplacian 矩阵 $\boldsymbol{L}$ 与节点牵制矩阵 $\boldsymbol{D}$ 满足 $\boldsymbol{L} + \boldsymbol{D}$ 为 M 矩阵，其中 $\boldsymbol{D}$ 为式(10-16)的牵制矩阵，μ_i 为 Laplacian 矩阵 $\boldsymbol{L} + \boldsymbol{D}$ 的特征值。如果控制参数 $\alpha > 0$，$\beta > 0$，则参数之间满足不等式(10-19)：

$$\frac{\beta^2}{\alpha} > \max_{\mu_i \neq 0} \frac{\mathrm{Im}\left(\mu_i\right)^2}{\mathrm{Re}\left(\mu_i\right) \left[\mathrm{Re}\left(\mu_i\right)^2 + \mathrm{Im}\left(\mu_i\right)^2 \right]} \tag{10-19}$$

因此，式(10-20)的分组协同控制协议 $u_i(t)$ 可以实现二阶多智能体系统(10-3)分组牵制一致性。

$$u_i(t) = \alpha \sum_{j=1, j \neq i}^{N} a_{ij} \left[x_{1j}(t) - x_{1i}(t) \right] + \beta \sum_{j=1, j \neq i}^{N} a_{ij} \left[x_{2j}(t) - x_{2i}(t) \right]$$

$$+ \alpha \sum_{j=1}^{N} l_{ij} x_{1\sigma_j}(t) + \beta \sum_{j=1}^{N} l_{ij} x_{2\sigma_j}(t) - \alpha d_i \left[x_{1i}(t) - x_{1\sigma_i}(t) \right] - \beta d_i \left[x_{2i}(t) - x_{2\sigma_i}(t) \right]$$

$$\tag{10-20}$$

式中，$x_{2\sigma_i}(t)$ 是事先给定的；$x_{1\sigma_i}(t) = t x_{2\sigma_i}(t)$ 。

证明：定义 $e_{1i}(t) = x_{1i}(t) - x_{1\sigma_i}(t)$ ，$e_{2i}(t) = x_{2i}(t) - x_{2\sigma_i}$ ，则由系统(10-3)和 $x_{1\sigma_i}(t)$ 的定义 $x_{1\sigma_i}(t) = t x_{2\sigma_i}(t)$ 得

$$\dot{e}_{1i}(t) = \dot{x}_{1i}(t) - x_{2\sigma_i} = x_{2i}(t) - x_{2\sigma_i} = e_{2i}(t) \tag{10-21}$$

$$\dot{e}_{2i}(t) = \dot{x}_{2i}(t) = u_i(t)$$

$$= \alpha \sum_{j=1, j \neq i}^{N} a_{ij} \left[x_{1j}(t) - x_{1i}(t) \right] + \alpha \sum_{j=1}^{N} l_{ij} x_{1\sigma_j} - \alpha d_i \left[x_{1i}(t) - x_{1\sigma_i}(t) \right]$$

$$+ \beta \sum_{j=1, j \neq i}^{N} a_{ij} \left[x_{2j}(t) - x_{2i}(t) \right] + \beta \sum_{j=1}^{N} l_{ij} x_{2\sigma_j} - \beta d_i \left[x_{2i}(t) - x_{2\sigma_i}(t) \right]$$

$$= -\alpha \sum_{j=1}^{N} l_{ij} \left[x_{1j}(t) - x_{1\sigma_j}(t) \right] - \alpha d_i \left[x_{1i}(t) - x_{1\sigma_i}(t) \right]$$

$$- \beta \sum_{j=1}^{N} l_{ij} \left[x_{2j}(t) - x_{2\sigma_j}(t) \right] - \beta d_i \left[x_{2i}(t) - x_{2\sigma_i}(t) \right]$$

$$= -\alpha \sum_{j=1}^{N} l_{ij} e_{1j}(t) - \alpha d_i e_{1i}(t) - \beta \sum_{j=1}^{N} l_{ij} e_{2j}(t) - \beta d_i e_{2i}(t)$$

$$(10\text{-}22)$$

记 $\tilde{\boldsymbol{e}}_1(t) = \begin{pmatrix} \tilde{e}_{11} & \tilde{e}_{12} & \cdots & \tilde{e}_{1N} \end{pmatrix}^{\mathrm{T}}$，$\tilde{\boldsymbol{e}}_2(t) = \begin{pmatrix} \tilde{e}_{21} & \tilde{e}_{22} & \cdots & \tilde{e}_{2N} \end{pmatrix}^{\mathrm{T}}$，根据式(10-21)和式(10-22)，可得

$$\begin{cases} \dot{\boldsymbol{e}}_1(t) = \boldsymbol{e}_2(t) \\ \dot{\boldsymbol{e}}_2(t) = -[\alpha(\boldsymbol{L}+\boldsymbol{D}) \otimes \boldsymbol{I}]\boldsymbol{e}_1(t) - [\beta(\boldsymbol{L}+\boldsymbol{D}) \otimes \boldsymbol{I}]\boldsymbol{e}_2(t) \end{cases} \quad (10\text{-}23)$$

记 $\boldsymbol{e}(t) = \begin{pmatrix} \boldsymbol{e}_1^{\mathrm{T}} & \boldsymbol{e}_2^{\mathrm{T}} \end{pmatrix}^{\mathrm{T}}$，由式(10-23)可得

$$\dot{\boldsymbol{e}}(t) = \begin{bmatrix} \boldsymbol{0}_{N \times N} & \boldsymbol{I}_{N \times N} \\ -\alpha(\boldsymbol{L}+\boldsymbol{D}) \otimes \boldsymbol{I} & -\beta(\boldsymbol{L}+\boldsymbol{D}) \otimes \boldsymbol{I} \end{bmatrix} \boldsymbol{e}(t) = \boldsymbol{\Theta}\boldsymbol{e}(t) \quad (10\text{-}24)$$

式中，$\boldsymbol{\Theta} = \begin{bmatrix} \boldsymbol{0}_{N^2} & \boldsymbol{I}_{N^2} \\ -\alpha(\boldsymbol{L}+\boldsymbol{D}) \otimes \boldsymbol{I} & -\beta(\boldsymbol{L}+\boldsymbol{D}) \otimes \boldsymbol{I} \end{bmatrix}$。

由于 $\boldsymbol{\Theta} = \begin{bmatrix} \boldsymbol{0}_{N^2} & \boldsymbol{I}_{N^2} \\ -\alpha(\boldsymbol{L}+\boldsymbol{D}) \otimes \boldsymbol{I} & -\beta(\boldsymbol{L}+\boldsymbol{D}) \otimes \boldsymbol{I} \end{bmatrix} = \begin{bmatrix} \boldsymbol{0}_N & \boldsymbol{I}_N \\ -\alpha(\boldsymbol{L}+\boldsymbol{D}) & -\beta(\boldsymbol{L}+\boldsymbol{D}) \end{bmatrix} \otimes \boldsymbol{I}_N$，

记 $\boldsymbol{\Theta}_1 = \begin{bmatrix} \boldsymbol{0}_N & \boldsymbol{I}_N \\ -\alpha(\boldsymbol{L}+\boldsymbol{D}) & -\beta(\boldsymbol{L}+\boldsymbol{D}) \end{bmatrix}$，$\boldsymbol{\Theta}_1$ 特征根为 $\lambda_{i,\pm}(i=1,2,\cdots,N)$，则有

$$\lambda_{i,\pm} = \frac{-\beta\mu_i \pm \sqrt{\beta^2\mu_i^2 - 4\alpha\mu_i}}{2}, \quad i=1,2,\cdots,N \quad (10\text{-}25)$$

式中，μ_i 为 $\boldsymbol{L}+\boldsymbol{D}$ 矩阵特征根，由于假设矩阵 $\boldsymbol{L}+\boldsymbol{D}$ 为 M 矩阵，故特征值 $\mu_i(i=1,2,\cdots,N)$ 均具有正实部，即 $\mathrm{Re}(\mu_i) > 0$。由引理 10-1 可知，当

$$\frac{\beta^2}{\alpha} > \max_{\mu_i \neq 0} \frac{\mathrm{Im}(\mu_i)^2}{\mathrm{Re}(\mu_i)\left[\mathrm{Re}(\mu_i)^2 + \mathrm{Im}(\mu_i)^2\right]}$$ 时，有 $\mathrm{Re}(\lambda_{i,\pm}) < 0$。由于 $\boldsymbol{\Theta} = \boldsymbol{\Theta}_1 \otimes \boldsymbol{I}_N$，因

此 $\boldsymbol{\Theta}$ 的特征根仍为 $\lambda_{i,\pm}(i=1,2,\cdots,N)$，但对于每一对特征根 $\lambda_{i,\pm}$，都有 N 个。因此，所有 $\boldsymbol{\Theta}$ 的特征根也都具有负实部，从而，系统(10-22)是渐近稳定的。由 $e_{1i}(t)$ 和 $e_{2i}(t)$ 的定义可知，当 $t \to \infty$ 时，有 $x_{1i} \to tx_{2\sigma_i}$，$x_{2i} \to x_{2\sigma_i}$，$i=1,2,\cdots,N$，即对 $\forall m_i, m_j \in M_p$，有 $\sigma_i = \sigma_j = p$，从而 $x_{1i} \to x_{1j} \to tx_{2p}$，$x_{2i} \to x_{2j} \to x_{2p}$，对于 $\forall m_i \in M_p, m_j \in M_q, M_p \cap M_q = \varnothing$，有 $\sigma_i = p$，$\sigma_j = q$，$x_{1i} \to tx_{2p}$，$x_{1j} \to tx_{2q}$；$x_{2i} \to x_{2p}$，$x_{2j} \to x_{2q}$。由于 x_{2p} 和 x_{2q} 是事先给定的，通常 $x_{2p} \neq x_{2q}$，从而 $x_{1p} \neq x_{1q}$。因此由定义 10-1，式(10-18)的协同控制协议 $u_i(t)$ 可以实现二阶多智能体系统

(10-3)分组牵制一致性。

注解 10-3：虽然使用式(10-18)的协同控制协议 $u_i(t)$ 可以实现二阶多智能体系统(10-3)分组牵制一致性，但由于 $x_{1i} \to tx_{2\sigma_i}$，即收敛的终止状态不是固定值，不便于工程应用，而且第二个状态的收敛值 $x_{2i} \to x_{2\sigma_i}$ 与第一个状态的收敛值关联，也使得此引理的应用受限。

引理 10-5：假设系统(10-3)的节点网络拓扑图 Laplacian 矩阵 L 与节点牵制矩阵 D 满足 $L+D$ 为非奇异矩阵，且其所有特征值都具有正实部，即 $\mathrm{Re}(\mu_i) > 0$，$i = 1, 2, \cdots, N$，如果存在参数 $\alpha > 0, \beta > 0$ 满足如下关系式：

$$\frac{\beta^2}{\alpha} > \max_{\mu_i \neq 0} \frac{\mathrm{Im}(\mu_i)^2}{\mathrm{Re}(\mu_i)\left[\mathrm{Re}(\mu_i)^2 + \mathrm{Im}(\mu_i)^2\right]} \tag{10-26}$$

式中，μ_i 为 Laplacian 矩阵 $L+D$ 特征值。当协同控制协议 $u_i(t)$ 满足式(10-27)时，二阶多智能体系统(10-3)可以实现分组牵制一致性。

$$
\begin{aligned}
u_i(t) = {} & \alpha \sum_{j=1, j \neq i}^{N} a_{ij}\left[x_{1j}(t) - x_{1i}(t)\right] + \alpha \sum_{j=1}^{N} l_{ij} x_{1\sigma_j} - \alpha d_i\left[x_{1i}(t) - x_{1\sigma_i}(t)\right] \\
& + \beta \sum_{j=1, j \neq i}^{N} a_{ij}\left[x_{2j}(t) - x_{2i}(t)\right] + \beta \sum_{j=1}^{N} l_{ij} x_{2\sigma_j} - \beta d_i\left[x_{2i}(t) - x_{2\sigma_i}(t)\right]
\end{aligned}
\tag{10-27}
$$

式中，$x_{2\sigma_i}(t)$ 是事先给定的；$x_{1\sigma_i}(t) = tx_{2\sigma_i}(t)$。

证明：由于矩阵 $L = \left[l_{ij}\right] \in R^{N \times N}$，若 $l_{ij} \leq 0$，$\forall i \neq j$，则 D 为对角矩阵，因此矩阵 $L+D$ 的非对角元素仍为 $l_{ij} \leq 0$，$\forall i \neq j$ 且由假设 $L+D$ 为非奇异矩阵，以及所有的特征值均具有正实部，由引理 10-3 可知，$L+D$ 为 M 矩阵。再根据引理 10-4，可以证明引理 10-5 结论成立。证毕。

受引理 10-2 的启发，可以通过构造类似于引理 10-2 中的协同控制协议 $u_i(t)$，使得二阶多智能体系统(10-3)达到牵制一致性，同时，使状态变量 x_{1i}，x_{2i}，$i = 1, 2, \cdots, N$ 收敛到固定值。

引理 10-6：假设系统(10-3)的节点网络拓扑图 Laplacian 矩阵 L 与节点牵制矩阵 D 满足 $L+D$ 为 M 矩阵，μ_i 为 Laplacian 矩阵 $L+D$ 的特征值，如果控制参数 $\alpha > 0, \beta > 0$ 满足如下关系式：

$$\frac{\beta^2}{\alpha} > \max_{\mu_i \neq 0} \frac{\mathrm{Im}(\mu_i)^2}{\mathrm{Re}(\mu_i)\left[\mathrm{Re}(\mu_i)^2 + \mathrm{Im}(\mu_i)^2\right]} \tag{10-28}$$

则在分组协同控制协议 $u_i(t)$ 满足式(10-29)时，二阶多智能体系统(10-3)可以实现分组牵制一致性。

$$u_i(t) = \alpha \sum_{j=1, j \neq i}^{N} a_{ij} \left[x_{1j}(t) - x_{1i}(t) \right] + \beta \sum_{j=1, j \neq i}^{N} a_{ij} \left[x_{2j}(t) - x_{2i}(t) \right]$$

$$+ \alpha \sum_{j=1}^{N} l_{ij} x_{1\sigma_j} + \frac{\beta}{2} \sum_{j=1}^{N} l_{ij} x_{2\sigma_j} + \frac{\beta}{2} \sum_{j=1, j \neq i}^{N} a_{ij} \left(x_{2\sigma_j} - x_{2\sigma_i} \right) \quad (10\text{-}29)$$

$$- \alpha d_i \left[x_{1i}(t) - x_{1\sigma_i}(t) \right] - \beta d_i \left[x_{2i}(t) - \frac{1}{2} x_{2\sigma_i}(t) \right]$$

式中，d_i 为牵制矩阵 $\boldsymbol{D}$ 的对角元素；$x_{1\sigma_j}$、$x_{2\sigma_j}$ 分别为事先设定的对应于 $x_{1j}(t)$、$x_{2j}(t)$ 所在的分组的状态值。

证明：令 $x_{1i} = \tilde{x}_{1i}$，$x_{2i} = \tilde{x}_{2i} - \frac{1}{2} x_{2\sigma_i}$，则 $\tilde{x}_{1\sigma_i} = x_{1\sigma_i}$，$\tilde{x}_{2\sigma_i} = \frac{3}{2} x_{2\sigma_i}$，其中 $x_{1\sigma_i}$、$x_{2\sigma_i}$ 分别为事先给定的对应于 $x_{1i}(t)$、$x_{2i}(t)$ 所在分组的固定状态值。

因此，系统(10-3)转化为

$$\begin{cases} \dot{\tilde{x}}_{1i} = \tilde{x}_{2i} - \frac{1}{3} \tilde{x}_{2\sigma_i} \\ \dot{\tilde{x}}_{2i} = u_i \end{cases} \quad (10\text{-}30)$$

同时，式(10-7)转化为

$$u_i(t) = \alpha \sum_{j=1, j \neq i}^{N} a_{ij} \left[\tilde{x}_{1j}(t) - \tilde{x}_{1i}(t) \right] + \beta \sum_{j=1, j \neq i}^{N} a_{ij} \left[\tilde{x}_{2j}(t) - \tilde{x}_{2i}(t) \right]$$

$$- \frac{\beta}{2} \sum_{j=1, j \neq i}^{N} a_{ij} \left(x_{2\sigma_j} - x_{2\sigma_i} \right) + \frac{\beta}{2} \sum_{j=1, j \neq i}^{N} a_{ij} \left(x_{2\sigma_j} - x_{2\sigma_i} \right)$$

$$+ \alpha \sum_{j=1}^{N} l_{ij} \tilde{x}_{1\sigma_j} + \frac{\beta}{3} \sum_{j=1}^{N} l_{ij} \tilde{x}_{2\sigma_j} - \alpha d_i \left[\tilde{x}_{1j}(t) - \tilde{x}_{1\sigma_j} \right] - \beta d_i \left[\tilde{x}_{2j}(t) - \frac{1}{3} \tilde{x}_{2\sigma_j} \right]$$

$$= \alpha \sum_{j=1, j \neq i}^{N} a_{ij} \left[\tilde{x}_{1j}(t) - \tilde{x}_{1i}(t) \right] + \beta \sum_{j=1, j \neq i}^{N} a_{ij} \left[\tilde{x}_{2j}(t) - \tilde{x}_{2i}(t) \right] \quad (10\text{-}31)$$

$$+ \alpha \sum_{j=1}^{N} l_{ij} \tilde{x}_{1\sigma_j} + \frac{\beta}{3} \sum_{j=1}^{N} l_{ij} \tilde{x}_{2\sigma_j} - \alpha d_i \left[\tilde{x}_{1j}(t) - \tilde{x}_{1\sigma_j} \right] - \beta d_i \left[\tilde{x}_{2j}(t) - \frac{1}{3} \tilde{x}_{2\sigma_j} \right]$$

$$= -\alpha \left(\sum_{j=1, j \neq i}^{N} l_{ij} + d_i \right) \left[\tilde{x}_{1j}(t) - \tilde{x}_{1\sigma_j} \right] - \beta \left(\sum_{j=1, j \neq i}^{N} l_{ij} + d_i \right) \left[\tilde{x}_{2j}(t) - \frac{1}{3} \tilde{x}_{2\sigma_j} \right]$$

因此，记 $\dot{e}_{1i}(t) = \dot{x}_{1i}(t) - \tilde{x}_{1\sigma_i}$，$\dot{e}_{2i}(t) = \dot{x}_{2i}(t) - \frac{1}{3} \tilde{x}_{2\sigma_i}$；$\tilde{e}_1(t) = \begin{pmatrix} \tilde{e}_{11} & \tilde{e}_{12} & \cdots & \tilde{e}_{1N} \end{pmatrix}^{\mathrm{T}}$，$\tilde{e}_2(t) = \begin{pmatrix} \tilde{e}_{21} & \tilde{e}_{22} & \cdots & \tilde{e}_{2N} \end{pmatrix}^{\mathrm{T}}$，则将式(10-31)代入系统(10-30)，经过简化计算，得

$$\begin{cases} \dot{\tilde{e}}_1(t) = \tilde{e}_2(t) \\ \dot{\tilde{e}}_2(t) = -[\alpha(L+D)\otimes I]\tilde{e}_1(t) - [\beta(L+D)\otimes I]\tilde{e}_2(t) \end{cases} \tag{10-32}$$

记 $\tilde{e}(t) = \left(\tilde{e}_1^{\mathrm{T}} \quad \tilde{e}_2^{\mathrm{T}}\right)^{\mathrm{T}}$，则由式(10-32)可得

$$\dot{\tilde{e}}(t) = \begin{bmatrix} \mathbf{0}_{N\times N} & I_{N\times N} \\ -\alpha(L+D)\otimes I & -\beta(L+D)\otimes I \end{bmatrix} \tilde{e}(t) = \boldsymbol{\Theta}\,\tilde{e}(t) \tag{10-33}$$

式中，$\boldsymbol{\Theta} = \begin{bmatrix} \mathbf{0}_{N^2} & I_{N^2} \\ -\alpha(L+D)\otimes I & -\beta(L+D)\otimes I \end{bmatrix}$。

剩下的证明同引理 10-4，可以证明，当 $L+D$ 为 M 矩阵，且参数 $\alpha>0$，$\beta>0$ 满足不等式(10-26)时，所有 $\boldsymbol{\Theta}$ 的特征根也都具有负实部，从而系统(10-30)是渐近稳定的。进一步得出，牵制分组协同控制协议(10-27)使控制系统(10-30)渐近稳定。

由 $\tilde{e}_{1i}(t)$ 和 $\tilde{e}_{2i}(t)$ 的定义可知，当 $t\to\infty$ 时，有 $x_{1i}\to x_{1\sigma_i}$，$x_{2i}\to\frac{1}{2}x_{2\sigma_i}$，$i=1,2,\cdots,N$，即对 $\forall m_i,m_j\in M_p$，有 $\sigma_i=\sigma_j=p$，从而 $x_{1i}\to x_{1j}\to x_{1p}$，$x_{2i}\to x_{2j}\to\frac{1}{2}x_{2p}$，对 $\forall m_i\in M_p$，$m_j\in M_q$，$M_p\bigcap M_q=\varnothing$，有 $\sigma_i=p,\sigma_j=q$，$x_{1i}\to x_{1p}$，$x_{1j}\to x_{1q}$，$x_{2i}\to\frac{1}{2}x_{2p}$，$x_{2j}\to\frac{1}{2}x_{2q}$。由于 x_{1p} 和 x_{2p} 是事先给定的，通常 $x_{1p}\neq x_{1q}$，$x_{2p}\neq x_{2q}$，因此由定义 10-1，式(10-18)的协同控制协议 $u_i(t)$ 可以实现二阶多智能体系统(10-3)分组牵制一致性。证毕。

注解 10-4：式(10-29)的协同控制协议 $u_i(t)$ 不但可以实现二阶多智能体系统(10-3)分组牵制一致性，而且可以确保当 $t\to\infty$ 时，$x_{1i}\to x_{1\sigma_i}$，$x_{2i}\to\frac{1}{2}x_{2\sigma_i}$，即可以确保系统状态收敛到期望的确定值。

注解 10-5：如果把引理 10-6 中的 $L+D$ 为 M 矩阵改为 $L+D$ 为非奇异矩阵，且所有特征值都具有正实部，则结论仍然成立。证明类似引理 10-5。

定理 10-2：假设弹群状态方程(10-1)的节点网络拓扑图 Laplacian 矩阵 L 与节点牵制矩阵 D 确保 $L+D$ 为 M 矩阵，μ_i 为 Laplacian 矩阵 $L+D$ 特征值。如果存在参数 $\alpha>0$，$\beta>0$ 满足如下关系式：

$$\frac{\beta^2}{\alpha} > \max_{\mu_i\neq 0} \frac{\mathrm{Im}(\mu_i)^2}{\mathrm{Re}(\mu_i)\left[\mathrm{Re}(\mu_i)^2 + \mathrm{Im}(\mu_i)^2\right]} \tag{10-34}$$

式中，μ_i 为 Laplacian 矩阵 $L+D$ 的具有正实部的特征值，即 $\mathrm{Re}(\mu_i)>0$，$i=1,2,\cdots,N$，则基于分组牵制协同制导律(10-35)可以实现弹群分组牵制一致性，且当 $t\to\infty$ 时，$R_i(t)/V_i\to t\gamma_{2\sigma_i}$，$\cos\eta_i(t)\to\gamma_{2\sigma_i}$，$\forall i=1,2,\cdots,N$，$\sigma_i=1,2,\cdots,s$。

$$n_i(t) = \frac{V_i^2 \sin \eta_i(t)}{g R_i(t)} - \frac{V_i}{g \sin \eta_i(t)} \left\{ \alpha \sum_{j=1, j \neq i}^{N} a_{ij} \left[\frac{R_j(t)}{V_j} - \frac{R_i(t)}{V_i} \right] \right.$$

$$- \beta \sum_{j=1, j \neq i}^{N} a_{ij} \left[\cos \eta_j(t) - \cos \eta_i(t) \right] + \alpha \sum_{j=1}^{N} l_{ij} \gamma_{1\sigma_j} + \beta \sum_{j=1}^{N} l_{ij} \gamma_{2\sigma_j} \quad (10\text{-}35)$$

$$\left. - \alpha d_i \left[\frac{R_i(t)}{V_i} - \gamma_{1\sigma_i}(t) \right] + \beta d_i \left[\cos \eta_i(t) - \gamma_{2\sigma_j} \right] \right\}$$

式中，$\gamma_{2\sigma_j}$ 是事先给定的 $-\cos \eta_j(t)$ 所在分组的状态值；$\gamma_{1\sigma_i}(t) = t\gamma_{2\sigma_i}$ 是 $\frac{R_i(t)}{V_i}$ 所在分组的状态值；$d_i \geqslant 0$ 是牵制矩阵 $\boldsymbol{D}$ 的对角元素。

证明：根据弹群状态方程(10-1)和 $r_i = R_i(t)/V_i$，$x_{1i} = r_i$，$x_{2i} = -\cos \eta_i(t)$，$A_i = (\sin \eta_i)^2/r_i$，$B_i = -(g/V_i)\sin \eta_i$，以及虚拟控制向量 $u_i = A_i + B_i n_i$，则式(10-35)转化为

$$u_i(t) = \alpha \sum_{j=1, j \neq i}^{N} a_{ij} \left[x_{1j}(t) - x_{1i}(t) \right] + \alpha \sum_{j=1}^{N} l_{ij} x_{1\sigma_j} - \alpha d_i \left[x_{1i}(t) - x_{1\sigma_i}(t) \right]$$

$$+ \beta \sum_{j=1, j \neq i}^{N} a_{ij} \left[x_{2j}(t) - x_{2i}(t) \right] + \beta \sum_{j=1}^{N} l_{ij} x_{2\sigma_j} - \beta d_i \left[x_{2i}(t) - x_{2\sigma_i}(t) \right] \quad (10\text{-}36)$$

式中，$x_{2\sigma_i}(t)$ 是事先给定的。

将弹群状态方程(10-1)转化为标准二阶多智能体系统：

$$\begin{cases} \dot{x}_{1i} = x_{2i} \\ \dot{x}_{2i} = u_i \end{cases} \quad (10\text{-}37)$$

根据引理 10-5 可知，当二阶多智能体系统(10-37)满足定理 10-2 的条件时，则在由式(10-34)表示的分组牵制协议 $u_i(t)$ 下可以实现二阶多智能体系统(10-37)分组牵制一致性，且当 $t \to \infty$ 时，有 $x_{1i} \to t\gamma_{2\sigma_i}$，$x_{2i} \to \gamma_{2\sigma_i}$，$i = 1, 2, \cdots, N$。从而，由上述转化过程可知，分组协同控制协议(10-29)可以实现弹群分组牵制一致性，并且可知当 $t \to \infty$ 时，对 $\forall m_i, m_j \in M_p$，有 $\sigma_i = \sigma_j = p$，从而 $R_i(t)/V_i \to R_j(t)/V_j \to t\gamma_{1p}$，$\cos \eta_i(t) \to \cos \eta_j(t) \to \gamma_{2p}$，对 $\forall m_i \in M_p, m_j \in M_q, M_p \cap M_q = \varnothing$，有 $\sigma_i = p, \sigma_j = q$，$R_i(t)/V_i \to t\gamma_{2p}$，$R_j(t)/V_j \to t\gamma_{2q}$；$\cos \eta_i(t) \to \gamma_{2p}$，$\cos \eta_j(t) \to \gamma_{2q}$。由于 γ_{2p} 和 γ_{2q} 是事先给定的，通常 $\gamma_{2p} \neq \gamma_{2q}$。因此，分组协同控制协议(10-29)可以实现弹群分组一致性。证毕。

当弹群实现分组协同一致后，转入第二阶段，即各弹利用自身的比例导引律引导导弹攻击分组指定的目标。

注解 10-6：由定理 10-2 的结论可知，由于 $\gamma_{2\sigma_i}$ 是事先设定的，因此可以将 $\gamma_{2\sigma_i}$

设定为充分小的正数 ε_{σ_i}，即 $\gamma_{2\sigma_i} = \varepsilon_{\sigma_i}$，$\forall \sigma_i = 1, 2, \cdots, s$，$i = 1, 2, \cdots, N$。由于末制导时间有限，假设为 T，因此可以使 $R_i(t)/V_i \to t\gamma_{2\sigma_i} < T\varepsilon_{\sigma_i}$，当 $T\varepsilon_{\sigma_i}$ 很小时，即第 σ_i 组导弹的剩余飞行时间非常少，在工程上可以看作第 σ_i 组导弹同时到达指定的目标，无需每枚导弹各自进行制导的第二阶段。由于 $\gamma_{2\sigma_i} = \varepsilon_{\sigma_i}$ 非常小，故 $\cos\eta_i(t) \to \gamma_{2\sigma_i} = \varepsilon_{\sigma_i}$ 也是一个小量，从而只要 $\eta_i(t) \neq 0$，则 $\sin\eta_i(t) \neq 0$，因此，即使分组牵制协同制导律(10-35)分母中包含 $\sin\eta_i(t)$ 项，也不会出现奇异性。

定理 10-3：假设弹群状态方程(10-1)的节点网络拓扑图 Laplacian 矩阵 L 与节点牵制矩阵 D 使矩阵 $L + D$ 为 M 矩阵。如果存在参数 $\alpha > 0$，$\beta > 0$ 满足如下关系式：

$$\frac{\beta^2}{\alpha} > \max_{\mu_i \neq 0} \frac{\mathrm{Im}(\mu_i)^2}{\mathrm{Re}(\mu_i)\left[\mathrm{Re}(\mu_i)^2 + \mathrm{Im}(\mu_i)^2\right]} \tag{10-38}$$

式中，μ_i 为 Laplacian 具有正实部的特征值，即 $\mathrm{Re}(\mu_i) > 0$，$i = 1, 2, \cdots, N$，则基于分组牵制协同控制律(10-39)可以实现弹群分组牵制一致性。当 $t \to \infty$ 时，$R_i(t)/V_i \to \gamma_{1\sigma_i}$，$\cos\eta_i(t) \to \frac{1}{2}\gamma_{2\sigma_i}$，$\forall i = 1, 2, \cdots, N$，式中，$\gamma_{1\sigma_i}$、$\gamma_{2\sigma_i}$ 分别为事先给定的对应于状态 $\dfrac{R_i(t)}{V_i}$、$-\cos\eta_i(t)$ 所在分组的状态值。

$$\begin{aligned}
n_i(t) = &\frac{V_i^2 \sin\eta_i(t)}{gR_i(t)} - \frac{V_i}{g\sin\eta_i(t)} \left\{ \alpha \sum_{j=1, j\neq i}^{N} a_{ij}\left[\frac{R_j(t)}{V_j} - \frac{R_i(t)}{V_i} \right] + \alpha \sum_{j=1}^{N} l_{ij}\gamma_{1\sigma_j} \right. \\
&- \alpha d_i\left[\frac{R_i(t)}{V_i} - \gamma_{1\sigma_i} \right] - \beta \sum_{j=1, j\neq i}^{N} a_{ij}\left[\cos\eta_j(t) - \cos\eta_i(t) \right] + \frac{\beta}{2}\sum_{j=1}^{N} l_{ij}\gamma_{2\sigma_j} \\
&+ \frac{\beta}{2}\sum_{j=1, j\neq i}^{N} a_{ij}\left(\gamma_{2\sigma_j} - \gamma_{2\sigma_i} \right) + \frac{\beta}{2}\sum_{j=1}^{N} l_{ij}\gamma_{2\sigma_j} + \beta d_i\left. \left[\cos\eta_i(t) - \frac{1}{2}\gamma_{2\sigma_j} \right] \right\}
\end{aligned} \tag{10-39}$$

此定理的证明过程类似于定理 10-2，只要将导弹运动方程转化为二阶标准多智能体系统，将牵制分组协同制导律转化为类似于引理 10-6 的牵制分组一致性协议，然后，利用引理 10-6，就可以证明定理 10-3 的结论成立。

注解 10-7：协同控制协议(10-31)和分组牵制协同制导律(10-35)每一项的物理含义类似于注解 10-1，在此不再赘述。

注解 10-8：与定理 10-2 相比，定理 10-3 的结论更好，两个状态 $\dfrac{R_i(t)}{V_i}$、$-\cos\eta_i(t)$ 对应的分组状态值 $\gamma_{1\sigma_i}$、$\gamma_{2\sigma_i}$ 可以独立地事先设定。例如，设定 $\gamma_{2\sigma_i}$ 充分小，使 $\cos\eta_i(t) \to 0$，就可以确保当 $\eta_i(t) \neq 0$ 时，$\sin\eta_i(t) \neq 0$，即牵制分组协同制导律不会出现奇异性。同时，如果设定 $\gamma_{1\sigma_i}$ 为充分小的正数，当 $t \to \infty$ 时，

$R_i(t)/V_i \to \gamma_{1\sigma_i}$，因此可以确保第 σ_i ($\forall \sigma_i = 1,2,\cdots,s$ ，　$i=1,2,\cdots,N$)组导弹的剩余飞行时间非常少，即确保第 σ_i 组的所有导弹同时到达目标，无须每枚导弹各自进行制导的第二阶段。

10.3.4　线性耦合分组协同末制导律仿真

本部分针对多分组协同末制导方法给出两个仿真算例。算例 10-1 包含 6 枚导弹，均分为 2 组，其中分别考虑组分离和组协同两种情况；算例 10-2 包含 9 枚导弹，均分为 3 组，旨在验证方法拓展性。

1. 仿真算例 10-1

仿真算例 10-1 的导弹编队初始条件如表 10-1 所示。

表 10-1　导弹编队初始条件

导弹编号	V_i/(m/s)	$r_i(0)$/km	$q_i(0)$/(°)	$\eta_i(0)$/(°)
m_1	780	63.5	32	20
m_2	700	55.9	41	10
m_3	800	62.8	48	15
m_4	810	63.4	35	25
m_5	730	57.5	25	13
m_6	740	59	15	8

拓扑结构如图 10-1 所示，$\boldsymbol{L}$ 矩阵包含一个有向生成树，根节点为 m_1，非 0 特征值均为 1。

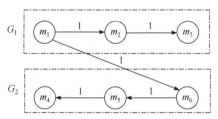

图 10-1　线性耦合分组协同制导仿真算例 10-1 的拓扑结构

$$\boldsymbol{L} = \begin{bmatrix} 0 & 0 & 0 & 0 & 0 & 0 \\ -1 & 1 & 0 & 0 & 0 & 0 \\ 0 & -1 & 1 & 0 & 0 & 0 \\ 0 & 0 & 0 & 1 & -1 & 0 \\ 0 & 0 & 0 & 0 & 1 & -1 \\ -1 & 0 & 0 & 0 & 0 & 1 \end{bmatrix} \tag{10-40}$$

图 10-1 为线性耦合分组协同制导仿真算例 10-1 的拓扑结构。此时协同制导律参数选取 $\alpha = 0.1$，$\beta = 0.5$，线性耦合分组协同制导仿真算例 10-1 的仿真

结果如图 10-2 所示。从图中可以看出，制导律在 $t=60\text{s}$ 时实现协同转入第二阶段，脱靶量满足误差要求，第一组到达时间为 85.337s，第二组到达时间为 80.843s。因此，在该多分组协同制导律作用下，可以实现对不同威胁目标的协同打击。

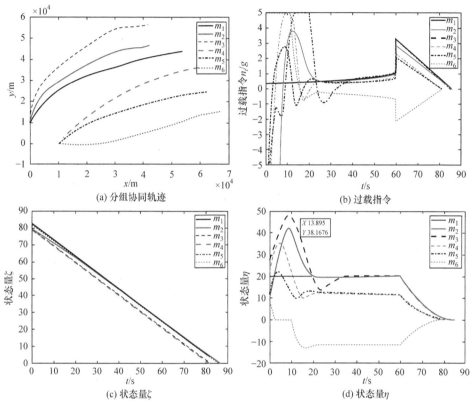

图 10-2　线性耦合分组协同制导仿真算例 10-1 的仿真结果

2. 仿真算例 10-2

仿真算例 10-2 的初始条件与仿真算例 10-1 相同，L 矩阵包含一个有向生成树，根节点为 m_6。线性耦合分组协同制导仿真算例 10-2 的拓扑结构如图 10-3 所示。

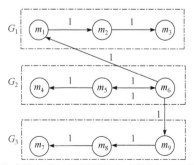

图 10-3　线性耦合分组协同制导仿真算例 10-2 的拓扑结构

对应 Laplacian 矩阵如下：

$$
L = \begin{bmatrix}
1 & 0 & 0 & 0 & 0 & -1 & 0 & 0 & 0 \\
-1 & 1 & 0 & 0 & 0 & 0 & 0 & 0 & 0 \\
0 & -1 & 1 & 0 & 0 & 0 & 0 & 0 & 0 \\
0 & 0 & 0 & 1 & -1 & 0 & 0 & 0 & 0 \\
0 & 0 & 0 & 0 & 1 & -1 & 0 & 0 & 0 \\
0 & 0 & 0 & 0 & -1 & 1 & 0 & 0 & 0 \\
0 & 0 & 0 & 0 & 0 & 0 & 1 & -1 & 0 \\
0 & 0 & 0 & 0 & 0 & 0 & 0 & 1 & -1 \\
0 & 0 & 0 & 0 & 0 & -1 & 0 & 0 & 1
\end{bmatrix}
\tag{10-41}
$$

式中，L 矩阵的特征值为 $[1\ 1\ 1\ 1\ 1\ 1\ 1\ 2\ 0]$。

此时协同制导律参数选取 $\alpha = 0.09$，$\beta = 0.9$，线性耦合分组协同制导仿真算例 10-2 的仿真结果如图 10-4 所示。从图中可以看出，制导律在 $t = 60\mathrm{s}$ 时实现协同转入第二阶段，脱靶量满足误差要求，第一组到达时间为 $86.485\mathrm{s}$，第二组到

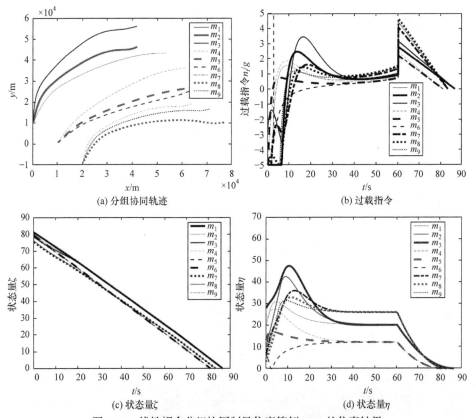

(a) 分组协同轨迹　　　　　　　　　　(b) 过载指令

(c) 状态量 ζ　　　　　　　　　　(d) 状态量 η

图 10-4　线性耦合分组协同制导仿真算例 10-2 的仿真结果

达时间为 80.895s，第三组到达时间为 83.172s。因此，在该多分组协同制导律作用下，可以实现对不同威胁目标的协同打击。

10.3.5 牵制分组协同末制导律仿真

本小节针对多分组协同末制导方法给出三个仿真算例。算例 10-3 和算例 10-4 都包含 6 枚导弹，均分为 2 组，其中分别考虑组分离和组协同两种情况；算例 10-5 包含 9 枚导弹，均分为 3 组，旨在验证方法拓展性。

1. 仿真算例 10-3

仿真算例 10-3 的初始条件与 10.3.4 小节相同，牵制分组协同制导仿真算例 10-3 的拓扑结构如图 10-5 所示。

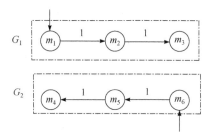

图 10-5 牵制分组协同制导仿真算例 10-3 的拓扑结构

Laplacian 矩阵和牵制矩阵如下：

$$
\boldsymbol{L} = \begin{bmatrix} 0 & 0 & 0 & 0 & 0 & 0 \\ -1 & 1 & 0 & 0 & 0 & 0 \\ 0 & -1 & 1 & 0 & 0 & 0 \\ 0 & 0 & 0 & 1 & -1 & 0 \\ 0 & 0 & 0 & 0 & 1 & -1 \\ 0 & 0 & 0 & 0 & 0 & 0 \end{bmatrix}, \quad \boldsymbol{D} = \begin{bmatrix} 1 & 0 & 0 & 0 & 0 & 0 \\ 0 & 0 & 0 & 0 & 0 & 0 \\ 0 & 0 & 0 & 0 & 0 & 0 \\ 0 & 0 & 0 & 0 & 0 & 0 \\ 0 & 0 & 0 & 0 & 0 & 0 \\ 0 & 0 & 0 & 0 & 0 & 1 \end{bmatrix} \tag{10-42}
$$

基于上述 $\boldsymbol{L}$ 和 $\boldsymbol{D}$ 可知，$\boldsymbol{L} + \boldsymbol{D}$ 矩阵的特征值均为 1。

此时协同制导律参数选取 $\alpha = 0.1$，$\beta = 0.5$，$\gamma_{21} = -0.95$，$\gamma_{22} = -0.99$，牵制分组协同制导仿真算例 10-3 的仿真结果如图 10-6 所示。从图中可以看出，制导律在 $t = 60\text{s}$ 时实现协同转入第二阶段，脱靶量满足误差要求，第一组到达时间为 84.68s，第二组到达时间为 80.343s。因此，在该多分组协同制导律作用下，可以实现对不同威胁目标的协同打击。

2. 仿真算例 10-4

仿真算例 10-4 的初始条件与 10.3.4 小节相同，牵制矩阵如式(10-43)，牵制分组协同制导仿真算例 10-4 的拓扑结构如图 10-7 所示，$\boldsymbol{L} + \boldsymbol{D}$ 矩阵的特征值均为 1。

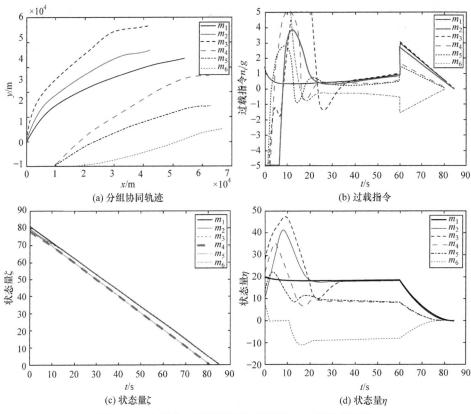

(a) 分组协同轨迹

(b) 过载指令

(c) 状态量ζ

(d) 状态量η

图 10-6　牵制分组协同制导仿真算例 10-3 的仿真结果

$$D = \begin{bmatrix} 1 & 0 & 0 & 0 & 0 & 0 \\ 0 & 0 & 0 & 0 & 0 & 0 \\ 0 & 0 & 0 & 0 & 0 & 0 \\ 0 & 0 & 0 & 0 & 0 & 0 \\ 0 & 0 & 0 & 0 & 0 & 0 \\ 0 & 0 & 0 & 0 & 0 & 0 \end{bmatrix} \tag{10-43}$$

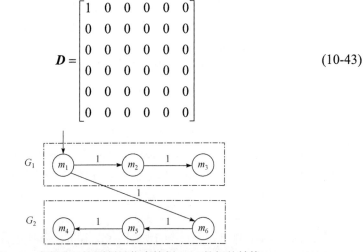

图 10-7　牵制分组协同制导仿真算例 10-4 的拓扑结构

此时协同制导律参数选取同仿真算例 10-3，牵制分组协同制导仿真算例 10-4

的仿真结果如图 10-8 所示。从图中可以看出，制导律在 $t=60\mathrm{s}$ 时实现协同转入第二阶段，脱靶量满足误差要求，第一组到达时间为 84.68s，第二组到达时间为 80.343s。因此，在该多分组协同制导律作用下，可以实现对不同威胁目标的协同打击。

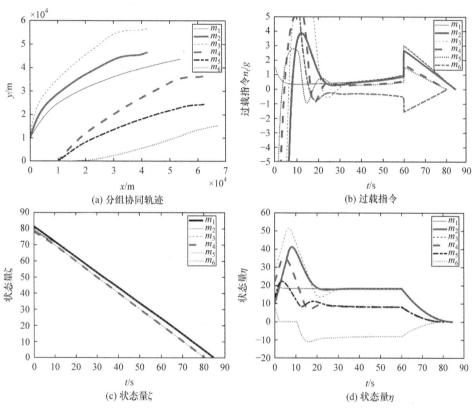

图 10-8 牵制分组协同制导仿真算例 10-4 的仿真结果

3. 仿真算例 10-5

牵制分组协同制导仿真算例 10-5 的拓扑结构如图 10-9 所示，对应牵制矩阵为

$$\boldsymbol{D}=\mathrm{diag}(0\ \ 0\ \ 0\ \ 0\ \ 0\ \ 1\ \ 0\ \ 0\ \ 0)$$

结合式(10-42)中的 $\boldsymbol{L}$，可以得出矩阵 $\boldsymbol{L}+\boldsymbol{D}$ 的特征值为 $[1,1,1,1,1,1,1,2.618,0.382]$。

此时协同制导律参数选取 $k_c=0.6$，$\alpha=0.15$，$\beta=1.5$，牵制分组协同制导仿真算例 10-5 的仿真结果如图 10-10 所示。从图 10-10 中可以看出，制导律在 $t=60\mathrm{s}$ 时实现协同转入第二阶段，脱靶量满足误差要求，第一组到达时间为 85.6s，第二组到达时间为 80.056s，第三组到达时间为 82.292s。因此，在该多分组协同制导律作用下，可以实现对不同威胁目标的协同打击。

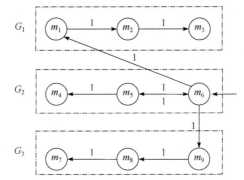

图 10-9　牵制分组协同制导仿真算例 10-5 的拓扑结构

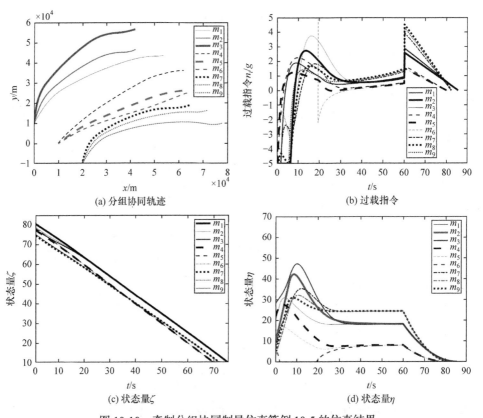

图 10-10　牵制分组协同制导仿真算例 10-5 的仿真结果

10.4　小　　结

本章放宽了入度平衡带来的组间通信约束条件，介绍了两种基于组间耦合分组协同制导方法——线性耦合分组协同制导方法和牵制分组协同制导方法。基于含有有向生成树网络的多智能体一致性理论，首先给出了线性耦合分组协同制导方法。其次结合牵制控制策略，给出牵制分组协同制导方法以消去组间耦合的约束。最后通过仿真，验证两种组间耦合协同制导方法的有效性和可拓展性。

<h2 style="text-align:center">参 考 文 献</h2>

[1] YU J, WANG L. Group consensus of multi-agent systems with undirected communication graphs[C]. 2009 7th Asian Control Conference, Shanghai, China, 2009: 105-110.

[2] YU J, WANG L. Group consensus of multi-agent systems with directed information exchange[J]. International Journal of Systems Science, 2012, 43(2): 334-348.

[3] HU H, YU L, ZHANG W A, et al. Group consensus in multi-agent systems with hybrid protocol[J]. Journal of the Franklin Institute, 2013, 350(3): 575-597.

[4] FENG Y, XU S, ZHANG B. Group consensus control for double-integrator dynamic multiagent systems with fixed communication topology[J]. International Journal of Robust and Nonlinear Control, 2014, 24(3): 532-547.

[5] ZHANG Y, LI R, HUO X. Stochastic consensus of discrete-time second-order multi-agent systems with measurement noises and time delays[J]. Journal of the Franklin Institute, 2018, 355(5): 2791-2807.

[6] WEN G, PENG Z, RAHMANI A, et al. Distributed leader-following consensus for second-order multi-agent systems with nonlinear inherent dynamics[J]. International Journal of Systems Science, 2014, 45(9): 1892-1901.

[7] LIU X, CHEN T. Cluster synchronization in directed networks via intermittent pinning control[J]. IEEE Transactions on Neural Networks, 2011, 22(7): 1009-1020.

[8] SU H, RONG Z, CHEN M Z Q, et al. Decentralized adaptive pinning control for cluster synchronization of complex dynamical networks[J]. IEEE Transactions on Cybernetics, 2012, 43(1): 394-399.

[9] HU C, JIANG H. Cluster synchronization for directed community networks via pinning partial schemes[J]. Chaos, Solitons & Fractals, 2012, 45(11): 1368-1377.

[10] MA Q, WANG Z, MIAO G. Second-order group consensus for multi-agent systems via pinning leader-following approach[J]. Journal of the Franklin Institute, 2014, 351(3): 1288-1300.

[11] JI L, LIU Q, LIAO X. On reaching group consensus for linearly coupled multi-agent networks[J]. Information Sciences, 2014, 287: 1-12.

[12] LIAO X, JI L. On pinning group consensus for dynamical multi-agent networks with general connected topology[J]. Neurocomputing, 2014, 135: 262-267.

[13] LIN D, YUE D, HU S L, et al. Decentralized adaptive pinning control for cluster synchronization of complex networks in the presence of delay-coupled and noise[C]. 2016 12th World Congress on Intelligent Control and Automation, Guilin, China, 2016: 2632-2637.

[14] XIONG C, MA Q, MIAO G, et al. Group consensus for multi-agent systems via pinning control[C]. 2018 37th Chinese Control Conference, Xi'an, China, 2018: 6842-6847.

[15] WANG Z, HE J, XIAO M, et al. Pinning group tracking consensus of first-order nonlinear multiagent systems[C]. 2020 Chinese Automation Congress, Shanghai, China, 2020: 3201-3205.

[16] MA W, LIANG X, FANG Y, et al. Three-dimensional prescribed-time pinning group cooperative guidance law[J]. International Journal of Aerospace Engineering, 2021, 10(1155): 1-19.

[17] LI X, YU Z, ZHONG Z, et al. Finite-time group consensus via pinning control for heterogeneous multi-agent systems with disturbances by integral sliding mode[J]. Journal of the Franklin Institute, 2022, 359(17): 9618-9635.

[18] HAO L, ZHAN X, WU J, et al. Fixed-time group consensus of nonlinear multi-agent systems via pinning control[J]. International Journal of Control, Automation and Systems, 2021, 19(1): 200-208.

第11章　通信时延下分组协同末制导

11.1　引　言

可靠的通信网络是协同制导律有效工作的重要支撑，然而外在的环境因素和内在的通信能力会影响协同制导律的稳定收敛，进而影响作战效能。一方面，在以拒止环境为典型代表的复杂作战环境下，导弹协同网络极易受到干扰而产生传输延迟；另一方面，随着编队规模的扩大，网络化节点的增加会加剧网络拥塞，导致传输性能下降，所以通信信号处理、系统数据处理、带宽限制等也极易引发信息传输的时延问题。因此，考虑通信时延下的分组协同末制导研究更具有工程价值。

目前，已有部分学者针对通信时延下的协同制导问题开展了相关研究。文献[1]利用李雅普诺夫稳定性理论给出了所能容许的通信时间延迟的上界。文献[2]基于图论方法将多弹协同制导时间渐近一致性问题转化为制导时间分歧系统的渐近稳定性问题。基于 Lyapunov 函数得到了能够保证制导时间渐近一致的充分条件。进一步，利用 LMI 方法，文献[3]将固定时间延迟推广到时变时间延迟，并设计了一种针对固定目标的两阶段协同末制导律。考虑固定通信时延情况下的两阶段协同制导，文献[4]利用频域分析给出最大时延与通信拓扑矩阵特征值之间的关系。文献[5]~[7]给出了通信时延下的协同制导的协同末制导律设计方法。然而，目前已有的多数关于时延协同制导方法的研究并未考虑到分组这一需求。

基于时延分组一致性的研究已取得初步进展[8-20]。针对拓扑结构为连通无向图与连通二分图的一阶时延多智能体系统分别在两类控制协议下的分组一致性问题，文献[8]基于广义 Nyquist 准则与频域控制理论的方法分析并得到了多智能体系统渐进分组收敛一致的充分条件，通过该条件，文献[9]针对连通二分图结构下的一阶多智能体系统，考虑有无时滞两种情形下多智能体的加权分组一致问题，运用圆盘定理和广义奈氏准则，得到系统达到收敛时可能容忍的最大时延上界。文献[10]利用状态变换方法，将多智能体系统的群体一致性问题等价地转化为时延系统的渐近稳定性问题，分别通过 Lyapunov 理论和 Hopf 分叉理论获取系统时延上界。文献[14]基于度图中的零/非零与非负矩阵之间的关系，得到了切换拓扑下具有时变时滞的多智能体系统的群一致性准则。文献[16]针对通信时延问题，提出了基于分组协同的方案，实现了通信时延下的动态调整。

综上所述，受到通信链路、设备差异、信道带宽、物理特性的影响，通信网络的通信时延和输入时延很难避免。因此，本章重点针对时延分组协同制导问题，给出入度平衡时延分组协同制导律和线性耦合时延分组协同制导律的设计方法。

11.2　问题描述及预备知识

假设 N 枚导弹构成的导弹网络拓扑结构同第 9 章。分组协同制导场景的相关假设情况和导弹制导几何关系示意图也同第 9 章。第 m_i 枚导弹的二维运动方程、分组协同制导的定义等也同第 9 章。

本章如没有特殊说明，仍采用两阶段协同制导方案设计群组协同制导律。

(1) 第一阶段：基于多智能体分组协同一致性设计分组协同制导律，当系统状态 r 和 η 满足分组一致时转入第二阶段；

(2) 第二阶段：在保证分组一致性的基础上采用独立的比例导引方法或其他导引方法引导每一枚导弹打击所在组的既定目标。

类似于第 9 章介绍的分组协同制导律设计方法，本章仅介绍第一阶段分组协同制导律的设计方法。

11.3　通信时延下分组协同末制导律设计

11.3.1　模型转化

模型转化过程同第 9 章，本小节将重写主要公式。

假设第 m_i 枚导弹的纵向平面二维运动方程如下：

$$\begin{cases} \dot{R}_i(t) = -V_i \cos\eta_i(t) \\ \dot{q}_i(t) = V_i \sin\eta_i(t) / R_i(t) \\ \dot{\theta}_i = n_i(t)g / V_i \end{cases} \tag{11-1}$$

记 $r_i = R_i(t)/V_i$，$x_{1i} = r_i$，$x_{2i} = -\cos\eta_i(t)$，$A_i = (\sin\eta_i)^2 / r_i$，$B_i = -(g/V_i)\sin\eta_i$，则式(11-1)转化为

$$\begin{cases} \dot{x}_{1i} = x_{2i} \\ \dot{x}_{2i} = A_i + B_i n_i \end{cases} \tag{11-2}$$

定义虚拟控制量 $u_i = A_i + B_i n_i$，则式(11-2)转化为如下标准的二阶多智能体系统：

$$\begin{cases} \dot{x}_{1i} = x_{2i} \\ \dot{x}_{2i} = u_i \end{cases} \tag{11-3}$$

定义 11-1：对于任意 $m_i, m_j \in M_p (p \in \{1, 2, \cdots, s\})$，当满足下列条件时：

$$\begin{cases} \lim\limits_{t \to \infty} \left| x_{1i}(t) - x_{1j}(t) \right| = 0, & \forall m_i, m_j \in M_p, p = 1, 2, \cdots, s \\ \lim\limits_{t \to \infty} \left| x_{2i}(t) - x_{2j}(t) \right| = 0, & \forall m_i, m_j \in M_p, p = 1, 2, \cdots, s \\ \lim\limits_{t \to \infty} \left| x_{1i}(t) - x_{1j}(t) \right| \neq 0, & \forall m_i \in M_p, m_j \in M \setminus M_p, p = 1, 2, \cdots, s \\ \lim\limits_{t \to \infty} \left| x_{2i}(t) - x_{2j}(t) \right| \neq 0, & \forall m_i \in M_p, m_j \in M \setminus M_p, p = 1, 2, \cdots, s \end{cases} \tag{11-4}$$

称多导弹可实现分组协同制导。

从而，时延分组协同制导律设计目的转化为设计时延分组协同制导指令 $u_i(t)$，使得二阶标准多智能体系统(11-3)满足条件(11-4)。

11.3.2　通信时延下二分组协同末制导律

本小节将讨论简单的分组协同制导场景，即二分组协同制导方案，将弹群分为两组，针对性地对防御系统的两个要害部位进行打击。记第一组为 $M_1 = \{1, 2, \cdots, s\}, s > 1$，第二组为 $M_2 \doteq \{s+1, s+2, \cdots, s+l\}, l > 1$，即弹群中导弹数量 $N = s + l$。

假设 11-1：二分组弹群通信网络拓扑结构满足如下入度平衡条件：

$$\begin{cases} \sum\limits_{j=s+1}^{N} a_{ij} = 0, & \forall i \in M_1 \\ \sum\limits_{j=1}^{s} a_{ij} = 0, & \forall i \in M_2 \end{cases} \tag{11-5}$$

下面介绍时延二分组所涉及的基本概念和相关引理。

引理 11-1[19]：若网络拓扑图 $\mathcal{G} = \{M, E, A\}$ 中包含一个全局可达点，则该图的 Laplacian 矩阵存在单一 0 特征根。

引理 11-2[20]：(盖尔圆盘定理)对于矩阵 $A = (a_{ij}) \in \mathbf{R}^{N \times N}$，其所有的特征值分布在如下 N 个圆盘中：$G_i = \left\{ z \in C : |z - a_{ii}| \leqslant \sum\limits_{j=1, j \neq i}^{N} |a_{ij}| \right\}, i = 1, 2, \cdots, N$。

引理 11-3：对于函数 $G(\mathrm{j}\omega) = \rho \dfrac{\alpha + \mathrm{j}\beta\omega}{\mathrm{j}\omega} \dfrac{\mathrm{e}^{-\mathrm{j}\omega\tau}}{\mathrm{j}\omega}$，$\omega \in (-\infty, +\infty)$，其中，$\rho > 0$，$\tau > 0$，$\alpha$、$\beta$ 为正实数。如果下列不等式成立：

$$\frac{\beta^2}{2\alpha} < 1/\rho \tag{11-6}$$

$$\frac{\beta^2}{2\alpha^2} < 1 \tag{11-7}$$

则对于 $\forall \omega \in (-\infty, +\infty)$，有 $|G(j\omega)| < 1$。

证明：首先证明 $\forall \omega > 0$ 时，有 $|G(j\omega)| < 1$。

当 $\omega > 0$ 时，则

$$\frac{\mathrm{d}(|G(j\omega)|)}{\mathrm{d}\omega} = \frac{\mathrm{d}\left(\dfrac{\rho}{\omega^2}\sqrt{\alpha^2 + \beta^2\omega^2}\right)}{\mathrm{d}\omega} \tag{11-8}$$

$$= \omega^{-1}\left(\alpha^2 + \beta^2\omega^2\right)^{-\frac{1}{2}}\left[-2\alpha^2 + \left(1 - 2\omega^2\right)\beta^2\right]$$

将不等式(11-6)代入式(11-8)，得

$$\frac{\mathrm{d}(|G(j\omega)|)}{\mathrm{d}\omega} < 0 \tag{11-9}$$

因此，$|G(j\omega)|$ 是关于 ω 单调递减的函数，故

$$\left|G(j\omega)\right| \leqslant \left|G(0)\right| \tag{11-10}$$

由于 $|G(0)| = \lim\limits_{\omega \to 0^+} |G(j\omega)|$，故

$$\left|G(0)\right| = \lim\limits_{\omega \to 0^+} \left|G(j\omega)\right|$$

$$= \lim\limits_{\omega \to 0^+} \frac{\rho}{\omega^2}\sqrt{\alpha^2 + \beta^2\omega^2} = \lim\limits_{\omega \to 0^+} \frac{\rho\beta^2}{2\sqrt{\alpha^2 + \beta^2\omega^2}} = \frac{\rho\beta^2}{2\alpha} \tag{11-11}$$

将式(11-8)代入式(11-10)中，得

$$\left|G(j\omega)\right| < \left|G(0)\right| = \frac{\rho\beta^2}{2\alpha} < 1, \quad \forall \omega > 0 \tag{11-12}$$

下面，再证明对于 $\forall \omega < 0$，有 $|G(j\omega)| < 1$。

由式(11-8)可知，当 $\omega < 0$，且 $\dfrac{\beta^2}{2\alpha^2} > 1$ 时，有

$$\frac{\mathrm{d}(|G(j\omega)|)}{\mathrm{d}\omega} > 0 \tag{11-13}$$

故 $|G(j\omega)|$ 是关于 ω 单调递增的函数。因此，对于 $\forall \omega < 0$，由式(11-11)可得

$$\left|G(j\omega)\right| < \left|G(0)\right| = \frac{\rho\beta^2}{2\alpha} < 1 \tag{11-14}$$

综合以上两种情况可知，对于 $\forall \omega \in (-\infty, +\infty)$，有 $|G(j\omega)| < 1$。证毕。

引理 11-4[19]：当 $y > 0$ 时，不等式 $\dfrac{y}{1+y^2} < \arctan y$。

引理 11-5：对于函数 $G(\mathrm{j}\omega) = \rho \dfrac{\alpha + \mathrm{j}\beta\omega}{\mathrm{j}\omega} \dfrac{\mathrm{e}^{-\mathrm{j}\omega\tau}}{\mathrm{j}\omega}$，$\omega \in (-\infty, +\infty)$，记 ω_0 为 $G(\mathrm{j}\omega)$ 曲线与复平面实轴的交点，即 ω_0 满足：

$$\tan(\omega_0\tau) = \frac{\beta\omega_0}{\alpha} \tag{11-15}$$

如果对于 $\omega_0 > 0$，下列不等式成立：

$$|\rho|\sqrt{\alpha^2 + \beta^2\omega_0^2} < \omega_0^2 \tag{11-16}$$

则时延 τ 满足不等式：

$$\tau < \arctan\left(\frac{\beta}{\alpha}\sqrt{\frac{\rho^2\beta^2 + \sqrt{\rho^4\beta^4 + 4\rho^2\alpha^2}}{2}}\right) \Bigg/ \sqrt{\frac{\rho^2\beta^2 + \sqrt{\rho^4\beta^4 + 4\rho^2\alpha^2}}{2}} \tag{11-17}$$

证明：由不等式(11-16)得对于 $\omega_0 > 0$，有

$$\omega_0 > \sqrt{\frac{\rho^2\beta^2 + \sqrt{\rho^4\beta^4 + 4\rho^2\alpha^2}}{2}} \tag{11-18}$$

又由式(11-15)关于 τ 的表达式，对 τ 关于 ω_0 求导数，则有

$$\frac{\mathrm{d}\tau}{\mathrm{d}\omega_0} = -\frac{\arctan\dfrac{\beta\omega_0}{\alpha}}{\omega_0^2} + \frac{\beta}{\alpha\omega_0\left(1 + \dfrac{\beta^2\omega_0^2}{\alpha^2}\right)} \tag{11-19}$$

当 $\omega_0 > 0$，由引理 11-4 得

$$\frac{\mathrm{d}\tau}{\mathrm{d}\omega_0} < -\frac{\dfrac{\beta\omega_0}{\alpha}}{\omega_0^2\left(1 + \dfrac{\beta^2\omega_0^2}{\alpha^2}\right)} + \frac{\beta}{\alpha\omega_0\left(1 + \dfrac{\beta^2\omega_0^2}{\alpha^2}\right)} = 0 \tag{11-20}$$

因此 τ 为关于 ω_0 的递减函数。由式(11-18)得

$$\tau < \arctan\left(\frac{\beta}{\alpha}\sqrt{\frac{\rho^2\beta^2 + \sqrt{\rho^4\beta^4 + 4\rho^2\alpha^2}}{2}}\right) \Bigg/ \sqrt{\frac{\rho^2\beta^2 + \sqrt{\rho^4\beta^4 + 4\rho^2\alpha^2}}{2}} \tag{11-21}$$

证毕。

进一步给出二分组协同控制指令：

$$
u_i(t) = \begin{cases}
\sum\limits_{j \in M_1} a_{ij} \left\{ \alpha \left[x_{1j}\left(t - T_{ij}\right) - x_{1i}\left(t - T_i\right) \right] + \beta \left[x_{2j}\left(t - T_{ij}\right) - x_{2i}\left(t - T_i\right) \right] \right\} \\
\quad + \sum\limits_{j \in M_2} a_{ij} \left[\alpha x_{2j}\left(t - T_{ij}\right) + \beta x_{2j}\left(t - T_{ij}\right) \right], \quad \forall i \in M_1 \\
\sum\limits_{j \in M_1} a_{ij} \left[\alpha x_{1j}\left(t - T_{ij}\right) + \beta x_{2j}\left(t - T_{ij}\right) \right] \\
\quad + \sum\limits_{j \in M_2} a_{ij} \left\{ \alpha \left[x_{1j}\left(t - T_{ij}\right) - x_{1i}\left(t - T_i\right) \right] + \beta \left[x_{2j}\left(t - T_{ij}\right) - x_{2i}\left(t - T_i\right) \right] \right\}, \quad \forall i \in M_2
\end{cases}
$$

$$(11\text{-}22)$$

式中，$\alpha > 0$；$\beta > 0$。若 m_i 可从 m_j 获取信息，则 $a_{ij} \neq 0$；反之，$a_{ij} = 0$。T_{ij} 和 T_i 分别表示节点 M_i 自身的输入时延以及与邻居节点 M_j 的通信时延。

假设 11-2：组内通信时延是相等的，即 $T_{ij} = T_{11}$，$\forall j \in M_1$，$T_{ij} = T_{22}$，$\forall i$，$j \in M_1$；两组节点之间的通信时延也是相等的，即 $T_{ij} = T_{12}$，$\forall i \in M_1$，$\forall j \in M_2$ 或者 $T_{ij} = T_{21}$，$\forall i \in M_2$，$\forall j \in M_1$，且 $T_{12} = T_{21}$。

引理 11-6：假设二阶多智能体系统(11-3)的网络拓扑结构存在全局可达点，且满足假设 11-1 和假设 11-2，如果不等式满足不等式(11-23)和不等式(11-24)，则二分组协同控制指令(11-22)可以使二阶多智能体系统(11-3)达到渐进分组一致性。同时，时延 T_i 满足不等式(11-25)。

$$
\frac{\beta^2}{\alpha} < 1 / \max_{i=1,2,\cdots,N} \left| \tilde{d}_i \right| \tag{11-23}
$$

$$
\frac{\beta^2}{2\alpha^2} < 1 \tag{11-24}
$$

式中，α、β 为正实数；$\tilde{d}_i = \sum\limits_{k=1, k \neq i}^{N} a_{ik}$。

$$
T_i < \arctan\left(\frac{\beta}{\alpha} \sqrt{\frac{\tilde{d}_i^2 \beta^2 + \sqrt{\tilde{d}_i^4 \beta^4 + 4\tilde{d}_i^2 \alpha^2}}{2}} \right) \Bigg/ \sqrt{\frac{\tilde{d}_i^2 \beta^2 + \sqrt{\tilde{d}_i^4 \beta^4 + 4\tilde{d}_i^2 \alpha^2}}{2}}, \tag{11-25}
$$

$$
i = 1, 2, \cdots, N
$$

证明：记 $x_i = x_{1i}$，由二阶多智能体系统(11-3)可得

$$
\dot{x}_i = x_{2i}, \quad \ddot{x}_i = u_i \tag{11-26}
$$

将二分组协同控制指令(11-22)第一式代入式(11-26)中，对于 $\forall i \in M_1$，有

$$
\ddot{x}_i = \sum_{j \in M_1} a_{ij} \left\{ \alpha \left[x_{1j}\left(t - T_{ij}\right) - x_{1i}\left(t - T_i\right) \right] + \beta \left[x_{2j}\left(t - T_{ij}\right) - x_{2i}\left(t - T_i\right) \right] \right\}
$$
$$
+ \sum_{j \in M_2} a_{ij} \left[\alpha x_{1j}\left(t - T_{ij}\right) + \beta x_{2j}\left(t - T_{ij}\right) \right] \tag{11-27}
$$

对式(11-27)两边进行拉普拉斯变换，化简得

$$s^2 x_i(s) - s x_i(0) = \sum_{j \in M_1} a_{ij} \left\{ \alpha \left[x_{1j}(s) e^{-T_{ij}s} - x_{1i}(s) e^{-T_i s} \right] + \beta \left[x_{2j}(s) e^{-T_{ij}s} - x_{2i}(s) e^{-T_i s} \right] \right\}$$

$$+ \sum_{j \in M_2} a_{ij} \left[\alpha x_{1j}(s) e^{-T_{ij}s} + \beta x_{2j}(s) e^{-T_{ij}s} \right]$$

$$= \alpha \sum_{j \in M} a_{ij} x_{1j}(s) e^{-T_{ij}s} + \beta \sum_{j \in M} a_{ij} x_{2j}(s) e^{-T_{ij}s}$$

$$- \alpha \sum_{j \in M_1} a_{ij} x_{1i}(s) e^{-T_i s} - \beta \sum_{j \in M_1} a_{ij} x_{2i}(s) e^{-T_i s} \tag{11-28}$$

$$= \alpha \sum_{j \in M} a_{ij} x_{1j}(s) e^{-T_{ij}s} + \beta \sum_{j \in M} a_{ij} x_{2j}(s) e^{-T_{ij}s}$$

$$- \alpha \sum_{j \in M, j \neq i} a_{ij} x_{1i}(s) e^{-T_i s} - \beta \sum_{j \in M, j \neq i} a_{ij} x_{2i}(s) e^{-T_i s}$$

在式(11-28)的推导过程中，第一个等式利用两边求拉普拉斯变换；第二个等式利用 $M = M_1 \bigcup M_2$，$M_1 \bigcap M_2 = \varnothing$；第三个等式利用假设 11-1 的网络入度平衡条件，即 $\sum\limits_{j \in M_2} a_{ij} = 0$，$\forall i \in M_1$ 和 $\sum\limits_{j \in M_1} a_{ij} = 0$，$\forall i \in M_2$，从而，$\sum\limits_{j \in M_1} a_{ij} x_{1i}(s) e^{-T_i s} = \sum\limits_{j \in M} a_{ij} x_{1i}(s) e^{-T_i s}$ 和 $\sum\limits_{j \in M_1} a_{ij} x_{2i}(s) e^{-T_i s} = \sum\limits_{j \in M} a_{ij} x_{2i}(s) e^{-T_i s}$。

对于 $\forall i \in M_2$，将二分组协同控制指令(11-22)第二式代入式(11-26)中，得

$$\dot{x}_{2i} = \sum_{j \in M_2} a_{ij} \left\{ \alpha \left[x_{1j}(t - T_{ij}) - x_{1i}(t - T_i) \right] + \beta \left[x_{2j}(t - T_{ij}) - x_{2i}(t - T_i) \right] \right\}$$

$$+ \sum_{j \in M_1} a_{ij} \left[\alpha x_{1j}(t - T_{ij}) + \beta x_{2j}(t - T_{ij}) \right] \tag{11-29}$$

类似于式(11-28)的计算化简得

$$s^2 x_i(s) - s x_i(0) = \alpha \sum_{j \in M, j \neq i} a_{ij} x_j(s) e^{-T_{ij}s} - \beta \sum_{j \in M, j \neq i} a_{ij} s x_j(s) e^{-T_{ij}s}$$

$$- \alpha \sum_{j \in M, j \neq i} a_{ij} x_i(s) e^{-T_i s} - \beta \sum_{j \in M, j \neq i} s a_{ij} x_i(s) e^{-T_i s} \tag{11-30}$$

记

$$\boldsymbol{L}(s) = l_{ij}(s) = \begin{cases} -a_{ij} e^{-s T_{ij}}, & j \neq i \\ \sum\limits_{j \in M, j \neq i} a_{ij} e^{-T_i s}, & j = i \end{cases} \tag{11-31}$$

$\boldsymbol{X}(s) = [x_1(s) \ \cdots \ x_N(s)]^{\mathrm{T}}$，由式(11-28)和式(11-29)，得

$$s^2 \boldsymbol{X}(s) - s\boldsymbol{X}(0) = \left[-\alpha \boldsymbol{L}(s) - \beta \boldsymbol{L}(s)\right]\boldsymbol{X}(s) \tag{11-32}$$

对式(11-32)整理得式(11-28)和式(11-30)的特征方程为

$$F(s) = \det\left(s^2 \boldsymbol{I} + \alpha \boldsymbol{L}(s) + \beta \boldsymbol{L}(s)s\right) = 0 \tag{11-33}$$

式中，$\boldsymbol{I}$ 为单位矩阵。

下面分析特征方程 $F(s)$ 的零点是否具有复实部或 $s=0$ 是否为 $F(s)$ 的唯一零点。

1）$s=0$ 时

$s=0$ 时，$\boldsymbol{L}(0) = \boldsymbol{L}$，$F(0) = \det(\alpha \boldsymbol{L})$，由于系统拓扑图中含有一个全局可达节点，由引理 11-1 可知，0 是 $\boldsymbol{L}$ 的单一特征根。因此，由 $F(0) = 0$ 易知 $F(s)$ 在 $s=0$ 处只有一个零点。

2）$s \neq 0$ 时

令 $P(s) = \det\left(\boldsymbol{I} + \boldsymbol{G}(s)\right)$，其中 $\boldsymbol{G}(s) = \dfrac{\alpha \boldsymbol{L}(s) + \beta \boldsymbol{L}(s)s}{s^2}$。显然，关于 $F(s)$ 的零点分析等同于对 $P(s)$ 的零点分析。

定义 $s = \mathrm{j}\omega$，由盖尔圆盘定理可知：

$$\lambda\left(\boldsymbol{G}(\mathrm{j}\omega)\right) \in \bigcup G_i, \quad i = 1, 2, \cdots, N \tag{11-34}$$

$$G_i = \left\{ \xi : \xi \in \mathbb{C} \left\| \xi - \sum_{k=1, k \neq i}^{N} a_{ik} \frac{\alpha + \beta \mathrm{j}\omega}{\mathrm{j}\omega} \frac{\mathrm{e}^{-\mathrm{j}\omega T_i}}{\mathrm{j}\omega} \right\| \leqslant \left| \sum_{k=1, k \neq i}^{N} a_{ik} \frac{\alpha + \beta \mathrm{j}\omega}{\mathrm{j}\omega} \frac{\mathrm{e}^{-\mathrm{j}\omega T_{ik}}}{\mathrm{j}\omega} \right| \right\} \tag{11-35}$$

式中，$\mathbb{C}$ 为复数域；$\lambda\left(\boldsymbol{G}(\mathrm{j}\omega)\right)$ 为 $\boldsymbol{G}(\mathrm{j}\omega)$ 的特征值。

下面对式(11-35)进行化简。

当 $\forall i \in M_1$，$\xi \in G_i$ 时，有

$$\left| \xi - \sum_{k=1, k \neq i}^{N} a_{ik} \frac{\alpha + \beta \mathrm{j}\omega}{\mathrm{j}\omega} \frac{\mathrm{e}^{-\mathrm{j}\omega T_i}}{\mathrm{j}\omega} \right|$$

$$\leqslant \left| \sum_{k=1, k \neq i}^{N} a_{ik} \frac{\alpha + \beta \mathrm{j}\omega}{\mathrm{j}\omega} \frac{\mathrm{e}^{-\mathrm{j}\omega T_{ik}}}{\mathrm{j}\omega} \right|$$

$$= \left| \sum_{k \in M_1} a_{ik} \frac{\alpha + \beta \mathrm{j}\omega}{\mathrm{j}\omega} \frac{\mathrm{e}^{-\mathrm{j}\omega T_{ik}}}{\mathrm{j}\omega} + \sum_{k \in M_2} a_{ik} \frac{\alpha + \beta \mathrm{j}\omega}{\mathrm{j}\omega} \frac{\mathrm{e}^{-\mathrm{j}\omega T_{ik}}}{\mathrm{j}\omega} \right|$$

$$= \left| \sum_{k \in M_1} a_{ik} \frac{\alpha + \beta \mathrm{j}\omega}{\mathrm{j}\omega} \frac{\mathrm{e}^{-\mathrm{j}\omega T_{11}}}{\mathrm{j}\omega} + \sum_{k \in M_2} a_{ik} \frac{\alpha + \beta \mathrm{j}\omega}{\mathrm{j}\omega} \frac{\mathrm{e}^{-\mathrm{j}\omega T_{12}}}{\mathrm{j}\omega} \right|$$

$$= \left| \frac{\alpha + \beta \mathrm{j}\omega}{\omega^2} \mathrm{e}^{-\mathrm{j}\omega T_{11}} \right| \left| \sum_{k \in M_1} a_{ik} \right| = \left| \frac{\alpha + \beta \mathrm{j}\omega}{\omega^2} \mathrm{e}^{-\mathrm{j}\omega T_i} \right| \left| \sum_{k \in M_1} a_{ik} \right|$$

$$= \left| \sum_{k=1, k \neq i}^{N} a_{ik} \frac{\alpha + \beta \mathrm{j}\omega}{\mathrm{j}\omega} \frac{\mathrm{e}^{-\mathrm{j}\omega T_i}}{\mathrm{j}\omega} \right| \tag{11-36}$$

式(11-36)推导过程中，第一个不等式利用盖尔圆盘定理；第二个等式利用网络拓扑二分组，即 $M = M_1 \bigcup M_2$，$M_1 \bigcap M_2 = \varnothing$；第三个等式利用假设 11-2，即 $T_{ij} = T_{11}$，$\forall i, j \in M_1$，$T_{ij} = T_{12}$，$\forall i \in M_1$，$\forall j \in M_2$；第四个等式利用假设 11-2 的入度平衡条件，$\sum_{k \in M_2} a_{ik} = 0$；第五个等式利用 $\left| \mathrm{e}^{-\mathrm{j}\omega T_{11}} \right| = \left| \mathrm{e}^{-\mathrm{j}\omega T_i} \right| = 1$；第六个等式再次利用假设 11-2 的入度平衡条件。

下面证明点 $(-1, \mathrm{j}0)$ 不在任何一个圆盘 G_i 内。

假设 G_i 的圆周曲线为

$$\left| \xi - \sum_{k=1, k \neq i}^{N} a_{ik} \frac{\alpha + \beta \mathrm{j}\omega}{\mathrm{j}\omega} \frac{\mathrm{e}^{-\mathrm{j}\omega T_i}}{\mathrm{j}\omega} \right| = \left| \sum_{k=1, k \neq i}^{N} a_{ik} \frac{\alpha + \beta \mathrm{j}\omega}{\mathrm{j}\omega} \frac{\mathrm{e}^{-\mathrm{j}\omega T_i}}{\mathrm{j}\omega} \right| \tag{11-37}$$

记 $\bar{G}_i(\omega) = \sum_{k=1, k \neq i}^{N} a_{ik} \frac{\alpha + \beta \mathrm{j}\omega}{\mathrm{j}\omega} \frac{\mathrm{e}^{-\mathrm{j}\omega T_i}}{\mathrm{j}\omega} = \tilde{d}_i \frac{\alpha + \beta \mathrm{j}\omega}{\mathrm{j}\omega} \frac{\mathrm{e}^{-\mathrm{j}\omega T_i}}{\mathrm{j}\omega}$，$\tilde{d}_i = \sum_{k=1, k \neq i}^{N} a_{ik}$，则式 (11-37)转化为

$$\left| \xi - \bar{G}_i(\omega) \right| = \left| \bar{G}_i(\omega) \right| \tag{11-38}$$

由于

$$\left| \bar{G}_i(\omega) \right| = \left| \tilde{d}_i \frac{\alpha + \beta \mathrm{j}\omega}{\mathrm{j}\omega} \frac{\mathrm{e}^{-\mathrm{j}\omega T_i}}{\mathrm{j}\omega} \right| = \left| \tilde{d}_i \right| \frac{\sqrt{\alpha^2 + \beta^2 \omega^2}}{\omega^2} \tag{11-39}$$

且因为不等式(11-23)和不等式(11-24)成立，根据引理 11-3，对于 $\forall \omega \in (-\infty, +\infty)$ 有 $\left| \bar{G}_i(\mathrm{j}\omega) \right| < \frac{1}{2}$，$i = 1, 2, \cdots, N$。

下面求圆周曲线与实轴的两个交点。

令 $\bar{G}_i = \bar{G}_{iR} + \mathrm{j}\bar{G}_{iI}$，代入式(11-38)，两边平方，化简整理得

$$\xi_{iR}^2 - 2\xi_{iR} + \xi_{iI}^2 - 2\xi_{iI} = 0 \tag{11-40}$$

式中，ξ_{iR} 和 ξ_{iI} 分别为 ξ_i 的实部和虚部。

令 $\xi_I = 0$，由式(11-40)即可求出圆周与实轴的两个交点分别为 $\xi_{iR} = 0$ 和 $\xi_{iR} = 2\Theta_{iR}$。

由于

$$\left|\xi_{iR}(j\omega)\right| = 2\left|\bar{G}_{iR}(j\omega)\right| = 2\sqrt{\left|\bar{G}_{iR}(j\omega)\right|^2 + \left|\bar{G}_{iI}(j\omega)\right|^2} = \left|\bar{G}_i(j\omega)\right| < 1 \qquad (11\text{-}41)$$

故 $(-1, j0)$ 不在任何一个圆盘 G_i 内。因此，系统(11-27)和系统(11-29)的特征根都具有负实部，从而系统是渐近稳定的。

下面，证明时延 T_i 的上界。

由式(11-41)，则有

$$\left|\xi_{iR}(j\omega_{i0})\right| = 2\left|\bar{G}_{iR}(j\omega_{i0})\right| = \left|\bar{G}_i(j\omega_{i0})\right| < 1 \qquad (11\text{-}42)$$

式中，ω_{i0} 为 $\bar{G}_i(j\omega)$ 的奈奎斯特曲线与复平面实轴的交点，同时，$\tan(\omega_{i0}T_i) = \dfrac{\beta}{\alpha}\omega_{i0}$。从而，由式(11-39)和式(11-42)，得

$$\left|\tilde{d}_i\right| \frac{\sqrt{\alpha^2 + \beta^2\omega^2}}{\omega^2} < 1 \qquad (11\text{-}43)$$

因此，由不等式(11-25)和引理 11-4，得

$$T_i < \arctan\left(\frac{\beta}{\alpha}\sqrt{\frac{\tilde{d}_i^2\beta^2 + \sqrt{\tilde{d}_i^4\beta^4 + 4\tilde{d}_i^2\alpha^2}}{2}}\right) \bigg/ \sqrt{\frac{\tilde{d}_i^2\beta^2 + \sqrt{\tilde{d}_i^4\beta^4 + 4\tilde{d}_i^2\alpha^2}}{2}}, \qquad (11\text{-}44)$$

$$i = 1, 2, \cdots, N$$

证毕。

定理 11-1：考虑包含 $p + q = N(p, q > 1)$ 个导弹编队，其运动方程为式(11-1)，当其通信网络存在全局可达点，且满足假设 11-1 和假设 11-2 条件时，如果满足不等式(11-45)和不等式(11-46)，则使用二分组协同制导律(11-48)可以实现弹群分两组协同。同时，时延 T_i 满足不等式(11-47)。

$$\frac{\beta^2}{\alpha} < 1 \bigg/ \max_{i=1,2,\cdots,N} \left|\tilde{d}_i\right| \qquad (11\text{-}45)$$

$$\frac{\beta^2}{2\alpha^2} < 1 \qquad (11\text{-}46)$$

式中，α、β 为正实数；$\tilde{d}_i = \sum\limits_{k=1, k\neq i}^{N} a_{ik}$。

$$T_i < \arctan\left(\frac{\beta}{\alpha}\sqrt{\frac{\tilde{d}_i^2\beta^2 + \sqrt{\tilde{d}_i^4\beta^4 + 4\tilde{d}_i^2\alpha^2}}{2}}\right) \bigg/ \sqrt{\frac{\tilde{d}_i^2\beta^2 + \sqrt{\tilde{d}_i^4\beta^4 + 4\tilde{d}_i^2\alpha^2}}{2}}, \qquad (11\text{-}47)$$

$$i = 1, 2, \cdots, N$$

$$n_i(t) = \begin{cases} \dfrac{V_i^2 \sin\eta_i(t)}{gR_i(t)} - \dfrac{V_i}{g\sin\eta_i(t)} \left(\displaystyle\sum_{j\in M_2} a_{ij}\left[\alpha \dfrac{R_j\left(t-T_{ij}\right)}{V_j} - \beta\cos\eta_j\left(t-T_{ij}\right) \right] \right. \\ \qquad + \displaystyle\sum_{j\in M_1} a_{ij}\left\{ \alpha\left[\dfrac{R_j\left(t-T_{ij}\right)}{V_j} - \dfrac{R_j\left(t-T_i\right)}{V_i} \right] \right. \\ \qquad \left. \left. -\beta\left[\cos\eta_j\left(t-T_{ij}\right) - \cos\eta_i\left(t-T_i\right) \right] \right\} \right), \quad \forall i\in M_1 \\ \\ \dfrac{V_i^2 \sin\eta_i(t)}{gR_i(t)} - \dfrac{V_i}{g\sin\eta_i(t)} \left(\displaystyle\sum_{j\in M_1} a_{ij}\left[\alpha \dfrac{R_j\left(t-T_{ij}\right)}{V_j} - \beta\cos\eta_j\left(t-T_{ij}\right) \right] \right. \\ \qquad + \displaystyle\sum_{j\in M_2} a_{ij}\left\{ \alpha\left[\dfrac{R_j\left(t-T_{ij}\right)}{V_j} - \dfrac{R_j\left(t-T_i\right)}{V_i} \right] \right. \\ \qquad \left. \left. -\beta\left[\cos\eta_j\left(t-T_{ij}\right) - \cos\eta_i\left(t-T_i\right) \right] \right\} \right), \quad \forall i\in M_2 \end{cases}$$

$$(11\text{-}48)$$

证明：将二分组协同制导律(11-48)代入虚拟控制量 $u_i = A_i + B_i n_i$，其中 $A_i = \left(\sin\eta_i\right)^2 / r_i$，$B_i = -\left(g/V_i\right)\sin\eta_i$。在结合 $x_{1i}=r_i=\dfrac{R_i}{v_i}$，$x_{2i}=-\cos\eta_i(t)$ 后，虚拟控制量 u_i 转化为式(11-22)。同样地，弹群运动方程(11-1)可以转化为标准二阶多智能体系统(11-3)。然后，利用引理 11-6，当不等式(11-45)和不等式(11-46)满足时，则二分组协同制导律(11-48)可以实现弹群分两组协同。证毕。

当弹群实现二分组协同一致性后，各弹独自采用自身的比例导引律引导导弹攻击各种选定的目标。

注解 11-1：在二分组协同制导律中，分组协同控制协议 $u_i(t)$ 包含状态 $R_i(t)$ 和 $\sin\eta_i(t)$，在工程上可以利用近似公式 $R_i(t) \approx R_i\left(t-T_i\right)+T_iV_i$ 和 $\sin\eta_i(t) \approx \sin\eta_i\left(t-T_i\right)\cdot\cos\left[T_i\dot\eta_i\left(t-T_i\right)\right]+\cos\eta_i\left(t-T_i\right)\sin\left[T_i\dot\eta_i\left(t-T_i\right)\right]$，将其代入制导律中，获得关于时延 T_i 的分组协同制导律。

注解 11-2：在二分组协同制导律中，通常不考虑节点 i 自身的处理时延，因此，在计算 t 时刻的分组协同控制协议 $u_i(t)$ 时，可以调用 $t-T_i$ 时刻的状态 $R_i\left(t-T_i\right)$ 和 $\cos\eta_i\left(t-T_i\right)$ 进行计算即可。

11.3.3　通信时延下多分组协同末制导律

包含 N 枚导弹的弹群分为 s 组，对应记为 $M_p(p\in\{1,2,\cdots,s\})$，每组包含导弹

枚数记为 a_l，则

$$\sigma_p = \sum_{l=0}^{p-1} a_l \tag{11-49}$$

式中，$a_0 = 0$，故分组可表示为 $M_p = \left\{ m_{\sigma_{p+1}}, m_{\sigma_{p+2}}, \cdots, m_{\sigma_{p+a_p}} \right\}$。从而弹群集合 M 表示为 $M = M_1 \bigcup M_2 \bigcup \cdots \bigcup M_s$，且 $M_i \bigcap M_j = \varnothing, i \neq j$。

假设 11-3：对于所有 $m_i \in M_p (p \in \{1, 2, \cdots, s\})$，有向网络拓扑结构满足如下入度平衡条件：

$$\sum_{m_j \in M \setminus M_p} a_{ij} = 0 \tag{11-50}$$

式中，$M \setminus M_p$ 为 M_p 的补集。

假设 11-4：对于网络拓扑结构中任意节点 $m_i \in M_p$，$i = 1, 2, \cdots, N, p = 1, 2, \cdots, s$ 包含两种时延，一种是自身的信息处理时延 T_i；另一种是与其他邻居类节点的通信时延 T_{ip}。

对于二阶多智能体系统(11-3)，设计如下的多分组协同控制协议：

$$u_i(t) = \sum_{m_j \in M_p} a_{ij} \left\{ \alpha \left[x_{1j}(t - T_{ip}) - x_{1i}(t - T_i) \right] + \beta \left[x_{2j}(t - T_{ip}) - x_{2i}(t - T_i) \right] \right\}$$
$$+ \sum_{m_j \in M \setminus M_p} a_{ij} \left[\alpha x_{1j}(t - T_{ip}) + \beta x_{2j}(t - T_{ip}) \right], \quad \forall m_i \in M_p \tag{11-51}$$

则有如下的结论成立。

引理 11-7：假设二阶多智能体系统(11-3)的网络拓扑结构存在全局可达点，且满足假设 11-3 和假设 11-4，如果不等式(11-52)和不等式(11-53)满足，则多分组协同控制协议(11-51)可以使二阶多智能体系统(11-3)达到渐进分组一致性。同时，时延 T_i 满足不等式(11-54)。

$$\frac{\beta^2}{\alpha} < 1 \big/ \max_{i=1,2,\cdots,N} |\tilde{d}_i| \tag{11-52}$$

$$\frac{\beta^2}{2\alpha^2} < 1 \tag{11-53}$$

式中，α、β 为正实数；$\tilde{d}_i = \sum_{k=1, k \neq i}^{N} a_{ik}$。

$$T_i < \arctan \left(\frac{\beta}{\alpha} \sqrt{\frac{\tilde{d}_i^2 \beta^2 + \sqrt{\tilde{d}_i^4 \beta^4 + 4\tilde{d}_i^2 \alpha^2}}{2}} \right) \Big/ \sqrt{\frac{\tilde{d}_i^2 \beta^2 + \sqrt{\tilde{d}_i^4 \beta^4 + 4\tilde{d}_i^2 \alpha^2}}{2}}, \tag{11-54}$$

$$i = 1, 2, \cdots, N$$

证明：记 $x_i = x_{1i}$，由二阶多智能体系统(11-3)可得

$$\dot{x}_i = x_{2i}, \quad \ddot{x}_i = u_i \tag{11-55}$$

将多分组协同控制协议(11-51)代入式(11-55)中，则对于 $\forall m_i \in M_p$，有

$$\ddot{x}_i = \sum_{m_j \in M_p} a_{ij} \left\{ \alpha \left[x_{1j} \left(t - T_{ip} \right) - x_{1i} \left(t - T_i \right) \right] + \beta \left[x_{2j} \left(t - T_{ip} \right) - x_{2i} \left(t - T_i \right) \right] \right\}$$
$$+ \sum_{m_j \in M \setminus M_p} a_{ij} \left[\alpha x_{1j} \left(t - T_{ip} \right) + \beta x_{2j} \left(t - T_{ip} \right) \right] \tag{11-56}$$

对式(11-56)两边进行拉普拉斯变换，化简得

$$
\begin{aligned}
s^2 x_i(s) - s x_i(0) &= \sum_{m_j \in M_p} a_{ij} \left\{ \alpha \left[x_{1j}(s) \mathrm{e}^{-T_{ip}s} - x_{1i}(s) \mathrm{e}^{-T_i s} \right] + \beta \left[x_{2j}(s) \mathrm{e}^{-T_{ip}s} - x_{2i}(s) \mathrm{e}^{-T_i s} \right] \right\} \\
&\quad + \sum_{m_j \in M \setminus M_p} a_{ij} \left[\alpha x_{1j}(s) \mathrm{e}^{-T_{ip}s} + \beta x_{2j}(s) \mathrm{e}^{-T_{ip}s} \right] \\
&= \alpha \sum_{m_j \in M} a_{ij} x_{1j}(s) \mathrm{e}^{-T_{ip}s} + \beta \sum_{m_j \in M} a_{ij} x_{2j}(s) \mathrm{e}^{-T_{ip}s} \\
&\quad - \alpha \sum_{m_j \in M_p} a_{ij} x_{1i}(s) \mathrm{e}^{-T_i s} - \beta \sum_{m_j \in M_p} a_{ij} x_{2i}(s) \mathrm{e}^{-T_i s} \\
&= \alpha \sum_{m_j \in M} a_{ij} x_{1j}(s) \mathrm{e}^{-T_{ip}s} + \beta \sum_{m_j \in M} a_{ij} x_{2j}(s) \mathrm{e}^{-T_{ip}s} \\
&\quad - \alpha \sum_{m_j \in M, m_j \neq m_i} a_{ij} x_{1i}(s) \mathrm{e}^{-T_i s} - \beta \sum_{m_j \in M, m_j \neq m_i} a_{ij} x_{2i}(s) \mathrm{e}^{-T_i s}
\end{aligned} \tag{11-57}
$$

在式(11-57)的推导过程中，第一个等式利用两边求拉普拉斯变换；第二个等式利用 $M = M_p \bigcup \left(M \setminus M_p \right)$，$M_p \bigcap \left(M \setminus M_p \right) = \varnothing$；第三个等式利用假设 11-3 的网络入度平衡条件，即 $\sum\limits_{m_j \in M \setminus M_p} a_{ij} = 0$，$\forall m_j \in M_p$，从而 $\sum\limits_{m_j \in M_p} a_{ij} x_{1i}(s) \mathrm{e}^{-T_i s} = \sum\limits_{m_j \in M} a_{ij} \cdot x_{1i}(s) \mathrm{e}^{-T_i s}$ 和 $\sum\limits_{m_j \in M_p} a_{ij} x_{2i}(s) \mathrm{e}^{-T_i s} = \sum\limits_{m_j \in M} a_{ij} x_{2i}(s) \mathrm{e}^{-T_i s}$。

记

$$\boldsymbol{L}(s) = l_{ij}(s) = \begin{cases} -a_{ij} \mathrm{e}^{-s T_{ip}}, & j \neq i \\ \sum\limits_{m_j \in M, m_j \neq m_i} a_{ij} \mathrm{e}^{-T_i s}, & j = i \end{cases} \tag{11-58}$$

和 $\boldsymbol{X}(s) = \left[x_1(s) \ \cdots \ x_N(s) \right]^{\mathrm{T}}$，由式(11-57)得

$$s^2 \boldsymbol{X}(s) - s \boldsymbol{X}(0) = \left[-\alpha \boldsymbol{L}(s) - \beta s \boldsymbol{L}(s) \right] \boldsymbol{X}(s) \tag{11-59}$$

对式(11-59)整理得系统(11-56)的特征方程为

$$F(s) = \det \left(s^2 \boldsymbol{I} + \alpha \boldsymbol{L}(s) + \beta \boldsymbol{L}(s) s \right) = 0 \tag{11-60}$$

式中，I 为单位矩阵。

下面分析特征方程 $F(s)$ 的零点是否具有复实部或 $s=0$ 是否为 $F(s)$ 的唯一零点。

1）$s=0$ 时

$s=0$ 时，$L(0)=L$，$F(0)=\det(\alpha L)$，由于系统拓扑图中含有一个全局可达节点，由引理 11-1 可知，0 是 L 的单一特征根。因此，由 $F(0)=0$ 易知 $F(s)$ 在 $s=0$ 处只有一个零点。

2）$s\neq 0$ 时

令 $P(s)=\det(I+G(s))$，其中 $G(s)=\dfrac{\alpha L(s)+\beta L(s)s}{s^2}$。显然，关于 $F(s)$ 的零点分析等同于对 $P(s)$ 的零点分析。

定义 $s=\mathrm{j}\omega$，由盖尔圆盘定理可知：

$$\lambda\big(G(\mathrm{j}\omega)\big)\in\bigcup G_i,\quad i=1,2,\cdots,N \tag{11-61}$$

$$G_i=\left\{\xi:\xi\in\mathbb{C}\left\|\begin{array}{l}\left\|\xi-\sum_{k=1,k\neq i}^{N}a_{ik}\dfrac{\alpha+\beta\mathrm{j}\omega}{\mathrm{j}\omega}\dfrac{\mathrm{e}^{-\mathrm{j}\omega T_i}}{\mathrm{j}\omega}\right\|\\ \leqslant\left|\sum_{k=1,k\neq i}^{N}a_{ik}\dfrac{\alpha+\beta\mathrm{j}\omega}{\mathrm{j}\omega}\dfrac{\mathrm{e}^{-\mathrm{j}\omega T_{ip}}}{\mathrm{j}\omega}\right|\end{array}\right.\right\} \tag{11-62}$$

式中，$\mathbb{C}$ 为复数域；$\lambda\big(G(\mathrm{j}\omega)\big)$ 为 $G(\mathrm{j}\omega)$ 的特征值。

下面对式(11-62)进行化简。

当 $\forall m_i\in M_p$ 时，即当 $\xi\in G_i$ 时，有

$$\left|\xi-\sum_{k=1,k\neq i}^{N}a_{ik}\dfrac{\alpha+\beta\mathrm{j}\omega}{\mathrm{j}\omega}\dfrac{\mathrm{e}^{-\mathrm{j}\omega T_i}}{\mathrm{j}\omega}\right|\leqslant\left|\sum_{k=1,k\neq i}^{N}a_{ik}\dfrac{\alpha+\beta\mathrm{j}\omega}{\mathrm{j}\omega}\dfrac{\mathrm{e}^{-\mathrm{j}\omega T_{ip}}}{\mathrm{j}\omega}\right|$$

$$=\left|\sum_{m_k\in M_p,k\neq i}a_{ik}\dfrac{\alpha+\beta\mathrm{j}\omega}{\mathrm{j}\omega}\dfrac{\mathrm{e}^{-\mathrm{j}\omega T_{ip}}}{\mathrm{j}\omega}+\sum_{m_k\in M\backslash M_p}a_{ik}\dfrac{\alpha+\beta\mathrm{j}\omega}{\mathrm{j}\omega}\dfrac{\mathrm{e}^{-\mathrm{j}\omega T_{ip}}}{\mathrm{j}\omega}\right|$$

$$=\left|\sum_{m_k\in M_p,k\neq i}a_{ik}\dfrac{\alpha+\beta\mathrm{j}\omega}{\mathrm{j}\omega}\dfrac{\mathrm{e}^{-\mathrm{j}\omega T_{ip}}}{\mathrm{j}\omega}+\dfrac{\alpha+\beta\mathrm{j}\omega}{\mathrm{j}\omega}\dfrac{\mathrm{e}^{-\mathrm{j}\omega T_{ip}}}{\mathrm{j}\omega}\sum_{m_k\in M\backslash M_p}a_{ik}\right| \tag{11-63}$$

$$=\left|\dfrac{\alpha+\beta\mathrm{j}\omega}{\omega^2}\mathrm{e}^{-\mathrm{j}\omega T_{ip}}\right|\left|\sum_{m_k\in M_p,k\neq i}a_{ik}\right|=\left|\dfrac{\alpha+\beta\mathrm{j}\omega}{\omega^2}\mathrm{e}^{-\mathrm{j}\omega T_i}\right|\left|\sum_{m_k\in M,k\neq i}a_{ik}\right|$$

$$=\left|\sum_{k=1,k\neq i}^{N}a_{ik}\dfrac{\alpha+\beta\mathrm{j}\omega}{\mathrm{j}\omega}\dfrac{\mathrm{e}^{-\mathrm{j}\omega T_i}}{\mathrm{j}\omega}\right|$$

式(11-63)推导过程中，第一个不等式利用盖尔圆盘定理；第二个等式利用网

络拓扑分组，即 $M = M_p \bigcup M \setminus M_p$，$M_p \bigcap M \setminus M_p = \varnothing$；第三个等式的第二项将与 k 无关的系数提到求和符号外边；第四个等式利用假设 11-3 的入度平衡条件，$\sum\limits_{m_k \in M \setminus M_p} a_{ik} = 0$；第五个等式利用 $\left| e^{-j\omega T_{ip}} \right| = \left| e^{-j\omega T_i} \right| = 1$；第六个等式再次利用假设 11-3 的入度平衡条件。

以下证明类似于定理 11-1，可以证明点 $(-1, j0)$ 不在任何一个圆盘 G_i 内。

因此，系统(11-56)的特征根都具有负实部，从而系统是渐近稳定的。

定理 11-2：考虑包含 N 枚导弹编队，其运动方程为式(11-1)，当其通信网络存在全局可达点，且满足假设 11-3 和假设 11-4 条件时，如果满足不等式(11-64)和不等式(11-65)，则使用多分组协同制导律(11-67)可以实现弹群分两组协同。同时，时延 T_i 满足不等式(11-66)。

$$\frac{\beta^2}{\alpha} < 1 \Big/ \max_{i=1,2,\cdots,N} \left| \tilde{d}_i \right| \tag{11-64}$$

$$\frac{\beta^2}{2\alpha^2} < 1 \tag{11-65}$$

式中，α、β 为正实数；$\tilde{d}_i = \sum\limits_{k=1,k \neq i}^{N} a_{ik}$。

$$T_i < \arctan\left(\frac{\beta}{\alpha} \sqrt{\frac{\tilde{d}_i^2 \beta^2 + \sqrt{\tilde{d}_i^4 \beta^4 + 4\tilde{d}_i^2 \alpha^2}}{2}} \right) \Big/ \sqrt{\frac{\tilde{d}_i^2 \beta^2 + \sqrt{\tilde{d}_i^4 \beta^4 + 4\tilde{d}_i^2 \alpha^2}}{2}}, \tag{11-66}$$

$$i = 1, 2, \cdots, N$$

$$n_i(t) = \frac{V_i^2 \sin\eta_i(t)}{gR_i(t)} - \frac{V_i}{g\sin\eta_i(t)} \left(\sum_{m_j \in M \setminus M_p} a_{ij} \left[\alpha \frac{R_j(t - T_{ij})}{V_j} - \beta\cos\eta_i(t - T_{ij}) \right] \right.$$

$$\left. + \sum_{m_j \in M_p} a_{ij} \left\{ \alpha \left[\frac{R_j(t - T_{ij})}{V_j} - \frac{R_j(t - T_{ij})}{V_i} \right] - \beta \left[\cos\eta_i(t - T_{ij}) - \cos\eta_i(t - T_i) \right] \right\} \right),$$

$$\forall m_i \in M_p, i = 1, 2, \cdots, N, p = 1, 2, \cdots, s$$

$$\tag{11-67}$$

证明：将多分组协同制导律(11-63)代入虚拟控制量 $u_i = A_i + B_i n_i$，其中 $A_i = (\sin\eta_i)^2 / r_i$，$B_i = -(g / V_i)\sin\eta_i$。在结合 $x_{1i} = r_i = \frac{R_i}{V_i}$，$x_{2i} = -\cos\eta_i(t)$ 后，虚拟控制量 u_i 转化为式(11-51)。同样地，弹群运动方程(11-1)可以转化为标准二阶多智能体系统(11-3)。然后，利用引理 11-6，当不等式(11-64)和不等式(11-65)满足时，则多分组协同制导律(11-67)可以实现弹群分两组协同。证毕。

当弹群实现二分组协同一致性后，各弹独自采用自身的比例导引律引导导弹攻击各种选定的目标。

注解 11-3：在分组协同制导律中，分组协同控制协议 $u_i(t)$ 包含状态 $R_i(t)$ 和 $\sin\eta_i(t)$，在工程上可以利用近似公式，类似于注解 11-1 和注解 11-2 的方法进行计算。

11.3.4　通信时延下线性耦合分组协同末制导律

为放宽入度平衡假设带来的使用约束，本节综合考虑组间通信情况，基于有向生成树假设开展耦合线性分组协同制导的相关研究。

分组定义同 11.3.2 小节，在此基础上，给出如下相关引理及定义。

引理 11-8：假设二阶多智能体系统(11-3)的网络拓扑结构中包含有向生成树，且满足假设 11-1，如果不等式(11-68)和不等式(11-69)成立，则分组协同控制协议(11-71)可以使二阶多智能体系统(11-3)达到渐近分组一致性，且时延 τ 满足不等式(11-70)。

$$\frac{\beta^2}{\alpha} < 1/\max_{i=1,2,\cdots,N}\{\lambda_i\} \tag{11-68}$$

$$\frac{\beta^2}{2\alpha^2} < 1 \tag{11-69}$$

式中，α、β 为正实数；$\lambda_i, i=1,2,\cdots,N$ 为 $\boldsymbol{L}$ 的非零特征根。

$$\tau < \arctan\left(\frac{\beta}{\alpha}\sqrt{\frac{\lambda_i^2\beta^2 + \sqrt{\lambda_i^4\beta^4 + 4\lambda_i^2\alpha^2}}{2}}\right) \Bigg/ \sqrt{\frac{\lambda_i^2\beta^2 + \sqrt{\lambda_i^4\beta^4 + 4\lambda_i^2\alpha^2}}{2}}, \tag{11-70}$$

$$i=1,2,\cdots,N$$

分组协同控制协议 $u_i(t)$ 为

$$u_i(t) = \alpha\sum_{j=1,j\neq i}^{N} a_{ij}\left[x_{1j}(t-\tau) - x_{1i}(t-\tau)\right] + \beta\sum_{j=1,j\neq i}^{N} a_{ij}\left[x_{2j}(t-\tau) - x_{2i}(t-\tau)\right]$$
$$+ \frac{\beta}{2}\sum_{j=1,j\neq i}^{N} a_{ij}\left(x_{2\sigma_j} - x_{2\sigma_i}\right) + \alpha\sum_{j=1}^{N} l_{ij}x_{1\sigma_j} + \frac{\beta}{2}\sum_{j=1}^{N} l_{ij}x_{2\sigma_j} \tag{11-71}$$

式中，$x_{1\sigma_j}$、$x_{2\sigma_j}$ 分别为事先设定的对应于 $x_{1j}(t)$、$x_{2j}(t)$ 所在分组的状态值。

证明：重写二阶多智能体系统(11-3)如下：

$$\begin{cases} \dot{x}_{1i} = x_{2i} \\ \dot{x}_{2i} = u_i \end{cases} \tag{11-72}$$

令 $x_{1i} = \tilde{x}_{1i}$，$x_{2i} = \tilde{x}_{2i} - \frac{1}{2}x_{2\sigma_i}$，则 $\tilde{x}_{1\sigma_i} = x_{1\sigma_i}$，$\tilde{x}_{2\sigma_i} = \frac{3}{2}x_{2\sigma_i}$，其中 $x_{1\sigma_i}$、$x_{2\sigma_i}$ 分别

为事先给定的对应于 $x_{1i}(t)$、$x_{2i}(t)$ 所在分组的固定状态值，则系统(11-72)转化为

$$\begin{cases} \dot{\tilde{x}}_{1i} = \tilde{x}_{2i} - \dfrac{1}{3}\tilde{x}_{2\sigma_i} \\ \dot{\tilde{x}}_{2i} = u_i \end{cases} \tag{11-73}$$

分组协同控制协议(11-71)转化为

$$\begin{aligned} u_i(t) &= \alpha \sum_{j=1,j\neq i}^{N} a_{ij}\left[\tilde{x}_{1j}(t-\tau) - \tilde{x}_{1i}(t-\tau)\right] + \beta \sum_{j=1,j\neq i}^{N} a_{ij}\left[\tilde{x}_{2j}(t-\tau) - \tilde{x}_{2i}(t-\tau)\right] \\ &\quad -\dfrac{\beta}{2}\sum_{j=1,j\neq i}^{N} a_{ij}\left(x_{2\sigma_j} - x_{2\sigma_i}\right) + \dfrac{\beta}{2}\sum_{j=1,j\neq i}^{N} a_{ij}\left(x_{2\sigma_j} - x_{2\sigma_i}\right) + \alpha\sum_{j=1}^{N} l_{ij}\tilde{x}_{1\sigma_j} + \dfrac{\beta}{3}\sum_{j=1}^{N} l_{ij}\tilde{x}_{2\sigma_j} \\ &= \alpha \sum_{j=1,j\neq i}^{N} a_{ij}\left[\tilde{x}_{1j}(t-\tau) - \tilde{x}_{1i}(t-\tau)\right] + \beta \sum_{j=1,j\neq i}^{N} a_{ij}\left[\tilde{x}_{2j}(t-\tau) - \tilde{x}_{2i}(t-\tau)\right] \\ &\quad + \alpha\sum_{j=1}^{N} l_{ij}\tilde{x}_{1\sigma_j} + \dfrac{\beta}{3}\sum_{j=1}^{N} l_{ij}\tilde{x}_{2\sigma_j} \\ &= -\alpha\sum_{j=1}^{N} l_{ij}\left[\tilde{x}_{1j}(t-\tau) - \tilde{x}_{1\sigma_j}\right] - \beta\sum_{j=1}^{N} l_{ij}\left[\tilde{x}_{2j}(t-\tau) - \dfrac{1}{3}\tilde{x}_{2\sigma_j}\right] \end{aligned} \tag{11-74}$$

因此，定义 $\tilde{e}_{1i}(t) = \tilde{x}_{1i}(t) - \tilde{x}_{1\sigma_i}$，$\tilde{e}_{2i}(t) = \tilde{x}_{2i}(t) - \dfrac{1}{3}\tilde{x}_{2\sigma_i}$，则系统(11-73)转化为

$$\begin{cases} \dot{\tilde{e}}_{1i} = \tilde{e}_{2i} \\ \dot{\tilde{e}}_{2i} = u_i \end{cases} \tag{11-75}$$

协议(11-74)转化为

$$u_i(t) = -\alpha\sum_{j=1}^{N} l_{ij}\tilde{e}_{1j}(t-\tau) - \beta\sum_{j=1}^{N} l_{ij}\tilde{e}_{2j}(t-\tau) \tag{11-76}$$

记 $x_i(t) = \tilde{e}_{1i}(t)$，由系统(11-75)和协议(11-76)得

$$\ddot{x}_i(t) = -\alpha\sum_{j=1}^{N} l_{ij}x_j(t-\tau) - \beta\sum_{j=1}^{N} l_{ij}\dot{x}_j(t-\tau) \tag{11-77}$$

对式(11-77)两边进行拉普拉斯变换，得

$$s^2 x_i(s) - s x_i(0) = -\alpha\sum_{j=1}^{N} l_{ij}x_j(s)e^{-s\tau} - \beta\sum_{j=1}^{N} l_{ij}s x_j(s)e^{-s\tau} \tag{11-78}$$

记 $\boldsymbol{X}(s) = [x_1(s),\cdots,x_N(s)]^{\mathrm{T}}$，由式(11-78)得

$$s^2\boldsymbol{X}(s) - s\boldsymbol{X}(0) = \left[-\alpha\boldsymbol{L}(s) - \beta s\boldsymbol{L}(s)\right]\boldsymbol{X}(s) \tag{11-79}$$

对式(11-79)整理得系统(11-77)的特征方程为

$$F(s) = \det\left(s^2 I + \alpha L(s) + \beta L(s)s\right) = 0 \tag{11-80}$$

式中，I 为单位矩阵；$L(s)$ 为拉普拉斯矩阵且

$$L(s) = l_{ij}(s) = \begin{cases} -a_{ij}e^{-s\tau}, & j \neq i \\ \sum\limits_{k=1,k\neq i}^{N} a_{ik}e^{-s\tau}, & j = i \end{cases} \tag{11-81}$$

下面分析特征方程 $F(s)$ 的零点是否具有复实部或 $s = 0$ 是否为 $F(s)$ 的唯一零点。

1) $s = 0$ 时

$s = 0$ 时，$L(0) = L$，$F(0) = \det(\alpha L)$，由于系统拓扑图中包含有向生成树，由引理 11-1 可知，0 是 L 的单一特征根。因此，由 $F(0) = 0$ 易知 $F(s)$ 在 $s = 0$ 处只有一个零点。

2) $s \neq 0$ 时

令 $P(s) = \det(I + G(s))$，其中 $G(s) = \dfrac{\alpha L(s) + \beta L(s)s}{s^2}$。显然，关于 $F(s)$ 的零点分析等同于对 $P(s)$ 的零点分析。

由式(11-81)得

$$G(s) = \frac{\alpha L(s) + \beta L(s)s}{s^2} = \frac{\alpha + \beta s}{s^2} e^{-s\tau} L \tag{11-82}$$

定义 $s = j\omega$，记 $G(j\omega)$ 的特征根为 $\lambda(G(j\omega))$，则由式(11-78)可知，$\lambda(G(j\omega))$ 为 0 和 $-\lambda_i \dfrac{\alpha + j\beta\omega}{j\omega} \dfrac{e^{-j\omega\tau}}{j\omega}$，其中，$\lambda_i$ 为 L 的非零特征根。由于网络拓扑结构包含有向生成树，则非零特征根 $\lambda_i > 0$。

由于

$$\bar{G}_i(j\omega) = -\lambda_i \frac{\alpha + j\beta\omega}{j\omega} \frac{e^{-j\omega\tau}}{j\omega} \tag{11-83}$$

因此有

$$\left|\bar{G}_i(j\omega)\right| = \frac{\lambda_i}{\omega^2} \sqrt{\alpha^2 + \beta^2 \omega^2} \tag{11-84}$$

当不等式(11-68)和不等式(11-69)成立时，由引理 11-3 可得对于 $\forall \omega \in (-\infty, +\infty)$，有 $\left|\bar{G}_i(j\omega)\right| < 1$。

由上可得，$G(s)$ 特征值的奈奎斯特曲线不包围复平面 $(-1, j0)$ 点，从而 $P(s)$ 的

零点均具有负实部。因此系统(11-75)是渐近稳定的，从而系统(11-72)在协同控制协议下是渐近稳定的。

下面证明时延 τ 的最小上界。

由式(11-84)有

$$\left|\bar{G}_{iR}\left(j\omega_{i0}\right)\right|=\left|\bar{G}_i\left(j\omega_{i0}\right)\right|=\lambda_i\frac{\sqrt{\alpha^2+\beta^2\omega_{i0}^2}}{\omega_{i0}^2}<1 \tag{11-85}$$

式中，ω_{i0} 为 $\bar{G}_i(j\omega)$ 的奈奎斯特曲线与复平面实轴的交点，同时，$\tan(\omega_{i0}\tau)=\frac{\beta}{\alpha}\omega_{i0}$。

因此，由式(11-82)和引理 11-5 得

$$\tau<\arctan\left(\frac{\beta}{\alpha}\sqrt{\frac{\tilde{d}_i^2\beta^2+\sqrt{\tilde{d}_i^4\beta^4+4\tilde{d}_i^2\alpha^2}}{2}}\right)\bigg/\sqrt{\frac{\tilde{d}_i^2\beta^2+\sqrt{\tilde{d}_i^4\beta^4+4\tilde{d}_i^2\alpha^2}}{2}},$$
$$i=1,2,\cdots,N \tag{11-86}$$

证毕。

假设第 m_i 枚导弹的纵向平面二维运动方程如下：

$$\begin{cases}\dot{R}_i(t)=-V_i\cos\eta_i(t)\\\dot{q}_i(t)=V_i\sin\eta_i(t)/R_i(t)\\\dot{\theta}_i=n_i(t)g/V_i\end{cases} \tag{11-87}$$

记 $r_i=R_i(t)/V_i$，$x_{1i}=r_i$，$x_{2i}=-\cos\eta_i(t)$，$A_i=(\sin\eta_i)^2/r_i$，$B_i=-(g/V_i)\sin\eta_i$，则式(11-87)转化为

$$\begin{cases}\dot{x}_{1i}=x_{2i}\\\dot{x}_{2i}=A_i+B_in_i\end{cases} \tag{11-88}$$

定义虚拟控制量 $u_i=A_i+B_in_i$，则方程(11-88)转化为如下标准的二阶多智能体系统：

$$\begin{cases}\dot{x}_{1i}=x_{2i}\\\dot{x}_{2i}=u_i\end{cases} \tag{11-89}$$

定理 11-3：假设弹群运动方程为方程(11-87)，其网络拓扑结构中包含有向生成树，且满足假设 11-1，如果不等式(11-90)与不等式(11-91)成立，则分组协同控制协议(11-93)可以使弹群达到分组协同制导，且时延 τ 满足不等式(11-92)。

$$\frac{\beta^2}{\alpha}<1\bigg/\max_{i=1,2,\cdots,N}\{\lambda_i\} \tag{11-90}$$

$$\frac{\beta^2}{2\alpha^2} < 1 \tag{11-91}$$

式中，α、β 为正实数；$\lambda_i, i = 1, 2, \cdots, N-1$ 为 $\boldsymbol{L}$ 的非零特征根。

$$\tau < \arctan\left(\frac{\beta}{\alpha}\sqrt{\frac{\lambda_i^2\beta^2 + \sqrt{\lambda_i^4\beta^4 + 4\lambda_i^2\alpha^2}}{2}}\right) \bigg/ \sqrt{\frac{\lambda_i^2\beta^2 + \sqrt{\lambda_i^4\beta^4 + 4\lambda_i^2\alpha^2}}{2}}, \tag{11-92}$$
$$i = 1, 2, \cdots, N$$

分组协同控制协议 $u_i(t)$ 为

$$
\begin{aligned}
u_i(t) = {} & \frac{V_i^2\sin\eta_i(t)}{gR_i(t)} - \frac{V_i}{g\sin\eta_i(t)}\left\{\alpha\sum_{j=1,j\neq i}^{N} a_{ij}\left[\frac{R_j(t-\tau)}{V_j} - \frac{R_i(t-\tau)}{V_i}\right]\right. \\
& -\beta\sum_{j=1,j\neq i}^{N} a_{ij}\left[\cos\eta_j(t-\tau) - \cos\eta_i(t-\tau)\right] \\
& \left. +\frac{\beta}{2}\sum_{j=1,j\neq i}^{N} a_{ij}\left(\gamma_{2\sigma_j} - \gamma_{2\sigma_i}\right) + \alpha\sum_{j=1}^{N} l_{ij}\gamma_{1\sigma_j} + \frac{\beta}{2}\sum_{j=1}^{N} l_{ij}\gamma_{2\sigma_j}\right\}, \quad i = 1, 2, \cdots, N
\end{aligned}
\tag{11-93}
$$

式中，$\gamma_{1\sigma_j}$、$\gamma_{2\sigma_j}$ 分别为 $\dfrac{R_i(t)}{V_i}$、$-\cos\eta_i(t)$ 所在分组的最终平衡点状态值。

证明：由于 $r_i = R_i(t)/V_i$，$x_{1i} = r_i$，$x_{2i} = -\cos\eta_i(t)$，$A_i = (\sin\eta_i)^2/r_i$，$B_i = -(g/V_i)\sin\eta_i$，以及虚拟控制向量 $r_i = R_i(t)/V_i$，从而由式(11-93)的带有时延 τ 的分组协同控制协议可得

$$
\begin{aligned}
u_i(t) = {} & \alpha\sum_{j=1,j\neq i}^{N} a_{ij}\left[x_{1j}(t-\tau) - x_{1i}(t-\tau)\right] + \beta\sum_{j=1,j\neq i}^{N} a_{ij}\left[x_{2j}(t-\tau) - x_{2i}(t-\tau)\right] \\
& +\frac{\beta}{2}\sum_{j=1,j\neq i}^{N} a_{ij}\left(x_{2\sigma_j} - x_{2\sigma_i}\right) + \alpha\sum_{j=1}^{N} l_{ij}x_{1\sigma_j} + \frac{\beta}{2}\sum_{j=1}^{N} l_{ij}x_{2\sigma_j}
\end{aligned}
\tag{11-94}
$$

且弹群运动模型转化为二阶标准多智能体系统：

$$\begin{cases} \dot{x}_{1i} = x_{2i} \\ \dot{x}_{2i} = u_i \end{cases} \tag{11-95}$$

利用引理 11-8，可知带有时延 τ 的线性耦合分组协同制导律(11-94)可以实现弹群分组协同，并且当 $t \to \infty$ 时，$R_i(t)/V_i \to \gamma_{1\sigma_j}$，$\cos\eta_i(t) \to 0$，$\forall i = 1, 2, \cdots, N$。证毕。

当弹群实现弹群分组协同一致后，转入第二阶段，即各弹利用自身的比例导引律引导导弹攻击分组指定的目标。

注解 11-4：在多分组协同制导律中，分组协同控制协议 $u_i(t)$ 包含状态 $R_i(t)$

和 $\sin\eta_i(t)$，在工程上可以利用近似公式 $R_i(t)\approx R_i(t-\tau)+\tau V_i$ 和 $\sin\eta_i(t)\approx$ $\sin\eta_i(t-\tau)\cos[\tau\dot\eta_i(t-\tau)]+\cos\eta_i(t-\tau)\sin[\tau\dot\eta_i(t-\tau)]$，将其代入制导律中，获得关于时延 τ_i 的分组协同制导律。

注解 11-5：在多分组协同制导律中，通常不考虑节点 i 自身处理时延，因此，在计算 t 时刻的分组协同控制协议 $u_i(t)$ 时，可以调用 $t-\tau$ 时刻的状态 $R_i(t-\tau)$ 和 $\cos\eta_i(t-\tau)$ 进行计算即可。

11.4　仿真分析

11.4.1　通信时延下二分组协同末制导律仿真

本小节针对二分组协同末制导方法给出两个仿真算例。算例 11-1 包含 6 枚导弹，均分为两组；算例 11-2 包含 5 枚导弹，分为两组，用于验证理论方法与工程实践的结合。导弹编队仿真初始条件与第 9 章入度平衡中的二分组仿真算例相同。

1. 仿真算例 11-1

仿真算例 11-1 中将 6 枚导弹平均分为两组，m_1、m_2、m_3 属于第一组 G_1，m_4、m_5、m_6 属于第二组 G_2。二分组协同仿真算例 11-1 的拓扑结构如图 11-1 所示。

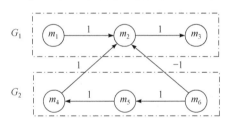

图 11-1　二分组协同仿真算例 11-1 的拓扑结构

此时对应的 Laplacian 矩阵写为

$$\boldsymbol{L}=\begin{bmatrix} 0 & 0 & 0 & 0 & 0 & 0 \\ -1 & 1 & 0 & -1 & 0 & 1 \\ 0 & -1 & 1 & 0 & 0 & 0 \\ 0 & 0 & 0 & 1 & -1 & 0 \\ 0 & 0 & 0 & 0 & 1 & -1 \\ 0 & 0 & 0 & 0 & 0 & 0 \end{bmatrix} \tag{11-96}$$

延迟给定为 $T_1=T_2=T_3=T_4=T_5=T_6=0.03\text{s}$。为简化仿真验证，设定节点间的通信时延满足 $T_{ij}=T_i$，$j\neq i$。控制参数 $\alpha=1$，$\beta=4$。图 11-2 为二分组协同仿真算例 11-1 的仿真结果。

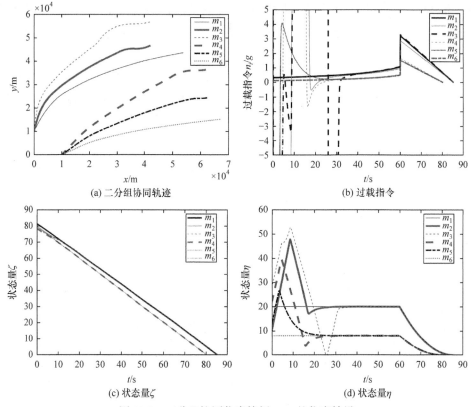

(a) 二分组协同轨迹　　　　　　　　　　　(b) 过载指令

(c) 状态量ζ　　　　　　　　　　　(d) 状态量η

图 11-2　二分组协同仿真算例 11-1 的仿真结果

　　由图 11-2 可以看出，制导律在 $t = 60\text{s}$ 时实现协同转入第二阶段，脱靶量满足误差要求，第一组到达时间为 85.337s，第二组到达时间为 80.354s。因此，在该二分组协同制导律作用下，可以实现对不同威胁目标的协同打击。

　　2. 仿真算例 11-2

　　仿真算例 11-2 中将 5 枚导弹分为两组，m_1、m_2、m_3 属于第一组 G_1，m_4、m_5 属于第二组 G_2。二分组协同仿真算例 11-2 的拓扑结构如图 11-3 所示。

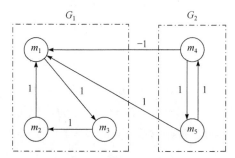

图 11-3　二分组协同仿真算例 11-2 的拓扑结构

此时对应的 Laplacian 矩阵写为

$$L = \begin{bmatrix} 1 & -1 & 0 & 1 & 1 \\ 0 & 1 & -1 & 0 & 0 \\ -1 & 0 & 1 & 0 & 0 \\ 0 & 0 & 0 & 1 & -1 \\ 0 & 0 & 0 & -1 & 1 \end{bmatrix} \tag{11-97}$$

第一组 G_1 延迟给定为 $T_1 = T_2 = T_3 = 0.02s$，第二组 G_2 延迟给定为 $T_4 = T_5 = 0.05s$。为简化仿真验证，设定节点间的通信时延满足 $T_{ij} = T_i$，$j \neq i$。控制参数 $\alpha = 1$，$\beta = 4$。二分组协同仿真算例 11-2 的仿真结果如图 11-4 所示。由图 11-4 可以看出，制导律在 $t = 60s$ 时实现协同转入第二阶段，脱靶量满足误差要求，第一组到达时间为 86.094s，第二组到达时间为 82.834s。因此，在该二分组协同制导律作用下，可以实现对不同威胁目标的协同打击。

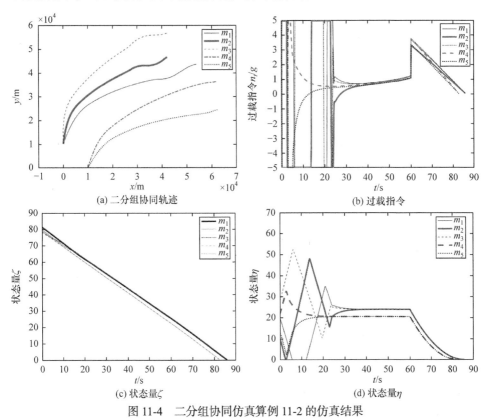

图 11-4　二分组协同仿真算例 11-2 的仿真结果

11.4.2　通信时延下线性耦合分组协同末制导律仿真

本小节针对多分组协同末制导方法给出两个仿真算例。算例 11-3 包含 6 枚导弹，均分为两组，其中分别考虑组分离和组协同两种情况；算例 11-4 包含 9 枚导弹，均分为三组，旨在验证方法拓展性。

1. 仿真算例 11-3

仿真算例 11-3 的初始条件与第 9 章中相同，拓扑结构如图 11-5 所示，L 矩阵包含一个有向生成树，根节点为 m_1，非 0 特征值均为 1。

$$L = \begin{bmatrix} 0 & 0 & 0 & 0 & 0 & 0 \\ -1 & 1 & 0 & 0 & 0 & 0 \\ 0 & -1 & 1 & 0 & 0 & 0 \\ 0 & 0 & 0 & 1 & -1 & 0 \\ 0 & 0 & 0 & 0 & 1 & -1 \\ -1 & 0 & 0 & 0 & 0 & 1 \end{bmatrix} \tag{11-98}$$

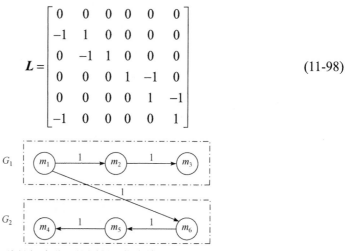

图 11-5　线性耦合分组协同制导仿真算例 11-3 的拓扑结构

设定时延 $\tau = 0.5\text{s}$，此时协同制导律参数选取 $\alpha = 0.1$，$\beta = 0.5$，同仿真算例 11-1，线性耦合分组协同制导仿真算例 11-3 的仿真结果如图 11-6 所示。从图中可以看出，在时延存在的情况下，制导律具有良好的收敛效果，在 $t = 60\text{s}$ 时实现协同转入第二阶段，脱靶量满足误差要求，第一组到达时间为 85.337s，第二组到达时间为 80.94s。因此，在该多分组协同制导律作用下，可以实现对不同威胁目标的协同打击。

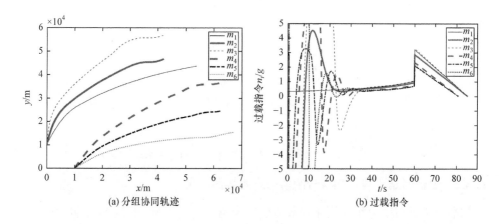

(a) 分组协同轨迹　　　　　　　　　　(b) 过载指令

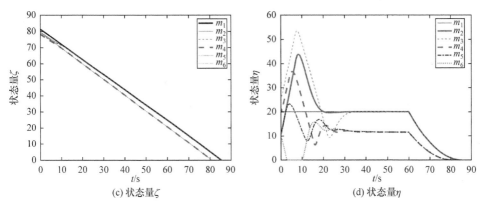

(c) 状态量ζ　　　　　　　　　　　(d) 状态量η

图 11-6　线性耦合分组协同制导仿真算例 11-3 的仿真结果

2. 仿真算例 11-4

仿真算例 11-4 的初始条件与仿真算例 11-3 相同，L 矩阵包含一个有向生成树，根节点为 m_6。线性耦合分组协同制导仿真算例 11-4 的拓扑结构如图 11-7。

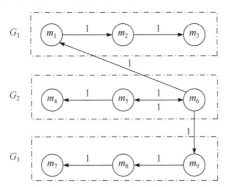

图 11-7　线性耦合分组协同制导仿真算例 11-4 的拓扑结构

对应 Laplacian 矩阵如下：

$$L=\begin{bmatrix} 1 & 0 & 0 & 0 & 0 & -1 & 0 & 0 & 0 \\ -1 & 1 & 0 & 0 & 0 & 0 & 0 & 0 & 0 \\ 0 & -1 & 1 & 0 & 0 & 0 & 0 & 0 & 0 \\ 0 & 0 & 0 & 1 & -1 & 0 & 0 & 0 & 0 \\ 0 & 0 & 0 & 0 & 1 & -1 & 0 & 0 & 0 \\ 0 & 0 & 0 & 0 & -1 & 1 & 0 & 0 & 0 \\ 0 & 0 & 0 & 0 & 0 & 0 & 1 & -1 & 0 \\ 0 & 0 & 0 & 0 & 0 & 0 & 0 & 1 & -1 \\ 0 & 0 & 0 & 0 & 0 & -1 & 0 & 0 & 1 \end{bmatrix} \tag{11-99}$$

式中，L 矩阵特征值为 $\begin{bmatrix} 1 & 1 & 1 & 1 & 1 & 1 & 1 & 2 & 0 \end{bmatrix}$。

设定时延 $\tau = 0.6\mathrm{s}$，此时协同制导律参数选取 $\alpha = 0.15$，$\beta = 1.5$，线性耦合分组协同制导仿真算例 11-4 的仿真结果如图 11-8 所示。从图中可以看到，在时延 0.6s 的情况下，制导律具有良好的收敛效果，仍可在 $t = 60\mathrm{s}$ 时实现协同转入第二阶段，脱靶量满足误差要求，第一组到达时间为 86.678s，第二组到达时间为 81.096s，第三组到达时间为 83.429s。因此，在该多分组协同制导律作用下，可以实现对不同威胁目标的协同打击。

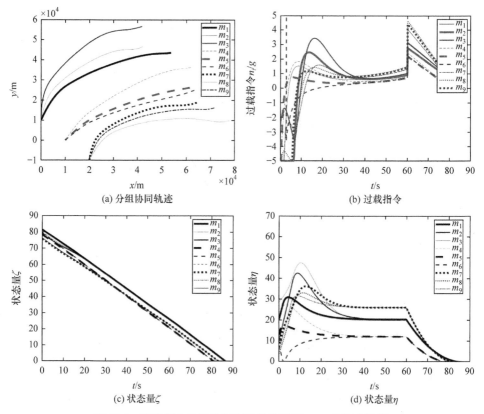

图 11-8　线性耦合分组协同制导仿真算例 11-4 的仿真结果

11.5　小　　结

本章探讨了通信时延下的分组协同末制导律设计问题，给出了两种基于时延分组协同制导方法——入度平衡下时延分组协同制导方法和时延组间耦合分组协同制导方法。利用圆盘定理证明所给出的两种带有时延分组协议的一致性，并通过仿真验证了通信时延下两种分组协同末制导律的有效性和可拓展性。

参 考 文 献

[1] LIU Z, LV Y, ZHOU J, et al. On 3D simultaneous attack against manoeuvring target with communication delays[J]. International Journal of Advanced Robotic Systems, 2019, 16(6): 1-8.

[2] 王青, 后德龙, 李君, 等. 存在时延和拓扑不确定的多弹分散化协同制导时间一致性分析[J]. 兵工学报, 2014, 35(7): 982-989.

[3] SUN X, ZHOU R, HOU D, et al. Consensus of leader-followers system of multi-missile with time-delays and switching topologies[J]. Optik, 2014, 125(3): 1202-1208.

[4] HE S, KIM M, SONG T, et al. Three-dimensional salvo attack guidance considering communication delay[J]. Aerospace Science and Technology, 2018, 73: 1-9.

[5] 方洋旺, 王志凯, 吴自豪, 等. 一种基于通信时变延迟的分布式协同制导律构建方法: CN202011314928.9[P]. 2021-02-19.

[6] WU Z, REN Q, LUO Z, et al. Three-dimensional salvo attack guidance considering communication delay[J]. International Journal of Aerospace Engineering, 2021, 2021: 1-16.

[7] MA W, FU W, FANG Y, et al. Prescribed-time cooperative guidance with time delay[J]. The Aeronautical Journal, 2022, 127(1311): 1-24.

[8] 纪良浩, 廖晓峰, 刘群. 时延多智能体系统分组一致性分析[J]. 物理学报, 2012, 61(22): 11-18.

[9] 王玉振, 杜英雪, 王强. 多智能体时滞和无时滞网络的加权分组一致性分析[J]. 控制与决策, 2015, 30(11): 1993-1998.

[10] XIE D, LIANG T. Second-order group consensus for multi-agent systems with time delays[J]. Neurocomputing, 2015, 153: 133-139.

[11] MA Z, WANG Y, LI X. Cluster-delay consensus in first-order multi-agent systems with nonlinear dynamics[J]. Nonlinear Dynamics, 2016, 83(3): 1303-1310.

[12] CHEN S, LIU C, LIU F. Delay effect on group consensus seeking of second-order multi-agent systems[C]. 2017 29th Chinese Control And Decision Conference, Chongqing, China, 2017: 1190-1195.

[13] QIN J, GAO H, ZHENG W X. On average consensus in directed networks of agents with switching topology and time delay[J]. International Journal of Systems Science, 2011, 42(12): 1947-1956.

[14] GAO Y, YU J, SHAO J, et al. Group consensus for second-order discrete-time multi-agent systems with time-varying delays under switching topologies[J]. Neurocomputing, 2016, 207: 805-812.

[15] ZHOU B, YANG Y, XU X. The group-delay consensus for second-order multi-agent systems by piecewise adaptive pinning control in part of time interval[J]. Physica A: Statistical Mechanics and Its Applications, 2019, 513: 694-708.

[16] AN B R, LIU G P, TAN C. Group consensus control for networked multi-agent systems with communication delays[J]. ISA Transactions, 2018, 76: 78-87.

[17] REN W, BEARD R W. Consensus seeking in multiagent systems under dynamically changing interaction topologies[J]. IEEE Transactions on Automatic Control, 2005, 50(5): 655-661.

[18] TIAN Y P, YANG H Y. Stability of distributed congestion control with diverse communication delays[C]. Fifth World Congress on Intelligent Control and Automation, Hangzhou, China, 2004, 2: 1438-1442.

[19] 纪良浩, 杨莎莎, 蒲兴成. 多智能体系统一致性协同演化控制理论与技术[M]. 北京: 科学出版社, 2019.

[20] 杨洪勇, 田生文, 张嗣瀛. 具有领航者的时延多智能体系统的一致性[J]. 电子学报, 2011, 39(4): 872-876.